国家卫生健康委员会"十四五"规划教材

全国高等学校教材

供医学检验技术专业用

临床检验仪器与技术

第 2 版

主　　审　郝晓柯

主　　编　郑　磊

副 主 编　易　斌　李平法

数 字 主 编　司徒博

数字副主编　徐　宁　程　伟

人民卫生出版社
·北京·

图书在版编目（CIP）数据

临床检验仪器与技术 / 郑磊主编. -- 2 版. -- 北京：
人民卫生出版社，2025.6. --（全国高等学校医学检验
专业第七轮暨医学检验技术专业第二轮规划教材）.
ISBN 978-7-117-38228-1

Ⅰ. TH776

中国国家版本馆 CIP 数据核字第 20255VP911 号

人卫智网	www.ipmph.com	医学教育、学术、考试、健康，购书智慧智能综合服务平台
人卫官网	www.pmph.com	人卫官方资讯发布平台

临床检验仪器与技术
Linchuang Jianyan Yiqi yu Jishu
第 2 版

主　　编：郑　磊
出版发行：人民卫生出版社（中继线 010-59780011）
地　　址：北京市朝阳区潘家园南里 19 号
邮　　编：100021
E - mail：pmph @ pmph.com
购书热线：010-59787592　010-59787584　010-65264830
印　　刷：人卫印务（北京）有限公司
经　　销：新华书店
开　　本：850×1168　1/16　印张：19　插页：1
字　　数：510 千字
版　　次：2015 年 3 月第 1 版　　2025 年 6 月第 2 版
印　　次：2025 年 6 月第 1 次印刷
标准书号：ISBN 978-7-117-38228-1
定　　价：65.00 元

打击盗版举报电话：010-59787491　E-mail：WQ @ pmph.com
质量问题联系电话：010-59787234　E-mail：zhiliang @ pmph.com
数字融合服务电话：4001118166　E-mail：zengzhi @ pmph.com

编委名单

编　　委（以姓氏笔画为序）

马艳侠　陕西中医药大学

司徒博　南方医科大学南方医院

邢　莹　北京大学第一医院

刘利东　广州医科大学附属第一医院

刘宏鹏　宁夏医科大学

李平法　河南医药大学

杨　滨　四川大学华西医院

杨宇君　重庆医科大学

何振辉　佛山大学医学部

张　徐　江苏大学医学院

张会生　深圳大学医学部

张英杰　蚌埠医科大学

陈　硕　哈尔滨医科大学

陈　瑾　浙江中医药大学

陈志红　广东医科大学

易　斌　中南大学湘雅医院

周　洲　中国医学科学院阜外医院

郑　磊　南方医科大学南方医院

郑光辉　首都医科大学附属北京天坛医院

郝晓柯　西北大学医学院

盛慧明　上海交通大学医学院附属同仁医院

谢而付　南京医科大学第一附属医院

编写秘书　赵明海　南方医科大学南方医院

数字编委

新形态教材使用说明

新形态教材是充分利用多种形式的数字资源及现代信息技术,通过二维码将纸书内容与数字资源进行深度融合的教材。本套教材全部以新形态教材形式出版,每本教材均配有特色的数字资源,读者阅读纸书时可以扫描二维码,获取数字资源。

获取数字资源的步骤

1 扫描封底红标二维码,获取图书"使用说明"。

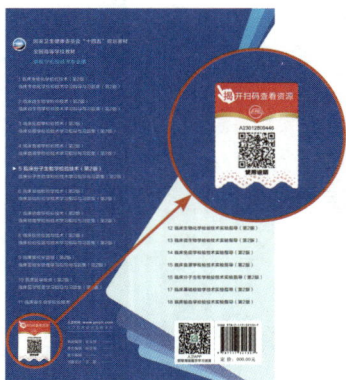

2 揭开红标,扫描绿标激活码,注册/登录人卫账号获取数字资源。

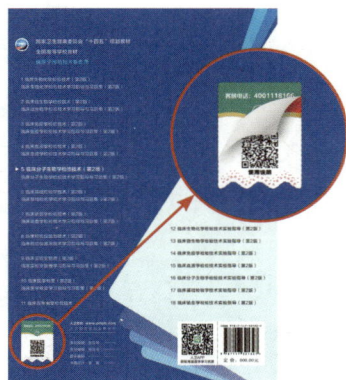

3 扫描书内二维码或封底绿标激活码随时查看数字资源。

4 登录 zengzhi.ipmph.com 或下载应用体验更多功能和服务。

扫描下载应用

客户服务热线 400-111-8166

读者信息反馈方式

欢迎登录"人卫e教"平台官网"medu.pmph.com",在首页注册登录后,即可通过输入书名书号或主编姓名等关键字,查询我社已出版教材,并可对该教材进行读者反馈、图书纠错、撰写书评以及分享资源等。

全国高等学校医学检验专业第七轮暨医学检验技术专业第二轮规划教材
修订说明

　　我国高等医学检验专业建设始于20世纪80年代初,人民卫生出版社于1989年出版了第一套医学检验专业规划教材,共5个品种。至2012年出版的第五轮医学检验专业规划教材,已经形成由理论教材与配套实验指导和习题集组成的比较成熟的教材体系。2012年,教育部对《普通高等学校本科专业目录》进行了调整,将医学检验专业(五年制)改为医学检验技术专业(四年制),隶属医学技术类,授予理学学士学位。人民卫生出版社于2013年启动了新一轮教材的编写,在2015年推出了全国高等学校医学检验专业第六轮暨医学检验技术专业第一轮规划教材,对医学检验技术专业的发展起到了非常关键的引领和规范作用。

　　进入新时代,在推进健康中国建设,从"以治病为中心"向"以健康为中心"的转变过程中,医学检验技术专业的发展面临更多机遇与挑战。《国务院办公厅关于加快医学教育创新发展的指导意见》中明确指出,要推进医工、医理、医文学科交叉融合,加强"医学+X"多学科背景的复合型创新拔尖人才培养。党的二十大报告也提出,要加强基础学科、新兴学科、交叉学科建设。医学检验技术属于典型的交叉学科,医工、医理结合紧密,发展迅速,学科内容不断扩增,社会需求不断增加,目前开设本专业的本科院校已增加到160余所,广大院校对教材建设也提出了新需求。

　　为促进教育、科技、人才一体化发展,人民卫生出版社在与教育部高等学校教学指导委员会医学技术类专业教学指导委员会、全国高等医学院校医学检验专业校际协作理事会联合对第一轮医学检验技术专业规划教材的使用情况进行广泛调研的基础上,启动全国高等学校医学检验专业第七轮暨医学检验技术专业第二轮规划教材的编写修订工作。

　　本轮教材的修订和编写特点如下:

　　1. 坚持立德树人,满足社会需求　从教材顶层设计到编写的各环节,始终坚持面向需求凝炼教材内容,以立德树人为根本任务,以为党育人、为国育才为根本目标。在专业内容中有机融入思政元素,体现我国医学检验学科40多年取得的辉煌成就,培育具有爱国、创新、求实、奉献精神的医学检验技术专业人才。

　　2. 优化教材体系,服务学科建设　为了更好地适应医学检验技术专业教育教学改革,体现学科特点,提升专业人才培养质量,本轮教材将原作为理论教材配套的实验指导类教材纳入规划教材体系,突出本专业的技术属性;第一轮教材将医学检验专业规划教材中的《临床寄生虫检验》相关内容并入《临床基础检验学技术》,根据调研反馈意见,本轮另编《临床寄生虫学检验技术》,以适应院校教学实际需要。

3.坚持编写原则,打造精品教材 本轮教材编写立足医学检验技术专业四年制本科教育,坚持教材"三基"(基础理论、基本知识、基本技能)、"五性"(思想性、科学性、先进性、启发性、适用性)和"三特定"(特定目标、特定对象、特定限制)的编写原则。严格控制纸质教材字数,突出重点;注重内容整体优化,尽量避免套系内教材内容的交叉重复;提升全套教材印刷质量,全彩教材使用便于书写、不反光的纸张。

4.建设新形态教材,服务数字化转型 为进一步满足医学检验技术专业教育数字化需求,更好地实现理论与实践结合,本轮教材采用纸质教材与数字内容融合出版的形式,实现教材的数字化开发,全面推进新形态教材建设。根据教学实际需求,突出医学检验学科特色资源建设、支持教学深度应用,有效服务线上教学、混合式教学等教学模式,推进医学检验技术专业的智慧智能智育发展。

全国高等学校医学检验专业第七轮暨医学检验技术专业第二轮规划教材共 18 种,均为国家卫生健康委员会"十四五"规划教材。将于 2025 年出版发行,数字内容也将同步上线。希望广大院校在使用过程中能多提供宝贵意见,反馈使用信息,为第三轮教材的修订工作建言献策,提高教材质量。

主审简介

郝晓柯

男，1959 年 9 月出生于甘肃省张掖市。空军军医大学西京医院荣誉教授，主任医师，博士研究生导师，西北大学医学院检验医学系主任。中国青年科技奖获得者，1993 年起享受国务院政府特殊津贴。中国医师协会检验医师分会顾问、中国医学装备协会检验医学分会常务副主任委员、中国研究型医院学会检验医学专业委员会副主任委员、中国信息协会医疗卫生和健康产业分会副会长、陕西省医学会医学检验分会主任委员、国家卫生健康委员会遗传咨询能力建设专家委员会委员、国家卫生健康标准委员会临床检验标准专业委员会委员、中国合格评定国家认可委员会医学专业委员会委员等。

从事教学工作 40 年，专注临床检验诊断研究，尤其在肿瘤分子诊断及临床分子微生物领域取得显著成果。承担 12 项国家级重大课题，发表 70 余篇 SCI 论文，出版 4 部专著，荣获多项科技奖励及教学荣誉。

主编简介

郑 磊

男，1975年出生于江西省宜春市。医学博士，二级教授，主任技师，博士研究生导师，博士后合作导师，南方医科大学南方医院副院长兼检验医学科主任、广东省普通高校精准医学检验重点实验室主任、广东省重大疾病临床快速诊断生物传感工程技术研究中心主任、广东省单细胞与细胞外囊泡重点实验室主任。国家杰出青年科学基金获得者，全国卫生健康系统先进工作者，"珠江学者"特聘教授，广东省医学领军人才，南粤优秀教师，第六届"羊城好医生"。学术任职包括国际学术期刊 *Interdisciplinary Medicine* 主编、国际细胞外囊泡学会（ISEV）教育委员会执行主席、中国研究型医院学会细胞外囊泡研究与应用专业委员会（CSEV）常务副主任委员、中华医学会检验医学分会常务委员、中国医师协会检验医师分会常务委员等。

从事教学工作32年，主要研究方向为重大疾病液体活检新技术研发、细胞外囊泡研究方法与疾病诊疗转化研究、功能纳米材料与疾病诊疗新技术、智慧检验研究与应用等。在 *Adv Mater*、*J Extracell Vesicles*、*Nat Commun*、*Adv Sci*、*Angew Chem Int Ed*、*ACS Nano*、*Nano Lett*、*Mol Cancer*、*Mater Today* 等知名期刊上发表SCI论文80余篇；申请国家发明专利35项，其中授权专利16项。主持国家杰出青年科学基金项目、国家自然科学基金重点项目、科技部国家重点研发计划课题、广东省基础与应用基础研究基金项目、广州市健康医疗协同创新重大专项等。获广东省科学技术奖科技进步奖一等奖（排第1）、中国肿瘤标志物学术大会青年创新奖、"英雄杯"中国实验医学杰出青年奖等荣誉，入选2023年全球年度影响力前2%顶尖科学家榜单。

易 斌

男，1969 年 10 月出生于湖南省岳阳市。教授，博士研究生导师，中南大学湘雅医院检验科主任，中南大学湘雅医院临床检验学教研室主任。国家卫生健康标准委员会医疗服务标准专业委员会委员，中华医学会检验医学分会教育学组副组长，中国医师协会检验医师分会常务委员，中国医院协会临床检验专业委员会委员，中国生物化学与分子生物学会临床医学专业分会副会长，中国抗癌协会肿瘤标志专业委员会鼻咽癌标志专家委员会常务委员，湖南省医学会检验专业委员会候任主任委员，湖南省医师协会检验医师分会会长，湖南省医院协会临床检验管理专业委员会副主任委员，湖南省临床检验质量控制中心副主任，湖南省医学教育科技学会医学检验教育专业委员会副主任委员，湖南省抗癌协会肿瘤标志专业委员会副主任委员，湖南省健康服务业协会医卫检验分会常务理事。

从事教学工作 34 年，为湖南省高层次卫生人才"225"工程临床检验诊断学学科带头人。主持国家自然科学基金项目 2 项，省市级课题多项。近年来以第一作者或通信作者发表学术论文 60 余篇。

李平法

男，1967 年 7 月出生于河南省三门峡市。河南医药大学教授，硕士研究生导师，临床生物化学与分子生物学教研室主任。兼任全国高等院校医学检验专业校际协作理事会生化检验、分子生物学检验、检验仪器及实验室管理学组常务理事，河南省生物化学与分子生物学会副理事长，河南省学术技术带头人，河南省一流本科课程、河南省高等学校精品在线开放课程负责人。

从事医学生物化学、临床生物化学和临床检验仪器学教学及科研工作 34 年，主持或参与完成省级以上教科研课题 12 项，发表论文 48 篇；主编或参编《临床检验仪器学》（第 3 版）、《检验仪器分析》（第 2 版）、《临床生物化学检验技术》等国家级规划教材 15 部，参编专著 6 部。获省科学技术进步奖 2 项，获发明专利授权 3 项。

前　言

2012 年教育部公布了《普通高等学校本科专业目录（2012 年）》，将医学检验专业调整为医学检验技术专业，且将其归类于专业目录中的一级学科医学技术类，不再隶属于临床医学与医学技术类，学制和所授学位亦有相应改变。人民卫生出版社在医学检验专业前五轮规划教材的编写与使用基础上，组织编写了首套国家级医学检验技术专业本科教材，即全国高等学校医学检验专业第六轮暨医学检验技术专业第一轮规划教材，并于 2015 年出版。医学检验技术专业第一轮规划教材的出版推动了我国医学检验技术专业的发展和学科建设，规范了医学检验技术专业的教学模式，为我国医学检验技术人才培养作出了重要贡献。

为了全面贯彻落实党的二十大精神、全国高校思想政治工作会议精神、首届全国教材工作会议精神，以及《教育部关于一流本科课程建设的实施意见》（教高〔2019〕8 号）等对医学教育课程体系与教材建设的指导意见，认真贯彻执行《普通高等学校教材管理办法》，人民卫生出版社于 2023 年 3 月启动了全国高等学校医学检验技术专业第二轮规划教材的修订工作。教材修订工作坚持以习近平新时代中国特色社会主义思想为指引，深刻领悟"两个确立"的决定性意义，聚焦"国之大者"，增强"四个意识"、坚定"四个自信"、做到"两个维护"。

《临床检验仪器与技术》（第 2 版）是本套教材中的一本。自现代医学诞生以来，医学检验技术专业发展最突出的标志当属自动化检验设备逐步取代传统的手工操作，克服了手工分析测定精密度低、速度慢和难以标准化的缺点，开启了医学检验自动化操作的新时代。在医疗机构以及独立的商业化实验室，各种用于分析或测定的现代化仪器和设备几乎覆盖了医学检验的所有专业。因此，作为医学检验技术专业的学生必须学习医学检验常用仪器的检测原理和相关技术、掌握仪器的主要结构及如何对检测项目进行性能验证、了解仪器的校准方法及维护保养等内容。

本教材的内容主要包括各种临床检验仪器设备的检测原理、基本结构、检测项目的性能验证与临床应用、校准与维护保养，在上一版基础上重点增加了仪器检测项目性能验证内容，该部分内容为临床检验工作必备技能，可以加强学生理论学习与日后临床工作之间的衔接。除了常规检测设备，还用适当的篇幅介绍了临床即时检验仪器与技术、新型临床检验仪器与技术、临床智慧实验室系统等。希望学生通过本教材的学习，能为日后临床检验工作奠定良好的基础。

本教材力求做到重点突出、图文并茂、生动活泼、精练易懂。在每章内容前列出思考题，使学生带着问题学习，并在学习后通过思考、归纳和总结，找到并掌握该章的主要知识点，从而能够解答思考题。除了纸质教材，本套教材还配有相应的习题集，增加了数字内容，方便学生自主学习。

本教材分为纸书内容及数字内容，纸质版教材 22 名编委，数字内容 22 名编委，来自国内 24 所高等院校或附属医院，他们以高度的责任感完成了各自承担的编写任务，在此表示衷心的感谢！

郑　磊

2024 年 12 月

目 录

第一章 绪 论

1. 为什么要学好"临床检验仪器与技术"这门课程?
2. 临床检验仪器发展现状如何?
3. 临床检验仪器发展趋势有哪些?
4. 检测系统性能评价指标有哪些?
5. 使用临床检验仪器时应关注哪些问题?

医学检验是用化学病理学、细胞病理学和分子病理学等技术,观察、分析、测定人体血液和其他体液内各种宏量、微量乃至痕量物质的综合性学科,也是目前医学领域发展最快的学科之一。

医学检验以生物化学、免疫学、血液学、病原生物学、细胞生物学、分子生物学等为主干学科,整合了化学、生物学、物理学、自动化技术、计算机技术、电子信息技术等学科的理论和高新技术。因此,现代医学检验技术专业的快速发展,得益于学科间的交叉融合和互相渗透,体现了医学与理学、工学的完美结合。

现代医学发展进程中,医学检验技术领域最显著的突破体现在自动化仪器的广泛应用。自动化仪器以优异的分析精度、高效的处理能力和标准化的操作流程,彻底革新了传统的手工检测模式,引领医学检验进入智能化新时代。在医疗机构和独立的商业化实验室,各种用于分析或测定的现代化仪器和设备几乎覆盖了医学检验的所有流程。因此,掌握医学检验常用仪器的检测原理和相关技术,熟悉仪器的主要结构及其性能特点,了解仪器的正确使用及日常维护保养,对医学检验技术专业学生非常重要。

第一节 临床检验仪器发展历史、现状和趋势

一、临床检验仪器发展历史及现状

临床检验仪器的发展推动着检验医学的发展,回溯临床检验行业的发展,可大致分为三个阶段:17 世纪下半叶,科学家第一次利用化学方法检测尿液中的蛋白质、胆红素等,"临床化学"正式诞生,是以简单手工操作为主的第一阶段(初创阶段);20 世纪 50 年代生化分析仪诞生,检验行业正式从手工操作向自动化方向发展,是检验仪器设备大放异彩的开始,标志着检验医学进入现代化、自动化的第二阶段(现代化阶段);21 世纪以来微流控芯片、分子诊断等高新检验技术日新月异,人工智能等数字化技术也使得检测设备在自动化、智能化等方面均取得了令人瞩目的发展,检验医学逐渐进入智慧检验的第三阶段(智慧化阶段),也是检验仪器设备从局部单一机器走向整体智慧实验室的高速发展阶段。

以临床生化分析仪器为例。19 世纪初期,主要依靠手工操作进行生化指标检测;20 世纪 80 年代后期,研制出采用固相酶、离子特异电极和多层膜片的新型干化学分析仪;20 世

纪90年代至今,随着科学技术的进步,生化分析仪的功能更加完善,检测项目增多,分析的准确度和精密度不断提高,促进并加快了智慧化临床实验室的建设。我国自20世纪70年代中期开始自行研制生化分析仪,21世纪初期我国第一台全自动生化分析仪通过鉴定,产品整体性能达到了国外产品同等水平,填补了国内空白。随后大型模组化高速全自动生化分析仪研制成功,标志着我国全自动生化分析仪技术水平取得飞跃式进步。尽管早期产品质量参差不齐,但在国际合作和技术交流的支持下,国产生化分析仪的质量和技术水平得到了显著提升。

生化分析仪发展史是检验仪器设备发展史的一个缩影,体现了科学技术的发展和对医学诊断需求的响应。随着科学技术与检验医学的理论与技术的逐步深化,医学检验学也由单一学科发展成为一个涵盖临床检验基础、临床血液学检验、临床微生物学检验、临床免疫学检验、临床生物化学检验、临床分子生物学检验、临床检验仪器与技术和临床实验室管理学等众多学科的综合学科,其中的临床检验仪器与技术是以上各个学科检验的技术和硬件基础。医学检验技术的发展日新月异,从定性检验到定量检验、从手工操作到自动化分析、从一次检验一个项目的常量样品到一次检验多个项目的微量样品、从有创的检验到某些无创的检验等,都离不开各式各样的检验仪器设备。目前医学检验学已经成为发展最快、应用高精尖技术最多的学科之一,临床检验仪器与技术的发展是医学检验学高质量发展的重要推动力。

二、临床检验仪器发展趋势

目前临床检验仪器的发展趋势可以用自动化、一体化、小型化、高通量化、智慧化等特征概括,在此基础上实验室也朝着整体智慧化方向发展。

(一)自动化

1957年,美国医师Skeggs发明了临床化学自动分析技术,制造出连续流动式自动分析仪,开创了临床检验向自动化发展的新纪元。随后,血液学、免疫学、微生物学的自动化检验仪器也相继问世。

自动化分析的优势体现在以下几个方面。

1. 提高工作效率 在单位时间内,检验人员可以完成更多的工作,大大降低劳动力成本。

2. 提高方法学的精密度与准确度 减少测定结果的批内和批间变异,增加检验结果的可比性和可信度,提高检验质量。

3. 减少人为差错 手工操作的最大弊端是无法完全避免人为因素造成的误差和差错,如加样不准确、难以精确控制反应时间、抄录患者信息和检测结果时发生差错等。自动化分析则不受操作人员技术高低、工作状态等因素的影响,标准化了操作流程,极大地减少了人为因素对检验结果的干扰。

4. 改良分析技术 许多较为精密的技术无法用手工操作,只能用自动分析方式完成,如酶的连续监测。因此,自动分析仪的问世带来了更精密的分析技术和更全面的检测项目。

5. 功能完整 仪器中带有的软件使自动分析仪具有多重功能:通过扫描原始样品管的条形码确保患者信息无误;具有双向传输系统,能发出检测指令和回输检测结果;能评估样品质量是否符合检测的要求(如是否有溶血、脂血、黄疸等);评估样品体积以保证能进行所有项目的检测;根据需要组合检测项目、故障报警等。此外,自动分析仪中的质量控制管理软件能很好地监控不同时间段内的质控情况,为稳定检验结果、减少分析误差提供了保证。

6. 降低检测成本 虽然购置自动分析仪需要一定资金,但是自动化分析测定一个项目仅需极少量的试剂和患者样品,大大节约了较为昂贵的试剂成本和患者样品。

（二）一体化

一体化即不同检测系统间的整合，这是当前临床检验发展的另一个主要特征。通过更新技术平台，把不同的测定模块整合在一起，形成一个检测平台（或是检测工作站），以满足实验室降低成本、提高效率、节约空间和缩短检验报告周期等需要。一体化可以根据实验室的不同需要进行配置，常见的有全自动酶免分析一体机、全自动生化免疫分析仪等。

（三）小型化

高新技术的面世和应用使检验医学向着分析速度更快、自动化程度更高、智能化水平更强、信息传递速度更迅捷、分析精度更高的高度中心化实验室方向发展；另外，随着急救医学的迅速发展、个体对自身健康状况的关注以及各类突发公共卫生事件的频发，即时检验（point-of-care testing，POCT）以其迅速、简便、经济的特点和优势受到越来越多的关注。

POCT 是一类有别于中心化实验室（如医学检验科）检测系统、更加接近受检者的检测方法，既可以在医院内完成，也可以在小型诊所、流动场所完成，甚至是在患者家中完成。POCT 分析仪器的特点是小型化，以便携式和手掌式为主，还有一类 POCT 则不需要检测设备，仅在一个固相载体上即可完成检测。因此，POCT 操作简便、反应快速，能在数分钟为得到检测结果。

POCT 的应用价值主要体现在：①急诊室、重症监护病房（ICU）或外科手术中需要快速判断危重患者的疾病状况时；②对一些需长期药物治疗患者的疾病控制状况进行监测；③在儿科门诊和急诊、新生儿病房及儿科 ICU，当患儿不合作或无法交流、疾病状况与外在表现不一致及病情变化迅速时；④用于检验检疫、疾病普查、流行病学调查和突发性公共卫生事件等方面。

虽然 POCT 在检验医学领域正扮演着越来越重要的角色，但是目前国内在 POCT 应用中还面临着一些问题和挑战，主要体现在使用不规范、检测结果不统一等方面。因此迫切需要制订切实、有可操作性的管理措施，以避免质量控制体系不完善、检测结果的报告形式较为混乱以及检测结果的可信度较差等问题。

（四）高通量化

临床检验高通量化发展趋势的最好体现就是生物芯片技术、高通量测序技术等。如生物芯片技术可以平行地检测预先密集阵列地排列于一小片状固相支持物上的核酸、抗原、抗体、细胞或组织内靶分子或靶片段，在数小时内即可获得数万个分析结果，真正体现了高通量、多样性、微型化和自动化的特点。

生物芯片技术包括芯片制备、样品制备、杂交反应（或抗原-抗体反应）、结果分析等过程。生物芯片主要包括：基因芯片（DNA 芯片）、蛋白质芯片和芯片实验室（lab on a chip）。

1. 基因芯片 是将 DNA 或 cDNA 片段（探针）点阵在固相载体上，通过分子杂交原理，检测来源于不同个体、不同组织、不同细胞周期、不同发育阶段、不同疾病或不同刺激因素下基因序列或基因表达的变化，根据杂交反应荧光信号的强弱判断结果。

2. 蛋白质芯片 是将蛋白质分子（抗原或抗体）高密度地固定在固相载体上，经抗原-抗体反应，根据反应信号得出分析结果。

3. 芯片实验室 是集样品制备、基因扩增、核酸标记、检测和结果分析于一体的便携式高度集成化的生物分析系统，使分析过程实现自动化、连续化和微缩化。

生物芯片技术最初主要用于研究领域，而目前其应用已经扩展到临床检验，如致病基因突变检测、耐药基因分析、致病微生物的鉴定、耐药菌株和药敏检测、产前诊断等方面。

（五）智慧化

随着医疗技术的不断进步和医学检验的不断发展，临床检验仪器在医疗领域中得到了越来越广泛的应用，实验室也已经从最初的手工实验室演变为现在的自动化实验室，并朝着整体智慧化实验室方向发展。智慧检验结合了当前临床检验仪器自动化一体化全实验室、数字化智能化远程监控、小型化便携化POCT设备、云计算大数据高通量化等特点，朝着整体智慧检验实验室的方向迈进。

伴随着自动化、智能化、信息化程度的提高，实验室检测能力大幅提升。整合现代化检测设备功能、信息化检验流程管理、综合数据分析，利用数据驱动的人工智能深度学习，从而实现整个检验流程资源的最佳供需匹配调度，最大限度提高检验实验室的运营效率成为检验医学学科及体外诊断产业重点发展方向。在智慧实验室建设中，除了在样品采集、运输、检测后处理、检测流程等环节开展智能化创新，检验仪器的智能化运行及数据深度融合分析和安全管理的创新也是其重要内容，实现从样品采集到检验或诊断报告形成全流程智能一体化路径，是智慧检验实验室建设的主要目标。

第二节 临床常用的检验仪器设备

由于医学检验自动化的快速发展，医学检验实验室的仪器和设备越来越多，如今绝大部分检测项目已经由仪器完成。作为医学检验技术专业的学生，应该学好临床检验常用仪器的相关知识，掌握仪器操作基本技能，以适应今后工作的需要。在临床检验实验室中，通常可以看到以下几类常用的仪器或设备。

一、临床检验实验室通用设备

除了直接用于患者样品检测和分析的专门仪器，临床实验室还有一些并非直接用于检测患者样品，但却是必不可少的设备。如果缺少这些设备，就不能形成一个完整的医学检验实验室，可称之为"实验室通用设备"，例如冰箱、离心机、恒温设备、实验室水处理系统、不间断电源、生物安全柜、超净工作台（超净台）、温度计等。这些设备各有不同品牌和型号，性能和技术指标各不相同，用途也不同。

二、临床基础检验常用仪器

（一）血细胞分析仪

它能对血液中的细胞成分（红细胞、白细胞、血小板、网织红细胞等）进行计数并对白细胞进行分类计数，能测定血液中的血红蛋白含量，还能测定或计算出血细胞比容（HCT）、平均红细胞体积（MCV）、平均红细胞血红蛋白含量（MCH）、平均红细胞血红蛋白浓度（MCHC）、红细胞体积分布宽度（RDW）、平均血小板体积（MPV）等各项红细胞、血小板平均指数，这些指标对于临床诊断和鉴别诊断相关疾病是十分必要的。

（二）血液凝固分析仪

血液凝固分析仪是对血栓与止血有关成分进行自动化检测的常规检验仪器，临床上使用的有半自动和全自动分析仪，还有全自动化的血液凝固分析流水线。

全自动血液凝固分析仪的检测通道多、速度快，可以任意组合检验项目。除了能检测常规的活化部分凝血活酶时间（APTT）、凝血酶原时间（PT）、凝血酶时间（TT）等指标，还能对各凝血因子，抗凝系统如抗凝血酶（AT），纤维蛋白溶解系统如纤维蛋白降解产物（FDP）、D-二聚体等进行检测。全自动血液凝固分析仪还能监测临床用药情况，如患者使用肝素或口服抗凝剂华法林时，需要监测患者的出凝血状况，以保证患者用药的有效性和安全性。

（三）血型鉴定仪

自动血型鉴定仪的诞生使原先由人工操作的血型鉴定、交叉配血、抗体筛选、抗体鉴定等实验实现了自动化。自动化的血型鉴定具有显著的优势：节约了试剂，降低了成本；反应过程标准化，提高了弱抗体的检出率；避免了凝集反应人为判读结果造成的误差；克服了手工检测无原始记录的不足；有系统的质量控制，减少了误差，提高了质量。

（四）尿液分析仪

临床实验室用于尿液分析的仪器包括尿液干化学分析仪和尿液有形成分分析仪。传统的尿液检查是观察尿液的物理性状和化学成分的变化，并通过显微镜检查有形成分（红细胞、白细胞、各种管型）的有无、多少、形态变化。目前这些检测已经由仪器完成，但必须指出的是，显微镜下人工检查仍然是尿液检查的"金标准"。

尿液干化学分析仪采用干化学技术，分析尿液理化性质的变化。分析项目包括尿液中的蛋白质、葡萄糖、比重、酸碱度、酮体、尿胆原、尿胆红素、潜血、亚硝酸盐、白细胞、维生素 C 等以及尿液的颜色与浊度。尿液干化学分析仪有半自动和全自动两种形式，其区别在于是否能自动进样。

尿液有形成分分析仪能定量识别尿液中的各种有形成分。主要基于两类技术原理，一类是流式细胞术和电阻抗相结合的原理，另一类是影像系统和计算机系统相结合的原理。

（五）粪便分析仪

粪便分析仪主要采用显微镜检查（镜检）及免疫学方法检测粪便中的有形细胞、寄生虫、隐血、粪便转铁蛋白、轮状病毒等。

（六）阴道分泌物分析仪

阴道分泌物分析仪主要用于女性阴道分泌物相关检查，采用数字成像自动识别技术和光学检测技术联合检测，为阴道疾病的诊断提供重要依据。

（七）其他临床基础检验常用仪器

除以上检验仪器以外，临床基础检验常用仪器还包括血小板聚集仪、精子质量分析仪、血液流变分析仪、红细胞沉降率测定仪等。

三、临床生物化学检验常用仪器

全自动生化分析仪是临床生化实验室最常用的仪器，临床常见类型为分立式自动生化分析仪，它几乎承担着所有临床所需生化项目的检测，检测样品类别包括血液、尿液、脑脊液、胸腔积液、腹腔积液等，能够定量检测蛋白质、葡萄糖、无机离子、酶类、脂类及载脂蛋白等物质。一些全自动生化分析仪还具有透射免疫比浊功能，可以检测免疫球蛋白、补体、急性期蛋白、尿微量白蛋白等。除了全自动生化分析仪，生化实验室常用仪器还包括电泳仪、特定蛋白分析仪、微量元素分析仪等。

四、临床免疫学检验常用仪器

临床免疫学是医学检验领域发展最快的专业之一，其发展得益于其相关技术的快速发展，进而带动了自动化免疫分析仪器的发展。

目前临床免疫学检测技术大多已配备相适应的自动分析仪，使得临床免疫学测定进入了一个几乎完全自动化操作的时代。例如荧光酶免疫分析仪、荧光偏振免疫分析仪、时间分辨荧光免疫分析仪均基于荧光免疫分析技术；而化学发光免疫分析仪和电化学发光免疫分析仪都基于化学发光免疫分析技术。免疫比浊分析仪则主要基于散射免疫比浊原理。

不同厂家生产的自动化免疫分析仪均采用配套的试剂和校准品，形成各自的检测系统。即使是同一个检测项目，由于不同厂家的配套试剂中选择的抗体所针对的抗原决定簇不同，抗原-抗体的反应结果也随之不同，所以不同品牌仪器之间的检测结果会有差异。因此，实验室在实际应用时，最好避免同一个检测项目放在不同的检测系统中检测。

五、临床微生物学检验常用仪器

临床微生物学检验的历史相对悠久，早在 19 世纪，一些著名的微生物学家就建立了微生物的培养和鉴定方法。长期以来，微生物学检验主要靠手工完成，包括培养基的配制，样品接种、培养和鉴定等。传统的微生物学检验存在过程烦琐、方法学不稳定、培养时间长、结果判断带有主观性和难以进行质量控制等问题。

传统微生物检验仪器主要包括自动化微生物培养检测与分析系统，以及自动化微生物鉴定与药敏分析系统。与人工细菌培养方法相比，自动化微生物培养系统具有更多的优势：①培养基能提供不同细菌繁殖所必需的营养成分，培养瓶内还有充足的混合气体，能最大限度地检测出阳性样品；②培养箱在恒温条件下连续振荡，更有利于细菌的生长；③可自动连续监测，对达到检测阈值的样品及时报阳，缩短了报告时间；④设有内部质控系统；⑤检测样品种类较多，除了血液样品，临床上所有无菌体液都可以作为样品进行细菌培养检测。自动化微生物鉴定与药敏分析系统能鉴定出包括需氧菌、厌氧菌、真菌在内的数百种微生物，能进行微生物药物敏感试验和最低抑菌浓度测定等，在数小时内即可得出鉴定和药物敏感试验结果。

近几年用质谱技术对微生物进行鉴定，是对传统微生物鉴定方法的补充，也是临床微生物鉴定技术发展的一个新方向，已经成为临床微生物实验室进行微生物鉴定的主要技术之一。除此之外，还有全自动细菌分离培养系统问世。该系统能够对痰液、尿液、粪便及拭子样品进行自动化预处理、自动划线接种，并对样品进行分离培养。既降低了操作人员受样品污染的潜在风险，又提高了微生物实验室分离培养的质量。

六、分子生物学检验常用仪器

20 世纪 90 年代以来，分子生物学技术被应用于医学检验专业，在疾病的诊断和疗效监测中起到很大作用。常用的检验设备主要包括核酸自动化提取仪、PCR 仪（PCR 基因扩增仪）、实时荧光定量 PCR 仪、数字 PCR 仪、DNA 测序仪和核酸质谱分析仪等。

核酸自动化提取仪可实现核酸的大批量快速准确提取，PCR 仪主要分为普通 PCR 仪和荧光定量 PCR 仪两大类，荧光定量 PCR 仪是在普通 PCR 仪基础上结合荧光采集系统发展而来的。

21 世纪以来，分子生物学发展极为迅速，各类型新技术、新设备不断涌现。数字 PCR 仪实现了单分子水平的核酸精确定量检测，核酸质谱分析仪打破了以往质谱仪只能进行小分子物质检测的限制，检测范围扩大到核酸、蛋白质等生物大分子，DNA 测序仪也由原来一代测序发展出二代测序和三代测序技术。二代测序也称为高通量测序，采用边合成边测序的方式，可同时对数百万个 DNA 片段进行测序分析；三代测序是单分子测序技术，不需要进行 PCR 扩增，可同时对多个 DNA 分子进行高通量测序。近几年，全自动核酸提取及荧光 PCR 分析系统问世，集原始管上机、核酸提取及扩增检测于一体，实现了"样品进、结果出"，降低人员工作强度的同时又减少了 PCR 检测场地分区的要求。

七、临床即时检验仪器

POCT 根据待测物的不同而采用不同的技术平台，目前已有的产品主要基于干化学技术、标记免疫技术、电化学技术、生物传感器技术、生物芯片技术、分子生物学技术等。常规应用的有化学反应法测定血红蛋白、酶法检测血糖、离子选择电极法检测电解质和动脉血气、各种免疫测定技术检测样品中的蛋白质、分子生物学技术检测核酸分子等。反应过程中或反应后信号变化的捕捉主要通过光学技术和电化学技术实现（如电阻率、颜色、浊度、电信号或荧光信号的变化等），最终得出测定结果。

八、质谱仪

质谱仪是将分析物气化形成离子后按质荷比（m/z）进行定性、定量和结构分析的仪器，主要由真空系统、进样系统、离子源、加速区、质量分析器、检测器及计算机系统组成。该技术还可以与气相色谱、液相色谱、毛细管电泳等联用形成多种质谱联用技术，也可以采用串联质谱技术，广泛用于内源性小分子物质定量、治疗药物监测、蛋白分析、微量元素检测、微生物鉴定等方面。

九、流式细胞仪

流式细胞仪是在流式细胞术基础上发展起来的一种仪器，不仅可以检测细胞膜表面、细胞质和细胞核内的成分，而且能定量分析血清和其他体液中的多种可溶性物质。根据功能可将流式细胞仪分为分析型流式细胞仪和分选型流式细胞仪两种，主要用于血液系统疾病诊断、肿瘤诊断和疗效判断、自身免疫性疾病诊断等。

十、新型临床检验仪器

除了以上常规的临床检验实验室检测设备外，现代科技的高速发展又催生了多种新型检测技术和仪器设备，在细胞分析领域有质谱流式细胞仪、高通量流式拉曼分选仪、成像流式细胞仪等；在分子层面有核磁共振波谱仪；纳米级层面有纳米颗粒跟踪分析仪、动态光散射仪、电阻抗脉冲传感仪、纳米流式分析仪、单囊泡分析仪等。

同一检测项目可以有不同的检测方法，所用的检测设备也不同，临床检验实验室应根据国家相关法规要求及自身发展需要配备不同类型仪器。作为医学检验技术专业的学生，有必要于在校期间就熟悉检验仪器和设备的相关知识以及各项技术指标，包括在课堂上学习理论知识、在临床实验室实习阶段学会基本的操作和熟悉工作流程（如仪器的校准、质量控制时的失控分析和纠正、样品预处理、在仪器上检测、检验结果的审核与报告等）。

第三节 临床检验仪器的使用与管理

临床检验仪器的正确使用和规范管理具有重要意义，可最大限度地降低设备故障率，提升设备的使用效率，是保证实验室检测结果准确可靠的先决条件。

一、临床检验仪器的使用

不同仪器的性能和结构、所采用的技术要点和检测原理以及对工作环境的要求不同，操作程序也不尽相同。所以，医学检验技术专业的学生在实际操作仪器之前必须先掌握仪器的相关知识，包括基本结构和各主要部件的功能、仪器的检测原理、使用方法和注意事项，根据仪器制造商发布的操作指南编写简易并便于执行的操作规程，熟悉操作步骤。

（一）仪器投入使用前

1. 人员要求 对于新添置的仪器，操作人员必须经过严格的培训，考核合格后经实验室授权才能上机操作。培训内容应包括仪器的检测原理、日常操作程序、仪器的保养、检验结果分析以及常见故障的排除等。根据实验室管理要求，操作人员使用仪器的权限有不同等级，如日常使用权限、校正或参数设置权限、特殊保养和基本故障排除权限等，各等级的工作职责由不同技术职称或资质的人员承担。

2. 分析系统要求 设备验收安装完成后,投入使用前必须对检测系统的分析性能进行验证,以确保检测系统的分析性能符合临床要求,从而保证检验结果的可靠性。性能验证内容一般包括精密度,正确度,空白限、检出限和定量限,线性/临床可报告范围,分析干扰,生物参考区间,携带污染,符合率等。

(1)精密度:精密度评价是检测系统基本性能评价之一,是其他方法学性能评价的基础。精密度通常以"不精密度"来度量;不确定度可用反映测量结果离散程度的指标定量表示,如标准差和变异系数。精密度仅仅与随机误差相关,与被测量的真值无关。

精密度验证方案众多,国内相关文件可参考《临床检验定量测定项目精密度与正确度性能验证》(WS/T 492—2016)相关内容,国际一般参考《定量测量程序的精密度评估:批准指南(第3版)》(CLSI EP05-A3)、《用户对精密度和正确度性能的验证:批准指南(第3版)》(CLSI EP15-A3)等。其中CLSI EP05-A3适用于各种测量和复杂系统的评价,主要用于制造商或开发人员;CLSI EP15-A3主要用于检验实验室定量、半定量和定性方法检测项目的精密度验证,是实验室精密度验证的常用方案。

(2)正确度:正确度通常以"不正确度"来度量,后者用偏倚表示。偏倚指大量(或无限次)测量结果的平均值与真值之间的差异。在实际工作中,常使用"可接受参考值"代替"真值"。可根据实际临床需要选用与参考方法比对或可比性验证等方式进行正确度验证。具体验证方案可参考《临床检验定量测定项目精密度与正确度性能验证》(WS/T 492—2016)、《用户对精密度和正确度性能的验证:批准指南(第3版)》(CLSI EP15-A3)等。

(3)空白限、检出限和定量限:对于大多数检测项目,检出限的建立及验证十分必要。多数情况下,空白限小于检出限,而检出限小于或等于定量限。空白限是指(一定概率下)空白样品可能被检测得到的最高测量结果,并非待测分析物的实际浓度。检出限是指检测系统或者方法所能检测出的分析物的最低浓度。定量限是指一定实验条件下,在精密度和正确度可接受的情况下检测系统能够得到可靠结果的分析物最低浓度。

在评价过程中应注意:①用于空白限评价的空白样品指不含待测分析物的样品,包括实验室纯水及超纯水、商业化生理盐水、检测系统清洗缓冲液,或经证实不含特定分析物的商业化样品稀释液。②用于检出限评价的低值样品是指能够检出的最低分析物浓度。如果检出限已知,可通过患者样品稀释或向空白样品中添加特定分析物的方法获得低值样品;如果检出限未知,需要对低值样品进行系列稀释,获得一系列低值样品。③理想的空白样品或低值样品要求与患者具有相同或相似的基质。

空白限、检出限和定量限验证方案可参考《临床检验方法检出能力的确立和验证》(WS/T 514—2017)、《临床实验室测量程序检测能力评价:批准指南(第2版)》(CLSI EP17-A2)等。

(4)线性/临床可报告范围:线性/临床可报告范围主要用于定量检测项目的性能评价。线性范围是指样品不经稀释或浓缩,分析方法能直接测量的待测物浓度或活性的范围。对于临床可报告范围大于分析测量范围的检测项目,需要进行最大稀释倍数验证试验,以确定临床可报告范围的上限,并结合定量限来决定该项目的临床可报告范围。

临床可报告范围的制订分两种情况,一种是线性范围已满足临床需求的项目,另一种是对于为满足临床需求,需要进行稀释的项目。对于前者,临床可报告范围等同于分析测量范围,此时将线性范围验证的低值作为可报告范围的下限,高值作为可报告范围的上限。对于后者,则有:①可报告范围的下限:从低值样品结果数据中选取总误差或不确定度等于或小于预期值的最低浓度水平作为可报告范围的下限(适用时)或将线性范围验证的低值作为可报告范围的下限。②可报告范围的上限:选取还原浓度与理论浓度的偏差(%)小于或等于方法预期偏倚值时的最大稀释倍数为方法推荐的最大稀释倍数,线性范围的上限与最大稀释倍数的乘积为该方法的可报告范围的上限。可报告范围上限的确定应考虑临床实际需求。

具体验证方案可参考《临床化学设备线性评价指南》(WS/T 408—2012)、《定量测定方法的线性评价》(第 2 版)(CLSI EF06)等。

(5)分析干扰：干扰是指因样品特性或其他成分影响,分析物浓度出现有临床意义的偏差。任何分析方法,无论是定量还是定性方法,都可能存在干扰。对于临床实验室来说应该验证和确认厂家提供的干扰声明,明确干扰物对检验结果的影响。一般通过添加干扰物的方法进行评价。完整的干扰实验应包括干扰物筛选评估实验和干扰物剂量评估实验。具体验证方案可参考《干扰实验指南》(WS/T 416—2013)、《临床化学干扰实验》(第 3 版)(CLSI EP07)等。

(6)生物参考区间：生物参考区间是指取自参考人群的值分布的规定区间,一般定义为中间 95% 区间。当检验结果不在参考区间时,大多数只是提示测试结果值异常,而并不意味着患病。

当实验室引用试剂厂商或其他实验室提供的一组参考区间时,应当对其进行验证。一般抽取一组参考个体(至少 20 例)进行验证,严格按照项目的检验前注意事项进行准备并采样,选用实验室正在使用的检测系统,在质控结果在控时对待验证项目进行检测,并对数据进行分析,排除离群值。生物参考区间的建立和验证可参考《临床实验室定量检验项目参考区间的制定》(WS/T 402—2024)、《临床实验室如何定义、建立和验证参考区间：批准指南(第 3 版)》(CLSI EP28-A3c)等。

(7)携带污染：携带污染是指前一个测试过程残留的物质(试剂、反应产物等)通过设备部件(如样品针、试剂针、搅拌棒、吸收池等)被携带到下一个测试中参与反应,并对检测结果造成显著偏差的过程。携带污染评估建议参考我国医药行业标准《全自动生化分析仪》(YY/T 0654—2017)中携带污染相关内容。

携带污染可通过以下方式尽量避免：①项目测试顺序设定中,被污染项目与携带污染项目尽量远离,如多个检测项目分别设置在不同模块；②加强设备维护保养,及时更换损耗部件；③设置特殊冲洗程序,被污染项目测试前对可能造成携带污染的部件加强清洗。

(8)符合率：符合率是指正在使用的方法与参比方法或"金标准"的检验结果的一致性程度。如定性免疫符合率验证可采用诊断符合率验证和方法符合率验证。临床患者诊断明确的可用诊断符合率验证方法；当临床诊断不明确时,可采用方法符合率验证,具体验证方案可参考《免疫定性检验程序性能验证指南》(CNAS-GL038:2019)。

应该根据每一类检验仪器设备自身的检测特点以及临床使用要求选择合适的检测系统分析性能验证内容。定量检验程序的分析性能验证内容至少应包括正确度、精密度和可报告范围；定性检验程序的分析性能验证内容至少应包括符合率(如方法比对符合率、人员比对符合率等),必要时,还应包括检出限、临界值、重复性、抗干扰能力等。不同类型设备可参考不同文件,如血细胞分析仪一般参考《临床血液学检验常规项目分析质量要求》(WS/T 406—2012),临床微生物培养等可参考《临床微生物培养、鉴定和药敏检测系统的性能验证》(WS/T 807—2022)等。

(二)仪器使用过程中

1. 维护保养 对仪器进行维护和保养是实验室操作人员的日常工作内容。仪器的维护应由专人负责,并形成相应制度。需根据仪器构造及其相应功能和制造商的建议制订维护计划,主要包括以下内容。

(1)每日维护：主要是开机前和使用后的管道冲洗、废液清理、仪器外部清洁等。

(2)定期维护：包括每周维护、每月维护、每季度维护等。根据仪器类别及实际需要制订相应维护计划,维护内容主要包括检查机械部件的运行状态、清洗管路、滤网,清洁机械部件的灰尘及残留的试剂、样品污渍等。

（3）年度维护：仪器和设备必须进行年度维护和保养，其中对于检测设备应制订每台机器相应的维护计划，由厂家或有相应资质的部门进行校准维护；对于辅助设备，如离心机、生物安全柜、温控设备、移液器等也应按照行业规定和实验室管理要求由专业机构进行年度检定和校准。

2. 设备故障处理 当仪器发生故障时，应按照实验室管理体系的要求对故障进行排除或及时向维修人员报修。如果是直接影响检测结果的部件发生了故障，则维修完毕后，还应对仪器性能进行验证，包括重新定标、测定质控品、结果比对和对故障发生前已测的患者样品检测结果的准确性进行评估等。

二、临床检验仪器的管理

临床检验常用仪器和设备从购买前的选择，到安装、使用、维护，必须有全程的管理体系。只有规范地管理好实验室仪器和设备，正确地操作和使用，才能保证检验质量，延长使用寿命，降低实验室成本。临床检验实验室对仪器的管理有着明确的、切实可行的规章制度。

（一）清点内容物

仪器到实验室后应由专人负责清点包装内所有内容物，包括仪器整件、相关配件和备件、相关技术资料（使用说明书、出厂检验合格证明、安装手册、维修手册等）。

（二）建立档案

应为实验室的每一台仪器或设备建立档案，包括仪器（设备）名称、品牌、型号、出厂编号、购置日期、验收日期、价格、供货方和维修人员联系方式及相关承诺等。除此以外，每台仪器（设备）上还应贴有标识卡，标明仪器（设备）名称、设备状态、型号、实验室内唯一编号、投入使用日期、校准日期、下次校准日期、责任人等。

（三）使用记录

仪器的使用记录主要是对仪器在日常使用过程中所产生的数据和仪器状态进行记录，如日常运行记录、校准记录、故障和维修记录等。校准记录应记录所用校准物、校准人员及校准结果等；故障和维修记录应记录故障原因、排除措施、更换的零部件的名称和规格、维修后仪器状态，以及维修人员和实验室验收者的签名等。

（四）性能校准

仪器硬件部分每年至少校准一次，性能校准应由具有相应资质的技术人员执行，对仪器的性能进行综合性测试，包括对光路、采样针、传递轨道、各机械部件的运动进行检查和校验，还需要用校准物对仪器进行校准，验证后需由工程师出具校准报告。

当发生以下情况时需对仪器设备性能进行校准：①新安装的仪器设备投入使用前；②影响检测结果的部件发生故障（如加样系统、比色系统）并维修后；③租用的设备或者其他实验室授权使用的设备；④当设备脱离实验室掌控（如外借等），实验室应在其重新投入使用前进行校准；⑤仪器位置移动后等。

（五）仪器报废

仪器使用年限过长而影响检测结果时，或故障率过高而不能满足实验室工作需要时，经相关部门评估后可申请仪器报废。报废前应对仪器进行去污染并做好相应记录。

（郑 磊）

本章小结

本章主要介绍了学习"临床检验仪器与技术"课程的重要性，以及临床检验仪器的发展历史和现状，强调了检验仪器设备主要朝着自动化、一体化、小型化、高通量化等方向发展，实验室也从自动化实验室向智慧化实验室的方向发展。

　　临床检验仪器主要用于血液及其他体液分析、生物化学分析、免疫学分析、微生物培养和鉴定以及分子生物学检验等，还有许多设备虽不直接用于检测样品，但却是实验室行使其功能所不可或缺的。这些仪器的结构和原理各不相同，品牌众多，型号不一，几乎覆盖了临床检验实验室的全部专业和绝大部分检测项目，是医学检验的重要工具。因此，医学检验技术专业的学生必须学好"临床检验仪器与技术"这门课程。

　　在使用仪器前必须先掌握仪器的相关知识，包括结构和各主要部件的功能、仪器的技术原理和检测原理，根据仪器制造商发布的操作指南编写简易且便于执行的操作规程，熟悉操作步骤。仪器设备投入使用前必须进行性能验证，包括精密度，正确度，空白限、检出限和定量限，线性/临床可报告范围，分析干扰，生物参考区间，携带污染，符合率等。在使用时，必须遵守实验室对仪器和设备的管理要求，掌握相关仪器的保养、校准周期及其他重要规定，并按照要求切实执行。

第二章 临床检验实验室通用设备

通过本章学习，你将能够回答下列问题：

1. 简述移液器的基本结构及使用方法。
2. 什么是离心力及相对离心力？
3. 低速离心机和高速离心机的基本结构包括哪些？
4. 简述光学显微镜的组成结构和工作原理。
5. 光学显微镜日常使用及维护需注意哪些事项？
6. 根据防护程度的不同，通常将生物安全柜分为几级？各有何特点？
7. 培养箱分为哪些类型？
8. 简述实验室常用水的种类。
9. 简述不间断电源的功能。

近年来，智能化、自动化的仪器和设备已经极大程度地替代了手工操作，成为临床检验实验室患者样品检测的主要工具，主要包括自动化的生化分析仪、免疫分析仪、血液分析仪和尿液分析仪等。此外，无论是常规检测患者样品的临床检验实验室，还是生物医学研究实验室，都会使用一些实验辅助设备，这些设备大多并非直接用于检测和分析，但却是实验室必不可少的，包括移液器、离心机、显微镜、生物安全柜、培养箱、实验室水处理系统以及不间断电源等。这些设备有各自的工作原理、结构和功能，我们有必要掌握相关知识，正确使用这些设备，以保证检验结果的正确和实验室的正常运行。

第一节 移 液 器

一、移液器的工作原理

移液器（pipette）又称加样器，俗称"加样枪"，是一种在一定容量范围内，将液体从原容器移取到另一容器的计量器具。移液器是依靠装置内柱塞的上下移动工作的。柱塞的移动距离由调节轮控制螺杆结构而实现，推动按钮带动推杆使柱塞向下移动，排出柱塞腔内气体。松手后，柱塞在复位弹簧的作用下恢复原位，从而完成一次定量吸液过程。

移液器已广泛应用于临床实验室，主要用于移取微量液体（数微升至数毫升），具有使用方便、精密度高、残留液少等优点。

二、移液器的结构、规格与分类

（一）移液器的基本结构

移液器的基本结构包括按钮、推杆、压盘、外壳、柱塞、弹簧、吸引管、移液头、数字刻度（或称读数窗）等（图 2-1）。

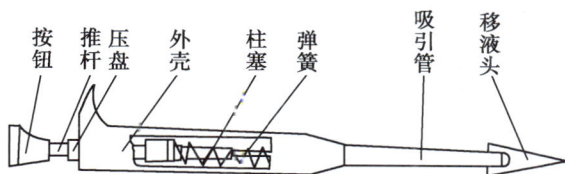

图 2-1 移液器结构图

（二）移液器的规格

大多数品牌的移液器设置的规格有 2～20μl、10～50μl、20～200μl、100～1 000μl 等，也有的厂家设置的规格与此不同。

（三）移液器的分类

1. 按调节刻度方式 可分为手动移液器和电动移液器。

2. 按能够同时安装的移液头的数量 可分为单通道移液器和多通道移液器。

3. 按刻度是否可调节 可分为定量移液器和可调节式移液器。

4. 按灭菌方式 可分为半支灭菌移液器和整支灭菌移液器。

5. 按特殊用途 可分为全消毒移液器、大容量移液器、瓶口移液器、连续注射移液器和移液工作站。移液工作站通常包含多个通道的移液器，是集成化的移液系统，适用于自动化和高通量实验。

三、移液器的使用

移液器用于定量地移取液体。使用时有不同的移取方法。

（一）前进移液法

此法适用于一般液体的移取。

1. 将定量移液器调至所需液体量值位置，装上适配的一次性移液头。

2. 将按钮压至第一停点位置（有明显的阻滞感）并保持，形成移液头内负压。

3. 将移液头浸入待移取液体液面下 2～3mm，慢慢松开按钮，待达到应吸量的液体后，缓缓将移液器撤离液面，并斜抵在容器内壁上（如试剂瓶、试管等），以流去移液头外部多余的液体，避免其被带入其他容器中。

4. 将移液器移至待加入液体的容器内，让移液头位于容器液面的近上方或液面上方的容器壁。轻轻压下按钮至第一停点位置，让液体缓缓流出。待液体将流尽时，继续下压按钮至第二停点位置，以移出所吸的液体，此时应避免产生气泡。

5. 继续按住按钮，将移液器移出容器外，松开按钮至起始位置，并将移液头弃于特定的移液头器皿中（内含消毒液）。如需继续吸取其他液体，则须更换移液头重复上述操作。

（二）反向移液法

反向移液法适用于高黏度液体或容易起泡的液体以及极小量液体的移取，大量液体的移取不适用。

先按下按钮至第二停点位置，慢慢松开推杆回原点吸取液体，排出液体时将推杆按至第一停点位置排出设置好体积的液体，继续按住推杆使其保持位于第一停点位置并取下有残留液体的移液头而弃之。

四、移液器的校准与日常维护

（一）移液器的校准

移液器的准确吸样是获得客观、正确的实验结果的重要前提。根据要求，使用移液器的实验室必须定期对移液器进行校准，校准周期为每年一次。移液器的校准可由有资质的国家计量部门校准，也可由实验室自行校准。实验室自行校准移液器的步骤大致如下。

1. 准备超纯水、万分之一天平（如果校准 0.5～2.5μl 量程的移液器，至少需要十万分之一天平）、温湿度计、恒温室，还需准备一个小口容器，防止水分挥发。温度要求：移液器校准时必须在室温 25℃±2℃ 的条件下进行。

2. 按移液器总量程的 100%、50%、10% 分别进行校准。

3. 将移液头里的气泡排出，选择好需要校准的刻度。

4. 将一小口容器放在万分之一天平上，调零。

5. 吸取固定容积的超纯水推入小口容器中，待数据稳定，读取天平数值，记录读数，同时记录温度。重复 10 次。

6. 计算容积，公式为：容积＝称量的超纯水重量／水的密度（25℃水的密度值：0.997 9g/cm³）。

7. 计算相对偏差（relative deviation，RD），公式如下：

$$RD = \frac{|\overline{Vi} - V|}{V} \times 100\% \qquad (式 2\text{-}1)$$

式中：V 为校准体积；$\overline{Vi}$ 为计算容积的平均值。

8. 计算相对标准偏差（relative standard deviation，RSD），公式如下：

$$RSD = \frac{\sqrt{\dfrac{\sum (Vi - V)^2}{N-1}}}{V} \times 100\% \qquad (式 2\text{-}2)$$

式中：V 为校准体积；Vi 为计算容积；N 为测定次数。

9. 得出校准结论，即 $RD \leqslant 2\%$ 且 $RSD \leqslant 1\%$，则判为合格；否则判为不合格。

（二）移液器的日常维护

使用移液器时要检查是否有漏液现象；当移液头内有液体时，严禁将移液器水平或颠倒放置；使用正确的方法安装移液头，切记不能用力过猛；定期用 95% 乙醇或 60% 异丙醇清洁移液器外壁，再用蒸馏水擦拭，自然晾干；长时间不使用时，要把移液器的量程调到最大，使弹簧处于松弛状态以保护弹簧；移液器如果需要消毒可以用紫外线照射，或者用 75% 乙醇擦拭。

第二节 离 心 机

离心现象是指物体在离心力场中表现出的沉降运动现象。应用离心沉降进行物质分析和分离的技术称为离心技术（centrifugal technique），实现离心技术的仪器是离心机（centrifuge）。离心机主要用于各种生物样品的分离、纯化和制备。随着分子生物学的快速发展，高效率分离技术的需求促进了离心技术的不断革新，尤其是微处理器控制系统的集成和超速离心机的发展。各级转速的离心机能分离纯化细胞、亚细胞结构、病毒、激素及其他生物大分子等各种生物组分。

一、离心机的工作原理

离心机利用离心机转子高速旋转产生的强大离心力，使置于旋转体中的颗粒加速沉降，从而使具有不同沉降系数和浮力密度的颗粒浓缩或分离。以下是与离心技术相关的两个基本概念。

（一）离心力

由于物体旋转而产生的脱离旋转中心的力即离心力（centrifugal force，Fc），也是物体作圆周运动所需向心力的反作用力。当物体所受外力小于圆周运动所需要的向心力时,物体将向远离圆心的方向运动。离心运动是由向心力消失或不足而造成的。

在一定角速度下作圆周运动的任何物体都受到一个向外的离心力,离心作用是根据这一原理产生的。离心力(Fc)的大小等于离心加速度$\omega^2 r$与颗粒质量m的乘积,即:

$$Fc = m\omega^2 r = m\left(\frac{2\pi N}{60}\right)^2 r = \frac{4\pi^2 N^2 rm}{3\,600}$$ (式 2-3)

式中:ω 是旋转角速度(rad/s);N 是转头旋转速度(r/min);r 是颗粒距旋转中心转轴的距离(cm);m 是质量(g)。

(二)相对离心力

相对离心力(relative centrifugal force,RCF)是指在离心力场中,作用于颗粒的离心力相对于颗粒本身所受重力的倍数,即离心力是重力的多少倍,单位是重力加速度"g",称作多少个g。用"数值×g"表示,如20 000×g,表示相对离心力 20 000。

由于各种离心机转子的半径或离心管至旋转轴中心的距离不同,所以转速相同时离心力也不同。RCF与转速和半径有关,只要RCF值不变,一个样品就可以在不同的离心机上获得相同的分离效果。一般情况下,低速离心时常以每分钟转速"r/min"来表示,高速离心则以相对离心力"g"或每分钟转速"r/min"来表示。相对离心力RCF由下式计算:

$$RCF = \frac{Fc}{G} = \frac{m\omega^2 r}{mg} = \frac{\omega^2 r}{g} = \frac{\left(\frac{2\pi N}{60}\right)^2 r}{980} = 1.118 \times 10^{-5} N^2 r$$ (式 2-4)

根据式 2-4,如果给出 r,RCF 可以和 N 互相换算。RCF 与 N 的换算也可以查阅离心机转速与离心力的列线图,方法是在标尺上取已知的半径值 r,在 RCF 标尺上取已知的相对离心力值,这两点间线的延长线在每分钟转速标尺的交点即所要换算的值。反之亦然。

二、离心机的基本结构与分类

离心机通常有三种分类方法:①按转速分类:可分为低速、高速、超速离心机;②按用途分类:可分为制备型、分析型和制备分析两用型离心机;③按结构分类:可分为台式、多管微量式、细胞涂片式、血液洗涤式、高速冷冻式、大容量低速冷冻式、台式低速自动平衡离心机等。最常用的是转速分类法。

(一)低速离心机

低速离心机也称为普通离心机,结构较简单,由驱动系统、离心转盘(转头)、定时器、离心套管与底座等主要部件构成。低速离心机的最大转速为 6 000r/min 左右,相对离心力近 6 000×g,容量为几毫升至几千毫升,分离形式是固液沉降分离。临床实验室主要用于血浆、血清的分离以及脑脊液、胸腔积液、腹腔积液、尿液等样品中有形成分的分离。

1.驱动系统 驱动系统是离心机的主要部件,现在多采用无刷交流变频调速电机,它是一种采用变频技术控制电机转速和运行的电机,能对电机转速进行精确控制(图 2-2)。

2.离心转盘(转头) 转头是离心机分离样品的核心部件,其转速与转头的材料及强度有关。转头可分为五大类,即固定角转头、甩平式转头、区带转头、垂直转头和连续流动转头,通常使用的是固定角转头和甩平式转头。

(1)固定角转头:是指离心管腔与转轴成一定倾角(角度为 20°～40°,角度越大,沉降越结实,分离效果越好)的转头。它是由一块完整的金属制成的,其上有 4～12 个装载离心管用的机制孔腔,即离心管腔。颗粒在离心沉降时先沿离心力方向沉向离心管壁,然后再沿管壁滑向管底,因此管的一侧就会出现颗粒沉积,此现象称为"壁效应"。这种转头的优点是具有较大容量,且重心低,运转平衡,使用寿命较长。

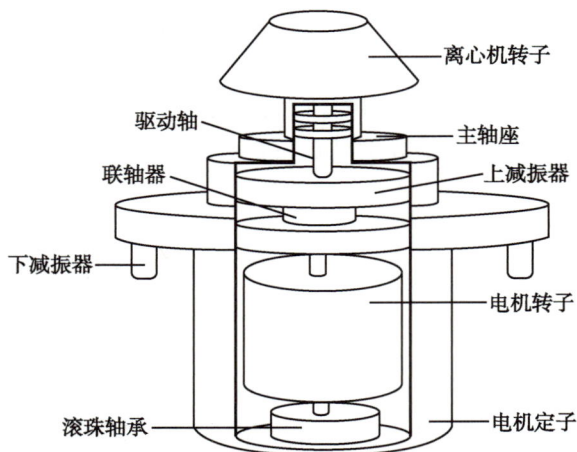

图 2-2 离心机驱动系统结构

（2）甩平式转头：这种转头由 4 个或 6 个自由活动的吊桶构成。当转头静止时，吊桶垂直悬挂；当转头转速达到 200～800r/min 时，吊桶荡至水平位置。

3. 离心套管 离心套管主要用塑料或不锈钢制成。塑料离心套管常用性能较好的材料，如聚丙烯。塑料离心套管硬度小，易变形，抗有机溶剂腐蚀性差，使用寿命短。不锈钢离心套管强度大，不变形，能抗热、抗冻、抗化学腐蚀。

（二）高速冷冻离心机

高速冷冻离心机通常有转动装置、速度控制系统、温度控制系统、离心室、离心转头及安全保护装置（包括电源过电流保护、驱动回路超速保护、冷冻机超负荷保护和操作安全保护装置）等。由于高速离心机转速高，转头与空气摩擦产生热量，因而高速离心机都带有低温控制装置。离心室的温度可以调节，温度范围维持在 0～40℃，转速、温度和时间都可以严格准确控制，并有指针或数字显示。高速离心机因半径不同，最大转速可为 20 000～25 000r/min 不等，最大相对离心力为 89 000×g，最大容量可达 3L，其分离形式为固液沉降分离。临床和基础研究实验室中，高速冷冻离心机主要用于 DNA 和 RNA 的分离，以及各种生物细胞、无机物溶液、悬浮液和胶体溶液的分离、浓缩、样品的提纯等。

（三）超速离心机

制备型超速离心机因半径不同，最大转速可为 50 000～80 000r/min 不等，相对离心力最大可达 510 000×g。超速离心机主要由驱动和速度控制系统、温度控制系统、真空系统和转头四部分组成。超速离心机还有一个过速保护系统，防止转速超过转头最大规定转速而引起转头的撕裂或爆炸，离心室采用能承受此种爆炸的装甲钢板以达到良好的密闭性能。温度控制系统由安装在转头下面的红外线测量感受器直接并连续监测离心室的温度，以保证更准确、更灵敏的温度调控。

超速离心机的离心容量可从几十毫升至 2L，分离形式包括差速沉降分离和密度梯度分离。它主要应用于科研实验室或生物制药领域，进行生物大分子、细胞器和病毒等的分离纯化，还能实现亚细胞器分级分离，并用于测定蛋白质及核酸的分子质量、检测生物大分子的构象变化等。

超速离心机主要由一个椭圆形转子、一套真空系统和一套光学系统组成。

1. 椭圆形转子 该转子通过一个柔性的轴连接成一个高速的驱动装置，此轴可使转子在旋转时形成自己的轴。

2. 真空系统 由于转速高（超过 40 000r/min 时），空气的摩擦生热和空气阻力会阻碍转速进一步升高，因此，超速离心机都配有真空系统。真空系统将离心室密封并使其保持真空状态，以克服空气的摩擦生热，并保证离心机达到正常所需转速。

3. 光学系统 可保证在整个离心期间能实时观察小室中正在沉降的物质，依据紫外线吸收率或折射率的不同对沉降物进行监视。

三、常用离心方法

根据离心原理，离心方法可分为差速离心法和密度梯度离心法。对不同样品的分离应选择不同的离心方法。一般低速离心时，若分离的样品颗粒的质量和密度与溶液相差较大，选择合适的离心转速和离心时间就能达到较好的分离效果。若分离两种及以上样品颗粒，还需考虑它们的沉降系数。沉降系数（sedimentation coefficient, S）是大分子沉降速度的量度，其大小与物质的分子质量、密度等有关，S 值越大，沉降越快。因此混合样品 S 值差异大时可采用差速离心法，比较接近时可采用密度梯度离心法。

（一）差速离心法

差速离心法又称分步离心法，是根据被分离物的沉降速度不同，采用不同离心速度和时间进行分步离心的方法。该方法主要用于分离大小和密度差异较大的颗粒，实验室主要用于提取组织或细胞中的成分。

离心时需要把经破碎处理的组织或细胞加入离心管中，先低速离心取出上清液，弃去大的组织碎片及沉淀物，再将上清液放入离心机进行高转速离心，将小的颗粒分离出来，直至达到所需要的分离纯度。

差速离心法的优点包括：①操作简单，离心后用倾倒法即可将上清液与沉淀物分开，并可使用容量较大的角式转子；②分离时间短、重复性高；③样品处理量大。缺点是分辨率有限，沉降系数在同一个数量级内的各种粒子不容易分开，分离效果相对较差，不能一次得到纯颗粒。另外，差速离心法的壁效应严重，特别是当颗粒很大或浓度很高时，在离心管一侧会出现沉淀。此时颗粒被挤压，尤其是当离心力过大、离心时间过长时颗粒会变形、聚集而失活。

（二）密度梯度离心法

密度梯度离心法主要用于沉降系数 S 差别不大的微粒。将样品置于一定的惰性密度梯度介质中进行离心沉淀或沉降平衡，在一定的离心力下，颗粒被分配到密度梯度液中某些特定的位置上，从而形成不同区带。梯度液密度小的成分靠近旋转轴，密度大的成分远离旋转轴（直到管底）。在使用密度梯度离心法之前，需要了解被分离颗粒的浮力密度和沉降速度，以便选择合适的密度梯度液、相对离心力、离心时间等参数。

四、离心机的性能指标与应用

（一）离心机的性能指标

离心机的主要性能指标有最大离心力、最大转速、最大相对离心力、最大制备容量、温控精度、温控范围、转速精度、噪声范围、电源功率、外形尺寸、适配转子等一系列数据。

（二）离心机的应用

离心机是生物学和医学实验室（包括临床检验实验室）必备的工具，必须依据样品的特性和实验目的，正确选择离心方法和离心机。临床检验实验室离心机的发展趋势是逐渐向专业型专用离心机发展。目前使用较多的专用离心机有以下几种。

1. 输血专用离心机 是临床输血实验室使用的一种带有标准化操作规程和限制性设定的专用离心机。最大转速为 1 500r/min，最大相对离心力为 182×g；工作转速设定为 900r/min，离心时间为 2 分钟。患者输血前血型（正、反定型）鉴定、交叉配血试验、库姆斯试验（即 Coombs 试验，又称抗球蛋白试验，用于检查不完全抗体），以及对输注血小板的患者进行血小板血型鉴定、血小板抗体检查等需要此种离心机。

2. 微量毛细管离心机 临床实验室中用于血细胞比容的测定、微量血细胞比容的测定、放射性核素微量标记物的测定等。离心操作程序为自动化控制，一次最多可离心24根毛细管，最大转速为12 000r/min，最大相对离心力为14 800×g。

3. 尿液有形成分分离离心机 专用于临床实验室尿液常规检查时有形成分的沉淀，通常与尿液工作站或尿沉渣流式细胞分析仪配套使用。此类离心机在低速离心机的基础上，设定了专用的水平转子。最大转速为4 000r/min，最大相对离心力为2 810×g。

4. 细胞涂片染色离心机 临床实验室中主要用于血液、微生物、脑脊液等的涂片、染色。此种离心机的最大转速为2 000r/min，还设有专用水平杯式转子，操作程序为自动化控制。样品（如血液）经梯度离心分离出杂质，细胞从液体悬浮物中分离出来，被均匀地涂抹到载玻片上，自动干燥、固定后，染色液自动地喷射到转盘中的载玻片上，再经离心除去过剩染液。用细胞涂片染色离心机进行自动化涂片，镜下可见细胞或细菌等分布均匀，其间无重叠，背景清晰，染色效果好。

五、离心机的校准与日常维护

（一）离心机的校准

离心机校准标准主要有转速、加速度和减速度（离心机在启动和停止过程中的加速度和减速度）、温度控制、噪声、振动和安全性功能（如紧急停止按钮、门锁等）。在进行校准时，需要参考相关的标准和制造商提供的指南。校准应由经过专业培训的技术人员进行，并使用合适的校准设备和方法。

（二）离心机的日常维护

各类离心机因其转速不同，产生的离心力也不同，如果使用不当或缺乏定期保养与维护，都可造成离心机发生故障而影响使用。因此使用离心机时必须定期维护，以保证其长时间正常使用。

离心机日常使用时应注意：①台式离心机应放置于牢固平稳的台面，而落地式离心机应放置于平稳的地面；②离心管应重量平衡和位置对称，以保持离心机的平衡；③机器运行前检查转头盖、机器盖是否盖好；④每天使用后要及时清理转头室、转子和套管，应打开门盖，用干净的纱布擦干冷凝水；⑤较长时间不用时，应将离心机转子取出，并在离心室放入吸潮剂（如硅胶袋），以防驱动轴生锈；⑥离心机运行时如果出现机体振动剧烈、响声异常，应及时关机和断电，进行检修；⑦离心机面板禁止放其他物品，以防面板划伤；⑧离心机部件（转子、套管、杯等）应定期消毒。

第三节 光学显微镜

显微镜的发明把人类的视野从宏观引入微观，对于19世纪细胞学、微生物学等学科的建立起到了极大的推动作用。显微镜的发展大致可分为三代：第一代为光学显微镜；第二代为电子显微镜；第三代为扫描隧道显微镜。

本节对在医学常规检验和科学研究中用到的光学显微镜的一般工作原理、基本结构、分类、使用、维护、常见故障及排除等进行简单介绍。

一、光学显微镜的工作原理

光学显微镜（optical microscope）是利用光学原理，把人肉眼所不能分辨的微小物体放大成像,以供人们提取物质细微结构信息的光学仪器。光学显微镜有很高的分辨率和放大倍数,是研究物质微观结构的有力工具。光学显微镜的光学折射成像系统由两组会聚透镜组成。焦距较短,靠近观察物、成实像的透镜组称为物镜(objective);焦距较长,靠近眼睛、成虚像的透镜组称为目镜(ocular)。被观察物体位于物镜的前方,被物镜作第一级放大后成一倒立的实像,然后此实像再被目镜作第二级放大,得到最大放大效果的倒立的虚像,位于人眼的明视距离处,供眼睛观察。

二、光学显微镜的基本结构

各类光学显微镜都是二次放大图像的复式显微镜,包括光学系统和机械系统两大部分(图 2-3)。光学系统是显微镜的主体部分,包括物镜、目镜、聚光镜及反光镜等。机械系统是为了保证光学系统的成像而配置的,包括调焦系统、载物台和物镜转换器等运动夹持部件以及底座、镜臂、镜筒等支持部件。一些特殊类型的显微镜或高级显微镜还有附加装置。

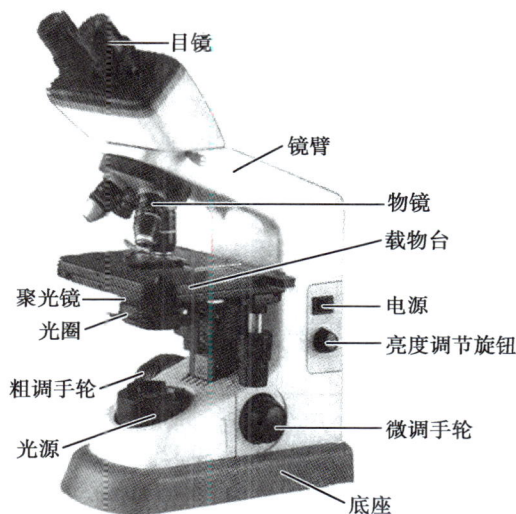

图 2-3　显微镜基本结构示意图

(一)光学系统

1. 物镜及其技术指标　物镜是显微镜中最重要和最复杂的部分,其性能直接影响显微镜的成像质量和技术性能。

所有显微镜的物镜都应消除球差。球差即透镜的球面像差,是指从物点发出而进入系统的光线不能和通过近轴曲面的光线汇聚成一个理想的亮点,而是形成一个中间亮、边缘逐渐模糊的弥散斑。同一台显微镜配用的一套物镜还应满足"齐焦",即当某一物镜调焦清晰后,变换其他物镜时,也能基本保证焦距恰当、成像清晰。

物镜的分类方法较多,按照对色差的校正程度可以分为消色差物镜和复消色差物镜;按数值孔径(numerical aperture,NA)与放大倍数的范围又可将物镜分为低倍、中倍和高倍物镜;根据物镜使用时是否浸在液体介质中还可将物镜分为干式物镜和浸液物镜,浸液有水、油和甘油等。高倍物镜多采用浸液物镜,它能显著提高显微镜的分辨率。

物镜有许多技术指标,都使用特殊字符标示在物镜外壳上,浸液物镜会注明使用的浸液。上面一行用 β/NA 的形式给出物镜的放大倍数 β 和数值孔径 NA,下面一行以 L/b 的形式给出适用的镜筒长 L 及盖玻片厚度 b。例如某一物镜外壳从上至下有三行标记"油 -100/1.25～∞/0.17"。表明该物镜为油浸式高倍物镜,放大倍数为 100,NA 为 1.25,对透射光及反射光均适用,镜筒很长,用于透射光时的盖玻片厚度为 0.17mm。

2. 目镜及其技术指标 目镜在窄光束、大视场的条件下与物镜配合使用,通常由2~3组透镜组成。其中目镜筒上端靠近眼睛的透镜(组)称为接目镜,下端靠近视野的透镜(组)起主放大作用,称为视野透镜。而介于两者之间的透镜主要起校正像差或色差、优化视场的作用。与物镜一样,目镜也有统一的连接标准,方便互换。

显微镜目镜技术指标包括放大倍数、最小视场宽度(mm)等,均标示在目镜外壳上。

3. 照明设置及其主要部件 照明设置的功能是使被观察样品(它们自身并不发光)有充分而均匀的光线,因此应能正确地调整照明设置。照明设置的主要部件包括以下几部分。

(1)光源:电光源卤素灯、发光二极管(LED)灯、氙灯、汞灯和氖灯等较为常用,它们具有发光效率高、显色性好、亮度大、寿命长等优点,满足普通和特殊显微镜的照明需求。传统白炽灯已被卤钨灯取代。

(2)滤光器:即滤光片,其作用主要是改变入射光的光谱成分和光的强度,便于显微观察和显微摄影。最常用的滤光片是有色玻璃滤光片。只有了解滤光片的光谱特性并正确选用,才能获得最佳效果。

(3)聚光镜:对于大孔径物镜,不可能使用大尺寸光源,只能使用光学系统把光源的像放大,并把光源的像聚焦于被观察物体附近,这个聚光系统就是聚光镜。

(4)玻片:大多数生物显微镜的样品是夹在两片薄玻璃片中进行观测的。上面一片称盖玻片,下面一片称载玻片。由于玻片处于观察光路之中,它们的光学性质对照明系统有较大的影响,因此应对玻片的参数作统一规定。

(二)机械系统

显微镜的机械系统包括底座、镜臂、镜筒、物镜转换器、载物台、调焦系统和聚光镜升降系统等,主要起固定、支撑、运动和调节等作用。

1. 镜筒 主要用于容纳抽筒、连接透镜,保证光路畅通且不使光亮度减弱。镜筒有单目、双目和三目等。镜筒下端与物镜转换器相连接。

2. 物镜转换器 这是显微镜机械装置中结构复杂、精度要求最高的部件。由于显微镜的视场小,要求转换器和物镜定位槽孔的对中同轴(物镜和目镜的光轴应在同一条直线上)偏差不超过0.01mm,而且物镜转换器需要经常转动,所以要求转换器既要定位准确,又要转动轻松灵活。使用人员在更换物镜时,应转动物镜转换器,而不能用力扳动安装在转换器下部的物镜。

3. 载物台 是用于放置样品或被观察物体并保证它们在视场内能平稳移动的机械装置,复杂程度相差较大。最简单的载物台由一个固定平台和一个移动尺(带有刻度标尺的夹片结构)组成。移动尺借助螺杆、齿轮、齿条等机械传动装置使夹片进行前后、左右的平面移动。

4. 调焦系统 调焦的基本要求是充分利用放大率和保证清晰成像条件,使调节的系统沿着光轴方向作稳定的直线运动。调焦可以有升降镜筒移动物镜和升降载物台移动样品两种途径。其中包括微动调焦(微调)和粗动调焦(粗调)两套结构。操作时,先粗调迅速得到样品的像后再仔细微调获得满意的物像。

三、光学显微镜的分类

多数情况下光学显微镜是按用途进行分类的,有双目生物显微镜、荧光显微镜、倒置显微镜、相衬显微镜、暗视野显微镜、紫外光显微镜、偏光显微镜、激光扫描共聚焦显微镜、干涉相衬显微镜、近场扫描光学显微镜等。

(一)荧光显微镜

荧光显微镜(fluorescence microscope)是通过使用紫外光、可见光或近红外光等光源,激发样品中的荧光物质，从而对特定成分进行观察和分析的一种光学显微镜。荧光显微镜既可以观察固定的切片样品，也可以进行活体染色观察，还可以观察活细胞内物质的吸收与运输及化学物质的分布与定位等。荧光显微镜是医学检验中的重要仪器之一。

（二）倒置显微镜

倒置显微镜（inverted microscope）又称生物培养显微镜，是一种用于观测活体样品的显微镜，使用时须把照明系统放在载物台及样品之上，而把物镜组放在载物台器皿下进行放大成像。由于受工作条件的限制，其物镜的放大倍数一般不超过 40 倍，而且是长工作距离的。该类显微镜常配有摄影（像）装置，可用于观察生长在培养皿底部的细胞的状态。

四、光学显微镜的性能指标与使用

（一）光学显微镜的性能指标

光学显微镜的性能指标主要包括物镜倍数、目镜倍数、总体放大倍数、物镜转盘、视场数、分辨率、镜像亮度、镜像清晰度、光源和可扩展性等。此外，有些光学显微镜还配备了先进的光学系统和智能化软件，以提供高分辨率的图像和完美的图像分析系统（数码相机、摄像头、图像分析软件）解决方案。

（二）光学显微镜的使用

显微镜是一种精密的光电一体化仪器，只有科学、正确地使用，才能发挥它的作用，延长其使用寿命。

光学显微镜的一般使用规程：①打开电源开关，旋转亮度调节旋钮使光强适中；②旋转粗调手轮把载物台降到最低处，打开夹片器，放好样品，轻轻松开夹片器，使其自然夹住玻片，旋转载物台下的样品平移控制旋钮，将样品放置在恰当的位置；③旋转物镜转换器，将10 倍物镜置于样品上方，先从侧面观察，旋转显微镜的粗调手轮，使样品尽可能接近物镜；④通过右目镜观察样品，慢慢旋转粗调手轮使载物台下降，粗调聚焦后再用微调手轮做精细调焦，调节光瞳间距，使双目观察到单一的像；⑤旋转左目镜上的屈光度调节环，使样品清晰可见，使双眼视力差得到补偿；⑥转动物镜转换器，选用所需放大倍数的物镜并配合使用对应的目镜，配合微调观察到清晰单一的像；⑦观察并记录。

五、光学显微镜的校准与日常维护

（一）光学显微镜的校准

光学显微镜是医学检验的重要工具，其准确性和精密度直接影响检验结果的准确性和可靠性，因此，应定期对光学显微镜进行校准。光学显微镜校准包括目镜、物镜和光路校准。目镜校准即检查目镜的放大倍数是否准确；物镜校准即检查物镜的放大倍数和分辨率是否准确；光路校准则是确保显微镜的光学系统正常工作，使亮度均匀、图像清晰。完成校准后，还应进行全面检查，确保显微镜的各项性能指标达到要求。

（二）光学显微镜的日常维护

只有加强光学显微镜的日常维护和保养，才能使其保持良好的工作状态和稳定的性能。光学显微镜的日常维护包括：①避免短时间内频繁开关电源，使用间歇要注意调低照明亮度；②注意显微镜存放及使用的环境条件，工作的温度范围一般为 5～40℃，保持环境清洁、干燥，防尘、防晒、防潮、防腐蚀，光学元件表面不可用手触摸以免污染；③搬动和运输显微镜时避免剧烈振动；④对于具有张力作用的器件，使用完毕之后要让它回到自然松弛状态，任何可调节部件都应尽量避免处于极端状态；⑤绝不可把样品长时间留放在载物台上，特别是样品含有挥发性物质时；⑥显微镜应经常擦拭，光学元件表面要用干净的毛笔清扫或用擦镜纸擦拭干净，机械表面可用布擦拭。

上述只是日常维护中应注意的一般问题。由于显微镜种类、型号繁多，在使用时还应认真阅读说明书，结合自己的工作经验，明确使用细则及维护保养方法，并加以实施。

六、光学显微镜的常见故障和排除

光学显微镜的常见故障可分为光学故障和机械故障两大类。

（一）常见光学故障和排除

1. 镜头成像质量降低 由镜片膜层损坏，或者镜片表面生雾、生霉所致。对于生霉的镜头分别用水杨酸甲酯、2,5- 二甲酯和五氯酚汞等化学药品熏蒸以杀死霉菌的孢子，并擦净。对于膜层破坏的镜头需更换膜或重新镀膜。

2. 双像不重合 由剧烈振动造成双目棱镜位置移动所致。打开双目棱镜外壳，在平台上放一把十字刻度尺，将 10 倍分划目镜分别插入左、右两目镜筒内，使双目镜筒转至不同角度观察时，十字刻度尺的位置都在左、右两目镜视场的相同位置处，然后固紧棱镜即可。

3. 视场中的光线不均匀 首先检查物镜、目镜、聚光镜等光学元件表面是否变脏、受损。再检查物镜是否处于光路中、视场光阑是否聚中及是否太小。

4. 视场中有污物 检查并彻底擦净目镜、聚光镜、滤光片和玻片上的污迹。

5. 双目显微镜中双眼视场不匹配 往往是瞳孔间距、补偿目镜管长未调节恰当，或者是误用不匹配的目镜所致。若调整或调换仍解决不了问题，则可能是棱镜系统出故障，应弃用或交由厂家修理调整。

（二）常见机械故障和排除

1. 粗调手轮自动下滑 对于下滑较轻的情况，双手各握紧一粗调手轮，左手握紧不动，右手握紧粗调手轮并沿顺时针转动，即可制止下滑。

2. 升降时手轮梗跳 当齿轮与齿条处在不正常的啮合工作状态时，梗跳不顺便相继发生。齿条与齿轮是形状复杂、精度较高的零件，一旦破坏就只能更换新件组合。

3. 微调双向失灵 这种障碍多发生在齿轮式微调机构中，常发生于微调手轮已转到限位处仍用劲一拧，造成限位螺钉头跳过，使最末一级的扇形齿轮过位脱落。排除方法为先将整个微动机构组件拆下，更换新的限位螺钉，然后把菲薄的扇形齿轮放回啮合位置，并调整好装回原处。再调整微调齿杆和组件的相对位置（主要依靠紧固部件的螺孔侧隙进行调整），当齿轮组件与齿杆的啮合达到平稳舒适的状态时，把所有紧固螺钉旋紧即可。

第四节 生物安全柜

临床实验室每天都要接收大量各类患者的样品，对固体或液体样品施加能量的活动如摇动、倾注、接种、离心等过程都容易产生含有病原微生物的气溶胶（aerosol）。气溶胶是悬浮在气体介质中、粒径一般为 0.001～100μm 的固态、液态微粒所形成的胶溶态分散体系。气溶胶不但会对操作人员和环境造成危害，也会导致样品之间的交叉污染，因此必须采取有效的措施避免这些危害和污染。生物安全柜（biological safety cabinet，BSC）是负压过滤排风柜，可防止操作人员和环境暴露于实验过程中产生的生物气溶胶。

近年来，国家对实验室生物安全问题日益重视，生物安全柜在临床实验室的应用也更加广泛。

一、生物安全柜的工作原理

生物安全柜的工作原理是将柜内空气经管道向外抽吸，前窗操作口向内吸入负压气流，使柜内的气体不能外泄以保护操作人员的安全;经高效空气过滤器过滤的垂直气流用以保护受试样品;柜内气流经高效空气过滤器过滤后排出可避免环境污染。生物安全柜的气流过滤如图2-4所示。

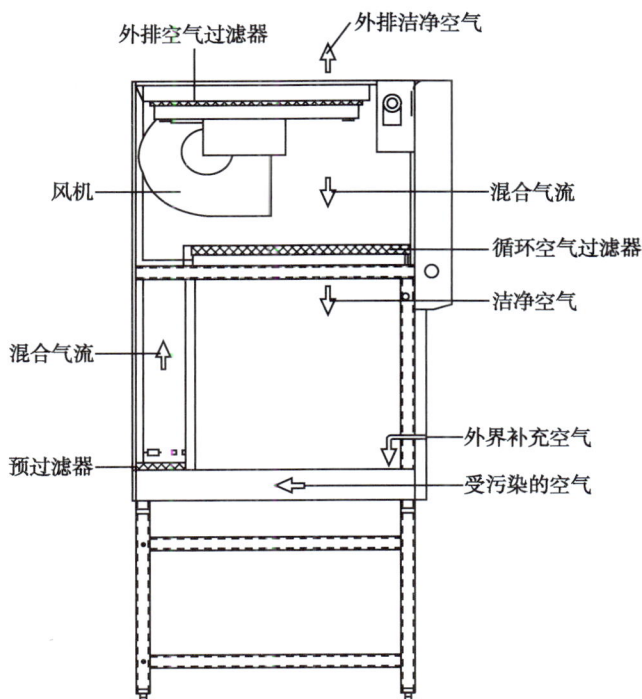

图2-4 生物安全柜的气流过滤

二、生物安全柜的分类

国家标准《生物安全柜》(GB 41918—2022)于2025年11月1日实施。生物安全柜保护实验人员、实验样品和实验环境免受实验过程中产生的生物气溶胶污染,广泛应用于医疗卫生、疾病预防与控制及各类生物实验室等。

《生物安全柜》(GB 41918—2022)根据气流及隔离屏障设计结构将生物安全柜分为Ⅰ、Ⅱ、Ⅲ级。

(一)Ⅰ级生物安全柜

Ⅰ级生物安全柜是有前窗操作口的生物安全柜,操作人员可通过前窗操作口在生物安全柜操作区进行操作,用于对人员和环境进行保护。前窗操作口向内吸入负压气流以保护操作人员的安全;排出气流经高效空气过滤器过滤可保护环境不受污染。

(二)Ⅱ级生物安全柜

Ⅱ级生物安全柜是有前窗操作口的生物安全柜,操作人员可通过前窗操作口在生物安全柜操作区进行操作,对操作过程中的人员、样品及环境进行保护,也是临床生物防护中应用最广泛的一类生物安全柜。

根据排放气流占系统总流量的比例及内部设计结构,将Ⅱ级生物安全柜分为A1、A2、B1、B2四个类型。

1. A1型 A1型前窗操作口流入气流的最低平均流速为0.40m/s。安全柜内的下降气流为部分流入气流和部分下降气流的混合空气,经高效空气过滤器过滤后送至工作区。安全柜内的污染气流经过高效空气过滤器过滤后可以排放到实验室或经安全柜的外排接口通过排风管道排入大气。安全柜内的所有生物污染部位均处于负压状态或者被负压通风系统包围。

A1 型生物安全柜不能用于有挥发性化学品和挥发性放射性核素的试验。

2. A2 型 A2 型前窗操作口流入气流的最低平均流速为 0.50m/s。安全柜内的下降气流为部分流入气流和部分下降气流的混合空气,经高效空气过滤器过滤后送至工作区。安全柜内的污染气流也是经过高效空气过滤器过滤后排到实验室或经安全柜的外排接口通过排风管道排入大气。安全柜内所有生物污染部位均处于负压状态或者被负压通道和负压通风系统包围。

A2 型生物安全柜用于进行以微量挥发性有毒化学品和痕量放射性核素为辅助剂的微生物试验时,应连接功能合适的排气罩。

3. B1 型 B1 型前窗操作口流入气流的最低平均流速为 0.50m/s。柜内下降气流大部分由未污染的流入气流循环提供,即经过高效空气过滤器过滤后再送至工作区。安全柜内大部分被污染的下降气流经过高效空气过滤器过滤后通过专用排气管道排入大气。所有生物污染部位均应保持负压,或被负压通道和负压通风系统包围。

如果挥发性有毒化学品或放射性核素随空气循环不影响试验操作,或试验在生物安全柜的直接排气区域进行,那么 B1 型生物安全柜可以用于以微量挥发性有毒化学品和痕量放射性核素为辅助剂的微生物试验。

4. B2 型 B2 型前窗操作口流入气流的最低平均流速为 0.50m/s。柜内下降气流全部是经过高效空气过滤器过滤后的实验室或室外空气(即安全柜排出的气体不再循环使用)。安全柜内的流入气流和下降气流经高效空气过滤器过滤后通过排气管道排入大气,不允许回到生物安全柜和实验室中。所有污染部位均处于负压状态,或者被直接排气(不在工作区循环)的负压通道和负压通风系统包围。

B2 型生物安全柜可以用于以挥发性有毒化学品和放射性核素为辅助剂的微生物试验。

(三)Ⅲ级生物安全柜

Ⅲ级生物安全柜主要用于四级实验室,也可用于三级实验室的高风险操作,是目前世界上安全防护等级最高、具有全密闭和不泄漏结构的生物安全柜。人员通过与柜体密闭连接的手套在生物安全柜操作区内实施操作。生物安全柜内对实验室的负压应不低于 120Pa。下降气流经高效空气过滤器过滤后进入生物安全柜。排出气流经过两道高效空气过滤器过滤后排放到室外。

三、生物安全柜的结构与功能

(一)生物安全柜的主要结构

不同类型的生物安全柜结构有所不同,一般由箱体和支架两部分组成,下面以Ⅱ级生物安全柜为例进行介绍。

生物安全柜箱体内部含有前玻璃门、风机、电机、预过滤器、循环(高效)空气过滤器、外排(高效)空气预过滤器、传递装置、集液槽、手套、采样口、照明源和紫外光源等设备(图 2-5)。

(二)生物安全柜各部件的功能

1. 前玻璃门 操作时将安全柜正面玻璃门推开一半,上部为观察窗,下部为操作口。操作人员的手臂可通过操作口伸入柜内,并且通过观察窗观察工作台面。

2. 高效空气过滤系统 是保证设备性能的最主要系统。由预过滤器、进气风机、风道、排风预过滤器、循环(高效)空气过滤器、外排(高效)空气预过滤器组成。其主要功能是保证洁净空气源源不断进入工作室,使工作室内的垂直气流保持一定的流速,保证工作室内的洁净度达到 100 级。同时使外排的气体也得到净化,防止环境污染。

高效空气过滤器的过滤效率可达 99.99%～100.00%,对直径为 23～25nm 的病毒颗粒也可完全拦截,是生物安全柜中的主要防护结构。

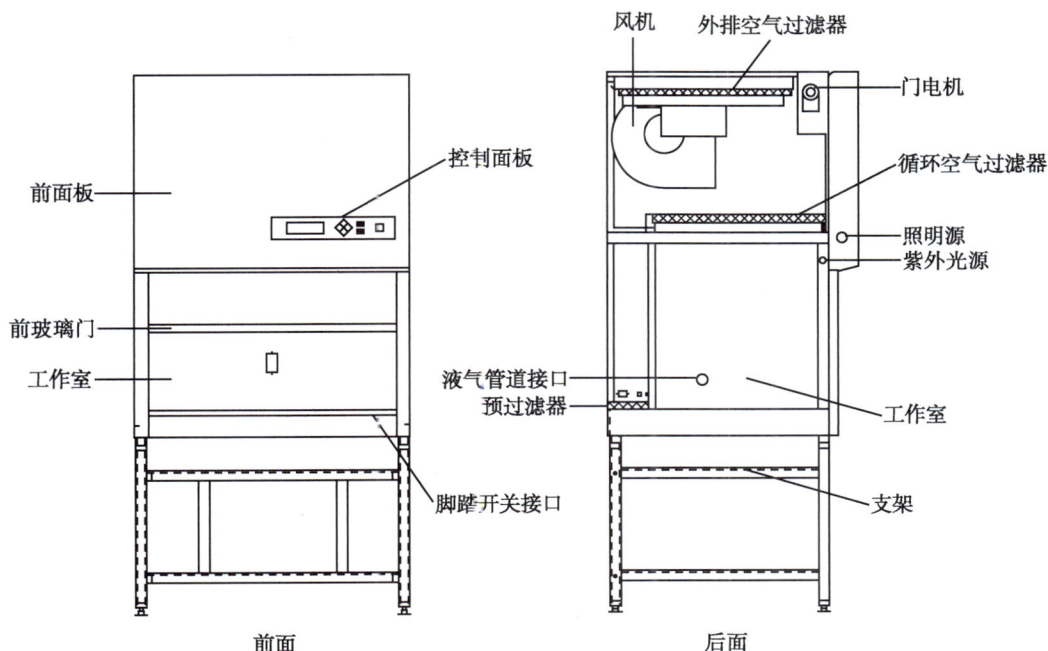

图 2-5 生物安全柜结构简图

3. 外排风箱系统 提供排气的动力,将工作室内由操作产生的不洁净气体抽出,并由外排(高效)空气过滤器净化,保护操作的样品;由于工作室为负压,可使前玻璃门处向内的补给空气平均风速达到一定程度(一般≥0.5m/s),防止安全柜内气体外逸,保证操作人员的安全。

4. 前玻璃门驱动系统 由门电机、前玻璃门、牵引机构、传动轴和限位开关等组成,使前玻璃门操作轻便顺畅,并且周边密封良好。

5. 控制面板 有电源开关、紫外线灯及照明灯开关、风机开关、控制前玻璃门上下移动的开关,以及有关功能设定和系统状态显示的液晶显示屏等。

四、生物安全柜的性能指标与应用

(一)生物安全柜的主要性能指标

生物安全柜是保护操作人员、样品和环境,使其免遭微生物污染的隔离屏障。生物安全柜进风及排风气流的平衡、操作台面上的气流分布和生物安全柜的完整性是其有效性的重要保障。其性能指标的规定及验证也主要围绕这三个方面进行。这些指标及相应要求可直接依据国家标准《生物安全柜》(GB 41918—2022)的相关内容,包括生物安全柜的垂直下降气流的平均风速、前窗操作口气流平均风速、气流流向(垂直气流、观察窗隔离效果气流、前窗操作口及其边缘气流)、操作面空气洁净度、人员安全性、受试样品安全性、交叉感染、箱体检漏、进风高效过滤器完整性、排风高效过滤器完整性、噪声、紫外线灯测试等。

(二)生物安全柜的应用

生物安全柜广泛应用于微生物、生物工程及其他对操作环境有苛刻要求的场所。可为临床医疗、检验、制药、科研等领域提供无菌、无尘、安全的工作环境。不同级别的生物安全实验室对生物安全柜的级别要求不同。

1. 实验室生物安全防护水平分级　我国的《实验室　生物安全通用要求》（GB 19489—2008）根据对所操作生物因子采取的防护措施，将实验室生物安全防护水平分为一级、二级、三级和四级。

（1）一级实验室：适用于操作在通常情况下不会引起人类或动物疾病的微生物。

（2）二级实验室：适用于操作能够引起人类或动物疾病，但一般情况下对人、动物或环境不构成严重危害、传播风险有限、实验室感染后很少引起严重疾病，并且具有有效治疗和预防措施的微生物。

（3）三级实验室：适用于操作能够引起严重的人类或动物疾病，比较容易直接或间接在人与人、动物与人、动物与动物间传播的微生物。

（4）四级实验室：适用于操作能够引起非常严重的人类或动物疾病的微生物，以及我国尚未发现或已经宣布消灭的微生物。

2. 生物安全柜的选用原则　不同级别的实验室选用生物安全柜的原则见表2-1。

表2-1　生物安全柜的选用原则

实验室级别	生物安全柜的选用原则
一级	一般无须使用生物安全柜，或使用Ⅰ级生物安全柜
二级	当可能产生微生物气溶胶或出现溅出的操作时，可使用Ⅰ级生物安全柜 当处理感染性材料时，应使用部分排风或全部排风的Ⅱ级生物安全柜 若涉及处理化学致癌剂、放射性物质和挥发性溶剂，则只能使用全排风型Ⅱ-B级（B2型）生物安全柜
三级	应使用Ⅱ级或Ⅲ级生物安全柜 所有涉及感染性材料的操作，应使用全排风型Ⅱ-B级（B2型）或Ⅲ级生物安全柜
四级	应使用全排风型Ⅲ级生物安全柜 当人员穿着正压防护服时，可使用Ⅱ-B级生物安全柜

3. 生物安全柜与超净工作台的区别　在使用生物安全柜时，需要明确生物安全柜与超净工作台的区别，以便选择合适的设备进行操作。

（1）生物安全柜：是为了操作原代培养物、菌株、毒株以及诊断性样品等具有感染性或潜在性生物危害因子的实验材料时，用来保护人员、实验室环境以及实验样品，使其避免暴露于上述操作过程中可能产生的感染性气溶胶和溅出物而设计的。事实上，生物安全柜更侧重于保护操作人员和环境，防止操作的病原微生物扩散造成人员伤害和环境污染。

（2）超净工作台（超净台）：是为了保护实验样品或产品而设计的，通过吹过工作区域的垂直或水平层流空气，防止实验样品或产品受到工作区域外粉尘或细菌的污染。一旦微生物样品放置于工作区域，层流空气会把带有微生物介质的空气吹向前台的操作人员而产生危险。所以超净工作台只能保护样品，不保护操作人员，培养细胞的接种、无菌性试剂的配制等，都需在超净工作台操作。超净工作台的优点是操作方便自如，比较舒适，工作效率高，预备时间短，开机10分钟以上即可操作，基本上可随时使用。

五、生物安全柜的校准与日常维护

（一）生物安全柜的校准

为保证生物安全柜的性能和可靠性，必须定期进行校准，校准内容包括风速、粒子浓度、气流模式校准和渗漏测试等。初次安装和启用前应进行完整的校准；根据使用频率和工作环境，建议每6个月进行一次完整的校准；在位置移动后、发现异常情况或性能下降时,应进行临时校准。选择有资质和经验的校准机构,确保该机构拥有国家级的计量认证,能够按照相关标准和规定进行校准。

校准的标准应依据国家或地区的相关规范和标准,如国家标准《生物安全柜》(GB 41918—2022),它的发布实施成为各领域生物安全柜生产、使用、检验维护、监管等强有力的理论依据和行为规范。

(二)生物安全柜的日常维护

生物安全柜需每年进行一次定期保养,包括检查和更换风机、过滤器、紫外线灯等;按照使用说明书的要求,定期进行清洁和消毒,包括清洁内外表面、操作台面、密封件和玻璃等;定期检查通风效果是否正常,确保风速和负压满足要求;每次进行维护时,应留下详细的维护记录,包括维护日期、维护内容、维护人员等。

第五节　培 养 箱

培养箱是培养微生物和细胞的主要设备,可用于细菌、细胞的培养繁殖。其原理是应用人工方法在培养箱内形成微生物和细胞生长繁殖所需的环境,如控制一定的温度、湿度、气体等。目前使用的培养箱主要分为三种:电热恒温培养箱、二氧化碳细胞培养箱和厌氧培养箱。

一、电热恒温培养箱

电热恒温培养箱适用于医疗卫生、医药工业、生物和农业科学等科研和工业生产部门,用于细菌培养、发酵及恒温试验。

(一)电热恒温培养箱的基本结构与工作原理

1. 基本结构　电热恒温培养箱主要由箱体、电热器和温度控制器三部分组成。

(1)箱体:箱体由箱壳、箱门、恒温室、进气孔、排气孔和侧室组成。温度控制器的感温部分从左侧壁的上部接入恒温室内,底部夹层中装有电热丝,在箱体的底部或侧面和顶部各有一进气孔和排气孔,在排气孔中央插入一支温度计,用以指示箱内的温度。侧室一般设在箱体的左边,与恒温室隔开,除了电热丝外的所有电器元件,如开关、指示灯、温度控制器、鼓风机等均安装在侧室内,打开侧室门可以很方便地检修电路。

(2)电热器:电热恒温培养箱的电热器通常由四根并联的电热丝组成,与普通电炉相似。电热丝均匀地盘绕在耐火材料制成的绝缘板上,其总功率一般为1~8kW。

(3)温度控制器:电热恒温培养箱的温度是由温度控制器控制的。

2. 工作原理　电热恒温培养箱通过空制电热器的通电时长,使温度恒定在预设值。当电热恒温培养箱内的温度超过所需温度时,温度控制器就使电路中断,加热自动停止;当温度低于所需温度时,电路又恢复,电热器工作,温度随之上升,从而维持内部温度的稳定。

(二)电热恒温培养箱的性能指标与使用

1. 性能指标　电热恒温培养箱的主要性能指标包括温度控制精度、温度波动范围、容量(容纳的样品数量)和温度均匀性。

2. 使用　在使用过程中,最重要的是隔水层的加水和智能控温仪的温度设定。

(1)隔水层的加水:将加水外接头旋入箱体左上侧的进水接口处,再将橡胶管连接水龙头。第一次使用时,打开水龙头低水位指示灯,指示灯亮且伴有报警声;当水位逐渐升高,低水位指示灯灭且报警声消失时,应及时关闭水龙头。如果水位过高,溢水口会有水溢出,此时应把放水塞头拔出放水,没有水溢出时应立即将塞头塞紧。

（2）智能控温仪的温度设定：按控温仪的功能键"SET"进入温度设定状态，设定值"SV"数字显示闪烁，按移位键"+"键或"-"键设置所需温度，设定结束按功能键"SET"确认。

温度设定后培养箱进入升温状态，加热指示灯亮。当箱内温度接近设定温度时，加热指示灯呈反复闪烁状态，表示进入恒温状态。当培养箱内温度稳定后，才可将所需培养的微生物或细胞等放入培养箱。当所需加热温度与设定温度不同时，需重新设定。

（3）温度显示值的修正：一般无须修正。如产品使用环境不佳、外界温度过低或过高，温度显示值与箱内实际温度会出现误差，如超出技术指标范围，可以修正。

（三）电热恒温培养箱的校准与日常维护

一般建议电热恒温培养箱每年校准一次，包括温度精度校准、温度稳定性校准、箱体内部温度均匀性测试等，可以提高实验效率并保障实验结果的准确性。在日常使用中，应对培养箱进行维护保养，确保其长期稳定运行并延长使用寿命。

二、二氧化碳细胞培养箱

二氧化碳细胞培养箱是在普通细胞培养箱的基础上加以改进，主要是能加入 CO_2，在培养箱箱体内形成一个类似细胞或组织在生物体内的生长环境，从而能对细胞或组织进行体外培养的一种设备。二氧化碳细胞培养箱要求稳定的温度（37℃）、稳定的 CO_2 含量（5%）、稳定的酸碱度（pH 为 7.2～7.4）、较高的相对饱和湿度（95%）。

（一）二氧化碳细胞培养箱的基本结构与工作原理

培养箱的基本结构包括温度控制系统、气体控制系统、相对湿度控制系统、微处理控制系统、污染物的控制系统、内门加热系统六部分。

1. 温度控制系统 培养箱内恒定的温度是维持细胞健康生长的重要因素，水套式细胞培养箱和气套式细胞培养箱的加热结构不同。

（1）水套式细胞培养箱：具有一个独立的热水间隔间（即水套），它通过电热丝加热水套内的水，热水通过自然对流在箱体内循环流动，热量通过辐射传递到箱体内部，再通过箱内温度传感器来检测温度变化，从而使箱内的温度恒定在设置温度。由于水是一种很好的储热物质，当断电时，水套式系统能更长久地使培养箱内的温度保持准确和稳定。

（2）气套式细胞培养箱：通过遍布箱体气套层内的加热器直接对内箱体进行加热，又称六面直接加热。气套式细胞培养箱与水套式细胞培养箱相比，具有加热快、温度恢复迅速的特点，特别有利于短期培养以及需要频繁开关箱门的培养。

2. 气体控制系统 二氧化碳细胞培养箱的气体控制系统为单一的 CO_2 浓度控制系统。CO_2 浓度可通过热传导传感器（TC）或红外传感器（IR）进行测量。

（1）热传导传感器：箱内 CO_2 浓度的变化会改变两个电热调节器（一个调节器暴露于箱体环境内，另一个则是封闭的）间的电阻，从而促使传感器产生反应以发挥调节 CO_2 水平的作用。

（2）红外传感器：它是通过一个光学传感器来检测 CO_2 水平的。因为 IR 系统不会因温度和相对湿度的改变而受到影响，所以它比 TC 系统更精确，特别适用于需要频繁开启培养箱门的细胞培养。

3. 相对湿度控制系统 目前大多数的二氧化碳细胞培养箱是通过增湿盘的蒸发作用产生湿气的（其产生的相对湿度水平可达 95% 左右），大型的二氧化碳细胞培养箱是用蒸汽发生器或喷雾器来控制相对湿度的。

4. 微处理控制系统 微处理控制系统是维持培养箱内温度、湿度和 CO_2 浓度稳态的操作系统。控制高温自动调节和警报装置、CO_2 警报装置、密码保护设置、自动校准系统等的运用，使得二氧化碳细胞培养箱的操作和控制都非常简便。

5. 污染物的控制系统 二氧化碳细胞培养箱配有多种装置以减少和防止污染的发生。这些装置的主要用途是在线式持续灭菌，灭菌装置主要为紫外线消毒器和高效空气过滤器，培养箱内的空气经过高效空气过滤器过滤，可除去 99.97% 的 0.3μm 以上的颗粒，并能有效杀死过滤时被挡在滤器内的微生物颗粒。

6. 内门加热系统 该系统能加热内门，有效防止内门形成冷凝水，以保持培养箱内的湿度和温度，降低污染风险。

（二）二氧化碳细胞培养箱的性能指标与使用

1. 性能指标 二氧化碳细胞培养箱的主要性能指标有温度控制精度、CO_2 浓度控制精度、湿度控制精度、温度和 CO_2 浓度均匀性、安全功能、容积和样品容量。

2. 使用 二氧化碳细胞培养箱的使用注意事项如下。

（1）初次使用二氧化碳细胞培养箱时必须加入充足的去离子水或蒸馏水，盖上密封盖，以减少水套内水的蒸发。

（2）供气时必须经 CO_2 减压阀减压后输出，禁止使用其他气体减压阀代替 CO_2 减压阀，且压力须维持在 0.1MPa 内。首次使用及更换 CO_2 钢瓶气体后，打开钢瓶气体总阀前应检查 CO_2 减压阀的压力调节开关，保证其处于关闭状态，以防止气体压力过大，损毁仪器。钢瓶压力不足 1.0MPa 时应及时更换，更换钢瓶时应先将钢瓶开关关闭，拧松减压阀螺轴，再拆下减压阀重新安装在新的钢瓶上。

（3）当环境温度与设定温度的差值小于 5℃时，应用空调降低周围环境温度，在培养的全过程中，应使环境温度保持相对恒定，否则环境温度的变化会引起二氧化碳细胞培养箱内控温不准。

（4）平时拿放培养物时应只开小门，尽量避免箱门被频繁打开，以免 CO_2 浓度、温度和相对湿度发生较大的波动。

（5）由于二氧化碳细胞培养箱内湿度较高，必须经常清洁和定期用不含碘的消毒液如苯扎溴铵液或 75% 乙醇消毒，以防止污染和交叉感染。还应经常注意箱内水槽中蒸馏水的量，避免培养液蒸发，保持箱内的相对湿度。

（三）二氧化碳细胞培养箱的校准与日常维护

1. 校准 二氧化碳细胞培养箱需要定期进行校准，主要包括温度校准、CO_2 浓度校准、湿度校准、温度和 CO_2 浓度均匀性测试等。只有经过严格校准，才能确保培养箱性能稳定且符合实验要求。

2. 日常维护 日常工作中需要从以下几方面进行维护保养：①经常检查水套的水位，如果水位低，需及时给水套加水；②定期检查 CO_2 钢瓶，避免 CO_2 钢瓶用空；③检查 CO_2 的供气管道和接口有无漏气现象；④定期给机器除尘，防止灰尘阻塞气道及电磁阀；⑤长时间不用时，应关闭电源和供气系统，将仪器内残留的水抽出，并清洁腔面，待培养箱干燥后再将门关上。

三、厌氧培养箱

（一）厌氧培养箱的工作原理

厌氧培养箱是一种在无氧环境条件下进行细菌培养及操作的专用装置，它能提供严格的厌氧状态、恒定的温度培养条件，并且具有一个系统化、科学化的工作区域。在厌氧培养箱内操作培养，可以培养最难生长的厌氧生物，避免在空气中操作时厌氧生物因接触氧而死亡。

（二）厌氧培养箱的结构

厌氧培养箱为密闭的大型金属箱，由缓冲室、手套操作箱两个部分组成。

1. 缓冲室 是一个传递箱,具有内、外两个门,其后部与一个间歇真空泵相连。缓冲室可随时自动抽气、换气,形成无氧环境。在实际工作中,先将样品、培养基等放进缓冲室内,使它们变为厌氧状态后再移入操作箱。在缓冲室的后部,连接有厌氧气体管。

2. 手套操作箱 其前面装有塑料手套,操作人员双手经手套伸入箱内进行操作,使操作箱与外界隔绝。操作箱内侧门与缓冲室相通,由操作人员用塑料手套控制开启。当样品、培养基等在缓冲室内变为厌氧状态时,便可打开内门将它们移入操作箱。操作箱内设有小型恒温培养箱。

小型恒温培养箱内的温度通常固定为35℃,但亦可变,变化范围是“(室温+5℃)~70℃”,控制精度为±0.3℃。当超过此温度时,培养箱会发出警报。

(三)厌氧培养箱的性能指标与使用

1. 性能指标 厌氧培养箱的性能指标主要包括温度的稳定与均匀控制、氧气浓度控制、操作箱和培养箱的特性、气体供应系统和其他功能,这些指标共同确保厌氧培养环境的稳定性和可控性,以满足实验需求。

2. 使用 在使用厌氧培养箱时,将所有要转移的物品放入缓冲室后,关闭外门。按下开始键即可自动去除缓冲室中的氧气。经循环换气的三个气体排空阶段和两个氮气净化阶段后,缓冲室气体达98%的无氧状态,再进行缓冲室气压平衡。当操作箱与缓冲室平衡,指示灯显示为厌氧状态时,即可将内门打开,钯催化剂将除去余下的少量氧气。操作人员经手套伸入箱内进行样品接种、培养和鉴定等操作。

(四)厌氧培养箱的校准与日常维护

1. 校准 厌氧培养箱校准包括温度校准、氧气浓度校准、湿度校准、时间校准和压力校准等。根据厌氧培养箱的使用手册和相关规定进行校准,在校准过程中应注意安全,并遵守实验室安全规定。

2. 日常维护 每次使用后,应清洁培养箱内表面,并确保其处于厌氧环境状态。厌氧培养箱使用的相关耗材(如干燥剂片)必须及时更换或处理。

第六节 实验室水处理系统

实验室用水是实验室工作最重要的基础物质之一,大型仪器用水,试剂、质控品、标准品的配制用水,某些样品的稀释,实验器材及其他用品的冲洗等,都需要使用水。因此,水质的好坏会直接影响实验结果的准确性。

《分析实验室用水规格和试验方法》(GB/T 6682—2008)将实验室用水分为Ⅰ、Ⅱ、Ⅲ三个等级。水中的污染物分为颗粒、离子、有机物、微生物和气体五种,这些物质均可对临床检验结果造成影响。大型实验室由于用水量较多,一般都自行制备和处理实验室用水。大型分析仪器的用水除了要求达到一定的纯度,还要求能连续不断地供应,并保证一定的压力和流量,这些都是实验室用水需要考虑的问题。

一、实验室用水的制备系统与工艺

实验室纯水的制备可以采用多种纯化技术,例如微孔滤膜过滤、超滤、蒸馏、活性炭吸附、离子交换、电渗析、反渗透、电去离子技术、紫外线灭菌等,各种工艺和技术都比较成熟。由于各地区制备纯水所用原水的水质、实验室的规模、所需水量和用水目的等的不同,实验室一般都根据自身地区特点采取针对性的组合工艺来满足需求。多数实验室用水的制备系统都采用微电脑控制以实现分质取水,达到了能同时满足各级用水技术指标和实验室实际用水需求的目的。

(一)实验室用水的制备系统

实验室超纯水的制备系统主要包括三部分：预处理、精处理和自动监控系统。预处理采用机械过滤器、活性炭过滤器、软水器；精处理采用反渗透法和电去离子法精除盐装置；自动监控系统采用人机界面和可编程控制程序控制。

(二)实验室用水的制备工艺

实验室通常所用超纯水制备的工艺大致可分为预处理单元、软水器单元、反渗透单元和超纯水混床单元四个部分。

1. 预处理单元 主要流程是原水先由石英砂过滤，再经活性炭吸附。这一单元主要减少未处理原水中的悬浮物、微生物、有机物及无机物的含量，能有效减轻对后续工作单元的处理负荷。

2. 软水器单元 主要流程是当含有硬度离子的原水通过交换器树脂层时，水中的钙、镁离子与树脂内的钠离子发生置换，树脂吸附钙、镁离子而钠离子进入水中，使交换器内流出的水变成去掉了大部分硬度离子的软化水。

3. 反渗透单元 主要去除溶解性固体、有机物、细菌、病毒等。反渗透膜的分离原理是在高于溶液渗透压的压力作用下，借助于只允许水透过而不允许其他物质透过的半透膜的选择截留作用，将溶液中的溶质与溶剂分离。水透过反渗透膜上的微小孔径（0.1～10nm），经收集后得到纯水，而水中杂质如溶解性固体、有机物、细菌、病毒则被截留去除。

4. 超纯水混床单元 超纯水终端混床树脂的制作工艺要求非常严格，树脂需经过特别处理，再生转型已接近极限，故具有极高的再生效率和极低的杂质含量，并具有很强的交换能力和很高的机械强度。混床树脂是去除水中杂质的主要材料。在离子交换过程中，水中的阳离子与混床树脂上的阳离子（氢离子）进行交换，树脂上的氢离子被交换到水中；水中的阴离子与混床树脂上的阴离子（氢氧根离子）进行交换，树脂上的氢氧根离子被交换到水中，与氢离子结合生成水，达到脱盐目的。

经典的实验室超纯水系统工艺流程如图2-6所示。

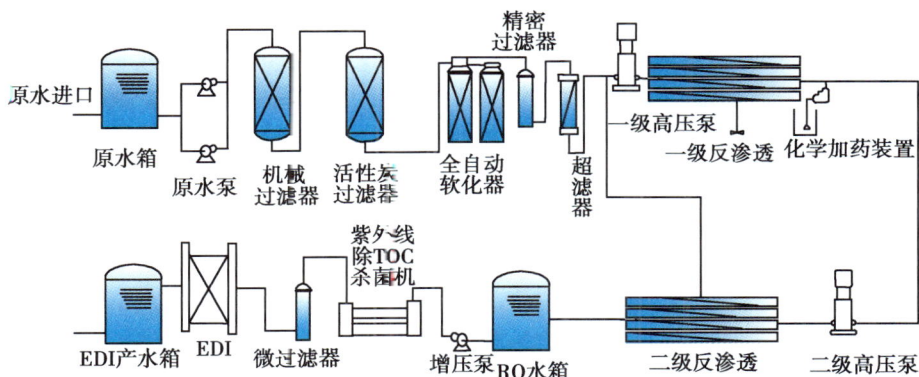

图 2-6 超纯水系统工艺流程
RO. 反渗透；TCC. 总有机碳；EDI. 电去离子。

二、实验室常用水的种类

实验室纯水应为无色透明的液体，不得有肉眼可辨的颜色或纤絮状杂质。目前，实验室用水分为蒸馏水、去离子水、高纯水和超纯水等。

（一）蒸馏水

蒸馏水（distilled water）是实验室最常用的一种纯水，但制备过程极其耗能和费水，且速度慢，因此对蒸馏水的应用逐渐减少。通常电导率为 $1\sim50\mu S/cm$。蒸馏水主要作为清洗用水，用于玻璃器皿的清洗等。

（二）去离子水

应用离子交换树脂去除水中的阴离子和阳离子后可获得去离子水（deionized water），但水中仍然存在可溶性的有机物，存放后容易引起细菌的繁殖。电导率通常为 $0.1\sim1.0\mu S/cm$（电阻率为 $1.0\sim10.0M\Omega\cdot cm$）。去离子水能满足多种需求，如清洗、配制分析标准样品、制备试剂和稀释样品等。

（三）高纯水

实验室高纯水（high-purity water）典型的指标是电导率 $<1.0\mu S/cm$（电阻率 $>1.0M\Omega\cdot cm$），总有机碳（TOC）含量 $<50\mu g/L$ 以及细菌含量 $<1CFU/ml$（CFU 即菌落形成单位）。高纯水可含有微量的无机、有机杂质，可容忍少量细菌存在，适用于精确分析和研究工作，如制备常用试剂溶液及缓冲溶液。大多数分析仪器实验需用高纯水。高纯水应使用密闭、专用的聚乙烯容器贮存。

（四）超纯水

实验室超纯水（ultra-pure water）在电阻率、有机物含量、颗粒和细菌含量方面接近理论上的纯度极限，通过离子交换、反渗透膜或蒸馏手段预纯化，再经过离子交换精纯化制成。通常超纯水的电阻率可达 $18.2M\Omega\cdot cm$，$TOC<10\mu g/L$，可滤除 $0.1\mu m$ 甚至更小的颗粒，细菌含量 $<1CFU/ml$。超纯水适用于有严格要求的分析实验，如制备标准水样，使用原子吸收分光光度计、离子色谱仪、电感耦合等离子体质谱仪等进行超痕量物质的分析，以及细胞培养和分子生物学实验。超纯水一般不贮存，使用前制备，防止容器可溶成分溶解、空气中的二氧化碳和其他杂质污染。

三、实验室超纯水制备系统（超纯水仪）的性能指标

实验室用水的质量对于检验质量至关重要，因此科学合理地制备实验室用水、对水的质量进行监测是临床检验实验室的重要工作。

水质指标是反映水中杂质的种类和数量、判断水污染程度的具体衡量尺度。水质指标一般分为四大类：①一般指标：水温、电导率、氧化还原电位、溶解氧、混浊度、悬浮物等；②水质的污染度指标：生化需氧量（BOD）、化学需氧量（COD）、总有机碳（TOC）、总需氧量（TOD）、紫外（UV）吸收等；③水质的污染成分：金属离子、氰化物、酚、农药等；④水质的生物指标：大肠埃希菌、细菌总数等。

实验室超纯水仪的主要性能指标包括水质纯度、产水量、流量、稳定性、操作方便性、节能环保性能等。

四、超纯水仪的校准与日常维护

（一）超纯水仪的校准

超纯水仪的校准主要包括水质检测、仪器性能校准等方面。

1. 水质检测 水质检测时应关注其电导率、pH、总有机碳（TOC）、细菌总数、重金属离子含量等关键指标，确保水质符合相关标准要求。随着自动化分析技术的发展，水质指标的监测分析已经逐步由自动测试系统完成。该系统一般由采样装置、水质连续监测仪器，以及数据传输、记录及处理装置几部分组成。其特点是仪器化、自动化、连续性和智能化。

2. 仪器性能校准 仪器性能校准主要包括产水量、水流稳定、运行稳定、无异响、贮水

筒水满自动停止运行等。

（二）超纯水仪的日常维护

超纯水仪的日常维护主要包括电气安全、防漏水、防火、防爆等，确保设备在运行过程中不会发生漏水、火灾或爆炸事故。

第七节　不间断电源

不间断电源（uninterruptible power supply，UPS）是一种可以在市电停电时快速维持电力供应，或给部分对电源稳定性要求较高的仪器提供不间断电源的设备。医院检验科实验室的电子设备，例如各种自动化和智能化的检测设备和仪器、计算机、路由器等，如果突然断电或电力波动可能会对它们的运行和数据造成损害，UPS可以为这些电子设备和仪器稳定供电，使其顺畅和长时间稳定运行，保证检测结果的准确性和可靠性。现在多采用在线存储或云计算来管理临床检验的数据，以防突然断电造成的数据丢失，UPS还可以通过维持电力供应有效保护这些重要数据，同时保证数据的安全。

一、不间断电源的结构与工作原理

（一）不间断电源的结构

UPS主要包括整流器、储能装置和逆变器三个部分。整流器将市电的交流电转化为直流电，并给储能装置的电池充电；储能装置主要存储UPS的电能；逆变器则将储能装置的直流电转换为仪器设备所需要的交流电，并提供电源。

（二）不间断电源的工作原理

当市电输入正常时，UPS将市电稳压后供应给仪器设备使用，同时向机内电池充电并维持储能装置的电量。此时电能未被从储能装置传输到设备，UPS相当于一台交流式电稳压器，通常对电压过高或电压过低都能提供保护。

当市电中断（如事故停电）时，整流器停止工作，UPS在几毫秒内将储能电池的直流电能通过逆变器切换转换的方法向仪器设备继续供应交流电，使负载维持正常工作并保护负载软、硬件不受损坏，避免了停电造成的长时间停机风险和数据丢失风险。在电力恢复后，UPS会自动切换回交流供电模式，以便为设备供应稳定的交流电源。

临床检验的部分高端仪器对电源要求较高，在线式UPS一方面使市电电源为电池充电，另一方面降低电能噪声、稳压、稳频，再经过逆变器将电流转换为交流电，供给仪器。其输出电源质量高，价格也相应较高。

此外，UPS还具备对电力质量的调节功能，能够对电力参数电压、频率等进行升压、降压、稳压、稳频等处理，以保证设备和仪器的正常运行。

二、不间断电源的性能指标与使用

UPS对电力稳定供应有极为重要的作用，正确的使用和维护才能保证UPS正常工作和延长使用寿命。

（一）不间断电源的选择

UPS种类很多，不同环境需要不同类型。应根据具体仪器来确定电源的类型、配置和容量等参数，还需要保证电源系统能够支持该仪器所需的负载，避免负载不足或过载发生。

（二）不间断电源的安装

一般安装在机房或附近环境相对稳定的地方，安装前要确保UPS的质量和性能达到标准,安装时要注意防雷和接地线等问题,以保证其安全运行。

（三）不间断电源的性能指标

UPS 的性能指标是衡量其质量、可靠性和稳定性的重要标准。主要包括效率（在满载阻性情况下输出的有功功率与输入的有功功率之比）、切换时间、平均无故障工作时间、电压范围、工作噪声、声光报警和保护功能等。

（四）不间断电源的使用

在市电停电的情况下,UPS 能够自动切换到备用电源,保证供电的连续性;电源应放置在通风好、温度及湿度适宜的环境中,避免出现潮湿和发热严重等问题。

三、不间断电源的校准与日常维护

（一）不间断电源的校准

不间断电源的校准主要包括供电校准、切换校准和电池校验。

1. 供电校准　是校准 UPS 的输入和输出参数,包括输入和输出电压、电流、频率、功率、功率因数等,确保其正常工作。

2. 切换校准　是对于具备切换功能的 UPS,检验其切换时是否能够平滑切换,并确保切换过程中对设备的影响尽量小。

3. 电池校验　是检查电池容量和充、放电性能是否正常,并检查电池的持续供电时间。

（二）不间断电源的日常维护

应定期检查和维护 UPS 的硬件和软件,保证其正常运行;应检查电池状态并定期更换,保证其能长时间使用;应定期进行清洁和防尘处理,确保其正常散热。

四、不间断电源室的消防要求

由于 UPS 本身涉及大量的电气设备和电池,如果在使用过程中不符合消防安全要求,可能会引发电器故障、电池过热等问题,从而引发火灾或其他安全事故。

UPS 室的消防要求包括:①UPS 室应独立设置,应设置在远离办公区和居住区的独立建筑中,避免在易燃易爆场所附近设置;②UPS 室应保持干燥,通风良好,严禁明火作业;③应定期进行巡查,及时发现并处理潜在的安全隐患。

（陈志红）

本章小结

移液器又称加样器,是一种在一定容量范围内,将液体从原容器移取到另一容器的计量器具。

离心机利用离心机转子高速旋转产生的强大离心力,使置于旋转体中的颗粒加速沉降,从而使具有不同沉降系数和浮力密度的颗粒浓缩或分离。相对离心力（RCF）与转速和半径有关,只要其值不变,一个样品就可以在不同的离心机上获得相同的分离效果。离心机按转速可分为低速、高速、超速离心机等类型。

光学显微镜是利用光学原理,把人肉眼所不能分辨的微小物体放大成像,以供人们提取物质微细结构信息的光学仪器。光学显微镜由光学系统和机械系统两大部分组成。

生物安全柜是负压过滤排风柜,是防止实验室获得性感染的主要设备。生物安全柜保护实验人员、实验样品和实验环境免受实验过程中产生的生物气溶胶污染,广泛应用于医疗卫生、疾病预防与控制及各类生物实验室。

培养箱是培养微生物和细胞的主要设备,主要分为三种:①电热恒温培养箱:适用于细菌培养、发酵及恒温试验。②二氧化碳细胞培养箱：是在普通培养箱的基础上加入 CO_2，在培养箱箱体内形成一个类似细胞或组织在生物体内的生长环境。其广泛应用于细胞、组织培养和某些特殊微生物的培养，可加快常见细菌的生长速度。③厌氧培养箱：是一种在无氧环境条件下进行细菌培养及操作的专用装置。

实验室用水的质量可能直接影响检验结果的准确性。实验室超纯水制备系统主要包括预处理（采用机械过滤器、活性炭过滤器、软水器）、精处理（采用反渗透法及电去离子法精除盐装置）和自动监控系统。目前实验室用水分为蒸馏水、去离子水、实验室纯水、实验室超纯水等级别。实验室用水必须有严格的监测制度，以保证水的质量。

UPS 是一种可以在市电停电时快速维持电力供应的设备，可保证仪器设备顺畅和长时间稳定运行，确保检测结果的准确性和可靠性，并有效保护临床检验的数据和数据安全。

第三章 光谱分析仪器与技术

光谱(spectrum)是复色光色散而成的单色光按照波长(或频率)排列的光学频谱。由于分子组成、内部结构和能级跃迁方式的差异,特定条件下不同物质会产生特异的光谱。利用光谱特征进行物质定性或定量分析的技术称为光谱分析(spectral analysis)技术。

光谱分析技术具有灵敏、准确、特异、快速、简便等优点,是医学检验中基本且常用的技术。根据光谱形成方式的不同,光谱分析技术可分为吸收光谱分析技术、发射光谱分析技术和散射光谱分析技术。

第一节 吸收光谱分析仪器与技术

吸收光谱分析技术是指根据待测物质能吸收某些波长的光而形成特征性吸收光谱的原理,利用这种光谱确定物质的性质和含量。吸收光谱分析技术在临床生物化学检验中应用广泛,其检测灵敏度可达 $10^{-5} \sim 10^{-2}$ mol/L,操作简便、快速。常用的有紫外-可见分光光度法和原子吸收分光光度法,对应的仪器有紫外-可见分光光度计、原子吸收分光光度计等。

一、吸收光谱分析仪器的检测原理

(一)光的性质与选择性吸收

光是一种电磁波,具有波粒二象性。光量子的能量与其频率和波长有关。波长越短,频率越高,能量越大;波长越长或频率越低,则能量越小。

光的波长单位为纳米(nm)。人眼能感觉到的光称为可见光,其波长范围为 400~780nm。波长范围为 200~<400nm 的为紫外线,小于 200nm 的为远紫外线,大于 780nm 的为红外线。

物质颜色的形成与光的选择吸收有关。有色物质的分子或离子团能选择性吸收可见光和紫外光区的某一个或数个波带的光波,而对其他光波吸收较少或不吸收,表现为选择性吸收。有色物质呈现的颜色与其所选择吸收的光波的颜色为互补色,见表 3-1。按适当强度比例可混合成白光的两种单色光称为互补光,可见光谱分析要求被测溶液的颜色与所用的单色光互补,以求达到溶液对光的最大吸收。

表 3-1　物质颜色和吸收光颜色的关系

物质颜色	吸收光	
	颜色	波长 /nm
黄绿	紫	400～450
黄	蓝	>450～480
橙	青紫	>480～490
红	青	>490～500
紫红	绿	>500～560

（二）朗伯 - 比尔定律

紫外 - 可见分光光度法（ultraviolet-visible spectrophotometry）是根据物质对紫外光（200～<400nm）及可见光（400～780nm）的特征性吸收而建立起来的分析方法，其定量分析的依据是朗伯 - 比尔定律。

朗伯 - 比尔定律（Lambert-Beer law）是光吸收的基本定律，描述了物质对某一波长光吸收的强弱与吸光物质的浓度及其液层厚度间的关系。当一束平行单色光垂直通过某一均匀、非散射的吸光物质时，其吸光度 A 与液层厚度 b 及吸光物质的浓度 c 成正比，而与透射比 T 呈负相关。

$$A = Kbc \tag{式 3-1}$$

当比例系数 K 和浓度 c 一定时，吸光度 A 与液层厚度 b 成正比，称为朗伯定律（Lambert law）；当 K、b 一定时，吸光度 A 与溶液浓度 c 成正比，称为比尔定律（Beer law）。

1. 吸光度　吸光度（absorbance，A）是单色光通过溶液时被吸收的程度。

$$A = \lg I_0/I_t \tag{式 3-2}$$

式中：I_0 为入射光的强度，I_t 为透过光的强度。溶液所吸收光的强度越大，吸光度 A 就越大，透过光的强度 I_t 就越小。当入射光全部被吸收时，$I_t = 0$，则 $A = \infty$；当入射光全部不被吸收时，$I_t = I_0$，则 $A = 0$，所以，$0 \leq A \leq \infty$。

单位距离内的吸光度称为光密度（optical density，OD）。

2. 透射比　透射比（transmittance，T）又称为透光度、透光率，表示透过光占入射光的比例。当入射光全部被吸收时，$I_t = 0$，则 $T = 0$；当入射光不被吸收时，$I_t = I_0$，则 $T = 1$。所以，$0 \leq T \leq 1$。

$$T = I_t/I_0 \tag{式 3-3}$$

在吸收光谱分析中，经常使用百分透射比（$T\%$）这一指标，其值从 0～100%。

由式 3-2 和式 3-3 可得吸光度与透射比之间的关系：

$$A = \lg I_0/I_t = -\lg T \tag{式 3-4}$$

3. 吸光系数　吸光系数 K 表示单位浓度、单位液层厚度溶液的吸光度，其数值与吸光物质性质和入射光波长有关。

K 值通常有三种表示方法：①浓度以 g/L 为单位时，K 称为吸光系数，以 α 表示，单位为 L/(g·cm)；②浓度以摩尔浓度为单位时，则称为摩尔吸光系数，以 ε 表示，单位为 L/(mol·cm)；③对于分子质量未知的物质，采用百分浓度（质量 / 体积）为单位时，则称为百分吸光系数或比吸光系数，以 $A_{1cm}^{1\%} \lambda$ 表示。

（三）定量分析的方法

对于单组分的定量测定，可选择常规定量分析方法，如直接比较法、标准曲线法和摩尔吸光系数法。如果溶液混浊或背景吸收较强，可采用双波长分光光度法；如果测定高浓度或极低浓度的溶液,可采用示差分光光度法。

1. 直接比较法 亦称为标准对照法。在测定未知样品浓度的同时,与已知浓度的标准物作比较,分别测出样品溶液及标准溶液的吸光度 A_x 及 A_s。根据浓度与吸光度成正比,即可求得样品浓度 c_x。

$$c_x = c_s A_x / A_s \qquad\qquad \text{(式 3-5)}$$

用直接比较法进行定量测定时,为了减少误差,选用的标准溶液的浓度应尽可能接近样品溶液的浓度。该法比较简便但误差较大,只有在测定的物质浓度区间内溶液完全遵守朗伯-比尔定律,并且 c_x 和 c_s 很接近时,才能得到较为准确的实验结果。

2. 标准曲线法 其方法是先配制一系列浓度不同的标准溶液(一般为 5~8 个),以不含有被测组分的空白溶液作为参比,在相同的条件下选定波长测定标准溶液的吸光度,然后以标准溶液的浓度(c)为横坐标,以相应的吸光度(A)为纵坐标,绘制 A-c 标准曲线(绘制曲线时应按最小二乘法的原理,将对应各点连成一条通过原点的直线),见图 3-1。在应用过程中,只要在标准曲线制作相同条件下测定样品溶液的吸光度,就可以从标准曲线上查出其对应的浓度。

标准曲线制作过程中应注意:①按选定的浓度配制一系列不同浓度的标准溶液,浓度范围应包含未知样品浓度的可能变化范围;②测定时每个浓度至少应同时做两管(平行管),同一浓度平行管测得的吸光度值相差不大时,取其平均值;③应经常检查标准曲线,当工作条件有变化时(更换标准溶液、仪器维修、更换光源等),都应重新制作标准曲线;④样品测定条件应和标准曲线制作时的条件完全一致。

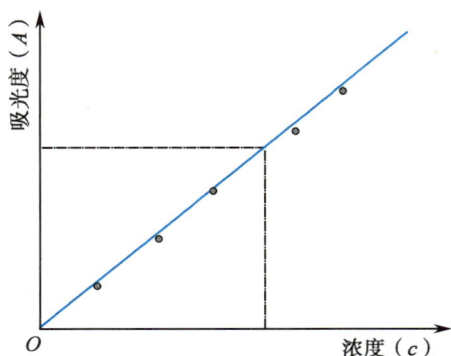

图 3-1 A-c 标准曲线

3. 摩尔吸光系数法 根据朗伯-比尔定律 $A = Kbc$,只要知道某物质的摩尔吸光系数(ε),就可以用 $c = A/\varepsilon b$ 直接计算物质的含量。在给定条件(单色光波长、溶剂、温度等)下,吸光系数是表示物质特性的常数。ε 值与入射光波长、溶液的性质等因素有关。如还原型烟酰胺腺嘌呤二核苷酸(NADH)在 260nm 波长处的 ε 为 15 000L/(mol·cm),在 340nm 波长处为 6 220L/(mol·cm)。测定许多脱氢酶的活性以及以脱氢酶为指示酶的代谢物时大多采用这种方法。

4. 双波长分光光度法 当吸收光谱相互重叠的两种组分共存时,利用双波长分光光度法可对单个组分进行测定或同时对两个组分进行分析。如图 3-2 所示,当 a、b 两组分共存时,如要测定组分 b 的含量,组分 a 的干扰可通过选择对 a 组分具有等吸收的两个波长 λ_1 和 λ_2 加以消除,以 λ_1 为参比波长、以 λ_2 为测定波长,对混合液进行测定,可得到如下方程:

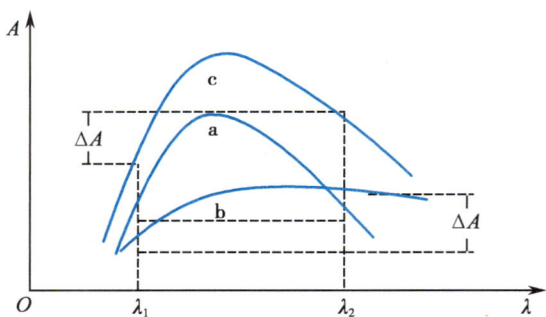

图 3-2 双波长分光光度法测定示意图

a. 组分 a 的吸收曲线;b. 组分 b 的吸收曲线;c. 两组分混合的吸收曲线。

$$A_1 = A_{1a} + A_{1b} + A_{1s} \qquad\qquad \text{(式 3-6)}$$

$$A_2 = A_{2a} + A_{2b} + A_{2s} \qquad\qquad \text{(式 3-7)}$$

式中:A_{1s} 和 A_{2s} 是在波长 λ_1 和 λ_2 下的背景吸收。当两个波长相距较近时,可以认为背

景吸收相等,故通过试样吸收池的两个波长的光吸收差值为:

$$\Delta A = (A_{2a} - A_{1a}) + (A_{2b} - A_{1b}) \quad\quad (式3-8)$$

由于干扰组分 a 在 λ_1 和 λ_2 处具有等吸收,即有 $A_{2a} = A_{1a}$,故式3-8变为:

$$\Delta A = A_{2b} - A_{1b} = (\varepsilon_{2b} - \varepsilon_{1b})lc \quad\quad (式3-9)$$

对于被测组分 b 来说,$(\varepsilon_{2b} - \varepsilon_{1b})$ 为一固定值,吸收池厚度(l)也是固定值,所以,ΔA 与组分 b 的浓度(c)成正比。同样,选择对组分 b 具有等吸收的两个波长,也可以对组分 a 进行定量测定。因此,该方法亦称为双波长等吸收测定法。

(四)原子吸收分光光度法的原理

原子吸收分光光度法(atomic absorption spectrophotometry,AAS)亦称原子吸收光谱法,是基于处于气态的基态原子的外层电子对特定波长光的吸收而进行的分析方法。根据量子理论,原子从基态转变到激发态时,外层电子需要吸收能量才能从低能级(E_1)跃迁到高能级(E_2),其能量变化 ΔE 等于吸收光频率(ν)与普朗克常量(h)的乘积。

与紫外-可见分子吸收光谱一样,原子吸收也符合朗伯-比尔定律。不同的元素其外层电子结构不同,原子的吸收光谱也不同。分析原子吸收光谱就可以对元素进行定性或定量分析。但是,原子吸收光谱通常为线状光谱,只包括外层电子跃迁吸收的能量;而分子吸收光谱不仅包括外层电子跃迁吸收的能量,还包括振动能级和转动能级改变所需的能量。

二、吸收光谱分析仪器的分类与基本结构

不同的吸收光谱分析仪器的检测原理和用途不同,其分类和结构也有差异,但基本与紫外-可见分光光度计相似。

(一)紫外-可见分光光度计

1. 基本结构 紫外-可见分光光度计的基本结构包括光源、单色器、吸收池、检测器和信号显示系统五部分,如图3-3所示。

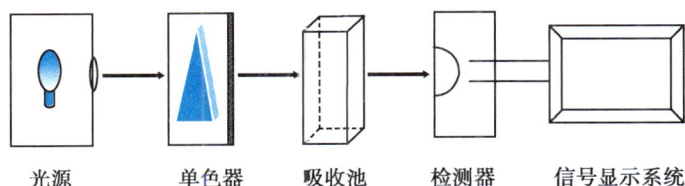

光源　　　单色器　　吸收池　　检测器　　信号显示系统

图 3-3　紫外-可见分光光度计的基本结构框架图

(1)光源:光源是提供入射光的装置,能在整个紫外光谱区或可见光谱区发射连续光谱,具有足够的辐射强度、较好的稳定性及较长的使用寿命。

可见光谱区一般用钨灯作为光源,其辐射波长范围为 320~2 500nm。自动生化分析仪多用辐射能量较高的卤钨灯。

紫外光谱区用氢、氘灯作为光源,可发射 185~400nm 的连续光谱。

(2)单色器:单色器是将来自光源的复色光分解为单色光并分离出所需波段光束的装置,由棱镜(或光栅)、狭缝和准直镜等部分组成。光源发出的光,经入光狭缝由凹面准直镜反射成平行光线后进入棱镜或光栅进行色散,色散后的光回到准直镜,经准直镜聚焦在出光狭缝。转动棱镜便可在出光狭缝得到所需波长的单色光。

部分分析仪器使用干涉滤光片作为单色器。干涉滤光片易选择波长,常用 340nm、380nm、405nm、500nm、540nm、570nm、630nm 等。有的分析仪器也用光栅分光,多数仪器自 340~750nm 取 10~12 种或更多的固定单色光,有效带宽 <6nm。

(3)吸收池:吸收池是指在分光光度计中用于盛放溶液的容器,又称比色皿或比色杯。

分光光度计多用石英和玻璃的吸收池，前者适用于紫外光区和可见光区，后者只能用于可见光区。在测定中同时配套使用的吸收池应相互匹配，即有相同的厚度和透光性，在比色分析中吸收池的两透光面之间的距离称为吸收池光程。自动生化分析仪多用塑料的吸收池，用后应进行人工清洗或自动冲洗。

（4）检测器：检测器是将光信号转变成电信号的装置，又称光电转换器。分光光度计中多用光电管或光电倍增管，与放大线路组成检测器，而自动生化分析仪多用光敏二极管和放大线路组成检测器。

（5）信号显示系统：信号显示系统是记录和显示放大信号的装置。常用的显示装置有指针显示、发光二极管（LED）数字显示、视频图形阵列（VGA）屏幕显示和计算机显示四种类型。目前紫外-可见分光光度计多置有计算机系统和相应的软件，便于对仪器进行操作和控制，同时可将检测数据直接显示在显示屏上，还可对数据进行记录、处理，并将结果数据传送至网络计算机。

2. 分类 紫外-可见分光光度计按光学系统可分为单光束分光光度计和双光束分光光度计；按测定波长又可分为单波长分光光度计和双波长分光光度计。

（1）单光束分光光度计：这类仪器结构简单、操作简便、维修方便、应用广泛，适用于常规化学分析。根据检测波长又可分为以下两类。

1）单光束可见光分光光度计：只能在可见光区内工作，无紫外光范围。如 721 型分光光度计，采用棱镜色散系统，适用波长范围为 360～800nm，以钨灯为光源，指针式显示。目前常用的 722 型、723 型、724 型等仪器，其仪器光路结构与 721 型基本相同，但将指针式显示改为数码显示，也有的型号将棱镜色散系统改为光栅色散系统，增加了波长自动扫描等功能。724 型则利用电脑进行运算和控制，提高了数据处理的精度。721 型分光光度计的结构见图 3-4。

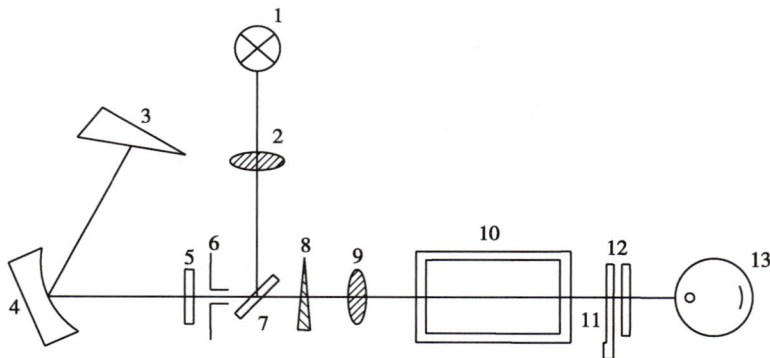

图 3-4　721 型分光光度计结构示意图

1. 光源；2. 聚光透镜；3. 色散棱镜；4. 准直镜；5. 保护玻璃；6. 狭缝；7. 反射镜；
8. 棱镜；9. 聚光透镜；10. 吸收池；11. 光门；12. 保护玻璃；13. 光电倍增管。

2）单光束紫外-可见分光光度计：适用波长范围为 200～1 000nm，涵盖了可见、紫外和红外光谱。常用的是国产 751 型分光光度计（图 3-5），采用钨灯（320～1 000nm）和氢灯或氘灯（200～320nm）两种光源。色散元件采用石英棱镜并配有两个滤光片（365nm、580nm），可在必要时清除杂光的影响；配有石英和玻璃两种吸收池以及紫敏 GD-5（200～625nm）和红敏 GD-6 或 GD-7（625～1 000nm）两种检测器。

（2）双光束分光光度计：双光束分光光度计在单色器的出射狭缝和样品吸收池之间增加了一个光束分裂器或斩波器，作用是以一定的频率将一个光束交替分成两路，使一路经过参比溶液，另一路经过样品溶液，然后由一个检测器交替接收或由两个检测器分别接收

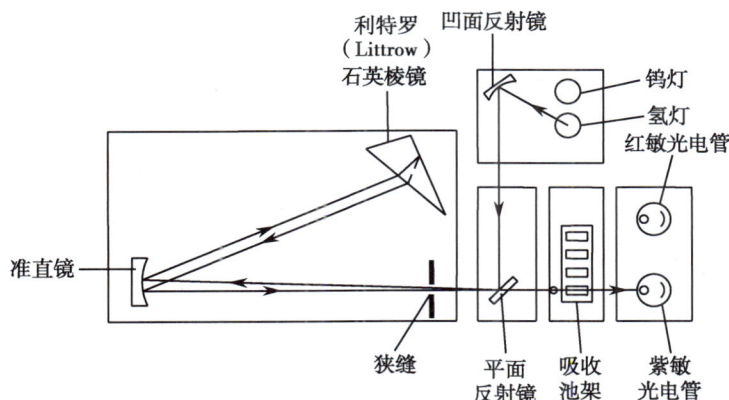

图 3-5 751 型分光光度计结构示意图

两路信号，以求有效地提高分辨率和降低杂散光。检测时还可自动消除由条件的随机变化（如温度变化、电源电压波动、放大器增益变化、仪器扫描和记录系统的间隙变化等）或样品中非测定组分的干扰所引起的影响，比单光束分光光度计使用更方便、准确；此外，可消除干扰、减少误差，并可以作全波段光谱扫描。这是目前国内外使用最多、性能较为完善的分光光度计。

（3）双波长分光光度计：其基本检测原理和结构见图 3-6。同一光源发出的光被分为两束，分别经两个单色器分光后得到两束不同波长（λ_1、λ_2）的单色光，经切光器两束光以一定频率交替照射同一样品，然后经过检测器显示出两个波长下的吸光度差值（$\Delta A = A_{\lambda 1} - A_{\lambda 2}$）。

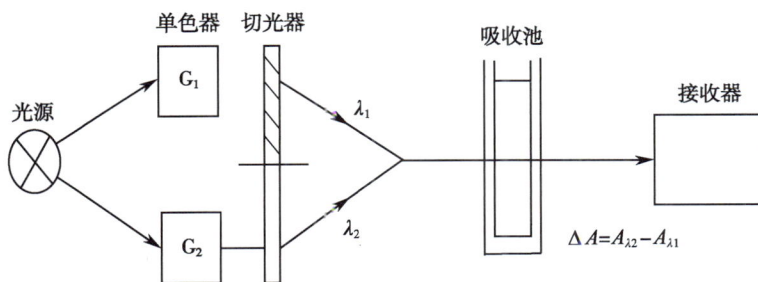

图 3-6 双波长分光光度计结构示意图

只要 λ_1、λ_2 选择适当（即被测物在一个波长上有最大吸收峰，在另一个波长上没有吸收或很少吸收；而非被测物在两个波长上的吸收是相同的），ΔA 就是消除了非特征性吸收干扰（即扣除了背景吸收）的吸光度值。双波长分光光度计不用参比溶液，只用一个待测溶液，能较好地解决由于非特征性吸收信号（如样品混浊、吸收池与空气界面以及吸收池与溶液界面的折射差别等）影响而带来的误差，从而大大提高检测的准确度。双波长分光光度计也可用于有干扰的多组分混合物，不经分离即可直接进行各组分的分析，对生物、医药样品及食品等的分析具有特殊的重要意义。双波长分光光度计还可进行痕量分析、高含量测定、混浊样品测定、多组分样品测定等。

（二）原子吸收分光光度计

1. 基本结构 原子吸收分光光度计除了比较特殊的光源、分光系统和检测系统，还需要将样品转化为基态原子蒸气的原子化器（图 3-7）。

（1）光源：原子吸收分光光度计的光源要能够产生待测元素所需的特征线性光谱，谱线的宽度要窄，发射强度要高，还要十分稳定。

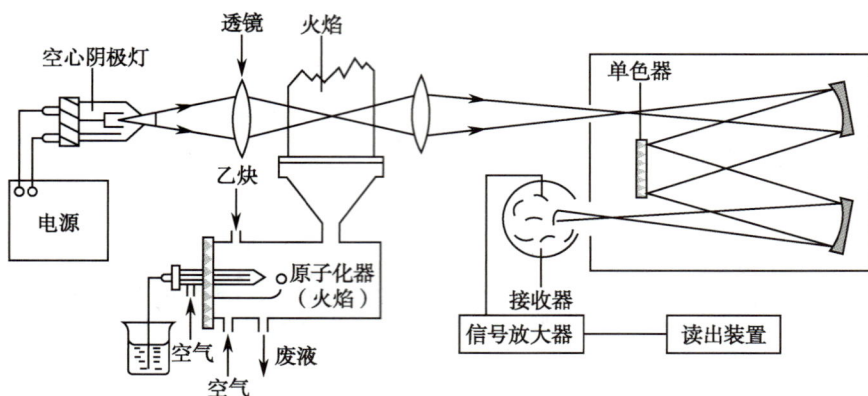

图 3-7 原子吸收分光光度计结构示意图

常用的光源为空心阴极灯,是一个封闭的低压气体放电管,管壳由带有石英窗的硬质玻璃制成,抽成真空后充入低压的惰性气体。管内用被测元素纯金属或合金制成圆柱形空心阴极,用钨、钛、锆等金属制成阳极。当给灯施加适当电压时,电子从空心阴极内壁加速飞向阳极并获得能量,与内管的惰性气体分子碰撞而电离。电离后产生的正离子又在电场作用下,向阴极内壁猛烈轰击,使阴极表面的金属原子溅射出来,后者再与电子、惰性气体原子及离子发生撞碰而被激发,当原子从激发态返回基态时,便辐射出被测元素的特征共振线。每测一种元素需更换相应的灯。

目前研制出了多元素空心阴极灯,阴极材料含有多种元素,点燃时,阴极能同时辐射出多种元素的共振线,只要更换波长,就能在一个灯上同时进行 6~7 种元素的测定。

(2)原子化器:原子化器有火焰原子化器与石墨炉原子化器,其作用是提供合适的能量,将样品干燥、蒸发并转化为所需的基态原子蒸气。

1)火焰原子化器:火焰原子化器由化学火焰提供能量,使被测元素原子化。它的结构简单,使用方便,对多数元素有较好的灵敏度和检出限。

2)石墨炉原子化器:石墨炉原子化器本质上是一个电加热器,应用最广泛的是管式石墨炉。原子化器石墨管作为电阻发热体,通电后控制电流可达到维持所需的温度,石墨炉对样品进行干燥、灰化及原子化,使待测元素转化为所需的基态原子蒸气。

目前最常用的预混合型原子化器主要由雾化器、雾化室和燃烧器三部分组成,先将试液喷雾分散气化,再与燃气、助燃气均匀混合形成气溶胶,最后使样品蒸发和原子化。

(3)分光系统:分光系统即单色器,由入射和出射狭缝、反射镜和色散元件等组成,其作用是将所需的共振吸收线与邻近干扰线分离。原子吸收谱线本身比较简单,仪器采用锐线光源,对单色器分辨率的要求不是很高。对出射狭缝进行调节可使非分析线被阻隔,只有被测元素的共振线从出射狭缝射出,进入检测器。为了防止原子化时产生的辐射不加选择地都进入检测器,以及避免光电倍增管的疲劳,单色器通常配置在原子化器后方。

(4)检测系统:由检测器、放大器、对数变换器和读出装置组成。检测器的作用是将接收到的光信号转变成电信号,然后再经放大器放大,同时把接收到的非被测信号滤掉。放大的被测信号进入对数变换器进行对数变换,变成线性信号,最后由读出装置显示读数或由记录仪记录。

2. 分类 按照原子化器的不同,原子吸收分光光度计可分为火焰原子吸收光度计和石墨炉原子吸收光度计两种类型。

(1)火焰原子吸收光度计:最常用,适用于样品中金属元素的分析。火焰产生的高温使样品中的金属元素转化成其原子态,而后可检测并计算样品中金属元素的含量。

（2）石墨炉原子吸收光度计：将样品中的金属元素转化为气态，再通过石墨炉进行分析。该类型仪器灵敏度高、选择性好、抗干扰性强，但也存在分析速度较慢、样品处理不易等缺点。

三、吸收光谱分析仪器的性能验证与临床应用

（一）吸收光谱分析仪器的性能验证

吸收光谱分析仪器的性能指标主要包括精密度、正确度、干扰率和线性范围等。验证方法包括重复试验、回收试验、干扰试验、方法比较试验和线性试验等，具体验证方法与其他定量分析测试类仪器基本相同，应按照《临床检验定量测定项目精密度与正确度性能验证》（WS/T 492—2016）和《临床化学定量检验程序性能验证指南》（CNAS-GL037:2019）等文件进行。《单光束紫外可见分光光度计》（GB/T 26798—2011）对单光束紫外 - 可见分光光度计的性能指标、试验方法、检验规则等有强制要求，每年由具有相关资质的计量机构对各医疗机构所用分光光度计进行性能验证，并禁止使用不合格仪器，以保障仪器测定结果的准确。

（二）吸收光谱分析仪器的临床应用

1. 紫外 - 可见分光光度计的临床应用 紫外 - 可见分光光度计的主要应用是根据吸收光谱进行待测物质的定性和定量分析。定性分析是把样品的光谱特征，如吸收峰的数目、位置、形状，以及吸收强度、摩尔吸光系数等与纯化合物或标准紫外光谱图作比较，推测化合物的结构，检测化合物的纯度和浓度。分子检测实验室常用 260nm 和 280nm 波长处样品的吸光度快速检测 RNA 和 DNA 的纯度和浓度。许多样品光谱检测范围内的单组分或多组分定量分析也可以用紫外 - 可见分光光度计，如血红蛋白浓度测定、血清转氨酶活性测定、相关药物血药浓度监测等。还可通过测定 600nm 处的吸光度来估计细胞浓度并跟踪其生长状况。

2. 原子吸收分光光度计的临床应用 原子吸收分光光度法是一种成分分析方法，可对多种金属元素及某些非金属元素进行定量测定，其检测极限可达 ng/ml 水平，相对偏差为 1%～2%。这种方法目前广泛用于低含量元素的定量测定，甚至可用于痕量（10^{-9}g）测定。由于这种方法在物质成分分析方面有着突出的优点，所以其在医学实验室也得到了迅速发展，特别是在分析与人体健康和疾病有着密切联系的微量元素的工作中发挥了很大的作用。

四、吸收光谱分析仪器的校准与维护保养

为保证仪器测试结果的准确可靠，对于新购进、使用和维修后的分光光度计，都应该对其波长准确性等性能指标定期进行校准。

（一）紫外 - 可见分光光度计的校准与维护保养

1. 校准 《紫外、可见、近红外分光光度计》（JJG 178—2007）规定了各类紫外 - 可见分光光度计的校准和检定周期，一般为半年。校准的主要指标包括以下几项。

（1）波长误差：波长误差包括波长准确度和波长重复性。

1）波长准确度：是指仪器所示波长值与实际输出的波长值之间的符合程度，可用二者之差来衡量。

2）波长重复性：是指在对同一个吸收带或发射线进行多次测量时，峰值波长测量结果的一致程度。通常取测量结果的最大值与最小值之差来衡量。

（2）光度误差：光度误差包括光度准确度和光度线性范围。

1）光度准确度：是指仪器在吸收峰上读出的透射比或吸光度与已知的真实透射比或吸光度之间的偏差。

2）光度线性范围：是指系统测定的光度值与照射到接收器上的辐射功率呈线性关系时的光度范围，这是仪器的最佳工作范围。评价时可配制适当浓度的溶液，按照一定的倍数逐步稀释，分别测定其吸光度。根据测得的吸光度计算吸光系数，以吸光度为横坐标，以相应的吸光系数为纵坐标绘制吸光系数 - 吸光度曲线，曲线的平坦区域即仪器的线性范围。

（3）分辨率：分辨率是指对于紧密相邻的峰，仪器可分辨的最小波长间隔，它是分光光度计质量的综合反映。单色器输出的单色光的光谱纯度、强度以及检测器的光谱灵敏度等是影响仪器分辨率的主要因素。

（4）光谱带宽：光谱带宽是指从单色器射出的单色光最大强度的 1/2 处的谱带宽度。它与狭缝宽度、分光元件、准直镜的焦距有关，可以认为是单色器的线色散率的倒数与狭缝宽度的乘积。可以通过测量钠灯的发射谱线如钠双线（589.0nm、589.6nm）宽度的方法来测量。由于元素灯谱线本身的宽度远小于单色器的宽度，故可以认为测得的光谱带宽就是单色器的光谱带宽。

（5）杂散光：杂散光是测量过程中的主要误差来源，会严重影响检测准确度。可用截止滤光器测定杂散光。截止滤光器对边缘波长或某一波长的光可全部吸收，而对其他波长的光却有很高的透射比。因此测定某种截止滤光器在边缘波长或某一波长的透射比，即可得出杂散光的强度。

2. 维护保养 安装仪器的房间应远离电磁场，且干净、通风、防尘。安放仪器的桌子要注意防震，避免震动源的影响。同时仪器不能被太阳光直接照射。还应保持干燥，防止仪器受潮。

仪器在使用前、后必须彻底清洗，保持吸收池透光面的完好无损和清洁。清洗时，可将仪器浸泡在肥皂水中，然后再用自来水和蒸馏水冲洗干净。当被有色物质污染时可以用 3mol/L 的盐酸和等体积乙醇的混合液浸泡洗涤；重度污染时可以使用超声波清洗。倒置晾干备用，绝对不能烘烤。吸收池外边沾有水珠或待测溶液时，可先用滤纸吸干，再用镜头纸拭净。

（二）原子吸收分光光度计的校准与维护保养

1. 校准 原子吸收分光光度法的一个重要特点就是干扰较小，但在进行某些元素分析时，尤其是石墨炉原子化法的干扰情况不容忽视。

2. 维护保养 主机长时间不使用时，要保持每 1～2 周将仪器开机一次，联机预热 1～2 小时。元素灯长时间不使用时会因漏气、零部件放气等情况而不能使用，所以，应每隔 3～4 个月点燃 2～3 小时，以保证元素灯的性能，延长使用寿命。

第二节 发射光谱分析仪器与技术

发射光谱（emission spectrum，ES）是激发态原子或分子返回基态时释放能量产生的光谱，其激发方式有光致激发、电致激发和热致激发等。利用发射光谱进行物质定性和定量的方法称发射光谱分析法。

发射光谱分析仪器包括原子发射光谱仪、荧光光谱仪、化学发光分析仪和射线光谱仪等，本节仅介绍原子发射光谱仪和荧光光谱仪。

一、发射光谱分析仪器的检测原理

（一）原子发射光谱仪的检测原理

原子发射光谱法（atomic emission spectrometry，AES）是根据不同原子具有的特征性发射谱线对样品进行多元素定性和定量的方法,具有分析速度快、选择性好、准确性高、检出限低、样品消耗少等优点。

1. 原子发射光谱分析的基本原理 当受到热能、电能等外界能量作用时,原子会与高速运动的气态粒子或电子发生碰撞而获能,其中、外层电子从基态跃迁到激发态,使样品蒸发,各组分转变成气态原子或离子,引起气体中各基本粒子的电激发。被激发的原子或离子回到基态时发射出每个元素的特征谱线。由于待测元素原子的能级结构不同,发射谱线的特征也不同,据此可对样品进行定性分析;待测元素原子的浓度不同,发射的强度也不同,可实现元素的定量测定。

2. 原子发射光谱分析的分析方法

(1)定性分析方法:原子发射光谱的波长是由每种元素的原子性质决定的,因此可以通过检查谱图上有无特征谱线来确定该元素是否存在。这种定性分析通常用比较法,将样品与含待鉴定元素的已知化合物在相同条件下摄谱后进行比较,以确定某些元素是否存在。这种方法简便,但只适用于样品中指定组分的定性鉴定。

复杂样品的测定常用铁光谱比较法。铁的光谱谱线达4 600多条,且每条的波长都已有准确的测定。分析前,先将各个元素的灵敏线按波长标插在铁光谱图的相应位置上,剖作"元素标准光谱图"。分析时,先将摄取的样品谱图上的铁谱线与标准光谱图上的铁谱线重合,然后用标准光谱图中已标明的元素谱线来对比分析样品图谱中的未知谱线,从而确定样品的元素组成。

在实际工作中,元素的灵敏线并非固定不变,它和所采用的光源、感光板、摄谱仪的型号等条件有关,因此对灵敏线的选择应考虑到具体条件。此外,样品光谱中没有某元素的谱线,并不代表该元素绝对不存在,可能是由于其含量低于检测灵敏度。光谱分析的灵敏度主要取决于元素的性质,还与光源、摄谱仪、样品引入分析间隙的方法等实验条件有关。

(2)定量分析方法:是根据样品中被测元素的谱线强度来确定其含量的方法。样品中元素的谱线强度与浓度 c 的关系可用下述经验式表示:

$$I = ac^b \tag{式 3-10}$$

式中:I 为被测元素谱线强度;a 是与样品的蒸发、激发过程和样品组成等有关的参数;c 为被测元素的浓度;b 为自吸系数,其数值与谱线的自吸有关。在一定条件下、一定的待测元素含量范围内,a 和 b 是常数。由此可见,参数 a 和 b 不仅与被测元素浓度有关,还与实验条件有关,只有当摄谱条件一定、被测元素在一定浓度范围时,谱线的强度与元素浓度才具有线性关系。利用这一关系进行元素定量的方法称为绝对强度法。

由于受元素自吸、谱线黑度等因素影响,绝对强度法的测定分析结果误差会较大。自吸是指原子在高温发射某一波长的辐射时被处在边缘低温状态的同种原子所吸收的现象,该现象影响谱线强度。谱线黑度是指待测样品发射的光谱经摄谱后,光谱感光板上所摄影像黑色谱线的颜色深浅程度,其大小受样品组成、蒸发和激发等因素影响。为此,在摄谱定量分析中还常用相对强度法。

相对强度法又称内标法。首先在被测元素的谱线中选一条线作为分析线,再选择其他元素的一条谱线作为内标线,分析线和内标线组成分析线对。所选内标线的元素为内标元素,内标元素可以是样品的基体元素,也可以是定量加入的样品中不存在的元素。为了正确地绘制工作曲线,应用的标准样品不得少于3个,因此光谱定量分析常称为三标准试样法。此外,每一标准样品和分析样品都应摄谱多次(一般为3次),然后取其平均值。

(二)荧光光谱仪的检测原理

1. 荧光分析的基本原理 荧光分析(fluorescence analysis)是根据物质荧光谱线的位置及强度进行物质鉴定和含量测定的方法。某些物质在受到光照射时,除吸收某种波长的光外，还可发射出比原来所吸收光的波长更长的光（光致发光），荧光分析就是基于这类光致发光现象而建立起来的分析方法。荧光分析法属于发射光谱分析方法，利用荧光分析法对物质进行检测的仪器即荧光光谱分析仪，亦称荧光光谱仪。

物质的基态分子受激发光源照射后，可被激发至激发态，激发态分子在返回基态时，产生的波长比激发波长更长的光，称为荧光。通常所说的分子荧光是指紫外 - 可见光荧光。若物质分子用 X 射线或红外光激发，则分别产生 X 射线荧光和红外光荧光。

荧光分析可用于物质的定性检测及定量分析。由于物质结构不同，所能吸收的紫外光的波长不同，在返回基态时，所发射的荧光波长也不同，利用该性质可以对物质进行鉴别。对于同种物质的稀溶液，其产生的荧光强度与浓度具有线性关系，利用这个性质可进行定量分析。

荧光分析的主要特点是灵敏度高，检出限为 $10^{-9}\sim10^{-7}\text{g/ml}$。荧光分析的选择性强，能吸收光的物质并不一定产生荧光，且不同物质由于结构不同，虽吸收同一波长的光，但产生的荧光波长却不同。此外，还有样品用量少、操作简便等优点。

2. 荧光分析的分析方法　与紫外 - 可见分光光度法相似，荧光分析也可采用直接比较法和标准曲线法。

（1）直接比较法：采用直接比较法时，先测定已知浓度标准溶液的荧光强度，然后在同样条件下测定样品溶液的荧光强度。由标准溶液的浓度和两个溶液的荧光强度比值求得待测样品中荧光物质的含量。其计算公式为：

$$c_x = c_s F_x / F_s \qquad\qquad (式3-11)$$

式中：c_x 为待测样品溶液的浓度；c_s 为标准溶液的浓度；F_x 为待测样品溶液的荧光强度；F_s 为标准溶液的荧光强度。

（2）标准曲线法：采用标准曲线法时，按照处理样品的方法处理标准品后，配成一系列不同浓度的标准溶液，测定其荧光强度。以荧光强度为纵坐标、以标准溶液浓度为横坐标，绘制标准曲线，然后测定待测样品的荧光强度，由样品的荧光强度和标准曲线求出待测样品中荧光物质的含量。

二、发射光谱分析仪器的分类与基本结构

（一）原子发射光谱仪的分类与基本结构

1. 分类　目前常用的仪器类型除了光电直读光谱仪，还有火焰光度计、摄谱仪和激光显微发射光谱仪等。根据分析光谱的差异，光电直读光谱仪又分为多道光谱仪、单道扫描光谱仪和全谱直读光谱仪。

2. 基本结构　原子发射光谱仪由激发光源和光谱仪两部分组成。

（1）激发光源：其作用是提供足够的能量使样品蒸发、原子化、激发，产生光谱。激发光源应具有的特点包括灵敏度高、稳定性好、光谱背景小、结构简单和操作安全。

目前常用的激发方式是火花式与电感耦合等离子体（ICP）。火花式的激发光源是高压电火花源，它能提供单变或振荡电流脉冲，可用于固体样品的多元素分析，如冶金与地质工业；ICP 是由无线电波或微波范围内的电磁波在惰性气体（氩气）中进行无极或单极感应放电所产生的，利用 ICP 激发可以进行溶液元素分析。

（2）光谱仪：其作用是将光源发射的电磁辐射色散后，得到按波长顺序排列的光谱，并对不同波长的辐射进行检测与记录。常用的有棱镜摄谱仪、光栅摄谱仪和光电直读摄谱仪。

1）棱镜摄谱仪：由照明系统、准光系统、色散系统及投影系统四部分组成。

照明系统包括光源和透镜，透镜可分为单透镜和三透镜两类。准光系统包括狭缝及准直镜，其作用是把光源辐射通过狭缝的光变成平行光束照射到棱镜上。色散系统由一个或

多个棱镜组成。经过准直镜后所得的平行光束照射棱镜时,由于棱镜材料对不同波长光的折射率不同,所以产生色散现象。投影系统包括暗箱物镜及感光板,其作用是将经过色散后的单色光束聚焦而形成按波长顺序排列的光谱。

2)光栅摄谱仪:以衍射光栅作为色散元件,利用光的衍射现象进行分光。比棱镜摄谱仪有更高的分辨率,且色散率基本上与波长无关,更适用于一些含复杂谱线的元素(如稀土元素、铀、钍等)样品的分析。

3)光电直读摄谱仪:是利用光电测量方法直接测定光谱谱线强度的光谱仪,该仪器用光电倍增管代替感光板来接收和记录谱线。光电倍增管的信号放大能力强,可同时分析含量差别较大的不同元素,适用于较宽的波长范围。由于ICP激发光源的突出优点,使其得到广泛应用,在光谱仪中占主要地位。

(二)荧光光谱仪的分类与基本结构

根据结构和性能的不同,荧光光谱仪可分为荧光光度计、荧光分光光度计和X射线荧光光谱仪。各种荧光光谱仪的结构大同小异,都是由光学系统和数据记录与分析系统两部分组成(图3-8)。

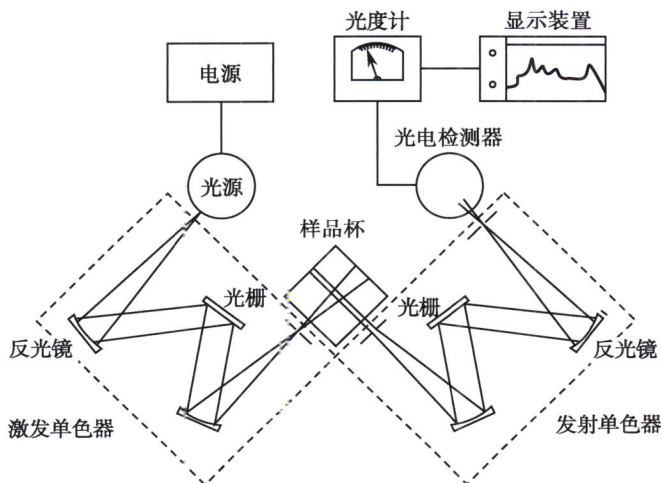

图 3-8　荧光光谱仪基本结构和光路示意图

激发单色器从光源中选择出合适波长的激发光,并将其投射到样品上。样品杯里的荧光物质吸收了激发光后,被激发而发出该物质的荧光光谱。此荧光光谱被发射单色器选出后,投射到光电检测器上。光电检测器将正比于物质浓度的荧光强度转换成电信号,然后电信号经过放大,最后在显示装置上显示测定结果。

荧光光谱仪的光学系统类似于普通紫外-可见分光光度计,由激发光源、单色器、样品池和检测器四部分组成。下面就荧光分光光度计和普通紫外-可见分光光度计的不同点予以介绍。

1. 激发光源　用于激发荧光物质产生荧光,常用的有氙灯、汞灯、氙-汞弧灯、激光器及闪光灯等。其中最常用的是氙灯,它是一种短弧气体放电灯,可以在250~800nm之间产生连续光谱,使用寿命约4 000小时。氙灯的外套为石英,内充氙气,室温时其压强为5个标准大气压(5.05×10^5Pa),工作时压强约为20个标准大气压(2.02×10^6Pa)。目前高性能的荧光光谱仪大多使用激光器作为激发光源,可以提高检测灵敏度,实现单分子的检测。

2. 单色器　荧光光谱仪的单色器分为激发单色器和发射单色器,分别将入射的激发光和发射的荧光变成单色光。

3. 吸收池 用来盛放测试样品，一般用石英制成。吸收池的形状以散射光较少的方形为宜，最常用的厚度为 1cm。有的荧光光谱仪附有恒温装置，测定低温荧光时，在吸收池外套上一个盛有液氮的石英真空瓶，以降低温度。

4. 检测器 检测器接收光信号，并将其转变为电信号。最常用的检测器是光电倍增管，在一定的条件下，其电流量与入射光强度成正比。电荷耦合器件阵列检测器是一类新型的光学多通道检测器，具有光谱范围宽、量子效率高、暗电流小、噪声低、灵敏度高、线性范围宽，同时可获取彩色、三维图像等特点。

荧光分光光度计中部分参数是可调的，如调节狭缝的宽度可控制辐射总能量，调节光栅或棱镜的角度可控制激发光或发射光波长等。

三、发射光谱分析仪器的性能验证与临床应用

（一）发射光谱分析仪器的性能验证

发射光谱分析仪器的性能验证指标和方法与吸收光谱分析仪器基本相同，主要是用重复试验验证精密度、用回收试验和方法比较试验验证正确度、用干扰试验验证干扰率、用线性范围试验确定线性范围和检测范围。具体验证方法应按照《临床检验定量测定项目精密度与正确度性能验证》（WS/T 492—2016）和《干扰实验指南》（WS/T 416—2013）文件进行。

（二）发射光谱分析仪器的临床应用

1. 原子发射光谱仪的临床应用 可以测定各种元素和化合物中的元素成分，具有非常广泛的应用范围；可以对身体内的化学物质和环境中的污染物进行检测，从而了解元素的来源和剂量；可以对药物中的有害元素进行溯源和检测，提高药品的质量和效能。

2. 荧光光谱仪的临床应用 在临床检验方面，荧光光谱仪可用于对人体中多种成分，如各种氨基酸、核酸、维生素等进行测定分析，还能对血液中多种抗生素、抗高血压药物等进行直接或间接检测。目前临床常用的项目包括测定血液、尿及组织中的肾上腺素、去甲肾上腺素及各种代谢物；血液中的组胺、多巴胺、胆碱、5- 羟色胺等；体液中的胆固醇、雌激素等；青霉素、吗啡、奎宁等的血药浓度。

四、发射光谱分析仪器的校准与维护保养

（一）发射光谱分析仪器的校准

1. 原子发射光谱仪的校准 包括波长的正确性和可重复性、检测稳定性、检出限、精度校准、检测精度等。

（1）波长的正确性和可重复性：使用汞灯标准值可以校准波长的正确性和重复性。在光路入口处安装一个汞灯，然后用它的一条固定谱线校正光路。按下控制面板上的汞灯键。如果汞灯没有读数，按增加键或减少键将读数调节至 20～100。进入 ICP 软件，启动光谱仪中多色仪的校准程序，电脑会自动找到峰位。狭缝汞线与汞的出射狭缝对齐，其他元素通道的出射狭缝对齐。

（2）检测稳定性：包括电子测试、泄漏试验和暗电流测试等。通过更换光电倍增管信号的测试电压，测试积分器和模数转换器的电路；检查积分模拟开关的状态，确保结果符合工厂的技术要求；应在每个通道上测量，以确定光电倍增管在没有光的情况下产生的剩余电流。

（3）检出限：ICP 处于稳定状态后，用 6% 盐酸溶液雾化，测量各元素的检出限，根据日常分析范围和厂家要求判断仪器是否合格。

（4）精度校准：仪器稳定后，用标准溶液雾化，按设定的电脑程序连续测量 12 次。这组数据不能选择或补充，由计算机计算平均值、标准差和相对标准偏差。

（5）检测精度：ICP 稳定后，光路准确。在适当和正确的格式文件下，用中等标准品对

工作曲线进行标准化和校正。对样品进行测量,结果应符合《钢的成品化学成分允许偏差》(GB/T 222—2006)的要求。

除了基础指标,要考虑基质效应。基质效应(matrix effect)是样品中其他元素对被测元素谱线强度的干扰,也称为"第三元素"影响。为减少样品组成对弧焰温度的影响,常向样品和标准品中加入经过选择的辅助物质,如光谱缓冲剂或光谱载体,以消除或减少基体干扰。

加入光谱缓冲剂不仅能稀释样品,还能控制样品在弧焰中蒸发、激发的温度,降低背景影响。光谱缓冲剂纯度要高,谱线简单。按所起的作用不同,光谱缓冲剂分为光谱稳定剂、稀释剂、助熔剂、增感剂和抑制剂等。光谱载体的作用是改变样品中被测元素的熔点、沸点,从而改变各元素的蒸发状况,起到增强被测元素谱线强度或抑制干扰元素谱线强度等作用,提高分析的灵敏度。

2. 荧光分光光度计的校准 校准步骤包括准备标准溶液、进行零点校准、测量标准溶液、绘制荧光校准曲线等。通过校准,可以确保荧光分光光度计的测量结果准确可靠,为后续的荧光测量提供准确的数据基础。

(1)波长准确度:与可见 - 紫外分光光度计相似,荧光分光光度计的波长准确度用波长误差来衡量。根据《紫外、可见、近红外分光光度计》(JJG 178—2007)规定检定,其波长误差最高为 ±0.2nm,最低为 ±0.6nm。

(2)杂散光:在规定波长下用不透明的溶液或滤光片测定透射比,以测定荧光分光光度计杂散光强度。

(3)光谱带宽:光谱带宽表征仪器的光谱分辨率,越小越好。但是当仪器传感器的灵敏度较低时,光谱带宽太窄,也不能获得理想的测量结果。

(4)基线:基线稳定性和基线平直性是指分光光度计在扫描 100% 线或光学校准线(即 OA 线,此时样品室中不放任何东西)时,读数随时间偏离或弯曲的程度。

(5)信噪比:是在 100% 线扫描时,噪声的大小。仪器预热稳定后,在一定波长和一定缝宽下,扫描 100% 线或 0% 线数分钟,量取峰 - 峰之间的值作为绝对噪声水平。

(二)发射光谱分析仪器的维护保养

发射光谱分析仪器的维护要从电源的稳定性、仪器各部件的保养等方面开展。

光源启动后需有约 20 分钟的预热时间,待光源稳定发光后再进行测试。若光源熄灭,需等待灯管冷却后重新启动,以延长灯的寿命。灯及其窗口必须保持清洁,不能沾染油污。如出现污染,应尽快用无水乙醇擦洗干净。

单色器应随时注意防潮、防尘、防污和防机械损伤。光电倍增管加上高压时不可受外来光线直接照射,以免缩短光电倍增管的使用寿命或降低其灵敏度。平时应注意防潮和防尘。清洁荧光吸收池或擦洗其透光面时,应与插放方向一致;新吸收池可使用 3mol/L 盐酸和 50% 乙醇混合液浸泡,使用后的吸收池最好用硝酸处理;测试前再仔细清洗,于无尘处晾干备用,不可加热烘干。

此外,要注意样品 pH 的变化和荧光剂的污染,避免荧光强度降低、消失或荧光强度与浓度不呈线性关系。

第三节 散射光谱分析仪器与技术

光在传播的过程中没有完全沿着原来的方向,而是向多个方向或多或少播散的现象,称为散射(scattering)。光散射时形成的光谱称为散射光谱(scattering spectrum)。利用散射光谱进行物质分析的方法称为散射光谱分析（又称浊度分析、比浊分析），其中常用的是免疫比浊法（immunoturbidimetry）。

一、散射光谱分析仪器的检测原理

光线经过介质时与溶液中的混悬颗粒作用而发生散射，因此，入射光的波长、偏振，微粒的大小、浓度以及检测的距离和角度等都直接影响散射信号。

（一）散射光谱分析的基本原理

1. 胶体溶液 胶体溶液是由固体颗粒或高分子化合物分散在溶剂中形成的，其分散溶剂多为水，胶粒直径为 1～100nm。分散粒子对光的反射、折射、散射和吸收等，使胶体具有多相性，呈现出高度分散和不均匀的状态，这种状态的稳定性与胶粒直径、表面电荷和性质有关。

2. 朗伯-比尔光透射理论 平行光线通过胶体溶液或悬浮液后，由于胶粒的吸收和散射作用，透射光强度会减弱，这种减弱遵循朗伯比尔定律，吸光度变化率 E 与溶液的浓度 c 成正比。

3. 瑞利光散射理论 瑞利（Rayleigh）认为单位体积的散射光强度与每个粒子体积的平方成正比，散射光总能量与入射光波长的四次方成反比；入射光波长越短，散射越显著，分散相与分散介质的折射率相差越显著，则散射作用也越显著；散射光强度与单位体积中的粒子数成正比。

4. 米-德拜光散射理论 米-德拜（Mie-Debye）的光散射理论反映了散射光的不对称性与粒子大小及入射光波长之间的相关性变化，该理论修正了粒径略小于入射光波长时的情况，更适合于粒径等于或大于入射光波长的情况。如在免疫化学反应过程中，可溶性抗体（Ab）与可溶性抗原（Ag）反应形成免疫复合物（IC）粒子，混合物系统中的粒子由小变大，并不遵循某一固定公式，故而该理论对瑞利散射理论的修正更适合于现代实验室测定项目的原理。

（二）散射光谱分析的基本方法

散射光谱分析常用的是免疫比浊法。根据检测器的位置及其接收光信号的性质，免疫比浊法可分为透射免疫比浊法和散射免疫比浊法。前者是在直射角度（0°）测定透射光强度和被测溶液中微粒浓度的关系，后者则是在 5°～96° 的方向上进行测定（图3-9）。

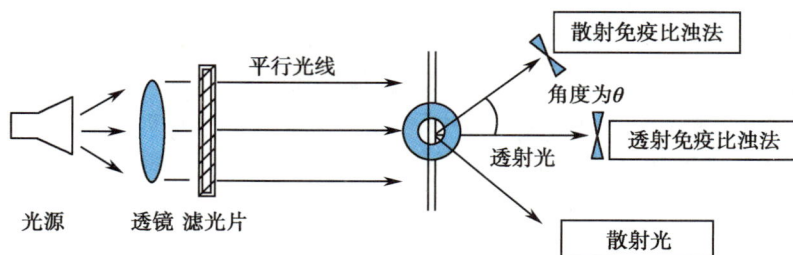

图 3-9 免疫比浊法测定光路示意图

1. 透射免疫比浊法 透射免疫比浊法操作简便，测量方式是测定入射光经反射、散射或吸收后的衰减程度，读数以吸光度（A）表示，这种 A 值反映了透射光和入射光的比率。免疫复合物大小为 35～100nm 时，选择 290～410nm 波长最佳。由于抗原、抗体结合后在短时间内只能形成小复合物，这时无法比浊，待数分钟到数小时才形成可见的复合物，这时才适于比浊。为了提高复合物的形成速度，可加入促聚剂使复合物在 3～10 分钟内形成。

2. 散射免疫比浊法 散射免疫比浊法的基本原理是：激光散射光从水平轴照射，通过溶液时,遇到抗原 - 抗体复合物粒子,光线被粒子颗粒折射,发生偏转。偏转角度可以为 $0°\sim96°$,这种偏转的角度可因光线波长和粒子大小不同而有所区别。散射光的强度与抗原 - 抗体复合物的含量成正比,同时也和散射夹角成正比,和波长成反比。

二、散射光谱分析仪器的分类与基本结构

基于透射免疫比浊法和散射免疫比浊法的相应测定仪器已有许多,目前国内常用的有以下几种类型。

(一)透射比浊分析仪

1. 分光光度计 普通分光光度计可用于透射比浊分析,待测溶液在近紫外光区($320\sim<400nm$)有一吸收峰,终点法可获得定量数据(A 值)。

2. 自动生化分析仪 临床实验室的自动生化分析仪一般均可用于比浊分析,且自动化较好的仪器专门编有散射或透射的测试程序,并有自动计算功能。目前较流行的大型多通道自动分析仪为开放分立任选式,结构更加完善,检测速度快,临床使用的仪器多数具备专门编写或可自编透射比浊分析程序,并可选用多种自动校正和计算方式,大大提高了检测的精密度与准确性。

(二)散射比浊分析仪

常用的散射比浊分析仪是速率法自动散射比浊分析仪,该仪器可分为流动式和任选式两类。这两类仪器均采用向前角度监测,自动化程度高,能保证在光散射速率最大时进行检测。测定前向散射的光强度,可减少内源性物质光散射的干扰。目前推出的第三代速率法自动散射比浊分析仪,是一种高输出、多选择、拥有两种最先进的检测技术系统——近红外检测免疫分析法和速率散射比浊法(即双光路检测法)的分析仪。临床实验室选用的特定蛋白分析系统,就是一种全自动、高灵敏度的散射比浊分析仪。

三、散射光谱分析仪器的性能验证与临床应用

(一)散射光谱分析仪器的性能验证

为让该技术准确、真实地反映患者的实际情况,使用中应充分注意其技术特点,按照《临床实验室测量程序检测能力评价:批准指南(第 2 版)》(CLSI EP17-A2)做好检测系统的性能验证和质量控制。

(二)散射光谱分析仪器的临床应用

散射光谱分析技术是一种快速、实用的临床实验室检测技术,在临床免疫学检验、生物化学检验和尿液常规检验等领域应用广泛,可为临床医疗提供更好的参考数据和疾病判别指标。

四、散射光谱分析仪器的校准与维护保养

散射光谱分析仪器的校准与维护保养和其他光谱分析仪器相似,也可参见临床免疫学检验技术与仪器的校准与维护保养。

近年来,光谱分析仪器与技术的发展主要体现在多功能性、高灵敏度、智能化和便携式应用等方面。这些仪器整合多种分析技术,同时具备紫外 - 可见光谱测定、荧光光谱测定、红外光谱测定等功能,实现更全面、高效的样品分析;通过改进光学系统、增强探测器性能和优化信号处理算法等手段,可以提高灵敏度;利用机器学习算法对光谱数据进行快速处理和解释,从而提高样品分析的准确性和效率;与互联网或移动设备连接,实现远程数据传输和实时监测;通过小型化、便携式设计,实现野外调查、移动检测和即时检验等应用。

(李平法)

本章小结

　　紫外 - 可见分光光度计根据物质的吸收光谱，通过测量单色光的强度来分析其组成、结构及含量。朗伯 - 比尔定律是比色分析的基本定律，它描述了物质对单色光的吸收强度与溶液浓度和液层厚度之间的函数关系。

　　原子吸收分光光度计和原子发射光谱仪属于原子光谱分析仪器，主要用于各种元素的测定，尤其是超微量元素的检测，在医学领域应用广泛。

　　荧光光谱仪利用物质吸收能量后可发射荧光的特性，通过测定物质分子产生的荧光强度进行物质定性与定量分析，可用于微量成分如激素、药物浓度的测定。

　　透射免疫比浊和散射免疫比浊属于散射光谱分析，其中速率测定和乳胶粒子增敏是未来的发展方向。

　　目前光谱分析仪器与技术正向着多功能、高灵敏、智能化和便携式方向发展。

第四章 电化学分析仪器与技术

通过本章学习,你将能够回答下列问题:

1. 什么是电位分析技术?
2. 仪器常用的参比电极和离子选择电极有哪些?
3. pH、PCO_2、PO_2 电极的工作原理是什么?
4. 影响离子选择电极法测定结果准确度和灵敏度的参数有哪些?
5. 电解质分析仪的性能验证与临床应用包括哪些内容?
6. 血气分析仪的性能验证与临床应用包括哪些内容?

电化学分析技术是根据物质的电化学性质确定待测物质形态、性质、成分及含量的分析方法,包括电位分析法、电导分析法、电解分析法、库仑分析法、极谱法和伏安法等。电化学分析仪器采用电化学分析技术,最常用的仪器包括电解质分析仪和血气分析仪。电解质分析仪常用离子选择电极检测体液中 K^+、Na^+、Cl^-、Ca^{2+}、Mg^{2+}、Li^+ 等离子的浓度(活度);血气分析仪主要测定人体血液中的酸碱度(pH)、二氧化碳分压(PCO_2)和氧分压(PO_2)等。本章应用电化学理论阐述电解质分析仪、血气分析仪的检测原理,需要掌握基本概念,熟悉电解质分析仪和血气分析仪的性能验证、仪器设备校准,从而为掌握此类仪器的规范操作和维护保养、临床应用奠定良好的基础。

第一节 电位分析的技术原理

电位分析技术通过测定电池电动势以确定被测物含量,即两个电极与待分析的样品溶液组成化学电池,根据所组成电池的电位与溶液离子之间的内在联系进行测定。

一、化学电池

化学电池(chemical cell,EC)是在电化学池中发生电化学反应的装置,分为原电池和电解池,后者将电能转化为化学能。

由化学反应产生电流,即把化学能转换为电能的装置称为原电池(图 4-1)。构成原电池至少需要三个条件:两个电极、电解质溶液和导线连接的闭合回路。

图 4-1 中,左方为 $ZnSO_4$ 溶液,其中置入锌片,组成一个半电池作为负极;右方为 $CuSO_4$ 溶液,其中置入铜片,组成另一个半电池作为正极。两溶液间由多孔膜隔开或以盐桥相连,左方锌板被氧化成 Zn^{2+} 进入溶

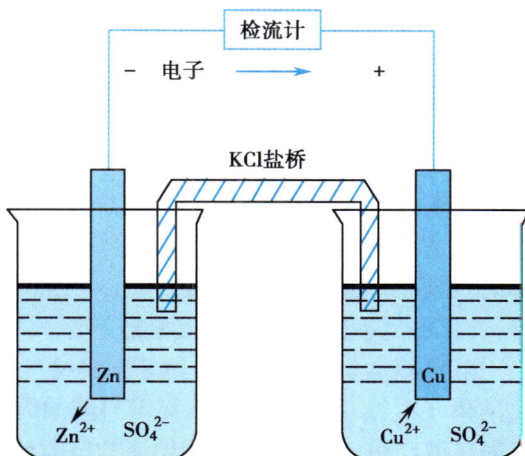

图 4-1 原电池示意图

液，放出电子带负电；右方的 Cu^{2+} 接受电子，负极上的 Zn 不断放出电子成为 Zn^{2+}，发生氧化反应；Cu^{2+} 在正极不断得到电子成为金属 Cu，发生还原反应，两极间不断有电子得失，从而产生了电流。

二、参比电极与指示电极

（一）参比电极

参比电极（reference electrode）又称参考电极，在测量溶液的电位时提供基准电位，基准电位在电位计算时作为常数。理想的参比电极应具备以下条件：①结构和组成稳定，环境条件（如温度、压力、湿度等）对参比电极的影响小，电极电位稳定，允许仪器进行测量；②电极反应可逆，能迅速建立热力学平衡电位，其电位值通过能斯特方程（Nernst equation）计算；③具有良好的恢复性和重现性，当电流突然通过后电位值能够迅速恢复，并且不同批次的电极，其电位应相同。常使用甘汞电极和银-氯化银电极（Ag/AgCl 电极）作为参比电极。

1. 甘汞电极 是以甘汞（Hg_2Cl_2）饱和在一定浓度的 KCl 溶液中而制成的汞电极，其电极反应为：

$$2Hg + 2Cl^- \rightleftharpoons Hg_2Cl_2 + 2e^-$$

甘汞电极的电极电位随温度和 KCl 浓度的变化而变化。在 25℃时，饱和 KCl 溶液中的甘汞电极的电位值是最常用的（0.244 4V），此时的电极称为饱和甘汞电极（saturated calomel electrode，SCE）。

2. 银-氯化银电极 是浸在氯化钾中的涂有氯化银的银电极，其电极反应为：

$$Ag + Cl^- \rightleftharpoons AgCl + e^-$$

银-氯化银电极的电极电位随温度和 KCl 浓度的变化而变化。银-氯化银电极丝（涂有 AgCl 的银丝）可以作为参比电极直接插入反应体系，具有体积小、灵活等优点。银-氯化银电极可以在高于 60℃的体系中使用，甘汞电极不具备这一优点。

（二）指示电极

指示电极（indicating electrode）根据电位的大小指示溶液离子的浓度，常与参比电极组成工作电池。指示电极应符合以下条件：①电极电位与溶液离子的浓度或活度的关系符合能斯特方程；②响应快、重现性好；③结构简单，便于使用。常用指示电极有离子选择电极和一些金属或非金属电极，如 Au、Cu、Pt、石墨电极。

三、离子选择电极

（一）离子选择电极的基本结构

离子选择电极（ion selective electrode，ISE）是对离子具有选择性的指示电极，其具有特制的敏感膜，对溶液特定离子进行响应产生相应电位。如图 4-2 所示，ISE 由四部分组成：①电极腔体，由玻璃或高分子聚合物材料制成；②内参比电极，通常为 Ag/AgCl 电极；③内参比溶液，由氯化物及响应离子的强电解质溶液组成；④敏感膜，是对离子具有高选择性的响应膜。

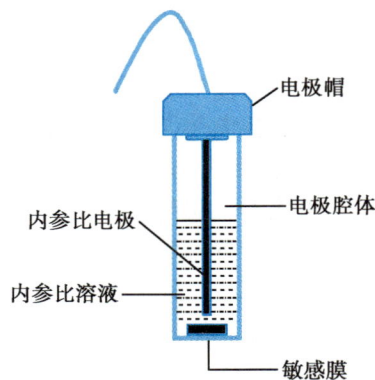

图 4-2 离子选择电极的基本结构

（二）离子选择电极的检测原理

电极膜电位的产生大多是基于膜材料与溶液界面发生的离子交换反应。当电极置于溶液中时，由于离子交换和扩散作用，两相界面之间原有的电荷分布发生改变，产生一定的电位差，即膜电位。由于内电极的电位固定，因此 ISE 的电位（E_{ISE}）与待测离子的活度（a_X）相关联，其电位值与溶液离子活度的关系符合能斯特方程。

$$E_{ISE} = K \pm 2.303 (RT/nF) \cdot \lg a_X \qquad (式4\text{-}1)$$

式中：K 为常数（测量条件恒定时）；$+$ 代表阳离子选择电极，$-$ 代表阴离子选择电极；R 为气体常数 8.314 41J/（K·mol）；T 为热力学温度；n 为离子电荷量；F 为法拉第常数 96.487kJ/（V·mol）；a_X 为离子活度。

ISE 的 E_{ISE} 值不能直接测定，须将 ISE 与参比电极共同浸入待测样品中组成原电池，通过测量电池电动势（$E_{电池}$）来测定 E_{ISE} 值，参比电极通常为负极，ISE 为正极。在一定条件下，原电池的电动势与被测离子活度的对数呈线性关系，通过测量电池电动势可求得被测离子活度（或浓度）。

（三）离子选择电极的性能参数

1. 线性范围和检出限 根据能斯特方程，离子选择电极的电极电位与被测离子活度的对数呈线性关系。以电位值 E_{ISE} 为纵坐标、以 $\lg a_X$ 为横坐标做图，所得的曲线称为校准曲线。校准曲线的直线部分所对应的离子活度范围称为 ISE 响应的线性范围。其直线部分与水平部分延长线的交点所对应的离子活度称为 ISE 的检出限。

2. 响应斜率 在 ISE 响应的线性范围内，当待测离子的活度变化一个数量级时，所引起的电极电位变化值（mV）称为实际响应斜率。实际响应斜率与理论响应斜率存在的偏差常用转换系数 K_{tr} 表示，K_{tr} 越接近 1 越好。当 $K_{tr} < 0.9$ 时，ISE 的灵敏度可能过低而不宜再用。

3. 选择系数 表明 ISE 抵抗其他干扰离子的能力，ISE 不仅对待测离子作出响应，对溶液中其他离子也会作出响应。能斯特方程的修正式（或称扩充式）描述待测离子和干扰离子产生的电位大小，修正式中相关的常数（K_{ij}）称为 ISE 的选择系数，此系数可估计干扰离子存在时产生的测定误差。

4. 响应时间 是指 ISE 和参比电极一起接触样品溶液后，电极电位趋于稳定数值（波动小于 1mV）所需的时间。响应时间的影响因素包括膜电位平衡时间、敏感膜的结构、被测溶液的浓度、参比电极的稳定性、共存离子的种类、样品溶液温度等。对于商品化的 ISE，要求响应时间在 30 秒左右。

四、直接电位分析法

直接电位分析法是在相同条件下，分别将标准液和试样溶液作为工作电池溶液，测定其电位值，通过比较二者的电位值，推算出试样溶液中特定离子活（浓）度，离子选择电极是直接电位分析法最常用的工具。

（一）标准比较法（直读法）

在电解质和血气分析测定中，常选用两个不同浓度（两点定标）的标准溶液 c_A、c_B，且 $c_A < c_X < c_B$，分别用两种标准溶液对离子计进行斜率校正，然后测定未知溶液，从仪器上直接读出 c_X 值，见式 4-2、式 4-3：

$$c_X = c_S \times EXP[(E_X - E_A)/S] \qquad (式4\text{-}2)$$

其中

$$S = (E_B - E_A)/\lg(c_B/c_A) \qquad (式4\text{-}3)$$

式中：c_X、E_X 分别表示样品的浓度和电位；c_A、E_A 分别表示 A 标准液的浓度和电位；c_B、E_B 分别表示 B 标准液的浓度和电位；S 表示由两种标准液测得的电极实际斜率。

（二）标准曲线法

测定时用纯物质按浓度递增的顺序配制一系列标准溶液（一般为 5～7 个），将某一 ISE 和参比电极插入各标准溶液中构成原电池，测出相应的电动势 E，然后以 E 为纵坐标，以其对应的 $\lg c_i$ 为横坐标做图，绘制标准曲线。在相同条件下用同一支电极测定试样溶液的电动势，从标准曲线上可查到试样溶液的活（浓）度。

第二节　电解质分析仪

电解质分析仪(electrolyte analyzer)是对体液中 K^+、Na^+、Cl^-、Ca^{2+}、Li^+ 等的离子浓度(活度)进行测定的分析仪器。其检测方法包括化学法、火焰光度法、原子吸收法、ISE 法等。基于 ISE 法的电解质分析仪具有操作方便、灵敏度高、选择性好、成本低、自动测定等特点,广泛应用于临床。本节介绍以 ISE 为传感器的电解质分析仪。

一、电解质分析仪的检测原理

电解质分析仪的钾、钠、氯等 ISE 一般采用标准比较法进行分析。仪器将测量电极(通常为 ISE)与测量毛细管制成一体化结构,当样品通过测量毛细管时,各离子选择电极膜与其相应的离子发生作用,与参比电极产生相关的电位差 E,通过将标准曲线与待测离子电位差值进行比较,即可求得各离子的浓度值。

电解质分析仪通过仪器的电路系统,把电极产生的电位放大、模数转换后给出相应的结果(图 4-3)。

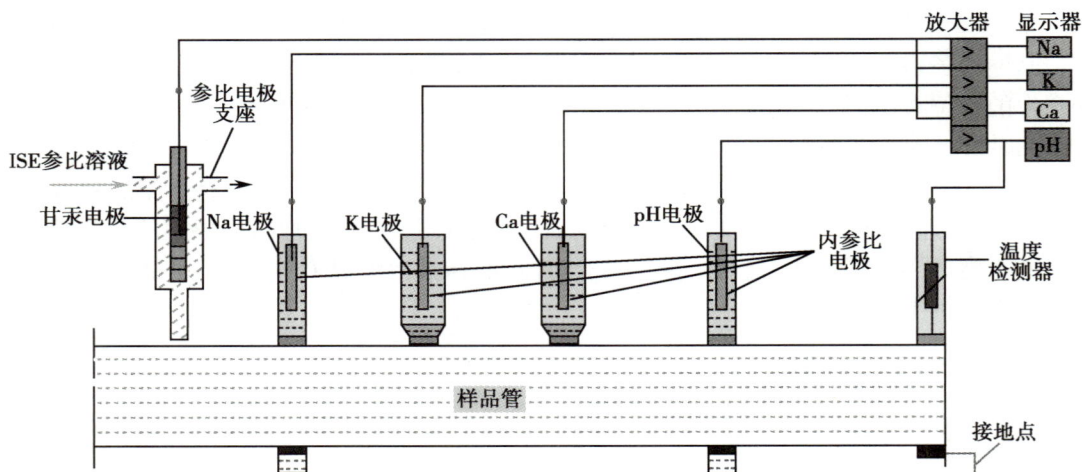

图 4-3　电解质分析仪的检测原理

二、电解质分析仪的分类与基本结构

(一)电解质分析仪的分类

电解质分析仪按结构分类有便携式和台式;按测量方法分类有直接测量法和间接测量法;按自动化程度分类有全自动、半自动和手动;按电极检测方式分类,又可分为探头状电极的分批式和流动贯穿状电极的流动式。全自动电解质分析仪可以分析血清、血浆、全血和经稀释的尿液样品,采用直接进样而无须适配器,具有自动定标、连续监控功能及强大的数据处理功能。含检测离子的血气分析仪和含离子模块的全自动生化分析仪也可以测定电解质。

(二)电解质分析仪的基本结构

临床上常用的电解质分析仪主要由电极系统、液路系统和电路系统组成。

仪器面板上都有人机对话的操作键,操作者可以通过按键操作分析检测样品。

1. 电极系统 电极系统是电解质分析仪的关键部分,决定测定结果的准确度和灵敏度。仪器安装后,各电极对接在一起形成毛细管测量室(图 4-4),参比电极多采用甘汞电极,指示电极包括 pH、Na^+、K^+、Li^+、Cl^-、Ca^{2+}、Mg^{2+} 等离子选择电极。

钾电极敏感膜常用中性载体(如缬氨霉素)或玻璃制成。钠电极是一种含铝硅酸钠的玻璃电极,其检测原理和 pH 玻璃电极相似,产生电位的大小和 Na^+ 浓度成比例。但 pH 低于 5 时,会受到 H^+ 的干扰,故尿液分析时需要加入缓冲剂。氯电极的敏感膜常用金属氯化物材料,其基本结构与钾、钠电极相似。

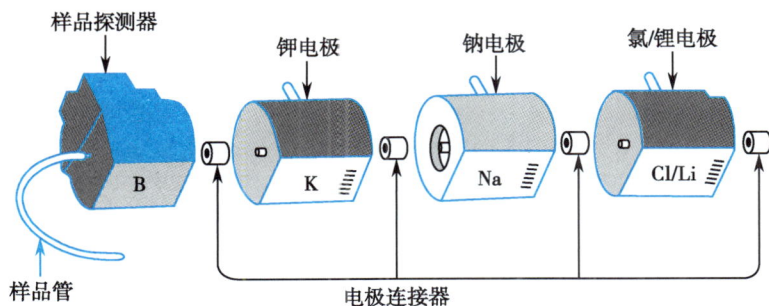

图 4-4　电极间连接示意图

2. 液路系统 通常都由样品盘、溶液瓶、吸样针、三通阀、电极系统、蠕动泵等组成。蠕动泵为各种试剂的流动提供动力,样品盘、三通阀和蠕动泵的转动、转换均由微机自动控制。

定标液/冲洗液通路、样品通路、废液通路、回水通路、电极间通路等组成液路系统通路,其畅通与否直接影响到仪器吸样量及样品测定的准确性、稳定性,需定期清除管路与电极表面的蛋白以保证管路系统的畅通。

3. 电路系统 由五大模块组成:电源电路模块、微处理器模块、输入输出模块、信号放大及数据采集模块、蠕动泵和三通电磁阀控制模块。

通常由测量电路将电极产生的微弱信号经反对数放大器进行放大、模数转换,然后显示并可打印出结果。

4. 软件系统 软件系统是控制仪器运作的关键部分。它提供仪器微处理系统操作、仪器设定程序、仪器测定程序和自动清洗等操作程序。

三、电解质分析仪的性能验证与临床应用

(一)电解质分析仪的性能验证

1. 性能验证内容 电解质分析仪的性能验证可参考《电解质分析仪》(YY/T 0589—2016)、《临床化学检验常用项目分析质量标准》(WS/T 403—2024)中的验证方法,包括但不限于精密度、准确度、线性、稳定性、携带污染率。

(1)精密度:包括批内和批间精密度。在相同或不同时间内对 3 个浓度水平(涵盖低值、正常值、高值)的质控血清或临床样品进行测定。每个样品重复测定 10 次,计算其算术平均数、标准差、变异系数(CV)。K^+、Na^+、Cl^-、iCa^{2+} 的 CV 应分别≤2.5%、≤1.5%、≤1.5%、≤2.0%。

(2)准确度:对以血清为基质的定值参考物质连续测量 3 次,计算相对偏差,性能应满足表 4-1 中的要求。

(3)线性:分别选用表 4-2 的 1 号、2 号、3 号、4 号、5 号定值质控测试液,依次分别连续测定 3 次,对各被分析物不同浓度的实测值和其理论值计算线性回归相关系数(r),性能应满足表 4-1 中的要求。如厂家已提供线性范围,临床实验室对其进行验证即可。

（4）稳定性：选用表4-2的3号定值质控测试液，分别在0小时、4小时、8小时测试一次并记录各分析物的测定值，选取各分析物3个测定值的最大值（X_{max}）和最小值（X_{min}），计算波动百分比（R），$R=(X_{max}-X_{min})/T$，其中T为标称参考值。性能应满足表4-1中的要求。

（5）携带污染率：分别选用表4-2中的1号和5号定值质控测试液，测量结果分别用L和H表示，按照1号—5号—1号的顺序分别测量4次，按式4-4和式4-5计算携带污染率（C_{LH}、C_{HL}）。性能应满足表4-1中的要求。

$$C_{LH} = \frac{(H_2 + H_3 + H_4)/3 - H_1}{(H_2 + H_3 + H_4)/3 - (L_2 + L_3 + L_4)/3} \times 100\% \qquad （式4-4）$$

$$C_{HL} = \frac{L_1 - (L_2 + L_3 + L_4)/3}{(H_2 + H_3 + H_4)/3 - (L_2 + L_3 + L_4)/3} \times 100\% \qquad （式4-5）$$

表4-1　电解质分析仪的性能参数

参数	准确度（偏差）	线性			稳定性（R）/%	携带污染率（C）/%
		区间/（mmol/L）	偏差	相关系数（r）		
K^+	≤±3.0%	1.5～7.5	≤3.0%	≥0.995	≤2.0	≤1.5
Na^+	≤±3.0%	100.0～180.0	≤3.0%	≥0.995	≤2.0	≤1.5
Cl^-	≤±3.0%	80.0～160.0	≤3.0%	≥0.995	≤2.0	≤1.5
Li^+	≤±5.0%或±0.05mmol/L	0.40～2.00	≤5.0%或0.05mmol/L	≥0.995	≤3.0	≤2.0
iCa^{2+}	≤±5.0%或±0.05mmol/L	0.50～2.50	≤5.0%或0.05mmol/L	≥0.995	≤3.0	≤2.0

表4-2　K^+、Na^+、Cl^-、iCa^{2+}、Li^+定值质控测试液　　　单位：mmol/L

成分	1号	2号	3号	4号	5号
K^+	1.50	3.00	4.50	6.00	7.50
Na^+	100.0	120.0	140.0	160.0	180.0
Cl^-	80.0	100.0	120.0	140.0	160.0
iCa^{2+}	0.50	1.00	1.50	2.00	2.50
Li^+	0.40	0.80	1.20	1.60	2.00
pH	7.40	7.40	7.40	7.40	7.40

2. 实验室内的结果可比性　为保证电解质项目检测结果的准确性，临床实验室用不同方法、不同电解质分析仪检测时应定期（至少6个月）对检测结果进行比对。

至少使用20份临床样品（涵盖正常、异常浓度水平各50%），每份样品分别使用参加能力验证或室间质量评价的仪器和被比对仪器进行检测，以参加能力验证或室间质量评价的测定结果为准，计算相对偏差进行结果比对，每个检测项目的相对偏差符合率一般应≥80%。

（二）电解质分析仪的临床应用

电解质分析仪通过监测体液电解质浓度变化，评估患者的电解质水平，帮助诊断和治疗相关疾病，如肾衰竭、糖尿病酸中毒、腹泻、严重呕吐、渗出性胸膜炎或腹膜炎等。

1. 肾功能评估　肾脏是维持体内电解质平衡的重要器官，通过电解质分析仪监测血液和尿液中的电解质水平，可以评估患者的肾功能。

2. 治疗监控 电解质检测结果可以帮助医师监测患者对药物或治疗的反应，有助于及时调整治疗方案，保证患者的电解质平衡。

3. 液体治疗指导 帮助医师评估患者的液体和电解质平衡情况，指导液体治疗方案的选择和调整。

4. 酸碱平衡评估 电解质分析仪可与血气分析仪联合，测量血液中的 pH 和 PCO_2 等参数，帮助评估患者的酸碱平衡情况。

四、电解质分析仪的校准与维护保养

（一）电解质分析仪的校准

电解质分析仪的设备性能受多种内外因素影响，定期校准对保证测量结果的准确性和稳定性具有重要作用。设备校准应参照《电解质分析仪》（JJG 1051—2021）执行，并详细记录校准过程与结果，校准完成后通过质控等验证设备运行状态。校准内容一般包括重复性、示值误差、稳定性、线性误差、携带污染率等。

仪器校准频率通常参考制造商建议和实验室质量管理体系，同时结合设备性能、试剂特性和实验室内部质控要求等因素共同制订，建议间隔不超过 1 年。

（三）电解质分析仪的维护保养

仪器安装在干净、平稳的工作台上，尽可能避免潮湿和阳光直射；必要时应连接稳压电源；周围不得有强电磁干扰源（如离心机等）并确保仪器外壳接地良好。

日常维护包括对仪器外表面及内部进行清洁，每天工作结束后，必须清洗电极和管道，以防蛋白质沉积，定期用含蛋白水解酶的去蛋白液浸泡管道；定期更换电解质分析仪的消耗品和易损件，如电极、滤膜等。定期检查仪器各部件的连接和固定情况并定期进行校准，保持仪器测量精度和稳定性。遵循仪器维护保养手册或厂家建议的保养周期和方法，及时进行维护保养。

第三节 血气分析仪

血气分析仪（blood gas analyzer）是利用电极对人体血液中的 pH、PCO_2 和 PO_2 进行测定的仪器。根据测得的 pH、PCO_2、PO_2 参数及输入的血红蛋白浓度值，可自动计算出血液中的其他参数，如实际碳酸氢盐（AB）、标准碳酸氢盐（SB）、血液缓冲碱（BB）、血浆二氧化碳总量（TCO_2）、血液碱剩余（BE）、细胞外液碱剩余（BEecf）、血氧饱和度（SaO_2）等。

一、血气分析仪的检测原理

血气分析仪的毛细管测量室由 pH、PCO_2 和 PO_2 等测量电极和一支参比电极构成，其中 pH 电极和 pH 参比电极共同组成 pH 测量系统。血液样品进入毛细管测量室后，样品中的 pH、PCO_2 和 PO_2 同时被这些电极检测。电极分别产生对应的电信号，电信号经放大、模数转换，传输至各自的显示单元进行显示并打印。血气分析仪的检测原理如图 4-5 所示。

在用血气分析仪测量样品之前，需用两种标准液及标准气体确定 pH、PCO_2 和 PO_2 三套电极的工作曲线。一般都有自动定标功能，两点定标的目的在于测定测量电极的实际斜率；一点定标则是频繁测量标准液的电位，以监控电极测量性能的稳定性。

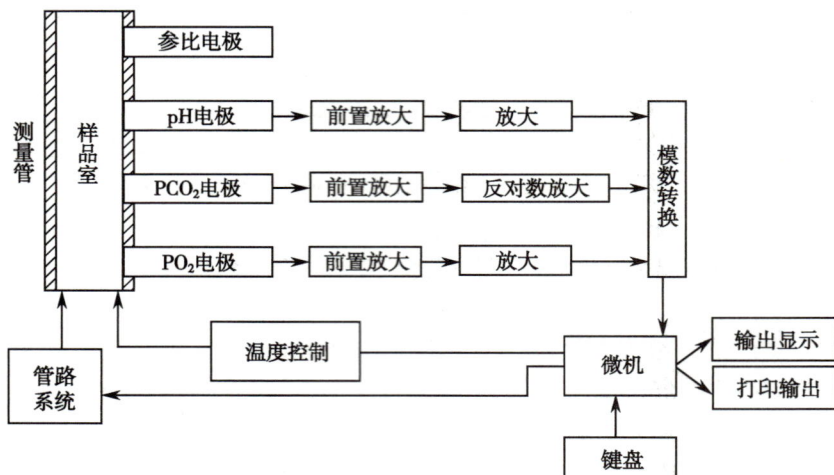

图 4-5　血气分析仪的检测原理示意图

二、血气分析仪的分类与基本结构

（一）血气分析仪的分类

1. 按照测量原理分类　分为电位法血气分析仪和光谱法血气分析仪。

2. 按照功能分类　分为单一功能血气分析仪和多功能血气分析仪。后者除血气分析外，还具备电解质、血糖、尿素等多种生化指标的检测功能。

3. 按照检测方式分类　分为传统气液定标的血气分析仪和全自动血气分析仪。全自动血气分析仪集成了先进的传感器技术、微电子技术、生物分子识别技术、信息管理技术。POCT 血气分析仪是全自动血气分析仪的一种，使用独立的检测卡进行检测，机器内部无液路，一次性使用后弃置，通过检测卡上微型装配的生物传感器阵列进行分析。这种仪器小巧、携带使用方便，非常适合床旁及野外等流动场合使用。

还有一种无创式经皮 PO_2 和 PCO_2 分析仪，通过电极加热皮肤，使毛细血管扩张，血管中的 O_2 与 CO_2 通过皮肤弥散，再利用传感器探测得到 PO_2、PCO_2。这种分析仪避免了传统血气分析的穿刺操作，可提供连续测量结果，应用于新生儿临床检验。

（二）血气分析仪的基本结构

血气分析仪的基本结构大致相同，可分为电极、管路和电路三大部分。

1. 电极　电极是血气分析仪的电化学传感器，主要包括离子型和伏安型传感器两大类，离子型主要是 pH 和 PCO_2 传感器，伏安型主要是 PO_2 传感器。血气分析仪使用四支电极，分别是 pH 电极、PCO_2 电极、PO_2 电极和 pH 参比电极。

（1）pH 电极和 pH 参比电极：血气分析仪用毛细管 pH 玻璃电极和 pH 参比电极测量溶液的 pH。pH 玻璃电极由钠玻璃或锂玻璃熔融吹制而成，电极支持管由绝缘的铅玻璃制成。内参比电极是 Ag/AgCl 电极，具有稳定的电位值。电极内充有磷酸盐和 KCl 的混合液。

pH 参比电极为甘汞电极，内充 KCl 溶液，有些仪器专门配有一个蠕动泵，自动向甘汞电极内添加及排出 KCl 液体。

（2）PCO_2 电极：PCO_2 电极是一个气敏电极，又是复合电极。其结构包括 CO_2 通透膜、PCO_2 电极液、外电极壳、pH 敏感的玻璃电极（指示电极）、参比电极，外壳与内壳之间分别填充 PCO_2 电极液和测量电极液，如图 4-6 所示。

PCO_2 电极液的主要成分是 $NaHCO_3$、蒸馏水和 NaCl 溶液，介于选择性 CO_2 通透膜和 pH 敏感玻璃膜之间，玻璃电极和参比电极浸于 PCO_2 电极液中；选择性 CO_2 通透膜为聚四氟乙烯膜、聚丙烯膜或硅橡胶膜，位于外壳前端，与样品接触，只允许 CO_2 分子通过；它将测量室内的血液与玻璃电极及其外面的 HCO_3^- 溶液分隔开，让 CO_2 溶解、水化，并建立电离平衡，使 PCO_2 电极液中 H^+ 浓（活）度发生变化，由 pH 电极测得 pH 的变化量，经反对数放大器转换为 PCO_2。

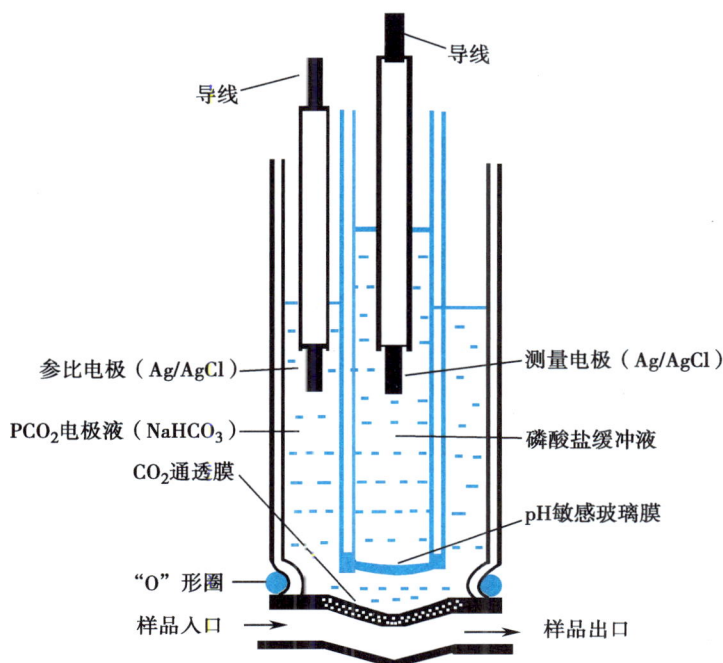

图 4-6　PCO_2 电极示意图

（3）PO_2 电极：是一个气敏电极，也称克拉克（Clark）氧电极，包括铂丝（阴极）、Ag/AgCl（阳极）、电极液（含 KCl 的磷酸盐缓冲液）和氧通透膜等，由半通透膜将电极与测试溶液隔开。该电极采用铂丝，直径通常为 $20\mu m$ 的铂丝引出线点焊后封闭在玻璃柱中，前端抛光暴露作为阴极，Ag/AgCl 电极也浸入电极液中。将此玻璃柱装在一有机玻璃套内，套的一端覆盖着氧通透膜（可用聚丙烯膜、聚四氟乙烯膜、聚乙烯、聚酯材料等），套内空隙充满电极液（图 4-7）。

电极信号对温度变化非常敏感，电极与测量室保持恒定温度（37℃±1℃）。当 PO_2 的值为零时，电极信号并不为零，存在微小的电流值，通常称其为基流。

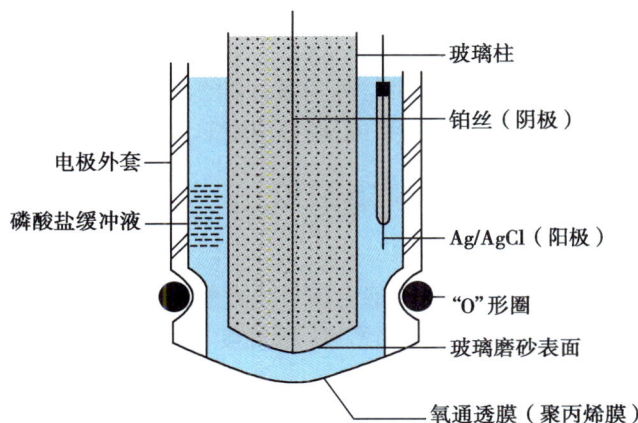

图 4-7　PO_2 电极示意图

2. 管路　血气分析仪的管路通过智能化控制泵和电磁阀的转、停、开、闭,以及温度、定标气及定标液的调节,完成自动定标、自动测量、自动冲洗等过程。管路系统结构如图 4-8 所示。

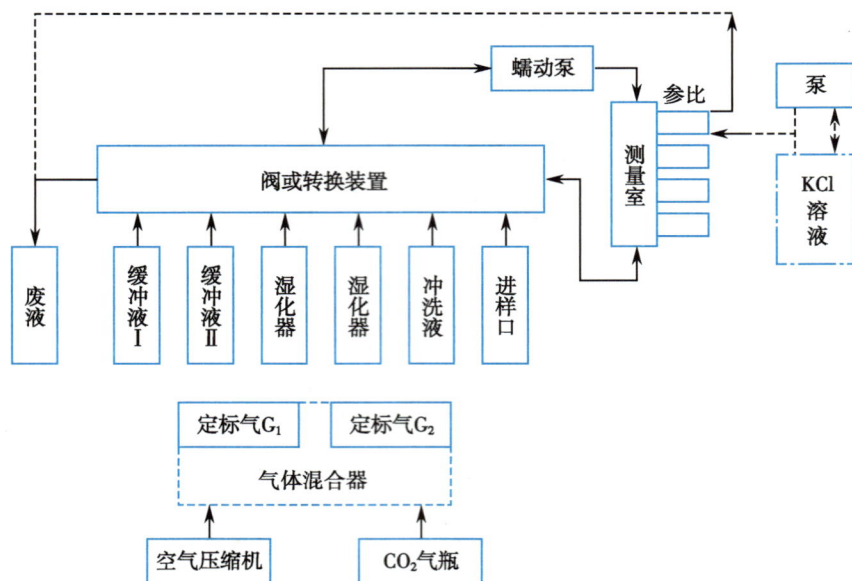

图 4-8　血气分析仪管路系统结构图

（1）气路:负责输送 PCO_2 和 PO_2 两种电极定标时所用的两种气体。血气分析仪的气路分为压缩气瓶供气方式（外配气方式）和气体混合器供气方式（内配气方式）两种类型。

1）压缩气瓶供气方式:由两个压缩气瓶供气,一个含有 5% 的 CO_2 和 20% 的 O_2;另一个含 10% 的 CO_2,不含 O_2。气瓶上装有减压阀,经过减压后输出的气体,经过湿化器饱和湿化后,再经阀或转换装置送到测量室中,对 PCO_2 和 PO_2 电极定标。

2）气体混合器供气方式:用仪器本身的气体混合器将空气压缩机产生的压缩空气和气瓶送来的 CO_2 气体进行配比、混合,产生两种不同浓度的气体,经湿化器湿化后再传输给毛细管测量室。

（2）流路:流路具有两种功能,一是提供 pH 的定标缓冲液,二是自动冲洗毛细管测量室。

血气分析仪内部装有真空泵和蠕动泵。真空泵用来产生负压,使废液瓶内维持负压,吸引冲洗液和干燥空气用于冲洗和干燥测量毛细管;蠕动泵在定标时用来抽取缓冲液到测量室,在测血样时用来抽样品。利用蠕动泵控制流体的流动速度,以确保样品能够充满测量室且没有气泡。

3. 电路　电路的工作是将仪器测量信号经各种频道放大,再经模数转换后变成数字信号,经微机处理、运算后,显示出测定结果或从打印机打印出结果。

三、血气分析仪的性能验证与临床应用

（一）血气分析仪的性能验证

1. 性能验证内容　血气分析仪的性能验证可参考《血气分析仪》(YY/T 1784—2021)中的性能要求及验证方法,包括但不限于精密度、准确度、线性、稳定性、携带污染率,结果应满足表 4-3 中的性能要求。

（1）精密度:使用质控品或人源性样品连续测定 10 次,计算其算术平均值、标准差、变异系数。

表 4-3 血气分析仪的性能参数

参数	准确度（偏差）	精密度（CV）		线性		稳定性（R）/%	携带污染率（C）/%
		区间	要求 t/%	区间	相关系数（r）		
pH	≤± 0.04	7.35～7.45	≤0.3	6.80～7.80	≥0.99	≤0.5	≤1.0
PCO_2	≤± 5.0% 或 ±5mmHg	35～45mmHg	≤3.0	20～120mmHg	≥0.99	≤4.0	≤3.0
PO_2	≤± 5.0% 或 ±5mmHg	80～100mmHg	≤3.0	30～420mmHg	≥0.99	≤4.0	≤3.0

（2）准确度：对定值参考物质连续测量 3 次，计算绝对偏差或相对偏差。

（3）线性：选用接近上下限的线性质控物质，配制至少 5 个浓度，依次分别测定 3 次，取均值作为实测值，对各被分析物的实测值和其理论值计算线性回归相关系数（r）。如厂家已提供线性范围，临床实验室对其进行验证即可。

（4）稳定性：使用质控品或人源性样品，分别在 0 小时、4 小时、8 小时测试一次并记录各分析物的测定值，选取最大值（X_{max}）和最小值（X_{min}）计算波动百分比（R），$R = (X_{max} - X_{min})/T$，其中 T 为标称参考值。

（5）携带污染率：选用接近线性上下限的质控品或者人源性样品作为高值、低值样品，按照低值—高值—低值样品的交替顺序分别各测量 4 次，依式 4-4、式 4-5 计算 C_{LH} 和 C_{HL}。

2. 实验室内的结果可比性 为保证血气分析检测结果的准确性，用不同方法、不同血气分析仪检测时应定期（至少 6 个月）对检测结果进行比对。至少使用 20 份临床样品（涵盖正常、异常浓度水平各 50%），每份样品分别使用参加能力验证或室间质量评价的仪器和被比对仪器进行检测，以参加能力验证或室间质量评价的测定结果为准，计算相对偏差进行结果比对，每个检测项目的相对偏差符合率应≥80%。

（二）血气分析仪的临床应用

血气分析仪通过测定人体血液的 H^+ 浓度和溶解在血液中的 CO_2、O_2 含量，直接反映肺的换气功能及机体的酸碱平衡状态，广泛用于急性呼吸衰竭诊疗、外科手术、抢救与监护领域。

1. 监测患者的氧合情况 通过测量动脉血中的 PO_2 和 SaO_2，评估患者的氧合情况，及时发现低氧血症或呼吸系统功能障碍。

2. 评估呼吸功能 通过测量动脉血的 SaO_2、PO_2、PCO_2 等指标，评估患者的呼吸功能，及时发现肺功能障碍或疾病变化。

3. 分析酸碱平衡 通过测量动脉血的 pH 以及标准碳酸氢盐，评估患者的酸碱平衡状态，及时发现代谢性酸中毒或碱中毒等情况。

4. 监测电解质紊乱 多功能血气分析仪还可以测量血液中的电解质浓度，如 K^+、Na^+ 等，帮助评估患者的电解质紊乱情况。

四、血气分析仪的校准与维护保养

（一）血气分析仪的校准

血气分析仪的设备性能受多种内外因素影响，定期校准对保证测量结果的准确性和稳定性具有重要作用。设备校准应参照《多功能血气分析仪校准规范》（JJF 2054—2023）执行，并详细记录校准过程与结果，校准完成后通过质控等验证设备运行状态。校准内容一般包括示值误差、重复性、携带污染率、稳定性、线性等。

在性能确认或重新验证、试剂批号更换或升级、校准品溯源性改变、室内质控失控、室间质评或比对不合格等情况下，应按照仪器说明书并请仪器厂家工程师对所有检测项目进行校准。仪器校准频率通常参考制造商建议和实验室质量管理体系，建议不超过1年。

（二）血气分析仪的维护保养

确保血气分析仪处于干燥、清洁、通风良好的环境中，必要时需连接稳压电源，周围不得有强电磁干扰源（如离心机等）并确保仪器外壳接地良好。

应定期按说明书维护、保养仪器，包括每日外部清洁及内部清洁、清洗样品通路、检查传感器等；根据要求定期进行校准，定期更换血气分析仪所需的耗材；根据厂家要求或建议，进行定期的预防性维护，以延长设备的使用寿命，保障仪器性能优良、检测结果准确可靠。同时应制订应对突发状况的预案，如断电恢复机制、异常报警响应流程，使仪器随时处于较佳的运行状态。

（马艳侠）

本章小结

电位分析技术原理基于能斯特方程，由参比电极、指示电极与待分析的样品溶液组成化学电池，根据电位的大小指示溶液离子的活度，一般常用直接电位分析法。电化学分析仪器是应用电位分析技术的一类检测仪器，离子选择电极是对特定离子具有选择性的指示电极，是该仪器的核心部件，离子的测定结果与离子选择电极的性能有直接关系。

电解质分析仪广泛采用离子选择电极检测体液中的 K^+、Na^+、Cl^-、Ca^{2+}、Mg^{2+}、Li^+ 等的浓度，具有结构简单、操作方便、选择性好、快速准确等优点，适用于全血、血清、血浆、尿液和透析液等样品的测定，通过监测体液电解质浓度变化，评估患者的电解质水平，帮助诊断和治疗相关疾病。血气分析仪利用电极直接测定人体血液中的 pH、PCO_2 和 PO_2，其他参数指标则根据相关公式计算得出，直接反映肺的换气功能及机体的酸碱平衡状态，是急诊、危重患者检查的常用仪器。

应按照相关行业标准对电解质分析仪和血气分析仪进行性能验证，包括但不限于精密度、准确度、线性、稳定性、携带污染率等性能指标。符合相关规定仪器才能投入临床应用，并需定期进行校准，做好维护保养，使仪器随时处于较佳的运行状态，保证检测结果的稳定性和可靠性。

第五章 色谱分析仪器与技术

通过本章学习，你将能够回答下列问题：

1. 色谱法的基本原理是什么？
2. 色谱法的分类和特点是什么？
3. 色谱分析的常用术语和参数有哪些？
4. 气相色谱仪的基本结构是怎样的？
5. 气相色谱仪常用的检测器有哪些？
6. 高效液相色谱仪的构造和检测原理是什么？
7. 高效液相色谱仪常用的检测器有哪些？

色谱仪是发展迅速的精密分离分析仪器，主要用于多组分混合物的分离分析。随着材料学、计算机科学和自动控制技术的发展与应用，色谱仪的结构和性能都有了极大改进和明显提高，已经成为实验室常用的分析仪器。

本章主要介绍色谱仪的检测原理、结构、性能、操作及其在临床检验中的应用。

第一节 概 述

1903—1906 年，植物学家茨维特（Tswett）利用分离和分析技术进行植物色素研究，并提出了"色谱"这一名称。色谱法（chromatography）是利用混合物中各组分在互不相溶的两相（固定相和流动相）之间的分配差异使混合物分离的一种方法，又称为层析法。色谱仪（chromatograph）是利用色谱分离和检测技术，对混合物进行"先分离、后检测"，从而实现对多组分混合物定性和定量分析的仪器。

一、色谱法的基本原理

色谱分离中的两相分别指一个具有大比表面积的固定相（stationary phase）和一个能携带待分离混合物流过固定相的流动相（mobile phase）。

色谱法利用待分离的样品组分在两相中分配的差异而实现分离。流动相携带样品混合物流过固定于柱中或平板上的固定相表面时，混合物中各组分与固定相发生相互作用。由于混合物中不同组分的性质和结构不同，所以它们与固定相之间产生作用力的大小不同。随着流动相的流动，混合物在两相间经过反复多次的分配平衡，各组分被固定相保留的时间不同，从而按一定次序从固定相中先后流出，再对流出物进行适当的检测，从而实现混合物中各组分的分离与检测。色谱法按照原理可以分为吸附色谱法、分配色谱法、离子交换色谱法、凝胶色谱法及亲和色谱法等。色谱分离的要素是互不相溶的两相以及样品各组分在两相中分配的差异，这是决定色谱最终分离效果的基础。

二、色谱法的分类

色谱法根据流动相和固定相的物理状态、所利用的物理化学原理、操作形式和色谱动力学过程等分为不同的类型。

（一）按流动相和固定相的物理状态分类

流动相为气体的是气相色谱,流动相为液体的是液相色谱,流动相为超临界流体的是超临界流体色谱。根据固定相是固定液（附着于惰性载体表面的有机化合物液体）还是固体吸附剂又可再分为气液色谱、气固色谱、液液色谱、液固色谱等。固定相以化学键合的方式将固定液键合到载体表面的,称为键合相色谱,常见的反相高效液相色谱的固定相都是键合固定相。

（二）按所利用的物理化学原理分类

1. 按分配吸附原理分类

（1）吸附色谱（adsorption chromatography）：包括气固吸附色谱和液固吸附色谱。吸附色谱主要通过固体表面对物质物理吸附作用的差异实现组分分离。

（2）分配色谱（partition chromatography）：包括气 - 液分配色谱、液 - 液分配色谱。它是利用组分在两个不相混溶的相中分配系数的差异,达到彼此分离的目的。

2. 按其他物理化学原理分类 除分配吸附原理之外,还采用离子交换、凝胶渗透、形成络合物、亲和及利用离子在电场内有不同迁移速度等不同原理,发展出离子交换色谱、凝胶渗透色谱、络合色谱、亲和电色谱等技术。

（三）按操作形式分类

1. 柱色谱（column chromatography） 是指将固定相装在管柱中。如果固定相装满色谱柱则称为填充柱;如果管柱中心有流动相通过的通道则称为开管柱,毛细管色谱就是一种开管柱色谱。

2. 纸色谱（paper chromatography） 以含水的滤纸作为固定相,在滤纸上直接用溶剂展开实现混合物的分离。

3. 薄层色谱（thin layer chromatography） 将吸附剂研磨成粉末,均匀地涂在平板上,然后采取与纸色谱类似的操作进行分离。

4. 棒色谱（bar chromatography） 是指将吸附剂研碎后涂在石英棒上进行相应的分离操作。

（四）按色谱动力学过程分类

按色谱动力学过程色谱法可分为冲洗色谱法、置换色谱法、迎头色谱法等。

目前成熟的色谱仪器是气相色谱仪（gas chromatograph, GC）和高效液相色谱仪（high performance liquid chromatograph, HPLC）。这两类仪器的主要结构相似,由流动相供给、进样、分离（色谱柱）、检测、数据处理记录、温度控制和其他控制系统等组成。按照操作形式,它们都属于柱色谱。从物理化学原理看,上述两类仪器主要采用吸附或分配两种方法。从动力学的角度看,则主要采用冲洗法将样品从固定相上冲洗下来,从而体现出样品在两相中分配的差异,实现样品的分离和分析。

三、色谱法的特点

从色谱分离的基本原理可以看出,色谱法是先分离后检测或是边分离边检测的分析方法,可以对混合物进行多组分分析或全组分分析,且可同时得到每一组分的定性、定量结果。色谱法总的特点是应用范围广、样品用量少、选择性高、效能高、分析速度快和灵敏度高。

气相色谱法具有分辨率高、速度快、灵敏度高和选择性好等优点。但只能用于被气化物质的分离和检测，而常压下可气化或可定量转变为气化衍生物的物质，只占几百万种化合物的 20% 左右。

液相色谱的样品可无须气化而直接导入色谱柱进行分离和检测，适用于气化时易分解物质的分离和分析。约有 70% 的有机物均可用高效液相色谱法进行分析。通常认为有机物质分子质量 <400Da 时，用气相色谱法；分子质量为 400～1 000Da 时，用高效液相色谱法；分子质量 >1 000Da 时用凝胶色谱（排阻色谱）法。

高效液相色谱法与气相色谱法的另一个显著差异是流动相的选择。气相色谱法主要用氦气、氮气、氢气或氩气等几种气体作为流动相，而高效液相色谱法可供选择的溶剂多种多样，其极性、黏度、pH 和浓度等均可改变，这些都能调整样品在两相之间分配的差异，有效地改善分离条件，进而达到改善分离效果的目的。

四、色谱分析的常用术语和参数

（一）色谱图

色谱分离分析过程中，所记录的检测器响应信号随时间变化的曲线称作色谱图（chromatogram），如图 5-1 所示。

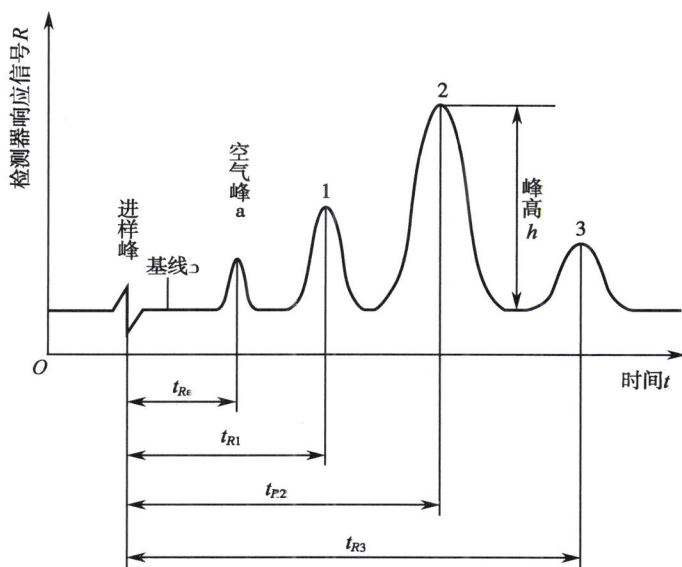

图 5-1 色谱图

（二）基线

图 5-1 中与横轴（时间轴）平行的记录线 b 即为基线（baseline）。基线记录纯流动相流过检测器时所产生的响应信号，反映了检测器噪声随时间变化的情况。对基线稳定性的判断是依据基线 b 与时间轴平行或偏离的程度，稳定的基线应该是一条平行于横轴（时间轴）的直线。

（三）色谱峰

1. 色谱峰　混合物中分离出的各组分进入检测器，检测器的输出信号随流入组分的浓度或质量的变化呈现一个个的峰形曲线，即色谱峰（chromatographic peak）。

2. 峰面积和峰高　色谱峰所包围的面积称为峰面积，是色谱定量分析的基础，常用符号 A 表示。色谱峰最高点至峰底（或基线）的垂直距离称为峰高（peak height），常用符号 h 表示，单位为 mV。

（四）进样峰和空气峰

1. 进样峰（injection peak）　是进样时操作条件被干扰造成的，也可在进样时通过连动装置进行标记，是色谱分离过程中时间的起点。

2. 空气峰（air peak）　是由于空气等物质不被固定相吸收，最先被流动相冲洗出来到达检测器而形成的峰形。

（五）保留参数

1. 保留时间（retention time）　是从进样开始到出现色谱峰最大值所需的时间，常用 t_R 表示，如 t_{R1}、t_{R2} 等，单位为分钟（min）。保留时间是组分在色谱柱内的总滞留时间。与保留时间有关的其他参数，如保留体积、校正保留时间等，统称保留参数。保留参数是色谱法定性分析的基本参数。

2. 死时间（dead time）　是惰性物质组分从注入到出现峰的最高点所需的时间。若组分是空气，用符号 t_0 表示，单位为分钟（min）。

3. 死体积（dead volume）　是色谱柱内流动相的体积，在实际应用中包括从进样系统到检测器的体积。

（六）峰宽参数

峰宽参数有以下三种表示方式。

1. 峰底宽（peak base width）　是通过色谱峰两侧拐点所做的切线与基线交点之间的距离。

2. 半峰宽（half peak width）　是峰高的 1/2 处色谱峰的宽度。一般用半峰宽表示峰的宽度。

3. 标准偏差（standard deviation）　是 0.607 倍峰高处色谱峰宽度的 1/2。

五、色谱分析的数据处理系统与计算机控制系统

现代色谱的重要特征是仪器的自动化，即用计算机控制仪器的参数设定及运行，以自动完成进样、数据采集、流路控制、数据处理、结果报告、设备监控等分析过程。色谱数据的处理由积分仪或色谱数据工作站完成，而色谱分析过程中产生的其他各种信息的处理、程序控制、设备监控等，则由计算机系统完成。

（一）色谱分析的数据处理系统

得到混合物中各组分的定性与定量结果是色谱数据处理的最终目的，其最基本的方式是绘出色谱图。传统的色谱数据后处理是用积分仪来完成的，现在普遍采用色谱数据工作站。色谱数据工作站包括硬件和软件两个部分。

1. 硬件　是指信号采集单元，将色谱仪输出的电压信号转变为电脑能够接收的离散数字信号，起着电脑与色谱仪之间的接口转换作用。硬件部分除普通或专用的微型计算机外，还通过接口电路将色谱仪与微机联为一体。

2. 软件　主要有系统软件、控制软件、采样软件和各种数据处理软件包，是接收色谱信号数据，并提供人机窗口界面，对色谱图进行各种处理的电脑程序集。软件除了进行色谱数据处理，还参与仪器的自动控制。

（二）色谱分析的计算机控制系统

色谱仪中的计算机控制系统主要有分析信息的处理、数据演算、程序控制、存储器的保存、自动标定、异常检出和显示、外部输出等功能。

1. 分析信息的处理功能　分析信息的处理主要包括：①峰的处理，包括波形处理、基线校正、不完全分离成分的分离、拖尾峰上峰的分析和线性化处理等；②计算峰高；③峰面积积分。此外还有斜率检测、电平检测、保留时间测定等。

2. 数据演算功能　可以进行总和校正、成分比率、移动平均、线性多项式演算等数据计算,采用的定量计算方法有归一化法、校正归一化法、内标法、外标法等。

3. 程序控制功能　可以实现程序升温、程序变流速、梯度洗脱、程序变压、阀门切换、流路切换、衰减程序、大气压平衡等一系列程序操作。还可以按照预先的设定,自动控制色谱工作过程中的操作条件。

4. 存储器的保存功能　内部电池支撑内存保存、磁盘内数据的输入和输出。

5. 自动标定功能　自动标定保留时间、死时间、峰高等基本参数。

6. 异常检出和显示功能　异常检出功能对信息处理器进行自检,包括分析器是否异常、信息处理器的自检、浓度上限监视等,以保证数据处理的准确性。一旦检测出各种异常工作情况,微机即给出提示信息,报警并自动关闭仪器。

7. 外部输出功能　外部输出功能包括:①记录器输出各种图;②数据计算机输出并打印记录;③报警输出并自动停机。

第二节　气相色谱仪

气相色谱(GC)是一种以气体为流动相的色谱分析方法,主要用于挥发性物质的分离和分析。气相色谱已发展为最重要的分离、分析方法之一,应用广泛。

一、气相色谱仪的基本结构

气相色谱仪主要由气路系统、进样系统、色谱柱、温度控制系统、检测器,以及数据处理系统、显示系统和电源、电子线路等构成(图5-2)。

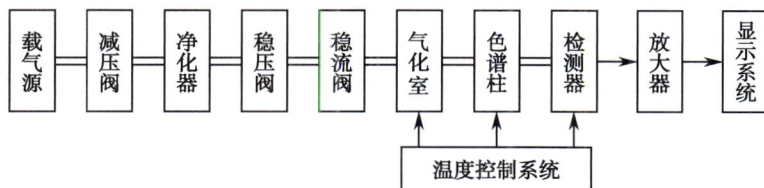

图 5-2　气相色谱仪结构框图

(一)气路系统

气相色谱仪的气路系统通常由载气源、减压阀、净化器、稳压阀、稳流阀及全部连接管路构成。气路系统可以向色谱柱提供质地洁净、流动平稳的流动相。

1. 载气源和减压阀　气相色谱仪所用的气体分为载气和辅助气体,为永久性气体。载气系统要求载气纯净、密闭性好、流速稳定及测量准确。一般选用氦气、氮气、氢气或氩气,贮存在高压气瓶中。减压阀的作用是把气体的压强从 $10\sim15MPa$ 的高压降低至 $0.2\sim0.4MPa$ 的工作压强。

2. 净化器　载气中一般含有水、碳氢化合物、二氧化碳和其他惰性气体。净化器主要对载气进行净化,去掉其中的水分、有机烃类杂质。净化器为两端有接口的金属管(铜、不锈钢管等),管内装填净化剂,两端口以玻璃棉堵塞。净化方法是先用变色硅胶,后用 0.4nm 或 0.5nm 的分子筛除去载气中的水分,再用活性炭除去有机烃。

3. 稳压阀和稳流阀　用于控制载气压强和流量,保证载气的平稳性。其为机械负反馈形式,通过波纹管压缩、伸张或弹性膜片受力改变产生机械作用,带动入气口或出气口的改变,引起气体流量的变化,从而调整压强或流量,达到载气压强或流量恒定的目的。

（二）进样系统

在色谱分析过程中，首先要用微量注射器或自动进样器将样品定量引入色谱仪的气化室中蒸发成气体，然后被载气带入气相色谱柱里进行分离。进样系统由载气预热器、取样器、样品分流器和进样气化装置等组成。对进样系统的要求是准确定量、迅速注入。气态或经气化的样品能在载气中形成一个窄带，集中地进入色谱柱。

1. 载气预热器与取样器 载气预热器是给载气加热的装置，可防止气化后的样品遇上冷的载气而被冷凝，影响样品的分离。

液体样品进入色谱柱的普通方法是使用微量注射器。样品量为 1～10μl 时，常用 5μl 和 10μl 注射器。如果是气态样品，必须有一个理想规格（0.1～5.0ml）的气密注射器。

为了准确取样，常选用取样阀。按其结构分为膜片式、拉动式和旋转式取样阀，也可按样品和载气分为四通、六通、十通阀等类型的取样阀。旋转式六通阀较为常用。

2. 进样气化装置 进样气化装置的功能是接收样品后立即使其气化。液体样品进入后应保证各组分能够瞬间完全气化，因此气化室温度应比所有组分的沸点高出 50～100℃。气化室外套较大体积的金属块，使之具有较大热容量，以保证组分既能瞬间完全气化，又不至于完全分解。进样气化室和载气装置的结构设计应使样品在其中扩散最少，从而使样品集中地被带入色谱柱，即要求死体积和峰扩展尽量小。

（三）气相色谱柱与温度控制系统

1. 气相色谱柱

（1）固定相：色谱柱是色谱仪的核心部分，混合物各个组分的分离在其中完成。在使用气相色谱仪时，优良的色谱柱应具有适当的尺寸和固定相。色谱柱液体固定相的选择可按下述规则进行：非极性液态固定相最适于分离链烷烃之类的非极性混合物，而极性固定相最适于分离极性化合物。在气固色谱中，常选用的填充吸附剂包括强极性的硅胶、中等极性的氧化铝、非极性的活性炭以及分子筛等。

（2）柱管的形状和尺寸

1）柱管的形状：一般有三种，即 U 形管、盘形管和螺线管，其中以 U 形管最常用。

2）柱管的尺寸：应使容量或分析效率最佳化。为获得最大效率，可用内径较小、长度较长的毛细管柱。由于其内径较小，需采用颗粒较小的固态载体或较薄的液膜作为固定相，所需的样品量较少（10μg 左右）。如果所需的样品量较大且易于分离，可用内径较大、长度较短的填充柱。

2. 温度控制系统 必须对色谱柱箱、检测器和气化室等实行温度控制，其原因在于：①用色谱仪分析样品时，必须使样品气化。操作前应先了解所用固定相温度的极限，使全部操作在临界温度以下 10～15℃进行，以延长色谱柱的使用寿命，并避免检测器与其他装置因固定相"流失"而受到污染。②在气相色谱仪中，温度不仅对色谱柱上的样品分离过程有很大影响，而且对许多检测器（如热导、电子捕获、示差折光检测器等）的检测灵敏度和基线有很大影响，即温度的控制与色谱仪正常工作与否及其测量结果的可靠性有密切关系。目前新型仪器多以计算机程序控制各部分温度的变化。

（四）常用检测器

检测器（detector）就是将样品组分的浓度或质量（含量）转换为电信号并进行信号处理的一种传感装置。检测器性能的好坏将直接影响到色谱仪分析结果的准确性。气相色谱仪中与生物样品检测相关的常用检测器介绍如下。

1. 热导检测器 热导检测器（thermal conductivity detector，TCD）由热导池、测量桥路、热敏元件、稳压电路、信号衰减及基线调节等部分组成，具有结构简单，线性、稳定性好，适用范围广等特点，还可与其他检测器联用。载气和样品各组分具有不同的导热系数是热导检测器最基本的特点。热导检测器基本上对所有的有机化合物都能检测，但由于样品量很小（最小检测量一般为 $10^{-8}\sim10^{-6}g$，线性范围为 10^4），样品组分变化导致的温度变化必然很小，同时电桥电压也不可能太大（$20\sim50V$），因而热导检测器的灵敏度（10 000mV·ml/mg）不够高。

2. 氢火焰离子化检测器 氢火焰离子化检测器（hydrogen flame ionization detector，FID）简称氢焰检测器，是电离检测器的一种，属第二类（质量流速类）检测器。其主要构成环节是电极、电离室、离子源、极化电源、本底电流补偿环节以及静电计、记录仪等。氢焰检测器的输出信号是电流，输出阻抗很大，其后所接的微电流放大器必须要有更高的输入阻抗，信号才能正常传递下去。一般采用绝缘栅场效应管作为输入极，同时采用较高放大倍数的负反馈放大器，以保证微电流放大器具有输入阻抗高、稳定性好等特点。

氢焰检测器是一种选择性检测器，对含碳有机物较敏感。由于氢焰检测器通过电离的方式检测离子流，因此其灵敏度高（$10^{-12}\sim10^{-10}g/s$），最小检测量可达 $10^{-13}\sim10^{-11}g/s$，线性范围广（可达 $5\times10^6\sim5\times10^7$），稳定性好，响应时间快。除用于常规分析外，还常配合毛细管柱进行痕量、快速分析，已成为气相色谱仪中用途最广泛的检测器之一。

3. 电子捕获检测器 电子捕获检测器（electron capture detector，ECD）可以分为两类，一类是由一个阴极（内装圆筒状 β 放射源 ^3H 或 ^{63}Ni 的池体）和一个不锈钢阳极组成，其离子源为放射性核素，称为放射性电子捕获检测器；另一类是非放射性电子捕获检测器，其离子源是低能电子，由于它的设备比较复杂，目前尚未广泛应用。

电子捕获检测器是一种浓度型检测器，它具有选择性，只对具有电负性的组分有响应，其灵敏度随电负性的增加而增加。电子捕获检测器灵敏度最高，最小检测量可达 $10^{-14}\sim10^{-13}g/s$，线性范围较窄，常用于痕量分析。

4. 脉冲放电检测器 脉冲放电检测器（pulsed discharge detector，PDD）是一种光离子化检测器，当以纯氦为载气和放电气体时，它具有通用型检测器的功能，既能灵敏地检测无机气体（如 H_2、O_2、CO、CO_2 等），又能灵敏地检测有机化合物（如烃，含氧、硫、卤素等的杂原子化合物，农药，金属配合物等）。

此外，常用的检测器还有氮磷检测器（nitrogen-phosphorus detector，NPD），是专门测定有机氮和有机磷的选择性检测器，又称热离子检测器；火焰光度检测器（flame photometric detector，FPD）对含硫含磷化合物的检测灵敏度很高，目前主要用于环境污染和生物化学等领域中。

二、气相色谱仪的工作流程与参数选择

（一）气相色谱仪的工作流程

气相色谱仪的工作流程一般是：载气源提供的载气减压后，经净化器净化，再通过稳压和稳流环节，以保证得到流动平稳、洁净的流动相，然后进入色谱柱。当气化室、色谱柱、检测器达到操作所需的温度且载气流量平衡时，将样品由进样器注入，则气态样品或经气化室气化的液态样品被流动相带入色谱柱，开始分离过程。由于样品中各组分在两相中的分配系数等存在差异，它们在色谱柱中经过多次吸附—脱附或溶解—析出的分配过程后，依次流出色谱柱，进入检测器。检测器把流入的组分定量地转换成电信号，经放大处理后，送往显示与记录系统，就可得到被测样品各个组分的色谱图。

（二）气相色谱仪的参数选择

在使用气相色谱仪时要特别注意柱参数的合理选择。它对色谱的分离效果会产生很大的影响，可以认为柱参数就是与色谱操作有关的所有参数的统称。

1. 色谱柱和填料 所有新色谱柱在使用前必须经老化处理。老化处理是指在比操作

温度高 20℃的情况下，将色谱柱"烘烤"12 小时以上，有助于除去填料中的污染物，减轻对检测器的污染。

2. 色谱柱长 选择柱长的依据是分离度和分离速度。增加柱长可提高分离度，但分析时间也会加长。基本要求是在保证样品各个组分完善分离的条件下，尽量缩短柱长，以提高分析速度。填充柱则以 1～3m 为宜。

3. 载气流速 以兼顾灵敏度和分辨率为出发点。外径为 3.175mm 的色谱柱，可在 15～30ml/min 的范围内选择载气流速；外径为 6.350mm 的色谱柱，可在 40～100ml/min 的范围内选择载气流速。载气流速主要会影响样品的保留时间和峰高，应保持恒定。

4. 进样器和检测器的温度 进样器和检测器的温度应比恒温箱的最高温度高出 25～50℃，主要是为了防止样品组分冷凝。

三、气相色谱仪的性能验证与临床应用

（一）气相色谱仪的性能验证
气相色谱仪的性能验证可参考《实验室气相色谱仪》（GB/T 30431—2020）中的要求及验证方法，性能验证内容包括检测器的性能（基线噪声、基线漂移、灵敏度、检出限、线性范围）、仪器的定性重复性及定量重复性、气路系统密封性、载气流量稳定性等。

（二）气相色谱仪的临床应用
气相色谱仪常用于人体微量元素的测定、血液与尿液等体液中各种化合物的测定、人体代谢产物的分析、药物的组成和含量分析与鉴定等。气相色谱仪和质谱仪的联用技术可以分析百余种违禁药品。

四、气相色谱仪的维护与保养

1. 待色谱柱老化充分方可使用，注射器要经常用溶剂（如丙酮）清洗。
2. 保持气化室的清洁和惰性环境；定期检查、清洗玻璃衬管。
3. 采用惰性好的玻璃柱（如硼硅玻璃柱、熔融石英玻璃柱），保持检测器的清洁、畅通，用乙醇、丙酮和专用金属丝经常清洗和疏通。
4. 定期检查柱头和填塞的玻璃棉是否污染，每个月拆下色谱柱检查一次。
5. 做完实验，用适量的溶剂（如丙酮）等冲洗色谱柱和检测器。

第三节 高效液相色谱仪

高效液相色谱法是在经典液相色谱法的基础上，采用高压输液泵、高效填充剂和高灵敏度检测器进行复杂样品分析的色谱方法。该方法具有高效、高灵敏度、高分析速度、高度自动化等特点。高效液相色谱仪依据分离的原理不同，有吸附、分配、离子交换、凝胶色谱等类型。

一、高效液相色谱仪的基本结构

仪器主要由溶剂输送系统、进样系统、分离系统（色谱柱）、温度控制系统、检测系统、数据处理与显示系统等构成（图 5-3）。

（一）溶剂输送系统
溶剂输送系统应具备较大的流速范围和入口压力范围，并能适用于所有的溶剂。这里的溶剂就是高效液相色谱仪的流动相。

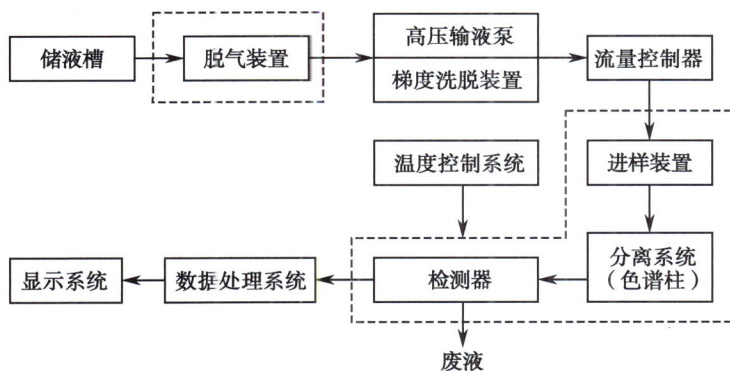

图 5-3　高效液相色谱仪结构框图

该系统主要由液源（储液槽）、脱气装置、高压输液泵、流量控制器和梯度洗脱装置等构成。储液槽是储存溶剂的容器，必须能够容纳色谱连续工作所需要的较大量的溶剂。脱气装置主要用于除去溶解在溶剂中的空气和其他气体。对溶剂的预处理还应包括去杂质，一般是通过蒸馏和真空抽滤的方法进行。

1. 高压输液泵　高压输液泵将洗脱液连续不断地送入色谱柱以完成色谱分离过程，其性能对分离和检测均有很明显的影响。

高效液相色谱仪中常用的高压输液泵大致分为两类，一类是恒压泵，常用的有直接气动泵和气动放大泵等；另一类是恒流泵，机械注射泵、机械往复式柱塞泵等都属于恒流泵。目前常用的高压输液泵是机械往复式柱塞泵，过程是抽液和排液交替进行。

机械往复式柱塞泵通过调整凸轮的驱动电压来自动控制流量。在工作过程中，如果管道堵塞或流量过大等造成压力过高而不能监测出来，就可能造成仪器有关部件的损坏，所以应该配有压力监测保护装置以保证仪器的正常工作。

2. 洗脱方式　对高效液相色谱仪流动相的控制有等度洗脱和梯度洗脱两种方式。

（1）等度洗脱：等度洗脱（isocratic elution）是在样品的分离过程中从始至终采用相同的流动相和相同的流量来完成样品分离。在样品各组分分配系数的分布范围较小时，可得到较好的分离效果。这种方法对色谱输出曲线的影响相对固定，得到的结果也最准确，一般情况下都采用这种操作方法。

对于一些复杂样品，各组分分配系数的分布范围对于任意一种流动相来说都较大时，分配系数小的先出色谱柱，但往往分离效果不好，甚至不能完全分离。而最后出来的若干组分因时间太长，峰形扩散，致使检测器的灵敏度显著降低，甚至无法检出。此时可采用梯度洗脱、程序变流速、组合柱等方法，其中最常用的是梯度洗脱的方法。

（2）梯度洗脱：梯度洗脱（gradient elution）是在色谱的分离过程中，以程序控制改变流动相的组成，如溶剂的极性、离子强度和 pH 等，目的是让样品的每一个组分都在最佳分配系数的条件下分离出来，以获得较好的峰形。梯度洗脱对于复杂的、分配系数的分布范围较大的样品而言是一种有效的分离技术，但是也可能引起基线漂移和重现性降低。

梯度洗脱可分为外梯度洗脱（低压）和内梯度洗脱（高压）两类。外梯度洗脱是将洗脱液在常压下通过比例阀调整好所需比例，经混合器混合，送入高压输液泵加压后输送到色谱柱。内梯度洗脱则是通过两台或两台以上的高压输液泵的流量控制来调整各种所需的洗脱液比例，加压后经混合器混合，然后输往色谱柱。内梯度洗脱使用方便，并且易实现程序控制，在高效液相色谱仪中常被采用。

3. 流量控制器　高压的流动相流经色谱柱时，与固定相发生相互作用，形成与流动相流动方向相反的作用力，即构成一个与流向相反的压力，称为柱反压，它阻碍流动相的正常流动。流量控制器的作用是消除因色谱柱反压过高而对分离造成的不良影响。它主要是一个弹性开口，当色谱柱柱头流动相压力低于最高工作压力时，此弹性开口闭合，流动相全部在色谱系统内部流动；而当柱反压过高，色谱柱柱头流动相压力高于最高工作压力时，弹性开口打开，排出一部分流动相以降低柱压，从而保证流动相的正常流动。

（二）进样系统

进样系统是在高压输液泵与色谱柱之间，将样品送入色谱柱的装置。理想的进样系统应死体积小、密封性好、重复性好、保证中心进样，进样时对色谱的压力、流量影响小。常用的进样装置有多通进样阀和自动进样装置（autosampler）两种。一般高效液相色谱分析常用六通阀手动进样装置，大量试样的常规分析往往需要自动进样装置。

1. 六通阀手动进样装置 六通阀有 6 个接口，进样时先使阀处于装样（load）位置。流动相由高压输液泵直接进入色谱柱，用微量注射器将试样溶液注入贮样管，多余的废液由废液口排出，进样时转动阀芯（由手柄操作）至进样（inject）位置，贮样管内的试样由流动相被带入色谱柱，完成进样。六通阀手动进样装置具有进样重现性好、耐高压等特点。

2. 自动进样装置 自动进样装置主要由机械手、进样针、针座、进样六通阀、计量泵和进样针清洗组件等组成。由计算机软件控制，按预先编制的进样操作程序依次进样，自动完成定量取样、洗针、进样、复位等操作，进样量连续可调，进样重现性好，适合大批量样品的连续分析，易于实现自动化操作。有的自动进样装置还带有温度控制系统，适用于需低温保存的试样。

（三）分离系统和温度控制系统

1. 分离系统 分离系统包括色谱柱、填料。色谱柱是高效液相色谱仪中最重要的部件，由柱管和固定相组成。

（1）柱管的材料、形状和尺寸

1）材料：色谱柱管的材料有不锈钢、厚壁玻璃和石英。工作压力超过 3.92MPa 时，必须用不锈钢管柱。

2）形状：柱管的形状有直管柱和螺旋柱。现在基本上都采用直管柱。

3）尺寸：柱长和内径是由实际需要的分离度、压力降、分析时间以及样品量综合决定的。高效液相色谱仪的色谱柱按照用途分为分析型和制备型，它们的尺寸规格不同。常规分析型色谱柱内径为 2.0～4.6mm、柱长为 10～30cm；实验室制备型色谱柱内径一般为 9～40mm，柱长 10～30cm，生产用的制备型色谱柱内径可达几十厘米。

（2）固定相和流动相：在色谱分离中，起分离作用的主要是流动相和固定相，通过对其调整可改变样品各组分在两相间分配的差异，进而改善分离效果。固定相种类较少，性质的差异也不大，通过调整固定相来改善分离的效果往往不明显。可用作流动相的溶剂很多，不同溶剂的性质（包括极性、浓度、pH、黏度等）有较大的差异。选择适当的流动相，可使样品各组分在两相间分配的差异有较大的变化，从而使分离效果得到更大改善。

流动相的选择原则包括：稳定性好，柱效率长期不变；适应所采用的检测器，溶剂不要在检测器中产生干扰信号；能溶解待分离样品；清洗方便；黏度小（黏度太大会降低理论塔板数，即增加分离时间）。

1）液固吸附色谱法的固定相：其固定相是一些吸附活性强弱不等的吸附剂，大部分以硅胶为基体，此外，也可用氧化铝、分子筛等。从结构上看，吸附剂可以分为全多孔型及表面多孔型两类，实际上都是一些颗粒。根据固定相的粒度大小，分别采用干装法和湿装法对色谱柱进行填充。干装法适用于粒度 >20μm 的固定相颗粒的填充，湿装法适用于粒度 <20μm 的固定相颗粒的填充。湿装法有等比重、非等比重两种。常用等比重匀浆法。填充时要注意让固定相颗粒保持适当的松紧程度。

重复性差是液固吸附色谱法的重大缺陷。任何类型的吸附剂，其表面积、多孔结构或本质的微小变动，都会引起柱性能发生很大的变化。适当控制色谱柱的含水量对此缺陷的改善有一定的效果。

2）液液分配色谱法的固定相：是在载体上涂敷一层固定液作为固定相。载体的种类有可控表面多孔载体、全多孔型载体等，如硅藻土、表面蚀刻微球等。分离形式有正向分离和反向分离两种。正向分离是指用极性固定液和非极性流动相来分析极性化合物；反向分离是指用非极性固定液和极性流动相来分析非极性化合物。非极性样品与固定液有很好的相互作用，其保留时间比极性样品长，可以用于分析长键化合物、稠环芳香化合物、脂溶性维生素和多氯联苯等。

在液液分配色谱法中，系统的分配系数可通过流动相和固定相调整，这也是它比气液分配色谱法灵活之处。由于固定液只有少数几种极性不同的物质，如 β,β′- 一氧二丙腈（ODPN）、聚乙二醇（PEG）、1,1,3,3- 四甲基胍（TMG）、角鲨烷等，所以主要还是通过改变流动相来调整分配系数。

正确选择流动相主要凭经验。一般极性化合物用极性固定液和非极性流动相来分离，非极性化合物用非极性固定液和极性流动相来分离，可得到较好的分离效果。一旦固定液确定，可通过改变流动相来改变分配系数，从而实现对样品各组分的最佳分离。

2. 温度控制系统　约有 70% 的高效液相色谱仪的操作可以在室温的条件下完成。温度控制系统通过柱温箱实现对色谱柱的温度控制，一般都采用闭环负反馈的温度控制方式。将色谱柱连同整个检测系统均放在恒温箱内，使之保持大致相同的温度，可得到较好效果。

（四）检测系统

检测器是高效液相色谱仪的三大关键部件之一。它的作用是把色谱洗脱液中组分的量（或浓度）转变成电信号。按其适用范围，检测器可分为专属型和通用型两大类。专属型检测器只能检测某些组分的某一性质，紫外检测器、荧光检测器属于这一类，它们分别只对有紫外吸收或荧光发射的组分有响应；通用型检测器检测的是一般物质均具有的性质，示差折光检测器和蒸发光散射检测器便属于这一类。高效液相色谱仪的检测器要求灵敏度高、噪声低、线性范围宽、重复性好和适用范围广。实际工作中应根据待测组分的性质和各种检测器的特点选择合适的检测器。几种常见的 HPLC 检测器的主要性能如表 5-1 所示。下面分别介绍 4 种常见的 HPLC 检测器。

表 5-1　几种常用 HPLC 检测器的主要性能

性能	紫外检测器	荧光检测器	安培检测器	质谱仪	蒸发光散射检测器	示差折光检测器
信号	吸光度	荧光强度	电流	离子强度	散射光强度	折射率
噪声	10^{-5}	10^{-3}	10^{-9}			10^{-7}
线性范围	10^5	10^3	10^5	宽		10^4
选择性	有	有	有		无	无
流速影响	无	无	有	无		有
温度影响	小	小	大		小	大
检出限	10^{-10}g/ml	10^{-13}g/ml	10^{-13}g/ml	10^{-9}g/s	10^{-9}g/ml	10^{-7}g/ml
池体积 /μl	2～10	≤7	<1			3～10
梯度洗脱	适宜	适宜	不宜	适宜	适宜	不宜
窄径柱检测难度	难	难	适宜	适宜	适宜	
对试样破坏	无	无	无	有	无	无

1. 紫外检测器　紫外检测器(ultraviolet detector，UVD)是目前高效液相色谱仪中最常用的检测器。它具有灵敏度和检测精度高、线性范围宽、受流量和温度波动的影响小、适用于梯度洗脱及不破坏样品等特点，是一种选择性检测器，适用于制备色谱。但它只能检测有紫外吸收的物质，而且对流动相有一定限制，即流动相的截止波长应小于检测波长。

紫外检测器的检测原理是朗伯 - 比尔定律(Lambert-Beer law)。紫外检测器包括固定波长检测器、可变波长检测器和光电二极管阵列检测器，固定波长检测器已很少使用。

(1)可变波长检测器：是目前配置最多的检测器，一般采用氘灯/钨灯作为光源，能够按需要选择组分的最大吸收波长作为检测波长，从而提高灵敏度。但是，光源发出的光是通过单色器后照射到流通池上的，因此单色光强度相对较弱。这类检测器的光路系统和紫外 - 可见分光光度计相似。

(2)光电二极管阵列检测器：是20世纪80年代发展起来的一种光学多通道检测器。与可变波长检测器不同的是，光源发出的复色光不经分光而首先通过流通池，被流动相的组分吸收，再通过狭缝到光栅进行色散分光，将含有不同吸收信息的各波长的光投射到一个由512个或1 024个光电二极管组成的光电二极管阵列上而被同时检测。每一个二极管各自测量某一波长的光强，用电子学方法及计算机技术对二极管阵列进行快速扫描并采集数据。由于扫描速度非常快，所以无须停止流动相即可获得柱后流出液的各个瞬间的光谱图及各个波长下的色谱图，经计算机处理后得到三维光谱 - 色谱图(图5-4)。吸收光谱用于组分的定性，色谱峰面积用于组分的定量。

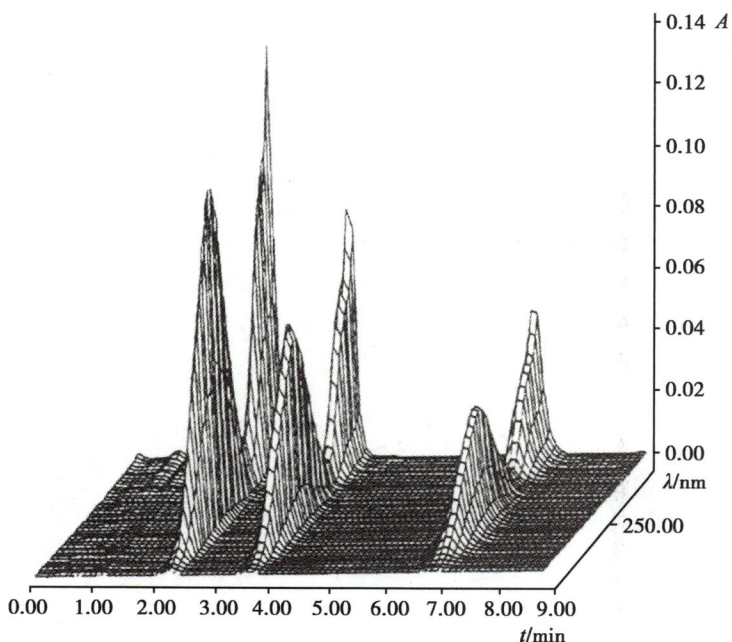

图 5-4　三维光谱 - 色谱图

2. 荧光检测器　荧光检测器(fluorescence detector，FD)的灵敏度比紫外检测器高，选择性好，但只适用于能产生荧光的物质的检测。许多药物和生命活性物质具有天然荧光，能直接检测，如生物胺、维生素和甾体化合物等；通过荧光衍生化可以使本来没有荧光的化合物转变成荧光衍生物，从而扩大荧光检测器的应用范围，例如氨基酸。荧光检测器的高灵敏度和高选择性特点使其成为体内药物分析常用的检测器之一。

3. 电化学检测器　电化学检测器(electrochemical detector，ECD)仅适用于测定具有电化学性质的物质，是一种选择性检测器。ECD包括极谱、库仑、安培和电导检测器等。电导检测器主要用于离子检测。安培检测器（amperometric detector）的应用最广泛，其灵敏度很高，尤其适用于痕量组分的分析。凡具有氧化还原活性的物质都能进行检测，如活体透析液中的生物胺，以及酚、羰基化合物、巯基化合物等。本身没有氧化还原活性的化合物经过衍生后，也能进行检测。

4. 示差折光检测器 示差折光检测器（differential refractive index detector，RID）主要由光源系统、光路系统和接收、放大、记录系统构成。通过检测物质折射率的变化分析样品中的各组分。但 RID 灵敏度较低，不适于做痕量分析和梯度洗脱。

质谱仪也是高效液相色谱仪中常用的检测器，相关内容见第六章。

二、高效液相色谱仪操作条件的选择

高效液相色谱仪操作条件的选择除前面介绍的色谱柱参数、流动相及固定相的选择外，还包括以下重要参数的选择。

（一）流动相的流量

提高流量可缩短分析时间，但会降低分离度，增加柱压。应根据样品的性质、样品量、分离目的、选择的固定相和流动相以及色谱柱的尺寸等因素综合考虑流量。分析时一般选择小于 10ml/min 的流量，制备时流量可选大一些。

（二）柱温

约有 70% 的高效液相色谱仪的工作是在室温下进行的。提高温度可以提高分析速度，但会降低分离度，对固定相产生不利影响。因此在高效液相色谱仪中，一般通过流动相的选择来提高分离能力，而不是调整柱温。也应充分考虑高温对固定相的影响。

（三）压力

高效液相色谱仪分析速度提高的原因之一是采用了高压，一般可在 3.43～34.32MPa 的范围内选取。高压虽可增加分析速度，但可能导致密封性、固定相的强度降低等问题。除高压技术外，还可以通过采用高效固定相、缩短柱长的方式来提高分析速度。

（四）进样量

高效液相色谱仪的进样量通常极小，以提高分析速度及分离能力。进样量常为 1～25μl。一般来说，随着进样量的增加，柱效率会降低。

三、高效液相色谱仪的性能验证与临床应用

（一）高效液相色谱仪的性能验证

高效液相色谱仪的性能验证可参考《高效液相色谱仪》（GB/T 26792—2019）中的要求及验证方法，性能验证内容包括检测器的性能、仪器的定性重复性和定量重复性、输液泵性能等。

（二）高效液相色谱仪的临床应用

1. 激素水平测定 高效液相色谱紫外检测法可以区分内源性胰岛素和外源性胰岛素，研究各种来源胰岛素的构型变化。

2. 治疗药物监测 体内治疗药物疗效的高低主要取决于血液中药物的浓度，而非单纯地取决于给药剂量。因此通过测定血液中相应药物的浓度能更客观地评价药物的治疗效果，并避免或减少由药物剂量过大导致的毒副作用，这对治疗浓度范围较窄的药物尤为重要。需要进行浓度监测的药物主要是抗癫痫药、抗抑郁药、治疗心血管疾病的某些药物、巴比妥类药、免疫抑制药、抗肿瘤药等。

色谱分析法如高效液相色谱法、气相色谱法、气相色谱 - 质谱联用技术等都已经成为常用的治疗药物浓度分析方法。

3. 生物胺的检测 生物胺是一类有生物活性的含氮有机物的总称，根据其组成分为单胺和多胺两类。单胺中的儿茶酚胺、5-羟色胺（5-HT）在神经系统信号转导中起着重要的作用。高效液相色谱-质谱联用技术可检测血浆、尿液或组织中儿茶酚胺类物质代谢浓度的变化，由于其灵敏度高、特异度高、样品用量小、干扰因素少、可同时测定5-HT及其分解代谢物等特点，成为生物胺类分析的最常用方法，临床上可用于协助诊断高血压、嗜铬细胞瘤等疾病。

4. 其他生化指标的测定

（1）红细胞膜磷脂成分测定：高效液相色谱法可用于分析红细胞膜磷脂成分的变化，为预防糖尿病血管并发症、糖尿病的治疗监测提供必要的辅助诊断参考。

（2）糖化血红蛋白测定：糖化血红蛋白（GHb）的浓度与红细胞寿命（约120天）和该时期内血糖的平均浓度有关，而不受短期血糖浓度波动的影响，因此GHb测定有助于对过去较长时间段的血糖浓度进行回顾性评估。临床上常以HbA1c代表总的GHb水平。HbA1c的测定方法有多种，离子交换高效液相色谱法是测定HbA1c的标准方法。

四、高效液相色谱仪的维护与保养

（一）检测器的维护与保养

1. 仪器内部的流通池是流动相流过的元件，样品和微生物都可能污染流通池，导致无法检测或检测结果不准，所以在使用一段时间后应先用水冲洗流通池和管路，再换有机溶剂冲洗。

2. 当仪器检测数据出现明显波动，基线噪声变大时应冲洗仪器管路，如冲洗后未见改善则应检测氘灯能量，如果能量不足则应更换氘灯。

3. 在每次使用完仪器后，均应用水和一定浓度的有机溶剂冲洗管路，以保证下次使用时管路和系统的清洁。

（二）高压输液泵的维护与保养

高压输液泵为整个色谱系统提供稳定均衡的流动相流速，但高压力、长时间的运行会逐渐磨损泵的内部结构。在升高流速时应进行梯度式升高，最好每次升高0.2ml/min，当压力稳定时再升高，如此反复直到升高到所需流速。

（三）色谱柱的维护与保养

1. 所使用的流动相均应为HPLC级或相当于该级别的流动相，在配制过程中所有非HPLC级的试剂或溶液均应经0.45μm薄膜过滤，而且流动相都应经过超声仪超声脱气后才能使用。

2. 所使用的纯水必须已经过0.45μm水膜过滤处理，所有试液均现用现配。并且样品都必须经过0.45μm薄膜针筒过滤后才能进样。

（何振辉）

本章小结

样品被送入色谱仪后，经过流动相的冲洗到达色谱柱，根据样品各组分在固定相和流动相之间分配系数的差异，实现对样品的分离。分离出的组分经检测器检测，输出对应的色谱图，从而完成对样品的色谱分离分析过程。色谱仪工作的显著特点是必须根据样品的性质选择适当的两相及相关操作参数。色谱数据的处理可由色谱数据工作站完成，分析过程中产生的其他各种信息的处理、数据演算、程序控制、设备监控等，则多由计算机系统完成。

气相色谱仪和高效液相色谱仪是两种常用的色谱仪器。气相色谱仪的流动相为气体，要求其流速必须稳定,样品为气态或是液态。气相色谱仪常用的检测器有热导检测器、氢火焰离子化检测器、电子捕获检测器、脉冲放电检测器等。可根据相应的国家标准对气相色谱仪的性能进行验证。气相色谱仪常用于人体微量元素、各种化合物和代谢产物的分析,以及药物组成和含量的分析及鉴定等。气相色谱仪和质谱仪的联用技术可以分析百余种违禁药品。

高效液相色谱仪的流动相为液体,它检测的样品是液态的,溶剂的选择范围远远超过载气,其分离分析过程可以在室温下完成,适用于自然状态下大多数样品的分析。高效液相色谱仪一般采用等度洗脱的方法来分离分析样品,但当样品分配系数分布范围较宽时,可以用梯度洗脱或组合柱等特殊操作方法来改善分离效果。高效液相色谱仪常用的检测器有紫外检测器、荧光检测器、电化学检测器和示差折光检测器等。可根据相应的国家标准对高效液相色谱仪的性能进行验证。高效液相色谱仪在测定某些激素水平、治疗药物浓度、糖化血红蛋白浓度等具有重要临床意义的项目中发挥重要作用。高效液相色谱 - 质谱联用技术已成为临床检验领域常用的分析手段。

第六章 质谱分析仪器与技术

通过本章学习，你将能够回答下列问题：

1. 质谱仪的检测原理是什么？
2. 质谱仪主要由哪几部分组成，各部分的主要作用是什么？
3. 质谱仪的质量分析器主要分为哪几类？
4. 质谱仪中常见的离子源分为哪几类？各类离子源的主要特点及适用范围是什么？
5. 质谱联用技术分为哪几类？各自的适用范围是什么？
6. 质谱仪在临床检验领域有哪些主要应用？
7. 临床检验常用质谱仪的性能评价及使用过程中的注意事项有哪些？

物质的质量谱可以用离子的质量和所带电荷之比，即质荷比（m/z）表示，以 m/z 为序排列成谱图，横轴为 m/z，纵轴为特定 m/z 对应的离子响应强度，该谱图即称为质谱图。先将物质离子化，并使其经过电场作用进入质量分析器，再根据 m/z 进行分离筛选及检测的过程是质谱技术的核心环节，通过测量离子的 m/z 和谱峰响应强度而实现分析目的的方法称为质谱法（mass spectrometry，MS），或称质谱技术，通常也简称为质谱。实现质谱技术的仪器即质谱仪（mass spectrometer）。

第一节 质 谱 仪

1886 年 Goldstein 发明了早期质谱仪器常用的离子源；1919 年 Francis William Aston 成功研制出第一台聚焦性能较高的质谱仪，并利用其证实了放射性核素的存在。自此，质谱的研究热度逐年增高。英国科学家 Francis William Aston、德国科学家 Wolfgang Paul、美国科学家 John B. Fenn 依次在 1922 年、1989 年、2002 年因分别发明了同位素、离子阱、电喷雾离子源等核心部件或核心技术而获得诺贝尔奖。这些里程碑式的研究使多个学科都认识到了质谱技术的优势，也打开了质谱多学科应用的大门。目前质谱技术已广泛应用于工业、地质、环境、刑侦、食品、化妆品、药物、生命科学等多个领域。

本节主要介绍质谱仪的检测原理、基本结构与分类、性能指标、校准与维护保养。

一、质谱仪的检测原理

待测物质在高压电场、光、热和激发态原子等能量源的作用下气化并形成带电粒子，在高真空状态下进入质量分析器；利用离子在电场、磁场中的运动特性，由质量分析器分离后按离子 m/z 的大小顺序及离子响应强度进行收集和记录，得到质谱图（图 6-1）。

质谱图横坐标为质荷比（m/z），纵坐标一般为离子相对强度（又称相对丰度，简称丰度）。通常将最强的离子流强度（又称离子强度）定为 100%，以其为标准确定的离子强度即离子相对强度。此外，质谱图纵坐标也可以为离子强度。从本质上看，质谱是物质带电粒子的质量谱，而不是波谱，与电磁波的波长无关，更不是光谱。质谱仪不属于波谱仪器。

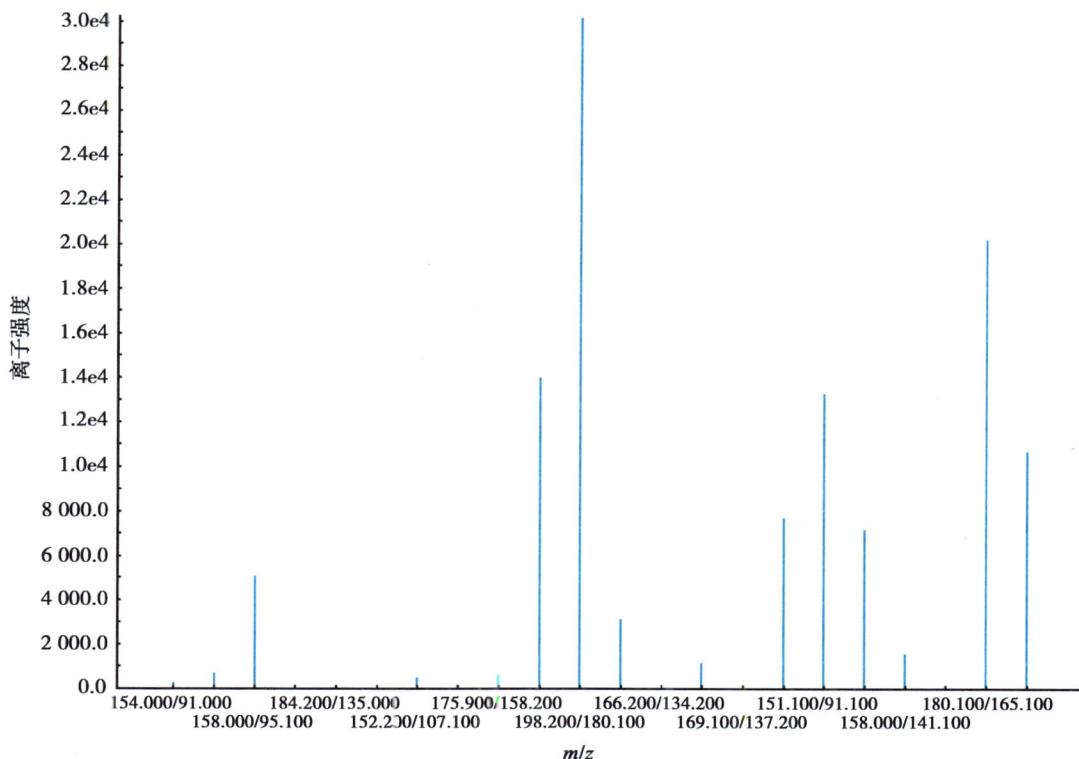

图 6-1 质谱图

二、质谱仪的基本结构与分类

（一）质谱仪的基本结构

质谱仪主要由真空系统（离子源、质量分析器、检测器）、进样系统及计算机系统（数据处理系统）等组成（图6-2），其核心为离子源和质量分析器。

1. 真空系统 为了降低背景和减少离子间或离子与分子间碰撞所产生的干扰（如散射、离子飞行偏离、质谱图变宽等）及延长灯丝寿命（残余空气中的氧会烧坏离子源的灯丝），在质谱仪中凡是有样品分子和离子存在的区域都必须处于真空状态。质谱仪的真空度一般保持在 $1.0 \times 10^{-7} \sim 1.0 \times 10^{-4}$ Pa，特别是质量分析器部分的真空度要求极高。真空系统由机械泵、扩散泵或分子泵、机械阀门组成。

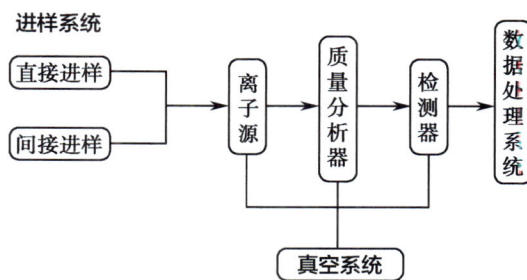

图 6-2 质谱仪的基本结构示意图

2. 进样系统 进样系统将待测物引入离子源使其离子化。进样方式可分为直接进样和间接进样两种，进样不可影响质谱仪的真空度。

（1）直接进样：有以下三种类型。

1）气态、高沸点液态样品：通过可调喷口装置导入离子源。

2）吸附于固体或溶解于液体中的挥发性样品：通过顶空分析器富集样品上方的气体，利用吸附柱捕集，再采用程序升温的方式使之解吸附，经毛细管导入质谱仪。

3）固体样品：常用固体直接进样杆（盘）导入。

（2）间接进样：质谱仪前端连接样品引入装置，常用的有气相色谱、液相色谱、超临界流体色谱、毛细管电泳、薄层色谱、质谱成像等。

3. 离子源 使气化样品中的原子、分子或分子碎片电离成离子的装置称为离子源（ion source），也称电离源。根据化合物性质的不同，有不同的适用离子源，包括电子离子源、化学离子源、快速原子轰击离子源、基质辅助激光解吸离子源、电喷雾离子源、大气压光离子源、电感耦合等离子体离子源、电喷雾解吸离子源等。

样品分子失去一个电子而电离产生的自由基阳离子，称为分子离子（M^+）。分子离子进一步发生一个或几个键的断裂而产生质量数较低的碎片，即失去游离基（自由基）后的正离子 A^+，称为碎片离子。任何离子如果经过进一步电离产生其他离子，那么前者称为母离子，后者称为子离子。一般也将除分子离子以外的所有离子泛称为碎片离子。

几种常见离子源电离方式的基本原理和主要特点如下。

（1）电子电离（electron ionization，EI）：通常采用能量为 70eV 的电子束，其能量远大于大多数有机化合物的电离能（7～15eV），可以使样品充分离子化，产生广义上的碎片离子。电子离子源适用于热稳定、易挥发物质的离子化，是气相色谱 - 质谱联用中应用最广泛的离子源。

（2）化学电离（chemical ionization，CI）：在 EI 的基础上加入一种反应气体，通过气体离子 - 样品分子反应使样品离子化。反应气体有甲烷、异丁烷、氨等。优点是准分子离子峰强度高，便于推算相对分子质量；色谱 - 质谱联用时，载气不必除去，可作为反应气体；反映异构体的差别比 EI 谱好。但 CI 比 EI 获得的碎片离子少、强度低，适用于热稳定、易挥发物质的离子化。

（3）快速原子轰击（fast atom bombardment，FAB）：样品多调匀于含基质（如甘油、硫代甘油、3- 硝基苄醇和三乙醇胺等）的靶板（载体）上，靶材为铜，被高能快速原子流 Ar（或 Xe）轰击产生样品离子。快速原子轰击的优点是适用于极性强、分子质量大（可达 7 000Da）、难气化、热稳定性差的样品分析；有较强的准分子离子峰，碎片少，分析速度快、分辨率高。其缺点是灵敏度较低，特别是质量数高时灵敏度下降显著；碎片少，因而结构信息少；样品必须能溶于基质，但基质多峰，会干扰结果分析；非极性物质难以离子化。

（4）基质辅助激光解吸电离（matrix-assisted laser desorption ionization，MALDI）：将样品溶液和基质混匀，干燥成为晶体或半晶体，在激光（如 337nm 紫外氮激光）照射下，基质吸收能量后瞬间由固态转化为气态，将质子转移给样品分子使其离子化。常用的基质包括 α- 氰基 -4- 羟基肉桂酸、3,5- 二甲氧基 -4- 羟基肉桂酸、龙胆酸（2,5- 二羟基苯甲酸），分别适用于多肽、蛋白质、聚合物的电离。基质辅助激光解吸离子源常与飞行时间质谱仪（time-of-flight mass spectrometer，TOF-MS）联用。

（5）电喷雾电离（electrospray ionization，ESI）：样品溶液在气体（一般是氮气）的辅助下气化，并在大气压及高压、高温作用下形成带电离子，随后被引入质量分析器。可在 1μl/min～1ml/min 流速下进行。电喷雾离子源适用于极性化合物和生物大分子，是液相色谱 - 质谱联用、毛细管电泳 - 质谱联用的常用离子源。

（6）大气压化学电离（atmospheric pressure chemical ionization，APCI）：在 ESI 后增加一个放电电极，使溶剂分子也被电离，通过气体离子 - 样品分子反应使样品化学电离。APCI 是 ESI 的补充，主要产生单电荷离子，特别适合分析中等极性的小分子化合物。同 ESI 统称为大气压电离（API），都是液相色谱 - 质谱联用常用的离子源电离方式。

（7）大气压光电离（atmospheric pressure photoionization，APPI）：利用光子将气相分子离子化，多用于非极性化合物的离子化，是 ESI、APCI 的补充，对实验条件敏感，掺杂剂、溶剂及缓冲液组分会对其选择性及灵敏度产生影响。

（8）电感耦合等离子体电离（inductively coupled plasma ionization，ICP）：利用高温等离子体将待测成分的原子或分子离子化，主要用于元素分析。

（9）电喷雾解吸电离（desorption electrospray ionization，DESI）：前期同 ESI，但不含样品。样品放置在聚四氟乙烯的固相表面上，ESI 生成的呈喷雾状的带电小液滴被喷射到样品表面，液滴中含有的溶剂（如甲醇、水等）立即对待测物进行萃取、溶解，随后液滴从表面反弹形成更小的液滴，溶剂快速蒸发而电荷残留在待测物分子中。电喷雾解吸电离与以上各种方式有明显区别：无须进行样品预处理，常压下在相对开放的空间内能对固体表面的痕量物质进行快速质谱分析，是原位、实时、在线、非破坏、高通量（大量样品的快速筛选）、低耗损、无污染的质谱方法，应用前景广阔。

为得到更多的结构信息，需进行碰撞诱导解离（collision induced dissociation，CID）或另进行源后衰变（post-source decay，PSD）。两者都是离子源后的一种碰撞装置，前者含有碰撞气体如 N_2、He、Ar、Xe、甲烷等，后者含碰撞粒子。具有一定质量的母离子从离子源出来后进入碰撞室，分别发生离子 - 分子碰撞、离子 - 粒子碰撞反应，从而产生子离子，得到子离子质谱。

4. 加速器 离子源中产生的各种不同动能的子离子，在加速器的高频电场中加速，能量增加后，因其轨迹半径不同而初步分开。加速器包括回旋加速器、直线加速器等。

5. 质量分析器 一般在电磁场的作用下将离子源产生的离子按照 m/z 分离聚焦的装置称为质量分析器。质量范围、质量轴准确性、分辨率是质量分析器的关键性能指标。质量范围是指质量分析器能够测定的 m/z 范围，质量轴准确性是指 m/z 测定值和理论值之间的偏差，分辨率是指质量分析器对相邻质谱峰的区分能力。常用的质量分析器包括四极杆质量分析器、离子阱质量分析器、飞行时间质量分析器、傅里叶变换质量分析器和扇形磁场质量分析器。

（1）四极杆质量分析器（quadrupole mass analyzer，Q）：由四根平行排列的棒状电极对角相连组成。恒速的离子流通过电极时，在直流电压（DC）和射频电压（RF）作用下形成高频的振荡电场，特定的电压条件下，适宜的 m/z 离子可穿过四极场到达检测器，改变两者电压大小而保持比值恒定，可按 m/z 从小到大的顺序排列得到质谱图。此种质量分析器可检测的质量范围上限通常可达 4 000Da，分辨率为 10^3。

（2）离子阱质量分析器（ion trap mass analyzer，IT）：分为三维离子阱和线性离子阱质量分析器两种。

1）三维离子阱质量分析器：是由一个环形电极和上下两个呈双曲面形的端盖电极围成的一个离子捕集室。端盖电极接地，在环形电极上施加 RF 形成三维四极场，逐渐增大 RF，离子则按 m/z 大小依次从端盖电极上的小孔射出，进入不稳定区。这种质量分析器的灵敏度比四极杆质量分析器高 10～10 000 倍，非常适合多级质谱定性鉴定物质的结构。

2）线性离子阱质量分析器：结构与四极杆质量分析器类似，但操作模式与三维离子阱质量分析器相似，具有更好的离子储存效率，可通过改善离子喷射效率，获得更快的扫描速度和更高的检测灵敏度。

（3）飞行时间质量分析器（time-of-flight mass analyzer）：带电离子可由基质辅助激光解吸离子源产生，也可通过门控系统将连续产生的离子流在一定时间内引入漂移管。在加速电压的作用下，离子获得电势能并将其转化为动能，动能相同、质量不同的离子，因飞行速度不同、在漂移管中的飞行时间不同、到达检测器的时间不同而实现不同 m/z 的分离，当飞行距离一定时，离子飞行时间与其 m/z 的平方根成正比。m/z 最小的离子最先到达检测器，最大的则最后到达，从而产生质谱图。适当增加漂移管的长度可以提高分辨率。飞行时间质量分析器可用质量范围宽、扫描速度快，既不需要电场也不需要磁场。目前质量范围上限可达 15 000Da，分辨率大于 10^4。

（4）傅里叶变换质量分析器（Fourier transform mass analyzer，FTMS）：主要有傅里叶变换离子回旋共振质量分析器和傅里叶变换静电场轨道阱质量分析器。

1）傅里叶变换离子回旋共振质量分析器：离子在超导磁场中做回旋运动，运行轨道随共振交变电场而变。当交变电场频率和离子回旋频率相同时，离子稳定加速、轨道半径增大、动能增加；关闭交变电场后轨道离子在电极上产生交变镜像电流，将镜像电流信号转变为频谱信号而得到质谱图。质量范围上限可达 10 000Da，分辨率可达 10^6，适用于多级质谱分析。

2）傅里叶变换静电场轨道阱质量分析器：形如纺锤体，由纺锤体中心内电极和左右两个外纺锤半电极组成。当中心电极逐渐施加直流高压后，阱内产生特殊几何结构的静电场。当离子进入静电场轨道阱后，受到中心电场的引力，以及垂直方向的离心力和水平方向的推力，沿中心内电极做水平和垂直方向的振荡。外电极检测离子振荡产生的感应电势，通过傅里叶变换将其转换为质谱信号。质量范围上限可达 10 000Da，分辨率可达 10^5。

（5）扇形磁场质量分析器（magnetic sector mass analyzer）：可分为单聚焦和双聚焦两类。

1）单聚焦扇形磁场质量分析器：带电离子在一扇形磁场作用下沿着不同的曲率半径轨道运行而被分离，进行速度（或能量）聚焦。该分析器结构简单，操作方便，但由于其只作速度（或能量）聚焦，分辨率很低。

2）双聚焦扇形磁场质量分析器：离子先后通过一个静电分析器和一个磁分析器。静电分析器使质量相同而速度不同（即能量不同）的离子作分离聚焦，符合一定偏转大小（即速度相同）的离子才能通过狭缝进入磁分析器，再按 m/z 大小作方向聚焦。该分析器分辨率可达 10^5，能准确测定相对分子质量。但其体积大、价格昂贵，已很大程度上被取代。

质量分析器会有一定的质量歧视效应，即对不同质量的离子产生偏差响应的现象。这种情况是客观存在的，质量歧视效应的大小主要与所测定的离子质量数有关，四极杆质量分析器对大质量数离子的歧视效应强于小质量数的离子，而离子阱质量分析器则相反。

6. 检测器 检测器用于接收和检测分离后的离子信号，常用的有以下几种。

（1）电子倍增器：电子倍增器（管）是最常用的检测器。带电离子通过质量分析器后打到电子倍增器的第一个阴极产生电子，电子再依次撞击电子倍增器的倍增极，使电子数目呈几何倍数放大，最后在阳极上可以检测到放大后的电流。其特点是快速、灵敏、稳定。

（2）光电倍增管：离子发射撞击荧光屏，荧光屏发射光电子，由电子放大器检测。电子放大器密封在容器中，光电子可穿透密封玻璃，能避免表面污染。

（3）电感耦合器件（charge coupled device，CCD）：利用离子在感光板上的感光来观察质量谱线的位置和强度。在光谱学中广泛使用的半导体图像传感器在质谱仪器中的应用日益增多，能检测出用一般电检测法难以检测到的极小量的样品和寿命短的离子。

离子阱、傅里叶变换器本身也是检测器，此外离子计数器、法拉第杯和低温检测器等其他检测器也有一定的应用。

7. 计算机系统 质谱仪中计算机系统的功能是运用工作站软件控制样品测定程序，采集数据与计算结果、分析与判断结果、显示与输出质谱图（表）、数据储存与调用等。

（二）质谱仪的分类

质谱仪种类非常多，分类方法也较多。

1. 按所使用的质量分析器类型分类 是最基础的分类方法。可分为四极杆质谱仪（Q-MS）、离子阱质谱仪（IT-MS）、飞行时间质谱仪（TOF-MS）、傅里叶变换质谱仪（FT-MS）等。

2. 按应用范围分类 可分为同位素质谱仪、无机质谱仪和有机质谱仪。有机质谱仪多与色谱联用，如气相色谱 - 质谱联用（GC-MS）、液相色谱 - 质谱联用（LC-MS）。

两种或两种以上的质量分析器串联可更大程度发挥各自优势,如三重四极杆串联、线性离子阱与飞行时间质量分析器或 FTMS 串联、离子淌度串联质谱等。其中液相色谱串联三重四极杆质谱仪是目前临床检验领域应用最广泛的类型,其次是基质辅助激光解吸电离飞行时间质谱仪(MALDI-TOF-MS)。

三、质谱仪的性能指标

质谱仪的主要性能指标是分辨率、灵敏度、质量范围、质量稳定性和质量精度等。

(一)分辨率

质谱仪的分辨率是指把相邻两个质谱峰分开的能力。当质量接近的 M_1 及 M_2($M_2 > M_1$)两个相邻离子峰之间的谷高 h 刚刚为两个峰平均峰高 H 的 10% 时,可认为两峰已经分开(图6-3),则该质谱仪的分辨率(resolution)$R = M/\Delta M$。其中,$\Delta M = M_2 - M_1$。

还有一种定义分辨率的方式:质量为 M 的质谱峰,其峰高 50% 处的峰宽即半峰宽为 ΔM,则分辨率为 $R = M/\Delta M$。

质谱仪的分辨率由离子源的性质、离子通道的半径、狭缝宽度与质量分析器的类型等因素决定。质谱仪的分辨率几乎决定了仪器的性能和价格。分辨率在 500 左右的质谱仪可以满足一般有机分析的需要,仪器价格相对较低;若要进行同位素质量及有机分子质量的准确测定,则需要使用分辨率为 5 000~10 000 或以上的质谱仪。

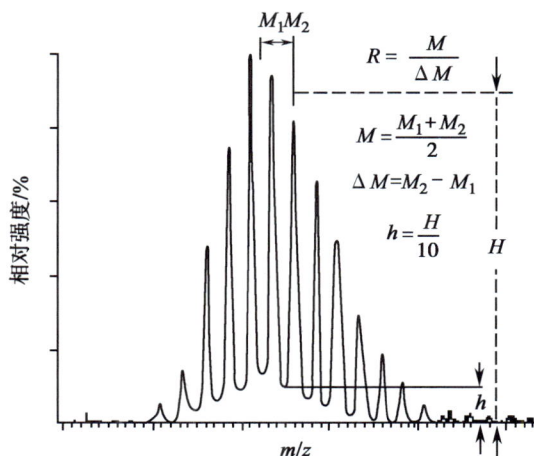

图6-3 质谱图的分辨率示意图

$$R = \frac{M}{\Delta M}$$

$$M = \frac{M_1 + M_2}{2}$$

$$\Delta M = M_2 - M_1$$

$$h = \frac{H}{10}$$

(二)灵敏度

1. 灵敏度的表示方法 质谱仪的灵敏度有绝对灵敏度、相对灵敏度和分析灵敏度等几种表示方法。

绝对灵敏度是指产生具有一定信噪比(signal to noise ratio,SNR,S/N)的分子离子峰所对应的浓度;相对灵敏度是指仪器可以同时检测的大组分与小组分含量之比;分析灵敏度则是指仪器在稳态下输出信号变化与样品输入量变化之比。

常用绝对灵敏度表示质谱仪的灵敏度。其中,信噪比 = 检测信号 / 背景噪声,一般要求最低检出限处的信噪比大于 10∶1。

2. 灵敏度举例

(1)GC-MS 的灵敏度举例:通过 GC 进样参考测试样品六氯苯 1pg,质谱全扫描完成后,测定其 $m/z = 283.8$ 处的信噪比,如果信噪比大于 10,则该仪器的灵敏度可表示为 1pg 六氯苯(信噪比大于 10∶1),即 1pg 六氯苯($m/z = 283.8$),$S/N > 10∶1$。如果仪器的信噪比不到 10,即灵敏度不到 1pg,则要加大进样量,直到有合适大小的信噪比,再用此时的进样量及信噪比表示灵敏度。

(2)LC-MS 的灵敏度举例:配制一定浓度(如 10pg/µl)的利血平,通过 LC 进样,以水和甲醇各 50% 的混合溶液为流动相(加入 1% 乙酸),测定利血平质子化分子离子峰 $m/z = 609$ 的质谱图和信噪比。用进样量和信噪比规定灵敏度指标,如 1pg 利血平($m/z = 609$),$S/N > 10∶1$。

此外,灵敏度还可以同时对检测信号的绝对值作要求,如峰高或峰面积下限。

(三)质量范围

质谱仪的质量范围是指质谱仪可检测的离子 m/z 范围。如果是单电荷离子,即表示质谱仪检测样品的原子质量（或分子质量）范围，以 ^{12}C 定义的原子质量单位（atomic mass unit，amu，lamu＝1u＝1Da）来度量。

不同质量分析器适用的质量范围不同。GC-MS 分析的是挥发性有机物，其分子质量一般不超过 500Da，最常见的是 300Da 以下。因此，GC-MS 质谱仪质量范围达到 800Da 就足够了。有机质谱仪一般可达几千质量单位，而生物质谱仪可测量几万到几十万质量单位的生物大分子样品。

（四）质量稳定性和质量精度

1. 质量稳定性 指仪器在工作时质量稳定的情况，通常用一定时间内质量漂移的幅度来表示。例如，某仪器的质量稳定性为 0.1Da/12h，表明该仪器在 12 小时之内，质量漂移不超过 0.1Da。

2. 质量精度 指质量测定的精确程度，常用相对百分比表示。例如，某化合物的质量为 1 520 473Da，用某质谱仪多次测定该化合物，测得的质量与该化合物理论质量之差在 0.003Da 之内，则该仪器的质量精度约为十亿分之二。质量精度只是高分辨质谱仪的一项重要指标，对低分辨质谱仪没有太大意义。

四、质谱仪的校准与维护保养

（一）质谱仪的校准

仪器安装后需进行初始校准并对其初始分辨率、灵敏度、质量范围、质量稳定性和质量精度进行评估。不同机型会有专用配套的校正液，按照仪器出厂说明进行相应的仪器调谐校准并记录，校准合格方可投入使用。使用后仍应按需或定期校准，间隔时间根据仪器而有所不同，通常需要 3～6 个月校准一次，或在仪器重大故障维修后进行重新校准，记录校准日期、相应参数及下次计划校准时间。

（二）质谱仪的维护保养

仪器日常使用中需严格进行维护保养及记录，根据不同仪器的特点设置日常使用及维护保养程序并记录表格，如质谱响应值记录、机械泵保养记录、锥孔／离子传输管清洗记录、喷针更换记录等，以便故障排查复盘。每日使用前建议对供气系统进行检查，每周清洗锥孔、离子传输管，定期更换离子源喷针/APCI 熔融石英管，前级机械泵需定期震气，定期更换泵油。如前端连接色谱仪，建议增加色谱柱更换记录、柱压及保留时间记录、流动相配制记录等。故障维修时需由维修工程师配合工作人员填写设备维修记录并对设备性能、已检测样品进行再评价。MALDI-TOF-MS 的日常维护较为简单，主要观察干燥剂状态，保障体系干燥度，保持样品仓的清洁。

第二节 质谱联用技术

色谱技术、毛细管电泳技术等都是很好的分离手段，可以将复杂混合物中的各种组分分离，但是这些技术对结构的定性鉴定能力较差。质谱技术是一种很好的定性鉴定仪器，但需要高纯度的单一样品组分（对混合物的不同离子化方式和质量分析技术有局限性），否则杂质形成的本底对样品的质谱图产生干扰，不利于质谱图的解析。将色谱技术、毛细管电泳技术等与质谱技术结合起来，兼容配置，则能发挥各自专长，使分离和鉴定同时进行。

为了增加未知物分析的结构信息，采用串联质谱技术（质谱 - 质谱联用）也是目前质谱技术发展的一个方向。

一、气相色谱 – 质谱联用技术

气相色谱 - 质谱联用技术（gas chromatography-mass spectrometry，GC-MS）的系统由三部分组成，包括气相色谱部分、质谱部分和计算机系统。在气相色谱部分，混合样品在合适的色谱条件下被分离成单个组分，然后逐一进入质谱仪进行鉴定。GC-MS 适合分析分子质量小、易挥发、热稳定、能气化的化合物，通过 EI 得到的谱图可与标准谱库比对。

（一）气相色谱 - 质谱联用技术系统的结构

1. 气相色谱部分 气相色谱部分内，在一定的温度下，样品中不同的化合物在流动相和固定相中的分配系数不同，因此可先后在色谱柱中流出而实现分离。保留时间是气相色谱进行定性的依据，而色谱峰高或峰面积用于定量。

2. 接口装置 色谱仪在常压下工作，而质谱仪需要高真空环境，因此，如果色谱仪使用填充柱，必须经过接口装置将色谱载气去除，使样品气化进入质谱仪。如果色谱仪使用毛细管柱，则不需要接口装置，因为毛细管载气流量比填充柱小得多，不会破坏质谱仪真空环境，可以将毛细管直接插入质谱仪离子源。

3. 质谱部分 质谱部分作为下游检测器，将气化后的样品离子按 m/z 测定各成分的相对分子质量、分子式、结构信息并进行定量分析。GC-MS 的离子源主要是电子离子源和化学离子源。质量分析器目前使用最多的是四极杆质量分析器。

4. 计算机系统 计算机系统控制 GC-MS 的主要操作，包括利用标准样品校准质谱仪、设置色谱和质谱的工作条件、数据的收集和处理以及库检索等。所有信息都由计算机储存，根据需要，可以得到混合物的色谱图、单一组分的质谱图和质谱的检索结果等。同时根据色谱图还可以进行定量分析。因此，GC-MS 是有机物定性、定量分析的有力工具。

（二）气相色谱 - 质谱联用技术的应用

GC-MS 被广泛应用于有机物的分离与鉴定，已应用于遗传代谢性疾病的筛查和诊断，可同时筛查氨基酸、有机酸、糖代谢异常及脂肪代谢紊乱等 100 余种疾病。样品可以是血液、尿液、脑脊液、唾液、汗液等，其中产前诊断的样品可来自羊水、母亲尿液等；GC-MS 还可用于尿液类固醇激素谱分析等。但由于其操作便捷性欠佳，临床小分子定量方面更多采用液相色谱 - 质谱联用技术。

二、液相色谱 – 质谱联用技术

液相色谱 - 质谱联用技术（liquid chromatography-mass spectrometry，LC-MS）的系统由四部分组成，包括高效液相色谱部分、接口装置（同时也是离子源）、质谱部分和计算机系统。LC-MS 适宜分析不挥发性化合物、极性化合物、热不稳定化合物、大分子化合物（包括蛋白质、多肽、多聚物等）。

（一）液相色谱 - 质谱联用技术系统的结构

1. 高效液相色谱部分 高效液相色谱部分内，在高压条件下，样品中不同的化合物在流动相和固定相中的分配系数不同，因此可先后在色谱柱中流出而实现分离。色谱产物再导入质谱仪作进一步定性、定量分析。

2. 接口装置 由于液相洗脱剂的流量比气相色谱的载气大得多，因此 LC-MS 中必须使用接口装置。它的主要作用是去除溶剂并使样品离子化。因此，接口装置是 LC-MS 的关键部分。目前，比较常用的 LC-MS 接口是电喷雾接口和大气压化学电离接口，兼作电喷雾电离（ESI）和大气压化学电离（APCI）的离子源。

3. 质谱部分和计算机系统 LC-MS 的质谱部分和计算机系统与 GC-MS 类似。

（二）液相色谱 - 质谱联用技术的应用

LC-MS 可用于新生儿遗传病筛查，阿尔茨海默病的早期实验室诊断，肿瘤筛查（如乳腺癌等），激素、抗排斥药物、磷酸酯、变异血红蛋白、糖化血红蛋白、血药浓度的检测等。

三、毛细管电泳 - 质谱联用技术

毛细管电泳 - 质谱联用技术（capillary electrophoresis-mass spectrometry，CE-MS）是基于样品各组分间淌度和分配行为差异而实现分离的电泳新技术，以及基于单一样品离子组分 m/z 差异而实现定性鉴定的质谱技术的联用技术。CE-MS 综合了毛细管电泳和质谱的优点，在蛋白质组学、化学药物研究、医学检验以及法医学等领域均已显示了广阔的应用前景。

CE-MS 系统由毛细管电泳部分、接口装置、质谱部分和计算机系统四部分组成。在 CE-MS 中，区带毛细管电泳为最常用的毛细管电泳技术。电喷雾离子源是 CE-MS 首选的离子源。由于 CE 需要离子强度较高、挥发性低的缓冲液，而电喷雾离子源需要相对较低的盐浓度才能获得效果较好的雾化及离子化，因此接口技术必须优化。接口共有三种类型，即同轴液体鞘流、无鞘接口、液体连接。

CE-MS 中最常见的是四极杆质量分析器。

四、串联质谱技术

为了得到更多有关分子离子和碎片离子的结构信息，两个及两个以上的质量分析器与碰撞活化室串联使用，称为空间串联质谱技术（space tandem mass spectrometry）。如四极杆 - 飞行时间串联质谱（Q-TOF）、飞行时间串联质谱（TOF-TOF）、三重四极杆质谱（Q-Q-Q）等，实现多级质谱，常表示为 MSn，如二级串联（MS-MS，MS/MS）的两个质量分析器之间有一个碰撞活化室，目的是将前一级质谱仪（MS1）选定的前体离子打碎，再由后一级质谱仪（MS2）分析。而时间串联质谱技术（time tandem mass spectrometry）如 IT-MS、FT-MS 只有一个质量分析器，前一时刻选定离子，在质量分析器内打碎，后一时刻再进行分析。

前体离子的裂解可以通过碰撞诱导解离（CID）、亚稳裂解、表面诱导解离、激光诱导解离等方式实现。

串联质谱技术可以通过产物离子扫描、前体离子扫描、中性丢失扫描及选择反应监测等方式获取数据。

当使用 GC-MS、LC-MS 时，若色谱仪未能将化合物完全分离，串联质谱技术可以通过选择性测定某组分的特征性前体离子，获取该组分的结构和量的信息，而不会受到共存组分的干扰。因此，GC-MS/MS、LC-MS/MS 均可降低对样品处理的要求，测定快速、节省材料。

串联质谱技术在未知化合物的结构解析、复杂混合物中待测化合物的鉴定、碎片裂解途径的阐明以及低浓度生物样品的定量分析方面具有很大优势。产物离子扫描可用于肽和蛋白质碎片的氨基酸序列检测。中性丢失扫描可用于寻找具有相同结构特征的药物代谢物分子。选择反应离子监测可消除生物基质对低浓度待测化合物定量分析的干扰，从而实现对待测物浓度的高特异、高灵敏分析。

串联质谱技术与前端色谱分离技术联用能兼顾色谱的高分离特性和质谱的高灵敏、高分辨特性，因此在定量、定性分析中应用广泛。对于临床检验而言，LC-MS/MS 的应用范围很广，可用于新生儿遗传代谢病筛查、治疗药物监测、毒物监测、营养和代谢物质（如维生素、氨基酸、脂肪酸、胆汁酸）监测、代谢组学、蛋白质组学、脂质组学等领域。尤其是近年来内源性低浓度小分子激素的检测已将 LC-MS/MS 作为其检测"金标准"，以避免传统免疫法的非特异干扰，使得质谱逐步应用于医院的检验科室，已经成为未来临床检验发展的重要方向。

第三节　质谱技术在临床检验领域的应用

最初的质谱仪主要用于测定元素或同位素的原子量。随着质谱技术的发展,其灵敏度高、特异性强、单位时间通量高的特点逐步被生命科学领域尤其是临床领域认可,也促进了质谱的发展,为其注入了新的活力,形成了独特的生物质谱。

生物质谱指生物样品离子化,以电喷雾电离(ESI)、基质辅助激光解吸电离(MALDI)和电喷雾解吸电离(DESI)等为电离方式的质谱。生物质谱可提供快速、易解的多组分分析方法,已广泛用于内源性小分子物质定量、治疗药物监测、蛋白质分析、微量元素检测、微生物鉴定等方面,结合质子磁共振谱、全合成研究还可以完善化合物结构等。

一、小分子生物标志物检测

在检验医学中应用最多的是同位素稀释质谱法(isotope dilution mass spectrometry,ID-MS),它是测定无机离子、单糖类、脂类、小分子含氮化合物等小分子生物标志物的决定性方法,其一级参考测量程序应能溯源至国际单位制(SI)单位。

ID-MS的原理是在待测样品中加入一定量的与目标化合物性质一致的同位素标记物(同位素内标),待测化合物与同位素标记物共同经过预处理后进入质谱系统。由于二者化学性质一致,预处理过程中的样品损失或浓缩、离子抑制或增强、基质效应、仪器本身状态对二者的影响程度也是一致的。在数据处理系统中以已知标准品浓度为横坐标,对应浓度的标准品响应与内标响应面积比为纵坐标,建立标准曲线以定量待测样品中的目标化合物含量。由于内标品的介入校正,预处理过程及基质效应理论上不会影响定量准确性。

传统的生物化学或免疫学方法依赖于特定的酶反应或抗体特异性,更易受到交叉干扰。因此越来越多的小分子物质依赖于精准的质谱检测。目前,治疗药物监测,以及激素、氨基酸、脂肪酸、胆汁酸、胆固醇和类固醇、生物胺、脂类、碳水化合物、维生素、微量元素等都主要应用ID-MS进行定量分析。尤其对于小分子激素检测,LC-MS/MS已经成为公认的"金标准"检测手段。

代谢组学是借鉴基因组学和蛋白质组学的研究思想,对生物体内所有代谢物进行定量分析,并寻找代谢物与生理病理变化的相对关系的研究方式。其研究对象大多是分子质量在1 000Da以内的小分子物质。非靶向代谢组学的研究对推动人类医学事业发展进程有重要意义,通过"代谢组学发现差异标志物→动物模型验证→人类研究"的模式在快速发现疾病新型标志物方面已作出显著贡献。

二、大分子生物标志物检测

(一)质谱与蛋白质组学研究

质谱技术在大分子领域的典型应用为基质辅助激光解吸电离飞行时间质谱(MALDI-TOF-MS)在微生物鉴定方面的应用,此外,目前较为普遍的是蛋白质组学研究。蛋白质组是指一个基因组或一个细胞、组织所表达的所有蛋白质。蛋白质组学的研究是从整体水平研究细胞或有机体内蛋白质的组成及其活动规律,包括细胞内所有蛋白质的分离、蛋白质表达模式的识别、蛋白质的鉴定、蛋白质翻译后修饰的分析以及蛋白质组数据库的构建。

1. 蛋白质的鉴定　对复杂蛋白质的分离、鉴定和定量是蛋白质组学研究的基础。生物质谱鉴定蛋白质的方法主要有三种:肽质量指纹谱(peptide mass fingerprinting,PMF)法、串联质谱法和梯形肽片段测序法。

PMF 是指对蛋白质酶解或化学降解后所得的多肽混合物进行质谱分析（常用 MALDI-TOF-MS 或 MALDI-Q-MS），再与多肽数据库中的理论肽段进行比较，从而绘制蛋白质的"肽图"。但蛋白质的翻译后修饰可能会使质谱测定的质量数与理论值不符，这时就需要结合序列信息进行判断。研究显示，PMF 法比氨基酸组成分析更为可靠，这是因为 MALDI 测定肽质量的准确度为 99.9%，而氨基酸组成分析的准确度仅为 90%。另外，MALDI 可以耐受少量杂质的存在，对于纯度不是很高的样品也能得到理想的结果。

对于数据库中不存在的蛋白质，通常使用串联质谱法对肽段从头测序，如配有源内衰变或源后衰变装置的 MALDI-TOF-MS，或者用梯形肽片段测序法测序。

2. 蛋白质的定量分析 需对待测样品进行消化、酶解，使蛋白质解离为多肽并进行纯化，对肽段所含氨基酸序列进行分析以间接反映蛋白质含量。

3. 蛋白质的翻译后修饰 真核生物蛋白质翻译后修饰类型主要有磷酸化、糖基化等。修饰会改变质量数，如磷酸化后产生的分子质量比理论值增加 80Da，通过解析质谱图可识别蛋白质翻译后的修饰信息。

（二）质谱与基因组学研究

基因组学研究包括以全基因组测序为目标的结构基因组学和以基因功能鉴定为目标的功能基因组学（即后基因组学）。质谱技术在单核苷酸多态性、短串联重复序列、寡核苷酸合成、DNA 和 RNA 的核苷酸及核苷酸/蛋白质非共价复合体等方面有强大的分析潜力。

美国食品药品监督管理局于 2014 年批准 MALDI-TOF-MS 用于临床核酸检测，我国也在近两年研制出国产核酸质谱分析仪。它们可准确鉴定寡核苷酸序列，并能快速、有效、精准鉴别寡核苷酸所携带的修饰类型及修饰位点，更便于多基因、多位点同步检测，提高检测效率，降低成本投入。

（三）质谱与组织病理研究

传统的组织病理检测耗时、主观性强、人力成本高，基于原位质谱成像的方式可以对组织中的代谢物、脂类、蛋白质及多肽进行直接分析，并可体现其空间分布。原位质谱成像离子源的电离方式主要包括 MALDI 和 DESI，前者多用于组织中多肽和蛋白质分子离子化，后者多用于小分子物质的离子化。新鲜组织、冰冻组织及石蜡包埋组织都可以用于质谱成像分析。由于该方法可精准定位生物标志物在组织切片中的位置，从而判断肿瘤组织边缘特征，因此在肿瘤领域有很大的应用前景。

此外，药物质谱成像还可以确定药物分子的空间组织分布、药物分子代谢物及分子间的相互作用，在药学领域也有很大的发展空间。

（四）微生物鉴定

传统微生物鉴定一般需经过较长时间的培养及生化反应，而 MALDI-TOF-MS 可对培养后菌落、无菌体液进行直接分析或增菌后分析，以检测其中所含微生物。不同微生物均有其唯一的肽模式或指纹图谱，将待检微生物质谱图与数据库对照可进行细菌、真菌、病毒的鉴定。由于蛋白质在细菌体内的含量较高，生物质谱可用于细菌属、种、株的鉴定。对特殊脂质成分的分析则可了解样品中病原菌的活力和潜在感染力。

用同位素质谱技术检测微生物代谢物中同位素的含量也可以达到检测病原菌的目的，同时也为同位素质谱在医学领域的应用开辟了新思路。如 ^{13}C、^{14}C 尿素呼气试验和 ^{15}N 排泄试验已成为临床检测胃幽门螺杆菌（HP）的有效手段。

三、临床常用质谱仪检测项目的性能评价与质量控制

目前应用于临床常规检验中的主流设备是 MALDI-TOF-MS 和 LC-MS/MS，还有部分

ICP-MS设备。LC-MS/MS仪器在临床实验室的占比相对较高,目前针对该套体系的验证有多个指导原则或共识。

(一)仪器检测系统及项目性能验证

仪器安装后需进行定期校正并对其初始分辨率、灵敏度、质量范围、质量稳定性和质量精度进行记录,符合要求后开展项目方法建立及性能评价,检测项目的性能评价方式可参考《液相色谱-质谱临床应用建议》、《液相色谱串联质谱临床检测方法的开发与验证》、《质谱分析方法通则》(GB/T 6041—2020)等国内指导原则,以及《液相色谱-质谱方法》(第2版)(CLSI C62)、美国食品药品监督管理局和欧洲药品管理局的《生物分析方法验证指南》(FDA BMV 2018)、《生物分析方法验证及样品分析》(ICH M10)等标准。建议根据项目特点综合选择性能评价参考依据,评价条目应至少包括定量下限、线性范围、准确度、精密度、基质效应、干扰、特异性、携带污染、稳定性等。

(二)质量控制

质量控制包括室内质量控制和室间质量评价。室内质量控制可保障实验室内精密度,室间质量评价可保障结果准确性。对于临床检验项目,建议二者都要进行。

总之,无论选择哪一类仪器,都需要对仪器状态及实验过程进行监测,以保证临床结果的准确性,从而真正实现精准检测。

质谱将会是检验发展的重要亚专业,具有巨大的发展潜力,但它也有不成熟的一面。例如预处理复杂、需要多学科交叉人才、组学数据解读复杂等问题依然是制约其发展的重要因素。因此需要更多的人才投入,提升质谱质量管理、量值溯源、检测标准化、自动化、信息化水平,将质谱技术优势发挥得更好,使其更好地为人类健康服务。

(周 洲)

本章小结

质谱仪是将分析物气化形成离子后按质荷比(m/z)进行定性、定量和结构分析的仪器,主要由真空系统、进样系统、离子源、加速器、质量分析器、检测器及计算机系统组成,其核心部件是离子源和质量分析器。离子源的作用是产生带电离子。质量分析器将带电离子按照m/z的大小分离聚焦。质谱仪多按质量分析器种类分类。

质谱仪的主要性能指标是分辨率、灵敏度、质量范围、质量稳定性和质量精度等,其定义与常见的临床检验仪器性能指标有所不同,要注意区别。

质谱联用技术如GC-MS、LC-MS、CE-MS,其前端功能主要是将混合物初步分离成纯组分,后端质谱进行进一步分离检测,使整体兼具分离特长与定性鉴定特长。串联质谱技术(MS/MS)是指时间或空间上两级或两级以上的质量分析器的联合技术,可以得到有关分子离子和碎片离子的更多结构信息,特异性更强。

生物质谱技术是未来检验医学发展的重要方向。检验医学中应用最早的同位素稀释质谱法(ID-MS)是多数小分子物质检测的决定性方法。目前质谱联用技术在小分子代谢物、药物、激素等临床检测和科研领域的应用日益广泛,在微生物鉴定、蛋白质组学、基因组学、代谢组学等方面也有广阔的应用前景。特别是以DESI为代表的新一代直接离子化技术,以样品处理简单、灵敏度高、检测速度快等诸多优点,成为原位、实时、在线、非破坏、高通量、低耗损、无污染的质谱学方法,在生物体的原位活体分析、食品药品、环境安全、刑侦、直接质谱成像等领域具有广阔的发展前景。

第七章 电泳仪器与技术

通过本章学习，你将能够回答下列问题：

1. 电泳技术的基本原理是什么？影响电泳的因素有哪些？
2. 聚丙烯酰胺凝胶电泳分离的原理是什么？
3. 十二烷基硫酸钠－聚丙烯酰胺凝胶电泳分离蛋白的原理是什么？
4. 毛细管电泳的基本原理是什么？
5. 全自动电泳仪和高效毛细管电泳仪的基本结构是什么？
6. 电泳技术在临床检验中有哪些应用？

电泳（electrophoresis）是指带电颗粒在电场中向着与其电荷相反的电极移动的现象。电泳技术（electrophoresis technique）是利用电泳现象将多组分样品中各组分进行分离的技术，而电泳仪则是采用电泳技术分离多组分物质的仪器。电泳技术的迅速发展，使其成为基础生物医学研究和临床医学检验中的重要工具。目前电泳技术在临床上已广泛用于蛋白质、多肽、氨基酸、核酸、无机离子，甚至病毒颗粒或细胞器等成分的分离和鉴定。本章主要介绍电泳技术的基本原理、影响因素与分类，常用电泳方法、电泳仪，以及电泳技术在临床检验领域的应用。

第一节　电泳技术的基本原理、影响因素与分类

电泳技术基于电泳的基本原理，电泳迁移率受到电泳颗粒内部因素和电场外部因素的影响。电泳技术种类繁多，可以按照分离原理和支持介质的不同进行详细的分类。

一、电泳技术的基本原理

一般情况下，物质分子所带的正负电荷量相等，呈电中性。但在一定条件下，物质分子因其自身的解离作用或吸附带电粒子而带上负电荷或正电荷，从而在电场中向正极或负极泳动。带电物质颗粒种类很多，可以是离子，也可以是生物大分子，例如蛋白质、核酸、病毒颗粒甚至细胞器等。

蛋白质分子是两性电解质，在溶液中可解离出带正电荷的氨基（—NH_3^+）和带负电荷的羧基（—COO^-）。蛋白质分子带电性质和所带电荷的多少，主要取决于其氨基酸组成和性质、溶液离子强度（ionic strength, I）和 pH。在特定 pH 条件下，蛋白质分子正负电荷量相等，净电荷为零，此时溶液的 pH 即该蛋白质的等电点（isoelectric point, pI）。当溶液的 pH＝pI 时，蛋白质分子净电荷为零，在电场中不移动；当溶液的 pH＞pI 时，蛋白质分子带负电荷，向正极移动；当溶液的 pH＜pI 时，蛋白质分子带正电荷，向负极移动（图 7-1）。

核酸也是两性电解质，核苷酸链上既有酸性的磷酸基，又有碱性的碱基，但因其磷酸基的酸性比碱基的碱性强，故在中性或偏碱性的溶液中，核酸分子通常表现为酸性，带负电荷，在直流电场中向正极泳动。

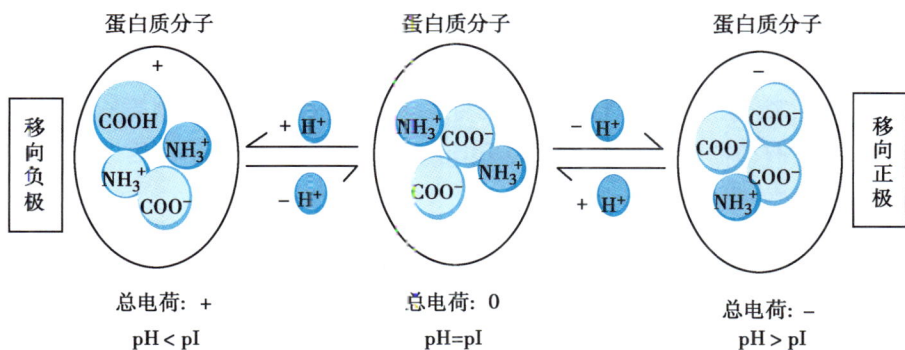

图 7-1　不同 pH 条件下蛋白质分子在电场中的运动状态示意图

在溶液中,带电物质颗粒在电场中所受到的力(F)等于物质颗粒所带净电荷量(Q)与电场强度(E)的乘积。

$$F = QE \qquad \text{(式 7-1)}$$

其中,电场强度是指在电场方向上单位长度的电位降,也称电位梯度或电势梯度。如滤纸电泳时,若滤纸两端相距 30cm 处测得电位降为 240V,则电场强度为 240/30＝8V/cm。

根据斯托克斯(Stokes)定律,液体中的球状粒子运动时所受到的阻力(摩擦力)F' 为:

$$F' = 6\pi r\eta v \qquad \text{(式 7-2)}$$

式中:η 为介质黏度;r 为粒子半径;v 为带电粒子的移动速度。稳态运动时,粒子所受的电动力与阻力相等,即

$$F = F' \qquad \text{(式 7-3)}$$

故

$$QE = 6\pi r\eta v \qquad \text{(式 7-4)}$$

可推导出

$$\frac{v}{E} = \frac{Q}{6\pi r\eta} \qquad \text{(式 7-5)}$$

式中:$\dfrac{v}{E}$ 为电泳迁移率(u),是指粒子在单位电场强度(1V/cm)中的泳动速度。

故

$$u = \frac{Q}{6\pi r\eta} \qquad \text{(式 7-6)}$$

可见,粒子的电泳迁移率不仅与本身性质有关(即与粒子所带净电荷成正比,与颗粒大小成反比),并且还受到其他外界因素的影响(与溶液的介质黏度成反比)。

二、电泳技术的影响因素

(一)内在因素

电泳速度与粒子性质相关,如电荷的正负和大小、粒子的大小和形状、解离趋势、两性性质、水化程度等。粒子所带的净电荷越多、颗粒越小、形状越接近球形,泳动速度越快;反之则越慢。线状双链 DNA 的构象一般不影响电泳速度,在凝胶电泳中,其相对分子质量的对数值与电泳速度成反比;质粒 DNA 电泳速度受分子构象影响较大,相同分子质量的质粒 DNA,不同构象的电泳速度为闭环型 > 线型 > 半开环型;RNA 是局部双螺旋结构的单链,电泳速度受分子大小与空间构象的双重影响。

(二)外界因素

1. 电场强度　电场强度越大,带电粒子泳动速度越快,反之越慢。根据电场强度大小,电泳分为常压电泳(2～10V/cm)与高压电泳(50～200V/cm)。前者适用于分离蛋白质、核酸等大分子物质,分离时间较长,从数小时到数天;后者常用于分离氨基酸、核苷酸、糖

类等小分子物质,分离时间很短,甚至只需要几分钟。

2. 溶液性质 主要包括溶液的pH、离子强度和溶液黏度。

(1)溶液pH:溶液的pH决定带电粒子的解离程度,也决定了该物质所带电荷的多少。对蛋白质、核酸等两性电解质而言,缓冲液pH与待分离物质的pI相差越大,粒子所带电荷越多,电泳速度越快;反之则越慢。

(2)溶液离子强度:所有类型的离子所产生的净电力称为离子强度。溶液离子强度越高,带电粒子泳动速度越慢;反之则越快。这是由于带电粒子吸引溶液中带相反电荷的离子,形成离子氛(ionic atmosphere),从而减少颗粒带电量,增加了颗粒的运动阻力、降低其电泳速度。电泳时,一般选择溶液的离子强度为0.02~0.20mol/L。

(3)溶液黏度:带电粒子的电泳迁移率与溶液的介质黏度成反比。因此,溶液黏度过小或过大,必然影响电泳速度。溶液黏度主要与溶质结构、溶液浓度、溶剂性质、温度等因素有关。

3. 电渗作用 在电场中,溶液相对于固体支持介质的相对移动称为电渗(electro-osmosis)。当支持介质不是绝对惰性物质时,靠近其表面的溶液会相对带电并产生电渗现象,导致溶液在移动时携带颗粒一起移动。因此,带电粒子的迁移速度是粒子电泳速度与电渗流速度的矢量和,二者方向一致时粒子的迁移速度变快,方向相反时粒子的迁移速度变慢。电渗对电泳的影响见图7-2。

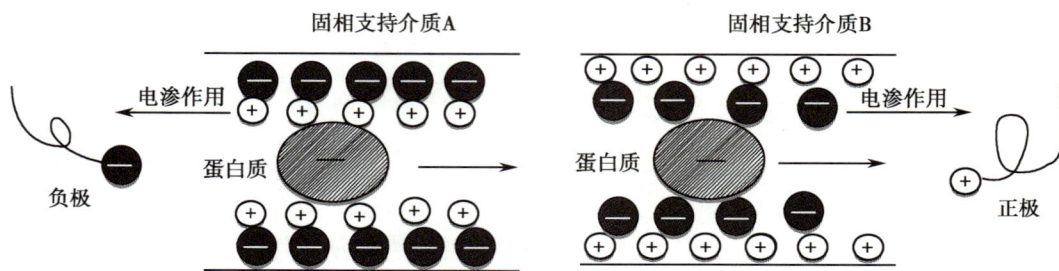

图 7-2 电渗作用示意图

4. 吸附作用 支持介质表面对待分离物质具有一定的吸附作用,使待分离物质滞留而降低电泳速度,导致待分离物质出现拖尾现象,降低分辨率。

5. 焦耳热 电泳时因电流通过而释放的热量,称为焦耳热,其值与电流强度的平方成正比。焦耳热可导致缓冲液温度过高、分子运动加剧,分辨率下降,严重时还会烧毁滤纸、熔化琼脂糖凝胶或烧焦聚丙烯酰胺凝胶等支持介质。可通过控制电压或电流大小、降低缓冲液离子强度或浓度以及使用冷却散热装置等方法,减少焦耳热对电泳的影响。

三、电泳技术的分类

电泳技术通常按照电泳实验条件的某一特征,如分离目的、分离原理、分离方式、所用支持介质、电源控制等来分类。其中,依据分离原理和支持介质是目前主要的分类方式。

(一)按分离原理分类

1. 区带电泳 在均一的缓冲液系统中,待分离物质中不同的离子成分被分离成独立区带,通过染色并用光密度计扫描,可得到相互分离的峰(图7-3)。区带电泳是应用最广泛的电泳技术。

2. 移动界面电泳 该方法只能对不同的离子成分实现部分分离,电泳时最前面和最后面的部分是纯的离子,其他部分则为各种离子成分的互相重叠(图7-3)。移动界面电泳因分离效果差已逐渐被淘汰。

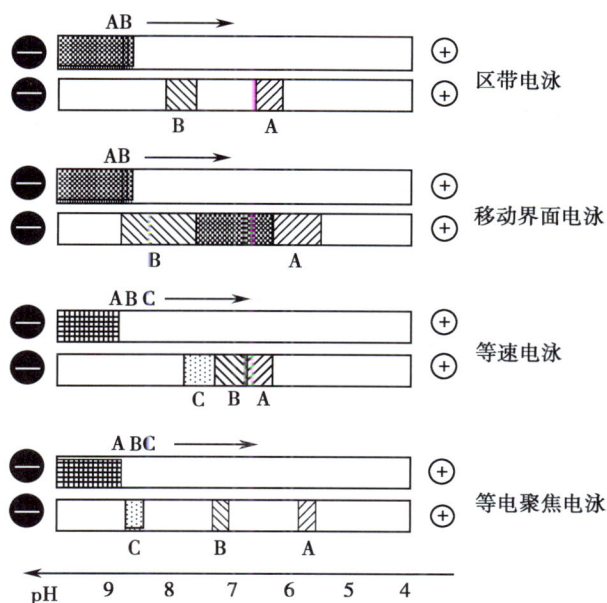

图 7-3 不同电泳技术的原理示意图

3. 等速电泳 采用不连续的电解质溶液，样品组分夹在前导和尾随电解质之间，根据有效迁移率的不同而分离。当电泳达到平衡后，各组分的区带相随，形成清晰的界面，并以等速向前移动（图 7-3）。等速电泳需使用毛细管电泳仪。

4. 等电聚焦电泳 首先经预电泳或其他方法使 pI 不同的多种两性电解质载体形成 pH 梯度，再将待分离组分移动聚集至其 pI 处，形成很窄的区带。这种利用被分离组分 pI 的不同分离物质的电泳方法称为等电聚焦电泳，此方法分辨率很高。

5. 免疫电泳 是以琼脂糖凝胶为支持介质，与免疫扩散或免疫沉淀相结合的一种免疫学实验技术。免疫电泳既具有抗原 - 抗体反应的高度特异性，又具有电泳技术快速、灵敏和高分辨的特性。主要包括对流免疫电泳、火箭电泳、免疫固定电泳、放射免疫电泳及双向定量免疫电泳。

（二）按有无固体支持介质分类

根据是否在固体支持介质上进行，电泳可分为自由电泳（无固体支持介质）和支持介质电泳（有固体支持介质）两大类。

1. 自由电泳 自由电泳包括：①显微镜电泳（或细胞电泳），即显微镜下直接观察细胞或细菌的电泳行为；②柱电泳，即于色谱柱中利用密度梯度，使分离区带不再混合，若再结合 pH 梯度则为等电聚焦柱电泳；③移动界面电泳；④等速电泳。

2. 支持介质电泳 支持介质电泳包括：①纸电泳，使用滤纸作为电泳介质，是最早使用的电泳技术，现基本被替代；②乙酸纤维素薄膜电泳，使用乙酸纤维素薄膜作为电泳介质，该薄膜由纤维素的乙酸酯衍生物经丙酮等有机溶剂溶解后涂布于平滑表面，干燥后形成；③凝胶电泳，使用凝胶作为电泳介质，如聚丙烯酰胺凝胶、琼脂糖凝胶等。

第二节 常用电泳方法

电泳技术的发展日新月异，种类多，但检测流程大体相同，主要有以下几个操作步骤：①点样；②电泳；③染色与脱色；④结果分析。由于大部分被检测的物质是无色的，所以需经染色处理才可确定电泳后的位置和相对含量。蛋白质染色常用丽春红、氨基黑、考马斯亮蓝等;氨基酸一般采用茚三酮染色;脂蛋白用苏丹黑或品红亚硫酸染色;糖蛋白则用甲苯胺蓝或过碘酸-希夫试剂染色。定量检测时可将染色后的区带或斑点剪下,用溶剂洗脱下各组分,采用比色法测定各组分的相对含量,或者将支持介质作透明化处理,直接进行光吸收扫描测定,根据曲线下的峰面积判断各组分含量。

一、乙酸纤维素薄膜电泳

乙酸纤维素薄膜电泳(cellulose acetate film electrophoresis)是以乙酸纤维素薄膜为支持介质的电泳。本法可分离滤纸电泳无法分离的蛋白质,如甲胎蛋白、溶菌酶、胰岛素、组蛋白等。

乙酸纤维素薄膜电泳具有如下特点。

1. 染色条带清楚 滤纸中含有较多羟基,对蛋白质的吸附作用较大。而乙酸纤维素薄膜中部分羟基已被乙酰化,故对蛋白质样品吸附少,几乎无"拖尾"现象,染色后背景能完全脱色,染色带分离清晰。

2. 快速省时 乙酸纤维素薄膜亲水性较小,电渗作用小,大部分电流由样品传导,故分离速度快、电泳时间短,45~60 分钟即可完成。

3. 灵敏度高,样品用量少 血清蛋白电泳仅需 0.1~2.0μl 血清便可得到清晰的分离区带,适合微量异常蛋白质的检测。

二、琼脂糖凝胶电泳

琼脂糖凝胶电泳(agarose gel electrophoresis)是以琼脂糖为支持介质进行的电泳,琼脂糖是由半乳糖及其衍生物(3,6-脱水-α-D-吡喃半乳糖)重复交替而成的中性线状多糖,不带电荷。

(一)琼脂糖凝胶电泳的特点

1. 操作简单、快速 琼脂糖凝胶制备简单,根据分离样品分子大小,确定凝胶配制浓度;电泳分离过程耗时少,效果明显,具有较好的灵敏度和特异度。

2. 图谱清晰、分辨率高 琼脂糖凝胶结构均匀,含水量达 98%~99%,近似自由电泳,但样品的扩散度比自由电泳小,凝胶对样品的吸附也极微,故电泳图谱清晰、分辨率高、重复性好。

3. 结果分析简便 琼脂糖凝胶透明、无紫外吸收现象,电泳结束后可直接用紫外光灯进行定性或定量检测。

(二)琼脂糖凝胶电泳的应用

1. 分离和鉴定蛋白质 临床实验室中,常用琼脂糖凝胶电泳分离和鉴定血清蛋白、血红蛋白、糖蛋白、脂蛋白,以及碱性磷酸酶、乳酸脱氢酶等同工酶。此外,通过与免疫沉淀反应结合衍生出的免疫固定电泳(immunofixation electrophoresis,IFE),可以更加灵敏地检测出血清或尿液中的异常免疫球蛋白。IFE 实验过程中,样品首先通过琼脂糖凝胶电泳分离,随后利用特异的抗免疫球蛋白抗血清将免疫球蛋白固定。最后,使用染色剂将凝胶上的免疫球蛋白带染色,形成清晰的条带。通过分析这些条带在电泳过程中的移动距离,可对各类免疫球蛋白及其轻链进行分型。目前,IFE 是鉴定血清 M 蛋白常用的方法。

2. 分离和鉴定核酸 琼脂糖凝胶电泳也常用于核酸的分离与鉴定。DNA 样品经含荧光染料的琼脂糖凝胶电泳后,荧光染料可嵌入 DNA 双螺旋结构的碱基对之间,与 DNA 分子形成一种荧光络合物,在 254~365nm 的紫外光下可观察到 DNA 条带。

三、聚丙烯酰胺凝胶电泳

聚丙烯酰胺凝胶电泳（polyacrylamide gel electrophoresis，PAGE）是以聚丙烯酰胺凝胶为支持介质进行的电泳。聚丙烯酰胺凝胶是由单体丙烯酰胺（acrylamide，Acr）与交联剂 N,N′-亚甲基双丙烯酰胺（N,N′-methylenebisacrylamide，Bis）在加速剂 N,N,N′,N′- 四甲基乙二胺（N,N,N′,N′-tetramethyl ethylenediamine，TEMED）与催化剂过硫酸铵（ammonium persulfate，AP）或核黄素（riboflavin，即维生素 B_2）的共同作用下，聚合交联而成的三维网状结构的凝胶。

（一）聚丙烯酰胺凝胶电泳的分离原理

早期 PAGE 采用连续电泳系统完成，电泳系统中凝胶孔径、缓冲液的离子成分及缓冲液的 pH 均相同，无明显的分子筛效应，分辨率较低。1963 年，Hjertén 将电泳系统改进为不连续系统，即将凝胶孔径、缓冲液的离子成分及 pH、电场强度均改进为不连续的，从而将样品浓缩在一个极窄的起始带，通过浓缩效应、分子筛效应以及电荷效应，PAGE 的分辨率和区带清晰度得以极大地提高。

1. 浓缩效应

（1）凝胶孔径的不连续性：PAGE 采用孔径大小不同的浓缩胶和分离胶。样品在电场作用下先进入大孔径的浓缩胶，泳动时受到的阻力小，因而移动快；进入小孔径的分离胶后，因阻力大而移动慢。在两层凝胶的交界处，凝胶孔径的不连续性使样品迁移受阻，样品被压缩成很窄的区带。

（2）缓冲体系的离子成分及 pH 的不连续性：缓冲体系存在三种离子，分别为三羟甲基氨基甲烷（Tris）、甘氨酸（Gly）及 HCl。Tris 起维持溶液的电中性及 pH 的作用，是缓冲平衡离子（buffer counter ion）。HCl 可解离出 Cl^-，Cl^- 迁移率最快，泳动在最前面，为前导离子（leading ion）或快离子。Gly 的 pI 为 6.0，在 pH 为 6.7 的浓缩胶缓冲体系中解离度很小，迁移很慢，为尾随离子（trailing ion）或慢离子。蛋白质分子在此缓冲体系中带负电荷，向正极移动，其迁移率介于快、慢离子之间，于是蛋白质分子在快、慢离子之间被压缩成为极窄的区带（图 7-4）。

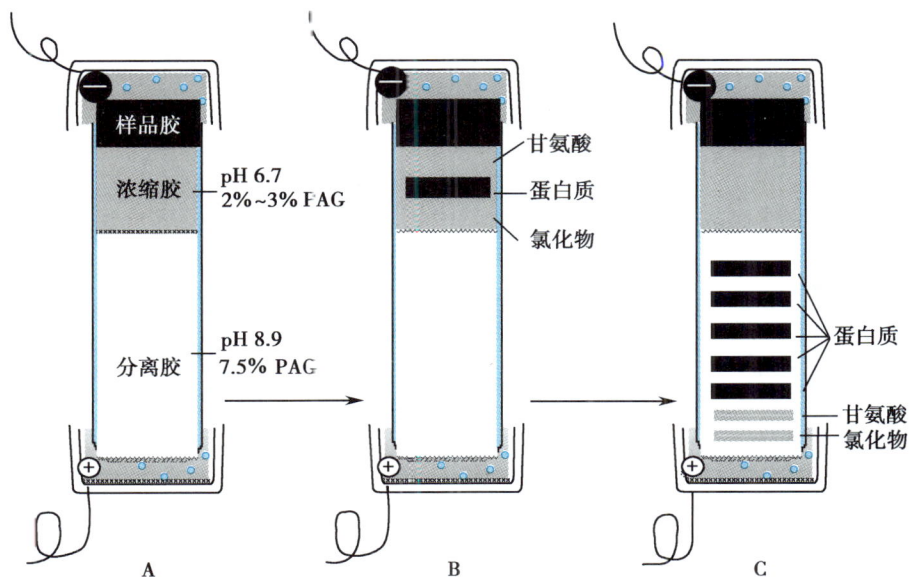

图 7-4 缓冲体系的离子成分及 pH 的不连续性浓缩效应示意图

A. 样品胶、浓缩胶和分离胶中均有快离子，慢离子放在两个电极槽中，缓冲配对离子存在于整个体系中；
B. 电泳开始后，蛋白质样品夹在快、慢离子之间被浓缩成极窄区带；C. 蛋白质样品被分离成数个区带。

（3）电场强度的不连续性：电泳开始后，快离子迁移率最快，其后形成低离子浓度的区域，即低电导区。已知电场强度（E）＝电流强度（I）/电导率（η），E 与电导率成反比，故低电导区会产生较高的电场强度，促使样品和慢离子在低电导区加速移动，形成了一个迅速移动的界面。样品的有效迁移率介于快、慢离子之间，因而被压缩为一个狭小的区带。

2. 分子筛效应　相对分子质量或分子大小、形状不同的物质通过一定孔径的分离胶时，受阻滞程度不同而表现出不同的迁移率，这就是分子筛效应（molecular sieve effect）。浓缩后的样品进入分离胶后，分子质量小、呈球形的蛋白质所受阻力小，电泳速度快；分子质量大、形状不规则的蛋白质所受阻力大，电泳速度慢。这样，分子大小和形状各不相同的组分在分离胶中得以分离（图 7-5）。

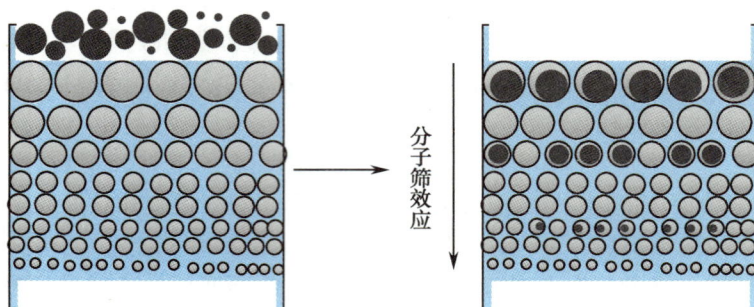

图 7-5　分子筛效应的基本原理

3. 电荷效应　样品进入分离胶后，各组分由于所带的净电荷、分子质量等各不相同，在电场中的迁移率不同，从而得以分离。表面电荷多、分子质量小的组分迁移快；反之则慢。

（二）常用的聚丙烯酰胺凝胶电泳技术

1. 十二烷基硫酸钠 - 聚丙烯酰胺凝胶电泳（sodium dodecylsulfate-polyacrylamide gel electrophoresis，SDS-PAGE）　SDS-PAGE 是指在电泳体系中加入十二烷基硫酸钠（sodium dodecylsulfate，SDS）和 β- 巯基乙醇。SDS 作为阴离子表面活性剂，可以使蛋白质氢键、疏水键断裂，改变蛋白质构象；此外，由于 SDS 带有大量负电荷，与蛋白质结合时，可以消除蛋白质间电荷差异对电泳迁移率的影响。β- 巯基乙醇则破坏蛋白质二硫键，使其变为线性的多肽链，以确保蛋白质在结合 SDS 前充分解聚。这样，蛋白质分子的形状和电荷分布变得相对统一，使电泳迁移率主要依赖于蛋白质的相对分子质量，与其形状以及所带的净电荷无关，分离过程如图 7-6 所示。

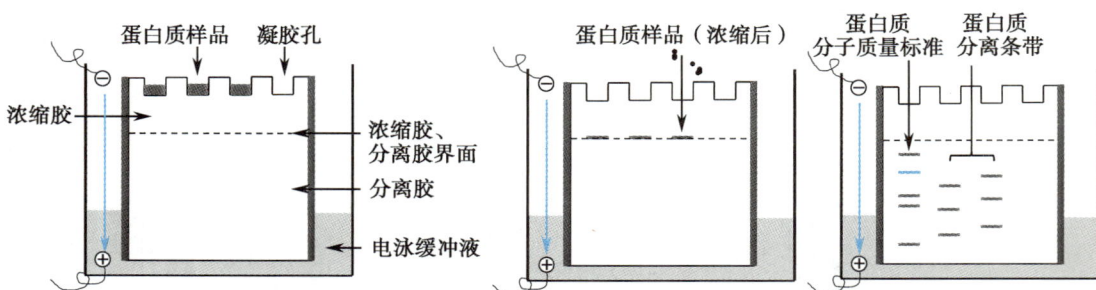

图 7-6　SDS-PAGE 分离蛋白质过程示意图

SDS-PAGE 用于测定蛋白质分子质量时，具有样品用量少、操作简便、耗时少、分辨率高、重复性好等优点。其不足之处是用于测定电荷或结构异常、具有较大辅基的蛋白质（如糖蛋白）等时，测出的分子质量误差较大，此外，对于含有多个亚基的蛋白质，此法只能测定单个亚基的分子质量。

2. 聚丙烯酰胺梯度凝胶电泳（pore gradient PAGE，PG-PAGE） 与常规 PAGE 不同，PG-PAGE 中聚丙烯酰胺凝胶的浓度从顶部到底部逐渐增加，形成浓度梯度。电泳时，蛋白质迁移速度受自身净电荷和分子质量的影响，当阻力足够大时，停止泳动，此时，大小相似的低电荷蛋白质将赶上高电荷蛋白质。因此，在 PG-PAGE 中，蛋白质最终位置取决于本身分子大小，与净电荷无关。

由于 SDS-PAGE 破坏了天然蛋白质的结构，因此 PG-PAGE 可作为其补充，测定天然蛋白质的分子质量。此外，PG-PAGE 还可以鉴定蛋白质的纯度，以及测定分子质量相差较大的蛋白质。

3. 聚丙烯酰胺凝胶等电聚焦电泳（isoelectrofocusing-PAGE，IEF-PAGE） 以 PAGE 为支持介质，加入两性电解质载体，在电场作用下，pI 不同的蛋白质在 pH 梯度凝胶中泳动，当迁移至 pI＝pH 处，蛋白质因不带电荷而不再泳动，被浓缩成狭窄的区带，如图 7-7 所示。

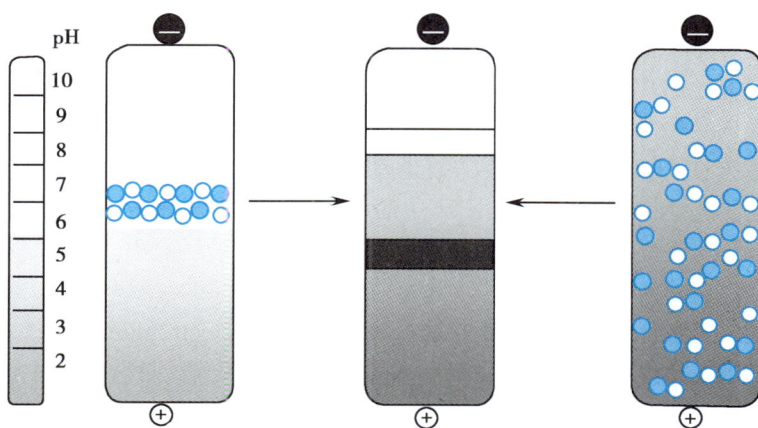

图 7-7 聚丙烯酰胺凝胶等电聚焦电泳基本原理

IEF-PAGE 适用于分离大、中分子质量的生物组分，如同工酶等。本方法电泳速度快、分辨率高，即使少量的样品也能获得清晰、鲜明的区带界面，此外，IEF-PAGE 还可用于测定样品分子的 pI。

4. 双向电泳（two-dimensional electrophoresis，2-DE） 又称二维电泳，第一向为 IEF-PAGE，第二向为垂直方向的 SDS-PAGE。通过双向电泳，蛋白质混合物在二维平面上被分开，形成斑点状的蛋白质图谱，后期再经染色、成像及图像分析确定蛋白质斑点的 pI 及分子质量。目前，2-DE 是所有电泳技术中分辨率最高、信息量最多的一种电泳技术，已经成为蛋白质组学研究的重要工具。

四、毛细管电泳

毛细管电泳（capillary electrophoresis，CE）又称高效毛细管电泳（high-performance capillary electrophoresis，HPCE）或毛细管电分离法（capillary electro-separation method，CESM），是以内径为 20～200nm 的柔性毛细管柱作为分离通道，以高压直流电场作为驱动力的新型液相分离技术。CE 具有灵敏度高、样品用量少和自动化程度高等优点，在蛋白质、多肽、核酸的分离分析方面得到广泛应用。

（一）毛细管电泳的基本原理

CE 所用的石英毛细管柱，在 pH＞3 的溶液中其内表面的硅醇基（—Si—OH）解离带负电荷（—Si—O⁻），并吸附溶液中的阳离子，在液固相交界面形成双电层。在高压电场下，双电层中的水合阳离子带动管内液体整体向负极方向移动,产生电渗流(electro-osmotic flow, EOF),如图7-8所示。

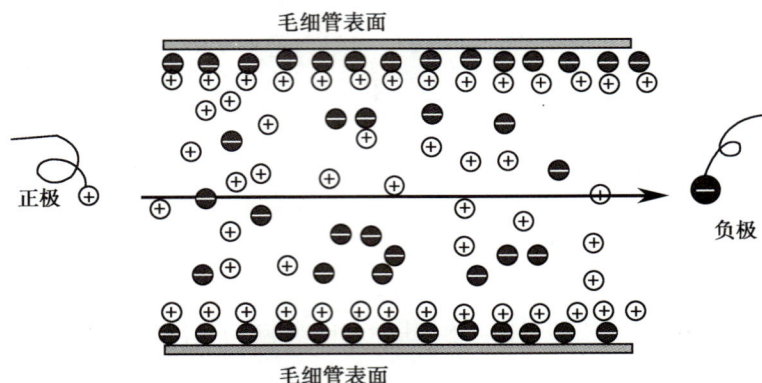

图7-8 毛细管电渗流示意图

毛细管电泳中,EOF是推动流动相的驱动力,对物质的分离起着重要作用。一般情况下,EOF由正极向负极移动,待分离组分的迁移速度为电泳速度与电解质溶液EOF的矢量和:阳离子电泳方向与EOF方向一致,故运动速度最快,最先流出;中性粒子电泳速度为零,其移动速度相当于EOF速度,在阳离子后流出;阴离子电泳方向与EOF方向相反,但EOF速度一般大于电泳速度,因此,阴离子迁移速度最慢,最后流出。

(二)常用的毛细管电泳技术

1. 毛细管区带电泳 毛细管区带电泳(capillary zone electrophoresis,CZE)又称毛细管自由溶液区带电泳,是目前应用最广泛的一种毛细管分离模式。被分离物中带正、负电荷的组分和中性组分在充满电解质溶液的毛细管中,因电渗作用致迁移率不同而达到分离效果。

2. 毛细管凝胶电泳 毛细管凝胶电泳(capillary gel electrophoresis,CGE)是以凝胶填充至毛细管中作为支持介质进行分离的电泳方法,分离组分依照分子质量大小在毛细管内依次分离。CGE适用于分离测定肽类、蛋白质、DNA类物质,目前此技术已应用于DNA测序仪中。

3. 毛细管等电聚焦 毛细管等电聚焦(capillary isoelectric focusing,CIEF)是根据蛋白质、多肽pI差异进行分离的一种技术。它在毛细管内填充含两性电解质载体的凝胶溶液,在电场作用下,毛细管内形成一个连续变化的pH梯度,待分离的各组分因自身pI的差异而彼此分开。

4. 胶束电动毛细管色谱 胶束电动毛细管色谱(micellar electrokinetic capillary chromatography,MECC)是将电泳技术和色谱技术相结合的一种方法,当把离子型表面活性剂加入缓冲液,浓度达到临界胶束浓度时,表面活性剂分子会自组装成胶束。胶束具有疏水性内部和亲水性外部,可以与被分析物发生相互作用,在电场的作用下,各组分在水相和胶束相之间进行分配从而完成分离。MECC的应用范围包括对蛋白质、氨基酸、核酸、核苷酸、药物、芳烃化合物、维生素等物质的分离,可分辨所带电荷或质荷比差异小而分子极性有差异的分析物。

5. 毛细管电色谱 毛细管电色谱(capillary electrochromatography,CEC)是在毛细管中填充或在毛细管壁上涂布、键合、交联固定相微粒,构成毛细管色谱柱,依靠EOF推动流动相,使各组分依照其在固定相与流动相之间分配系数的差异得以分离。CEC目前主要用于芳香化合物、药物、染料、多肽、寡核苷酸以及一些难以分离的离子化合物的分离和分析。

6. 毛细管等速电泳 毛细管等速电泳(capillary isotachophoresis,CITP)是一种毛细管

中待分离组分与电解质等速向前移动进行分离的电泳方法。CITP 适用于蛋白质、肽类、小分子及小离子的分离，但目前应用得并不多。

7. 亲和毛细管电泳 亲和毛细管电泳（affinity capillary electrophoresis，ACE）是电泳过程中利用生物分子间的特异性相互作用，对生物分子进行分离和分析的方法。ACE 具有高灵敏度、高分辨率和高选择性等优点，可以用于检测生物分子间的相互作用，以及分离和纯化生物分子等。

第三节　常用电泳仪

电泳技术因高分辨率与高灵敏度广泛应用于医学领域。随着电泳技术自动化的发展，电泳在临床检验中起着越来越重要的作用。全自动电泳仪具有高效快速、灵敏度高及操作简便的特点；而高效毛细管电泳仪则具有高分辨率、高灵敏度及高通量等优势，因而两者广泛应用于临床检验。

一、全自动电泳仪

全自动电泳仪是以琼脂糖薄层凝胶为支持介质的电泳分析系统，能够自动完成点样、电泳、染色、脱色、扫描等多个步骤。临床实验室中，其广泛应用于血清蛋白、血红蛋白及其他生物体液中的蛋白质检测，为实验室诊断提供了重要支持。

（一）全自动电泳仪的检测原理

全自动电泳仪是基于电泳现象和琼脂糖凝胶的特性工作的。样品加入琼脂糖凝胶后，通过施加电场，带电生物分子在凝胶中迁移。这些分子在迁移过程中，由于分子大小和构型不同，会受到不同程度的阻力，从而实现分离。

（二）全自动电泳仪的基本结构

1. 电泳模块 是仪器的核心部分，主要包含电泳槽、温控系统和电源等。电泳槽起到容纳琼脂糖凝胶和样品的作用，并确保它们在电泳过程中保持稳定状态。此外，仪器还配有温控系统和自动加样系统，前者可避免因温度变化对结果造成影响，后者则可消除手动操作带来的误差，以提高实验的可靠性和重复性。

2. 染色与脱色模块 负责对电泳后的凝胶进行染色处理。通过选用与目标分子性质相匹配的染色剂，使凝胶中的目标成分得以清晰可视化；随后进行脱色处理，以去除背景色，从而增强图像的对比度和清晰度。

3. 扫描与成像模块 负责电泳样品的检测与数据收集。该模块配备的高分辨率扫描仪通常具备自动聚焦和图像优化功能，以确保在扫描过程中能够自动调整焦距、优化图像参数等，从而获取清晰、准确的电泳图谱。

4. 控制与数据处理模块 负责仪器的操作和数据处理工作。可轻松设置电泳参数，实时监控电泳进程，并高效存储与分析电泳数据。

（三）全自动电泳仪的校准与维护保养

1. 校准 电泳实验耗时较长，设备性能可能会发生变化，定期校准对保证测量结果的准确性和稳定性具有重要作用。设备校准可参照《平板电泳仪校准规范》（JJF 1654—2017）等标准执行。校准时应记录校准步骤、结果及设备状态；校准完毕后，还需进一步进行质控验证，保证设备已校准至良好状态。仪器校准周期可参考制造商建议和实验室质量管理体系，建议不超过 1 年。

2. 维护保养 仪器应放置在通风良好、洁净无尘且稳定的工作台上，以避免潮湿和高温对设备的影响。设备的日常维护包括定期清洁仪器内部和外部部件,定期检查电泳槽、电极等部件,如有损坏或老化应及时更换;此外,还应定期更换耗材、检查扫描仪性能等。为确保正确使用和维护仪器,使用者应严格遵循仪器的操作手册和注意事项。

二、高效毛细管电泳仪

高效毛细管电泳仪是基于毛细管电泳分离的高效分析系统,与常规电泳相比,它能准确计算样品中各种蛋白质的相对浓度,避免了凝胶电泳法的误差;此外,多条平行毛细管的设计,实现了高通量检测,极大地提高了检测效率。临床实验室中,其广泛应用于血清蛋白、糖化血红蛋白、脑脊液蛋白等生物样品的检测与分离。

(一)高效毛细管电泳仪的检测原理

高效毛细管电泳仪基于电场下离子迁移速度的差异及毛细管表面电荷效应实现样品的分离和分析。电泳液中的带电粒子在高压电场和 EOF 的作用下,以不同的迁移速度在毛细管内移动,形成不同的区带。这些区带被检测器实时检测,并通过数据处理系统记录和分析,最终生成样品的电泳图谱信息。

(二)高效毛细管电泳仪的基本结构

高效毛细管电泳仪主要由高压电源、毛细管柱、检测器以及缓冲液池等组成。输出信号和记录装置相连,记录装置可以是一个普通的记录仪、积分仪,也可以是有控制功能的计算机工作站(图 7-9)。

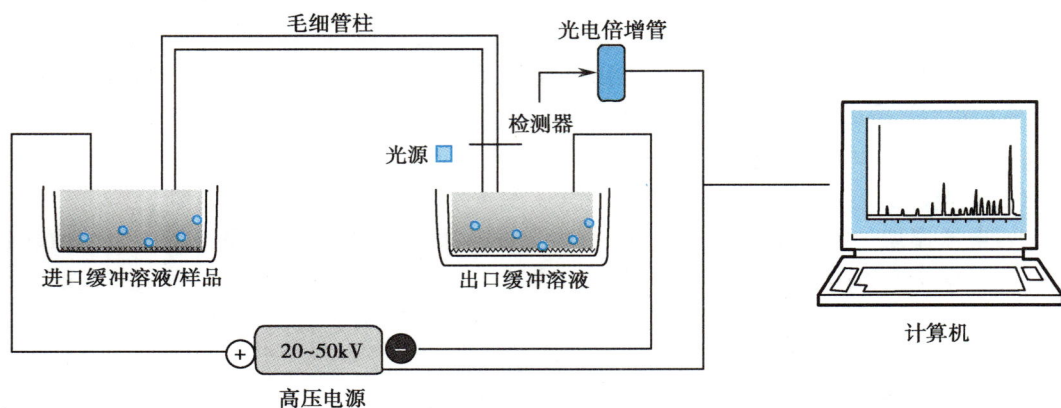

图 7-9 高效毛细管电泳仪基本结构示意图

1. 高压电源 毛细管电泳需要施加高电场强度(>400V/cm)与高电压(20~50kV),因此使用的电源是超高压电器装置,应具备良好的绝缘性和稳定的输出功率。最高电压可达 50kV,最大电流一般为 200~300mA。

2. 毛细管柱 是毛细管电泳装置的核心部件,一般为圆管形,具有化学和电惰性,以及良好的紫外光和可见光透过性。其材料可以是聚四氟乙烯、玻璃和弹性石英等。聚四氟乙烯管柱因内径均匀性问题和样品吸附性等缺点,应用受到限制;玻璃毛细管柱价格便宜,电渗作用大但吸附作用也大;石英毛细管柱性能稳定,电渗作用大,有一定的吸附作用,其内壁表面含有硅醇基,构成氢键吸附并导致毛细管内电介质产生电渗流。

目前使用的毛细管柱内径一般为 25~75μm。细管柱的优点是在减小电流和自热的同时,增大了散热面积,即降低了管柱中心和管壁的温差,以利于高效分离。然而,过小的直径不利于对吸附作用的抑制,也会造成进样、检测和清洗困难。毛细管柱长度一般为 30cm 左右,毛细管柱长度增加,有利于减少自热,但电场强度降低,分析时间延长;较短的毛细管柱能缩短分析时间,但容易造成毛细管过热。此外,毛细管壁厚度也是一个重要参数。管壁由石英本身及涂在外壁的聚酰亚胺两部分组成。由于聚酰亚胺的热导率很低,厚管壁有助于改善散热环境,减少聚酰亚胺对散热的不利影响。

3. 检测器 高效毛细管电泳仪配有高灵敏的检测器,实现了在线自动化检测,避免了谱峰变宽。CE 结合紫外 - 可见光检测器的灵敏度可达 10^{-17}g,应用最广泛;CE 结合激光诱发荧光检测器的灵敏度可达 10^{-19}g;CE 结合质谱检测器和核磁共振检测器的灵敏度高达 10^{-21}g。

4. 缓冲液池 为电泳提供一个稳定且导电的环境,确保带电粒子在电场中有效迁移和分离。缓冲液池内部设有电极,并与高压电源紧密相连,形成高压电场。电泳时,毛细管两端浸入缓冲液中,以确保电场均匀且稳定作用于整个系统,从而实现带电粒子的高效分离。

5. 附加装置

(1)进样系统:常用电动式和气动式两种进样方式。

1)电动进样:也称为电迁移进样,于短时间内施加进样电压,在溶质电泳迁移和毛细管电渗流的作用下,样品进入毛细管。

2)气动进样:也称为压差进样,是最常用的进样方法。可采用在进样端加压、出口端减压或虹吸作用的方式,将样品加入毛细管。

(2)冷却系统:高效毛细管电泳仪通过空气或液体制冷设备降低焦耳热。一般在毛细管分析室内输入冷空气,或者向毛细管的夹层内输入制冷液体,使毛细管迅速冷却。

(三)高效毛细管电泳仪的性能验证

1. 性能验证内容 高效毛细管电泳仪的性能验证可参考《临床化学定量检验程序性能验证指南》(CNAS-GL037:2019)、《临床检验定量测定项目精密度与正确度性能验证》(WS/T 492—2016)等相关文件,包括但不限于正确度、精密度、分析测量范围、可报告范围。

(1)正确度:采用可比性验证,样品为能力验证(proficiency testing,PT)或临床样品。使用 PT 样品时,每个样品至少重复测定 3 次,并计算均值,要求≥80% 样品(≥4 个样品)的均值落在 PT 样品结果的 95% 置信区间。使用临床样品时,推荐以血清蛋白为测定项目,比对数至少应为 20 份,并计算偏倚值,偏倚值应≤1/2 TEa(允许总误差)。

(2)精密度:包含重复性和中间精密度,并挑选至少 2 个高低浓度样品。

1)重复性验证:对样品进行至少 10 次重复测定,计算其变异系数(CV),要求 CV 达到实验室要求的标准。

2)中间精密度验证:选择两个浓度水平的样品,实验持续 5 天,每天每个水平重复测定 3 次,计算批内、批间 CV,要求批间 $CV < 1/3$ TEa、批内 $CV < 1/4$ TEa,且两者均低于厂家声明 CV。

(3)分析测量范围:线性的评价可参考《临床化学设备线性评价指南》(WS/T 408—2012)的要求进行。如仪器已提供线性范围,临床实验室可对其验证。推荐使用《定量测定方法的线性评价》(第 2 版)(CLSI EP06)文件中的方法进行线性验证,取高值(H)和低值(L)临床样品,按照不同比例混合,重复测定 3 次,求出各自均值与对应预期值,运用多项式回归法判断模型是否为线性方程。数据模型判断为线性时,则认为分析测量范围涵盖了本实验的浓度高值与低值。

(4)可报告范围:线性范围满足临床需求,可报告范围等同分析测量范围;如待测物浓度范围超出分析测量范围,需要对样品进行稀释或浓缩后再检测。收集接近分析测量上限的样品并稀释,至少选 3 个高浓度样品,重复检测至少 3 次,低浓度样品则重复检测至少 5 次。

1)可报告范围的下限:以方法性能标示的总误差或不确定度为可接受界值,从低值样品结果数据中选取总误差或不确定度小于或等于预期值的最低浓度水平作为可报告范围下限。

2）可报告范围的上限：是测量范围的上限与最大稀释倍数的乘积。其中，当还原浓度与理论浓度偏差不超过方法预期偏倚值时，所对应的最大稀释倍数即方法推荐的最大稀释倍数。对于厂家推荐的稀释倍数，实验室需要进行验证。

2. 实验室内的结果可比性 为保证临床实验室同时使用多台高效毛细管电泳仪（相同或不同型号）进行样品检测时结果的准确性，应定期（至少每 6 个月）使用不同方法、不同分析系统进行比对测试。

至少使用 20 份临床样品（涵盖正常、异常浓度水平各 50%）进行比对测试，以内部规范操作检测系统的结果为准，计算比对仪器相对偏差，每个检测项目的相对偏差符合要求的比例应≥80%。比对测试可参照《医疗机构内定量检验结果的可比性验证指南》（WS/T 407—2012）、《医学实验室定量检验程序结果可比性验证指南》（CNAS-GL047:2021）等执行。

（四）高效毛细管电泳仪的校准与维护保养

1. 校准 高效毛细管电泳仪是复杂且精密的设备，使用过程中，可能会受到环境、使用时长及操作方式等因素的影响，引起设备性能变化，定期校准对保证测量结果的准确性和稳定性具有重要作用。校准过程可参考《毛细管电泳仪》（JJG 964—2001），并详细记录校准过程、结果以及设备状态，校准完成后还应按照规程对设备进行质控，以判断仪器性能是否符合要求。校准周期可参考制造商建议和实验室质量管理体系，建议不超过 1 年。

2. 维护保养 应按照说明书定期维护仪器，如每日清洁仪器外部及内部部件、清理仪器进样口和毛细管接口处的残留物等；定期更换所需耗材、缓冲液等。此外，实验室应制订维护保养计划，定期进行全面检查及深度保养等。由于不同品牌、型号的仪器维护方法有所差异，具体应查阅设备制造商提供的维护保养手册或咨询专业技术支持人员。

第四节 电泳技术在临床检验领域的应用

电泳技术在临床检验领域的应用非常广泛，如血清蛋白分析、单克隆丙种球蛋白鉴定、尿蛋白分析、血红蛋白变异体分析、糖化血红蛋白分析、脂蛋白分析、同工酶分析、寡克隆区带分析等。

一、血清蛋白分析

人血清内含有 100 多种蛋白质，如载体蛋白质、抗体、酶、酶抑制剂、凝血因子等。新鲜血清经乙酸纤维素薄膜或琼脂糖凝胶电泳、染色后，通常可见白蛋白和 α_1、α_2、β、γ 球蛋白 5 条电泳带。血清蛋白电泳图谱能辅助某些疾病的诊断及鉴别诊断。例如：肝硬化或其他慢性肝病时白蛋白水平显著降低；急性期反应或急性炎症时常以 α_1、α_2 区带加深为特征；妊娠时，α_1 区带峰增高的同时伴有 β 区带峰的增高；肾病综合征、慢性肾小球肾炎时呈现白蛋白水平下降，α_1、β 球蛋白水平升高；缺铁性贫血时因转铁蛋白升高而呈现 β 区带峰增高；多发性骨髓瘤常时在 α_2 至 γ 区带处出现 M 蛋白带。

二、单克隆丙种球蛋白的筛查、鉴定和定量分析

单克隆丙种球蛋白（M 蛋白）是由异常增殖的单克隆 B 细胞或浆细胞所产生的免疫球蛋白，因多见于以字母"M"命名的疾病[包括多发性骨髓瘤（multiple myeloma）、巨球蛋白血症（macroglobulinemia）及恶性淋巴瘤（malignant lymphoma）等]故称"M 蛋白"。

当临床上考虑为多发性骨髓瘤、巨球蛋白血症或其他浆细胞恶变疾病时，可首先通过血清蛋白电泳确认电泳图谱中是否存在 M 蛋白峰；随后，通过琼脂糖免疫固定电泳或毛细管免疫分型电泳，进一步确认 M 蛋白类型（IgG、IgA、IgM）及轻链类型（κ 链或 λ 链）；最后，对 M 蛋白峰进行定量分析，以监测疾病进展及评估治疗效果。因此，检测 M 蛋白对于多发性骨髓瘤等疾病的诊断、分型和病情评估具有重要的临床意义。

三、尿蛋白分析

尿蛋白电泳检测是为了确定尿蛋白的来源以及了解肾脏病变的严重程度（区分选择性与非选择性蛋白尿），从而协助临床判断肾脏的主要损害，有助于肾脏病变的诊断和预后评估。临床上主要使用 SDS- 尿蛋白电泳检测尿蛋白，当电泳图谱中出现中、高分子蛋白区带时，主要提示肾小球病变；低分子蛋白区带见于肾小管病变或溢出性蛋白尿（如本周蛋白）；混合性蛋白尿中可见到各种分子质量的蛋白区带，提示肾小球和肾小管均受累。

四、血红蛋白变异体分析

用于鉴别患者血液中血红蛋白（hemoglobin，Hb）的类型并确定其含量，辅助临床鉴别贫血类型。HbA2 增高见于轻型 β 地中海贫血，而 HbA2 降低见于缺铁性贫血及其他 Hb 合成障碍性疾病（如 α 地中海贫血）。血红蛋白电泳发现异常 Hb（如 HbC、HbD、HbE、HbK 和 HbS 等）时，可诊断为相应的 Hb 分子病。

五、糖化血红蛋白分析

在酸性条件下进行血红蛋白电泳，可将糖化血红蛋白的不同组分 HbA1a、HbA1b 和 HbA1c 分离，HbA1c 的形成与红细胞内葡萄糖有关，可特异地反映患者测定前 6～8 周体内葡萄糖的平均水平。

六、脂蛋白分析

脂蛋白电泳检测各种脂蛋白，包括乳糜微粒、极低密度脂蛋白、低密度脂蛋白、高密度脂蛋白等，主要用于临床高脂血症的分型，动脉粥样硬化及相关疾病的发生、发展、诊断、治疗及疗效的观察，如冠心病的风险评估等。

七、同工酶分析

临床上同工酶电泳常用于乳酸脱氢酶同工酶和肌酸激酶同工酶的检测。

（一）乳酸脱氢酶同工酶检测

乳酸脱氢酶（LD 或 LDH）同工酶可分离出 5 种同工酶区带（LDH$_1$～LDH$_5$），主要用于急性心肌梗死（AMI）（LDH$_1$＞LDH$_2$）及骨骼肌疾病（LDH$_5$ 升高）的诊断和鉴别诊断。恶性肿瘤、肝硬化时可见 LDH$_5$ 明显升高，或在胸腹腔积液中出现一条异常 LDH$_6$ 区带。

（二）肌酸激酶同工酶检测

肌酸激酶（CK）同工酶可分离出 3 种 CK 同工酶区带，即 CK-BB、CK-MM 和 CK-MB，分别主要分布于脑组织、骨骼肌和心肌中。其中，CK-MB 在早期诊断心肌梗死、心肌炎等心肌损伤疾病时具有重要的临床价值。

八、寡克隆区带分析

寡克隆区带（oligoclonal band，OCB）分析是一种针对脑脊液（CSF）中免疫球蛋白的电泳分析技术。常用的 CSF-OCB 检测方法主要是等电聚焦电泳结合免疫固定或蛋白质印迹法，以获得 IgG 的定性分析图谱。正常情况下，CSF 中免疫球蛋白含量较低，电泳结果中并不会显示出明显区带。发生中枢神经系统疾病时，血脑屏障遭到破坏，活化的 B 细胞可能由血液进入中枢神经系统，导致 CSF 中的免疫球蛋白含量增高，电泳时会形成特定区带，即 OCB。

临床上，常配对检测血清和 CSF 中的 OCB。如果血清和 CSF 中均出现 OCB，提示血脑屏障可能受到破坏；如果 CSF 中存在 OCB 而血清中不存在，或者 CSF 中 OCB 的条带数量与血清中的不同，表明中枢神经系统内可能存在异常的免疫反应。

九、血管性血友病因子多聚体分析

血管性血友病因子（von Willebrand factor，vWF）是由血管内皮细胞和巨核细胞合成的一种多聚体糖蛋白，它在凝血、控制出血以及血管生成过程中发挥着关键作用。当 vWF 存在缺陷时，会导致血管性血友病（von Willebrand disease，vWD）等多种与止血和血栓相关的疾病。临床实验室中，对 vWF 的含量、结构和功能进行评估时，常采用 SDS- 琼脂糖凝胶电泳检测其功能多聚体，这对于 vWD 的诊断和分型具有重要意义。

十、核酸分析

核酸电泳常用于遗传病、感染性疾病及肿瘤等疾病的诊断。遗传病方面，通过检测地中海贫血、血友病、囊性纤维化等疾病相关的核酸变异，为疾病的早期发现和治疗提供有力支持。感染性疾病方面，核酸分析同样展现出了其独特的优势。例如，在乙型肝炎病毒（HBV）的检测中，通过对 S、C、P 和 X 基因中高度保守序列的扩增及核酸电泳，再比对已知序列电泳图谱后，能够精准确认 HBV 感染，并初步判断病毒的基因型或亚型。

（陈 硕）

本章小结

电泳技术基于带电粒子在电场作用下的迁移行为，将多组分物质中的各组分分离，其影响因素包括内在因素（粒子特性）和外界因素（电场强度、溶液性质、电渗作用、吸附作用及焦耳热等）。按分离原理，电泳技术可分为区带电泳、移动界面电泳等；按支持介质，可分为自由电泳和支持介质电泳。

常见的电泳方法有乙酸纤维素薄膜电泳、琼脂糖凝胶电泳、PAGE 和 CE 等。其中，PAGE 通过浓缩效应、分子筛效应以及电荷效应，极大地提高了分辨率和区带清晰度。基于这项技术，又衍生出利用 SDS 消除蛋白质间电荷差异的 SDS-PAGE、梯度浓度的 PG-PAGE、利用蛋白质 pI 不同进行分离的 IEF-PAGE，以及通过等电点和相对分子质量两个维度分离蛋白质的 2-DE。CE 是一种先进的液相分离技术，采用弹性石英毛细管柱和高压直流电场，实现对小分子、大分子及细胞的高效分离与检测。根据分离机制和介质不同，毛细管电泳可分为多种分离模式，如毛细管区带电泳、胶束电动毛细管色谱、毛细管凝胶电泳等。

临床检验上，全自动电泳仪和高效毛细管电泳仪因操作简便、高效快速、高灵敏度、高分辨率等特点，广泛应用于血清蛋白分析、尿蛋白分析等常规检测，极大提升了临床检验的准确性和效率。

第八章 流式细胞分析仪器与技术

通过本章学习，你将能够回答下列问题：

1. 什么是流式细胞术？
2. 分析型和分选型流式细胞仪的检测原理分别是什么？光谱流式细胞仪的检测原理是什么？
3. 流式细胞仪的基本结构包括哪几个部分？各部分的作用分别是什么？
4. 流式细胞仪检测系统性能验证指标有哪些？
5. 流式细胞仪有哪些临床应用？
6. 流式细胞仪应用的技术要点有哪些？
7. 如何对流式细胞仪进行校准与维护保养？

流式细胞术是一种对处于快速直线流动状态中的细胞或生物颗粒进行多参数、快速定量分析和分选的技术。流式细胞仪（flow cytometer，FCM）是在流式细胞术基础上发展起来的一种仪器，它整合了流体力学、激光技术、细胞荧光染色技术、免疫学技术、计算机分析技术等多项技术。FCM 不仅可以检测细胞膜表面、细胞质和细胞核内的成分，而且能定量分析血清和其他体液等液体中的多种可溶性物质。近年来，FCM 功能不断增加，性能也不断提高，应用范围也逐渐扩大，已成为临床诊断和生命科学研究的重要工具。本章主要介绍 FCM 的检测原理、基本结构、性能验证与临床应用、校准与维护保养。

第一节 流式细胞仪的检测原理

FCM 根据其功能分为分析型 FCM 和分选型 FCM 两种。分析型 FCM 只具有分析功能，而分选型 FCM 既有分析功能也有分选功能。光谱流式细胞仪是近年来新出现的流式细胞仪，其基本原理为每个荧光染料的发射光谱在定义的波长范围内被一组检测器所捕获并识别，随后其光谱特征被记录并在多色实验中充分使用并解析。和传统流式细胞仪一样，光谱流式细胞仪也可以分为分析型 FCM 和分选型 FCM 两种。下面简单介绍分析型 FCM、分选型 FCM 和光谱流式细胞仪的检测原理。

一、分析型流式细胞仪的检测原理

经过特异荧光素染色的单细胞悬液样品，在气体压力的作用下进入 FCM 的流动室，同时鞘液也由专门的管道进入流动室，两者混合形成层流，自喷嘴口逐一连续射出，被与其垂直的特定波长的激光束照射，细胞表面的荧光素产生特定波长的荧光，同时产生光散射。这些混合的光信号经光电倍增管（photomultiplier tube，PMT）和光电二极管转变为电子信号，并经过模数转换器以电子脉冲的形式被计算机系统接收，最后通过相应的软件分析得出细胞的生物学特征。

二、分选型流式细胞仪的检测原理

分选型 FCM 在分析型 FCM 的基础上增加了分选系统。要对细胞进行分选，首先要对样品中的细胞进行分析，确定哪些细胞是需要分选的细胞，所以分选型 FCM 含有分析功能，其分析原理与分析型 FCM 相同。

由于分选的细胞还要用于后续的研究，所以分选的过程必须保证无菌和保持细胞活性。分析型 FCM 的目的只是检测，检测后的样品可直接丢弃，因此不需要无菌操作，同时对细胞活性的要求没有分选型 FCM 那么严格，这是分选型和分析型 FCM 的主要差别。待分选的单细胞悬液经过检测区时，仪器必须从所有细胞中判断出哪些细胞是待分选的细胞，即目标细胞。依据实验目的的不同，目标细胞可以是一种细胞或几种细胞。

要对目标细胞进行分选，必须使细胞形成独立的液滴。在流动室上方有一压电晶体，在几万赫兹的电信号作用下发生振动，从而带动流动室发生振动，振动使得流经检测区的连续液流在下段形成独立的液滴。仪器根据之前测定的液滴的性质，即是否为目标细胞以及属于哪一种目标细胞作出相应处理。如果样品液滴不需要分选，则液滴不带电，直接进入废液槽中；如果液滴需要分选，就被施加相应电量的正或负电荷，带有相应电荷的独立液滴进入下段的强电场中发生偏移，进入相应的收集管中。由于不同的细胞带有不同的电荷和电量，它们在电场中偏转角度不同，从而进入不同的收集管，最终达到分选的目的。分选型 FCM 的检测原理如图 8-1 所示。

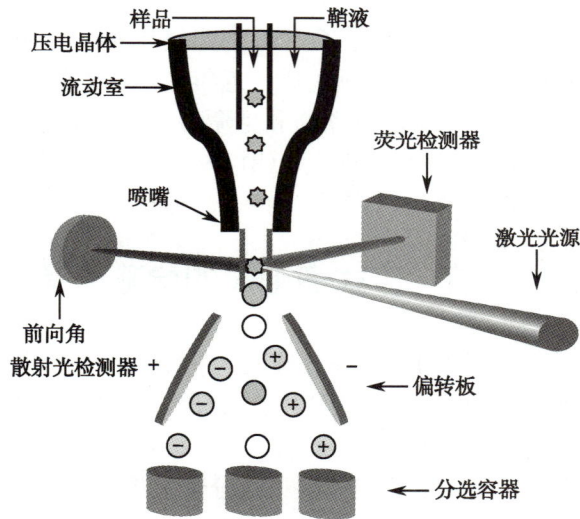

图 8-1　分选型流式细胞仪检测原理示意图

三、光谱流式细胞仪的检测原理

光谱流式细胞仪和传统的流式细胞仪在仪器的检测原理和所使用的荧光素等方面基本一致。但传统流式细胞仪各滤光片有滤光误差，多种荧光素同时检测时会导致荧光素遗漏或增加，因此需进行补偿调节。而全光谱流式细胞术是提前将每个荧光素上机检测一次，仪器会自动把所有的荧光素对应的荧光光谱组合成标准光谱库。当多种荧光素同时上机检测时，仪器会收集全光谱信号，通过 CCD 上面许多微小的光学解析探头，将光谱切开，最后根据标准光谱库和不同的荧光素的波形特征，解析出特定荧光素的强度。

光谱流式细胞仪可以最大限度地减少测定过程中荧光信号的相互干扰，同时获取比较准确的多种细胞参数，包括细胞大小、细胞形状、细胞内颗粒数量和类型、细胞膜电位和细胞化学成分等。

第二节 流式细胞仪的基本结构

分析型 FCM 主要由液流系统、光路系统、信号检测系统、数据分析与显示系统组成。与分析型 FCM 相比，分选型 FCM 多一个分选系统。光谱流式细胞仪与传统流式细胞仪在结构上基本一致，仅在信号检测系统方面与传统流式细胞仪有所区别。

一、液流系统

流式细胞仪的液流系统由鞘液流和样品流组成。鞘液在压力作用下，从鞘液桶中经专门管道进入流动室；同时，含有经特异荧光染色的单细胞悬液样品在大于鞘液的压力下，经过另一特定管道进入流动室，两种液流在流动室汇合。在流动室，因两种液流的压力不同而形成层流，样品流在中间，鞘液流在外围。一般情况下，样品流的压力大于鞘液流的压力，这有利于层流的维持。流动室是 FCM 的重要部件，其主要功能是形成细的液流使细胞以单个串状排列形式通过。鞘液流的作用是使样品流处于液流的轴线方向，保证每个细胞经过激光照射区时位置正确和时间相等，从而获得正确的光信号。

二、光路系统

流式细胞仪的光路系统由光学激发系统和光学收集系统组成。

（一）光学激发系统

光学激发系统由激光器和透镜组成。光路系统始于激发器，其发出的激光是一种单波长、高强度和高稳定性的光源。透镜使激光器发出的激光束成形并聚焦，使激光束固定于检测点上。样品流中的细胞经激光照射后会产生散射光，如果细胞结合有荧光素，而这种荧光素刚好可以被这种波长的激光激发时，荧光素则同时还会发射出荧光信号。FCM 采集的光信号包括散射光信号和荧光信号。

1. 散射光信号 是细胞的物理参数，也称固有参数。散射光信号包括正对激光光源方向接收的前向散射光（forward scattering，FSC）和与激光光源方向在同一水平面并与激光成 90°角的侧向散射光（side scattering，SSC）。FSC 与细胞的大小有关，SSC 与细胞的颗粒性及其内部复杂程度有关，可反映细胞内的精细结构和颗粒性质等信息。

2. 荧光信号 细胞的荧光信号一般有两种。一种是细胞自身在激光照射下发出的微弱荧光信号，称为细胞自身发光；另一种是细胞标记的荧光素受激光激发而发出的荧光信号，这种荧光信号反映的是所研究细胞的数量和生物颗粒等信息。

不同的荧光素由于分子结构不同，其荧光激发光谱和发射光谱不尽相同，所以选择荧光素标记的抗体时要考虑使用的仪器所配备的激光器类型。目前，FCM 最常配置激发波长为 488nm 的激光器，它可激发藻红蛋白（phycoerythrin，PE）和异硫氰酸荧光素（fluorescein isothiocyanate，FITC）等荧光素。其他的激光器包括波长为 635nm 的红激光器、波长为 532nm 的绿激光器、波长为 405nm 的紫激光器、波长为 355nm 的紫外激光器、波长为 560nm 的黄激光器和波长为 610nm 的橙激光器。别藻蓝蛋白（allophycocyanin，APC）也是常用的荧光素，可被 635nm 的红激光器激发。在实际检测中，多种荧光素的发射波长不应距离太近，以免信号间相互干扰。

（二）光学收集系统

光学收集系统由收集透镜、一系列光镜及滤光片组成的光学系统构成。收集透镜收集激光激发后细胞发出的光信号，包括 FSC、SSC 和被激发的荧光。收集透镜收集 FSC 后，光信号直接被送至光电二极管转换成电流并记录；SSC 和被激发的荧光由收集透镜收集后，经过分色镜和滤光片改变光的方向后再进入不同的 PMT，一个 PMT 就是一个检测通道。

滤光片位于 PMT 前面，仅允许适合波长的光信号进入相应的 PMT。滤光片只允许很窄范围波长的光信号通过，相当于光信号的峰值部分。FCM 利用滤光片的不同组合达到分离各种光信号的目的。根据功能不同，滤光片主要分为长通滤光片、短通滤光片和带通滤光片三种。长通滤光片使波长大于特定波长的光通过。短通滤光片使小于特定波长的光通过，而波长大于特定波长的光不能通过。带通滤光片仅允许波长在特定范围里的光通过，而该范围之外的光不能通过。

三、信号检测系统

光电检测器将光信号转变为电脉冲信号，主要有光电二极管和 PMT 两种。光电二极管用于检测信号较强的 FSC，PMT 用于检测信号较弱的 SSC 和荧光信号。通常情况下，需要将电脉冲信号放大，才能保证检测准确。

电脉冲信号的放大方式有增强电压和增大电流两种。通过增强电压，可以把电脉冲信号适当放大至可被检测的范围内。光电检测器本身就具有调节电压的功能，能够把原始的光信号直接放大，并转换成足够大的电脉冲信号。在流式细胞仪上，光电检测器电压都有一定的可调节范围。通过增大电流，也可以增强电脉冲信号。电流的放大有两种模式——线性放大模式和对数放大模式。线性放大模式主要用于测定值本身变化不大或其变化呈线性的信号，如 FSC 测定、细胞 DNA 含量、RNA 含量和总蛋白质含量等；对数放大模式主要用于测定变化幅度较大且光谱信号较为复杂的信号，如免疫细胞膜抗原。

散射光信号和荧光信号经 PMT 转变为电子信号时是以电子脉冲或电子波的形式被计算机系统接收而进行分析的。计算机系统可根据电子波的高度、宽度或面积来反映光信号的大小。光信号越强，这三个参数的数值就越大，以面积代表光信号的大小比用高度和宽度更加准确。目前多数流式细胞仪在默认的情况下都是以面积参数来表示信号大小的。

四、数据分析与显示系统

目前的流式细胞仪一般都能达到每秒上万个细胞的分析速度。每个细胞包含 FSC 和 SSC 等基本信号，如果标记了荧光抗体，则增加荧光信号。信号又有多种表现方式，比如宽度、高度和面积等。要从如此多的信息中筛选出有价值的信息，必须采取有效的数据分析方法，其中设门是流式数据分析中最常用的技术手段。设门是指在细胞分布图中指定一个范围，对其中的细胞进行进一步分析，门的形状可包括线形、矩形、椭圆形、多边形、任意形和十字形等。

流式数据分析按照实验要求的不同分为单参数分析、双参数分析和多参数分析。分析后的数据目前主要通过流式图的方式全面客观地展示，最常用的是流式直方图、流式散点图和流式等高图。

（一）单参数分析

单参数分析是指对检测对象进行单个参数的统计分析，常以流式直方图表示，此图只能显示一个参数的信息，其制作原理与统计学中的直方图相似（图 8-2）。直方图的 x 轴一般为散射光或荧光强度，y 轴为颗粒计数。直方图一般采用设置线形门的手段进行分析，流式直方图可以用于定性和定量资料的分析。

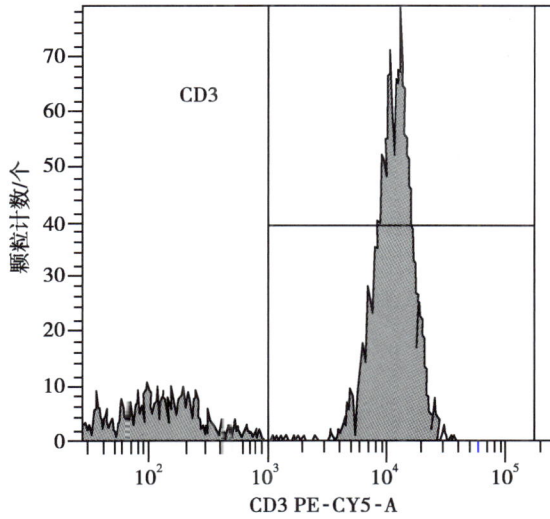

图 8-2　单参数直方图

（二）双参数分析

双参数分析是指结合检测对象的两个参数进行分析，常以流式散点图和等高图表示，使用的参数可以是 FSC、SSC 和各种不同荧光素标记所产生的荧光信号间的两两组合。图 8-3 为流式双参数散点图，同时显示红色荧光信号（CD3）和绿色荧光信号（CD4）两个参数的信息。采用设置十字门的方法将细胞分成四群，即 CD3⁻CD4⁻ 细胞群、CD3⁻CD4⁺ 细胞群、CD3⁺CD4⁻ 细胞群和 CD3⁺CD4⁺ 细胞群，同时可计算出各群细胞所占百分比和平均荧光强度等数据。

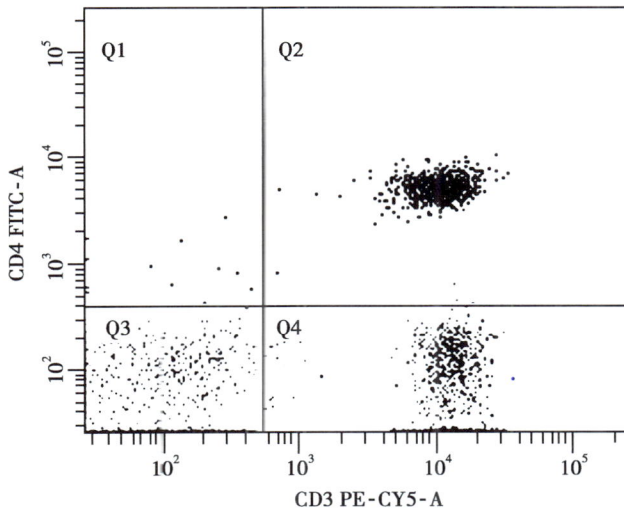

图 8-3　双参数散点图

（三）多参数分析

多参数分析是指结合检测对象的三个及三个以上参数进行综合分析。多种荧光素标记的细胞经激光激发后可产生 FSC、SSC 及多种荧光信号，通过信号间的不同组合分析，可从更多角度解析细胞的异质性，从而提高分析的准确性。多参数分析在基础研究中应用较多，在临床诊断方面的典型例子是用于白血病免疫表型的分析。

五、分选系统

流式细胞仪的分选系统由液滴形成装置、充电装置和偏转装置三部分组成。首先，通过分析样品中的细胞，在激光照射点处判断液滴是否需要分选。需要分选的细胞在成为独立液滴时带上相应电量的正或负电荷，然后在电场中发生不同程度的偏移，进入不同的分选通道；不需要分选的细胞则不带电荷，直接进入废液槽。

理想情况下，一个液滴中只含有一个细胞，但在实际分选过程中，有可能出现细胞在液滴中分布不均的情况，也就是说，有的液滴中不含细胞，有的液滴中含有多个细胞。没有细胞的液滴可以不加处理进入废液中；对于含有多个细胞的液滴，根据分选要求有三种处理模式。

1. 纯化模式 是最常见的模式，只有液滴中的细胞均为目标细胞时才分选，目标细胞和非目标细胞同时存在则不分选。这种模式主要是保证分选纯度，而不能保证细胞的得率。

2. 富集模式 是指无论液滴中是否含有非目标细胞，只要含有目标细胞就分选。此种模式主要考虑细胞的得率，但不考虑纯度，主要用于目标细胞所占比例较低的样品的分选，即先用富集模式富集细胞，然后再用纯化模式纯化。

3. 单细胞模式 是指液滴中只有一个细胞且是目标细胞时才进行分选的模式。与纯化模式和富集模式相比，单细胞模式可以做到精确计数，因此只有当实验要求精确计数分选细胞时才采用这种模式。

第三节 流式细胞仪的性能验证与临床应用

一、流式细胞仪的性能验证

流式细胞仪的应用越来越普及，为了保证其检测结果的准确性和可靠性，需要对仪器检测系统进行性能验证。检测项目临床开展初期、更换试剂品牌、更换检测系统或仪器的重要部件维修后，可参考《流式细胞术检测外周血淋巴细胞亚群指南》（WS/T 360—2024），对外周血淋巴细胞亚群的精密度、稳定性、线性范围、可比性等参数进行验证。

（一）精密度

1. 批内精密度 选取至少5个新鲜全血样品，样品的淋巴细胞亚群细胞计数应覆盖低、中、高水平。每个样品从荧光染色到上机检测重复3次，并确保所有测试都在同一台仪器的同一批内进行测定，整个操作过程由同一个操作人员完成。先计算每个样品重复3次后检测结果的CV，然后计算所有样品的平均CV，所有样品的平均CV宜小于10%，最大不超过20%。实验室可根据不同水平的淋巴细胞亚群细胞计数设定不同程度的可接受CV标准。

2. 日间精密度 宜使用正常和异常两个浓度水平的全血质控品，每天从荧光染色到上机测定重复操作3次，至少重复4天，整个操作过程可由不同操作人员完成。先计算每天每个全血质控品重复3次检测结果的CV，然后据此计算每个全血质控品4天的平均CV，最后得出两个全血质控品检测结果的平均CV。结果判定标准同批内精密度判断标准。

（二）稳定性

1. 样品稳定性 采用验证样品在确定的抗凝及处置条件下的稳定性。采集健康人或患者的样品至少5份，即刻染色、裂解、固定，并上机测定，以此结果作为基线参考水平，按照实验室的具体环境温度控制条件和预期的样品待检时间，在抗凝剂保存时间内，设置不同的时间点对上述样品进行重复处理和上机测定，获取检测结果，并与基线水平结果进行比较,以相对偏差或绝对偏差表示,检测结果应符合实验室制订的验证要求。验证要求的制订应依据不同水平的淋巴细胞亚群计数而设定不同程度的偏差值,淋巴细胞亚群计数过低者,宜以绝对偏差进行验证;亦可对试剂说明书声明的稳定性条件进行验证。

2. 处理后样品稳定性 旨在明确处理后样品的最长待检时间。采集健康人或患者的样品至少 5 份,以完成染色、裂解、固定后的样品即刻上机检测所得结果作为基线水平。按实验室获得检测结果的最长可接受时间为期限,设置不同的时间点对固定后样品进行上机检测。结果判定同样品稳定性要求。亦可对试剂说明书声明的稳定性条件进行验证。

(三)线性范围

适用于淋巴细胞亚群绝对细胞计数。根据试剂说明书声明的线性范围,取一份淋巴细胞计数或亚群计数接近线性范围上限的临床样品,用样品稀释液按照比例制备 5~9 个不同浓度的样品(如 0、25%、50%、75%、100% 等),浓度范围应覆盖临床医学决定水平;经染色、裂解、固定后,上机测定,每个样品重复测定 4 次,取均值。分析实际测定的亚群细胞数量均值与理论值之间的相关性,相关系数 r 应≥0.975。

(四)可比性

1. 不同检测系统间的可比性验证 宜使用至少 5 份新鲜全血样品(样品的淋巴细胞亚群细胞计数应覆盖低、中、高水平)和 2 份不同浓度水平的全血质控品,完成染、裂解、固定后,分别采用待评价检测系统和比对检测系统进行检测。比对检测系统应为仪器性能良好、规范开展室内质量控制、室间质量评价成绩合格的淋巴细胞亚群常规检测系统,以比对检测系统的测定结果为参考,计算相对偏差或绝对偏差。检测结果应符合实验室制订的验证要求。制订验证要求时应依据不同水平的淋巴细胞亚群计数而设定不同程度的偏差值,淋巴细胞亚群计数过低者,宜以绝对偏差进行验证。

2. 抗体试剂批次变更前后的可比性验证 宜使用至少 3 份健康人的新鲜全血样品和 2 份不同浓度的质控品,采用新批号抗体试剂和当前批号抗体试剂进行荧光染色、上机检测,以当前批号试剂检测结果为参考,计算相对偏差或绝对偏差。检测结果应符合实验室制订的验证要求。制订验证要求时应依据不同水平的淋巴细胞亚群计数而设定不同程度的偏差值,淋巴细胞亚群计数过低者,宜以绝对偏差进行验证。

3. 不同检测人员间的可比性验证 宜使用至少 5 份新鲜全血样品和 2 份不同浓度的全血质控品,分别由实验室内淋巴细胞亚群检测培训合格的不同检测人员完成染色、裂解、固定,以及上机检测和数据分析,计算不同检测人员间检测结果的相对偏差或绝对偏差。验证结果应符合实验室制订的验证要求。

(五)其他

可使用室间质评回报结果验证淋巴细胞亚群项目的准确度;亦可采用包含正常和异常浓度水平的、具有溯源链的定值样品验证正确度,每一样品重复测定 3 次,每次测量值均在给定范围内且 3 次测量值的均值与标准值的偏倚在允许范围内为通过。此外,选择至少 20 份表观健康人样品按照常规方法进行淋巴细胞亚群参考区间验证。

二、流式细胞仪的临床应用

流式细胞仪既可以检测细胞表面分子又可以检测胞内分子,具有快速、灵敏度高、特异性强和可定量分析等特点,在生物医学研究和临床诊断方面有着广泛的应用。

(一)生物医学研究中的应用

1. 细胞群比例测定 细胞表面含有多种抗原,不同类型细胞具有特征性的抗原组合,利用不同荧光素标记的相应抗体结合流式细胞术能有效区分不同类型细胞,这是流式细胞仪最基本的用途。如 T 淋巴细胞特征性抗原为 CD3,CD3$^+$CD4$^+$ 者为辅助性 T 细胞,

CD3$^+$CD8$^+$者则为杀伤性 T 细胞。由于具有不同特征性抗原的细胞性质不同，所以通过流式细胞术测定各细胞群的比例从而确定不同细胞的性质是基础研究的一个主要方面。淋巴细胞亚群的测定也是临床判断患者细胞免疫功能的一个重要指标。

2. 细胞凋亡检测　细胞凋亡是细胞主动的程序性死亡，是细胞的一种基本生物学现象，细胞凋亡与个体发育、衰老、肿瘤发生和自身免疫性疾病等有关。检测细胞凋亡的方法很多，用流式细胞术检测的方法有膜联蛋白 V（annexin V）/ 碘化丙啶（PI）法、原位末端转移酶标记（TUNEL）法和线粒体损伤检测法等。目前最重要和最常用的是 annexin V/PI 法，可有效区分活细胞、凋亡细胞和坏死细胞。

3. 细胞周期检测　细胞周期是指自细胞分裂结束开始到下一次细胞分裂形成子细胞为止的过程，分为 G$_0$ 期、G$_1$ 期、S 期、G$_2$ 期和 M 期。由于不同期 DNA 含量不同，可使非特异性核酸荧光素与 DNA 结合，根据细胞荧光强度的不同，通过流式细胞术检测来区分不同期的细胞比例。目前常用的非特异性核酸荧光素有 PI 和吖啶橙等。细胞周期的检测对研究细胞增殖、分化和肿瘤发生有重要意义。

4. 细胞分选　利用目标细胞的特征性标志物从一群细胞中分离出目标细胞是流式细胞仪的一个重要功能，分选出的细胞既可以用于科学研究也可以用于临床诊断。目前应用最广的是干细胞分选。造血干细胞是具有自我更新能力且能在一定条件下分化为所有类型造血细胞的细胞，深入研究造血干细胞对提高骨髓移植成功率和阐明白血病发病机制有重要意义，目前常用于造血干细胞分选的表面标志有 CD34、Sca-1 和 c-kit 等。除造血干细胞分选外，侧群干细胞、间充质干细胞和肿瘤干细胞的分选等也被广泛应用。

5. 其他应用　在生物医学研究领域，FCM 除以上应用外，还常用于分析细胞增殖、胞内细胞因子、细胞杀伤能力、细胞吞噬功能、基因表达、胞内离子（钙离子和锌离子等）浓度、端粒长度和细胞水平组蛋白修饰情况等的研究，在表观遗传学研究、细胞通信研究等方面也有应用。

（二）临床诊断中的应用

1. 在血液系统疾病诊断中的应用

（1）网织红细胞计数：传统的网织红细胞计数是通过煌焦油蓝或新亚甲蓝对网织红细胞进行染色，然后借助显微镜人工计数。此法操作复杂，重复性差。目前许多型号的全自动血液分析仪已整合了利用流式细胞术原理进行网织红细胞计数的模块，利用特定荧光染料对网织红细胞中的 RNA 染色，然后血液分析仪综合荧光信号、FSC 和 SSC 信号对网织红细胞进行识别。网织红细胞计数对贫血的诊断和疗效判断有重要意义。

（2）血小板计数：普通的全自动血液分析仪识别血小板主要是基于血小板大小与其他血细胞不同，其产生的电阻也与其他血细胞不同的原理。然而，仅仅依据大小进行计数，仪器往往无法分辨与正常血小板大小接近的小红细胞、小淋巴细胞和细胞碎片等，易导致检测结果的假性增高；如果是大血小板则可能会导致检测结果呈假性降低。现已有实验室利用特异性荧光素标记抗体在流式细胞仪上检测血小板表面膜蛋白 CD41 或 CD61，同时结合反映血小板大小的参数来进行血小板测定，测定血小板的同时进行红细胞测定，计算出红细胞与血小板的比例，最后根据测定的红细胞含量来计算血小板的含量。

（3）白血病免疫分型：早期白血病的分型主要是采用依据原始细胞数量和形态的 FAB 分型法，但此法存在主观因素影响大、重复性差的问题。随着单克隆抗体技术和遗传学技术的发展，白血病分型逐步发展为依据以形态学、免疫学和细胞遗传学为基础的分型技术。其中的免疫学分型就是利用荧光染料标记的单克隆抗体，通过流式细胞仪测定血细胞表面或胞内特定的抗原，来确定细胞的性质从而达到分型的目的。正常造血细胞发育过程中，不同系、不同阶段的细胞表达不同的标志分子，有其固有的规律；而白血病时，在细胞发育过程中，这些标志分子的质和／或量发生改变。可通过测定这些改变来确定白血病细胞的来源和性质，达到免疫分型的目的。白血病免疫分型是选择治疗方案和评估预后的重要依据。

（4）红细胞相关疾病的应用：目前可运用流式细胞术诊断红细胞相关的疾病，包括阵发性睡眠性血红蛋白尿症（PNH）、胎母输血综合征和遗传性球形红细胞增多症等。美国临床和实验室标准协会（CLSI）制定了诊断试验的指南性文件《使用流式细胞术进行红细胞诊断试验：批准指南（第2版）》（CLSI H52-A2），讨论了诊断的关键点和质控要点以及如何进行检测结果的解释。

2. 在肿瘤诊断和疗效判断中的应用 FCM 可以通过检测肿瘤细胞的细胞周期与 DNA 多倍体、细胞凋亡以及多药耐药性来研究肿瘤的发生机制，还可以用于相应肿瘤的临床辅助诊断，特别是对疗效监测和疾病预后评估具有重要意义。

3. 自身免疫性疾病中的应用 目前，已知强直性脊柱炎（ankylosing spondylitis，AS）与淋巴细胞 HLA-B27 的表达密切相关。HLA-B27 位于细胞表面，所以可用荧光染料标记的抗体与之结合，再利用 FCM 来检测。AS 患者 HLA-B27 阳性率明显高于一般人群，所以临床上常通过 HLA-B27 的检测并结合临床表现对 AS 进行早期诊断。此外，利用流式细胞术检测血细胞（红细胞、粒细胞和血小板）表面相关免疫球蛋白，对诊断免疫性血细胞减少相关疾病有重要意义。

（三）其他应用

通过流式细胞术检测 T 淋巴细胞亚群评估机体的免疫功能，可用于 HIV 感染者和艾滋病发病者的鉴别诊断；利用流式细胞术进行交叉配型和群体反应性抗体检测，在供者选择、减少移植排斥反应和提高移植物存活率方面有重要意义；另外，流式细胞术在药物研发、个体化医疗、白血病相关融合基因检测等方面也有很好的应用前景。

三、流式细胞仪应用技术要点

流式细胞仪要得到准确的分析结果，除了仪器的性能指标要达到相应的要求，在样品制备、荧光素标记、对照设置和仪器操作等方面也有严格要求。

（一）样品制备

流式细胞仪检测分析的对象是细胞或细胞样的颗粒性物质，因此检测样品必须制备为单细胞悬液。不同的样品有不同的制备方法。如果检测对象是外周血中的单个核细胞，可通过密度梯度离心法提取或直接用红细胞裂解液去除红细胞，然后在数据分析时通过设门选定待分析的细胞。如果检测对象是悬浮细胞，直接离心并重悬浮细胞即可；如果检测对象是贴壁细胞，需先用胰酶消化，然后再用培养基或磷酸盐缓冲液吹打使其形成单个细胞悬液；如果是检测实体脏器样品细胞，需要先将脏器剪碎，再用胶原酶消化、研磨，最后用磷酸盐缓冲液洗涤，使其形成单个细胞悬液。

（二）荧光素标记

荧光信号是流式细胞仪接收处理的重要信号，它来源于结合在样品细胞上的荧光素。不同的荧光染料有其特定波长的激发光和发射光，这些发射光被不同的通道接收，仪器通过检测这些光线的有无和强弱来检测细胞的性质，分析时可以通过标记不同的荧光素来同时检测多项指标。

1. 荧光素 用于流式细胞仪检测的荧光素种类很多，如常用于抗原分子检测的有 FITC、PE、花青素 5 和 7、多甲藻黄素 - 叶绿素 - 蛋白质复合物和 APC 等；用于示踪的有绿色荧光蛋白等；用于 DNA 分析的有烟酸己可碱 33342 和碘化丙啶（PI）等；用于游离离子钙测定的有 Fluo4 等。在众多的荧光素中，FITC 是最常用的荧光素，PE 适用于弱表达抗原的分析，双色分析时 FITC 和 PE 是最常见的组合。流式细胞术检测时最常用的是荧光素偶联抗体，抗体一般是单克隆抗体。

2. 抗体标记 抗体的基本结构包括抗原特异结合的 Fab 段和相对保守的 Fc 段，有些细胞如 B 淋巴细胞和巨噬细胞等，其细胞表面表达 Fc 受体，会非特异地结合荧光素偶联抗体而影响测定结果。由于荧光素偶联抗体多是 IgG 抗体，所以在加入特异的荧光素偶联抗体之前应先加入无关的 IgG 抗体，封闭细胞表面可能存在的 Fc 受体，避免非特异反应的干扰。但是，并非所有反应都需要预先封闭，如果使用的偶联抗体和被检测细胞的种属来源不同，被检测细胞表面的 Fc 受体不一定会与偶联抗体的 Fc 结合。荧光素偶联抗体的标记方法主要有直接标记法和间接标记法两种。直接标记法即用荧光素偶联抗体直接标记细胞；间接标记法采用生物素偶联抗体，先以荧光素偶联亲和素，再利用生物素和亲和素能特异性结合的特性实现检测的目的。

（三）对照设置

细胞自身也会发出较弱的非特异性荧光，其强弱与细胞的大小相关，体积越大，自发荧光越强。因此，流式细胞仪检测到的荧光信号包含细胞本身的非特异性荧光和荧光素特异性荧光两部分。只有当得到的荧光信号大于非特异性荧光时，才能说明得到的荧光信号是来源于荧光素的特异性荧光，因此，实验中设置对照对于流式细胞检测来说至关重要。

1. 阴性对照 设置阴性对照的目的就是确定细胞的非特异性荧光。阴性对照分为三类：①不加任何抗体，了解细胞本身产生的非特异性荧光信号；②加入不偶联荧光素的特异性抗体，排除抗体的影响；③加入偶联荧光素的非特异性抗体产生的荧光信号。

如果偶联荧光素的特异性抗体为 IgG1 类抗 CD3-PE，那么使用的对照抗体为 IgG1 类的 PE 标记的非特异性抗体（IgG1-PE），这种对照称为同型对照，目的是消除荧光素的影响。在流式细胞仪的具体操作中，多采用同型对照作为阴性对照，所有流式细胞的分析结果都必须设置同型对照。要正确选择同型对照，必须与特异性抗体标记的荧光素和抗体亚型一致，否则将产生错误结果。

2. 阳性对照 在使用某种荧光素偶联抗体之前应先检测该荧光素偶联抗体是否有效。需要设置阳性对照的情况包括使用新的荧光素偶联抗体之前、抗体储存时间较长后重新使用或更换荧光素偶联抗体的批号时。

（四）仪器操作

1. 检测前的校准

（1）光路和流路的校准：通过测定标准化的荧光微球计算 CV，以判断激光光路和样品流路是否处于正交状态。CV 越小说明仪器性能越好，检测时信号越稳定，一般要求此 CV 范围为 2%～3%。

（2）PMT 的校准：PMT 是 FCM 中一个非常重要的部件，其主要作用是将检测到的荧光信号转变为电子信号，同时能按照一定比例提高电子信号的强度。随着仪器使用时间的延长，PMT 的放大功率会发生改变，使得检测灵敏度受到影响。采用标准的荧光微球进行校准，可监控 PMT 的电压和增益（即信号的放大），保证实验一致性，必要时可进行电压补偿，保证检测的灵敏度。

2. 补偿调节 调节各个荧光通道之间的补偿是流式细胞术非常重要的一个环节。因为荧光素在某一激发光激发后发射的荧光波长并不完全集中于一个很小的范围，如 FITC 荧光素被 488nm 激光激发后发射的荧光信号大部分被 510～550nm 的 FL1 通道接收，但小部分被 565～595nm 的 FL2 通道接收；PE 荧光素被 488nm 激光激发后发射的荧光信号大部分被 FL2 通道接收，但小部分被 FL1 通道接收。所以，如果进行 FITC 和 PE 双标记检测，FL1 通道中检测到的信号由大部分的 FITC 信号和小部分的 PE 信号组成，FL2 通道中检测到的信号则由小部分的 FITC 信号和大部分的 PE 信号组成。

由于目前无法分辨各通道中 FITC 和 PE 信号的比例，所以为了让 FL1 通道的信号只代表 FITC 荧光素的荧光信号、FL2 通道的信号只代表 PE 荧光素的荧光信号，仪器主要通过设置补偿调节的方法来解决：设置 FITC-PE 的补偿值，使 FL1 通道的信号完全代表 FITC 的荧光信号；设置 PE-FITC 的补偿值，使 FL2 通道的信号完全代表 PE 的荧光信号。这些补偿值可通过一定的试验获得，荧光通道之间补偿值的大小主要与仪器型号、荧光素偶联抗体和样品细胞有关，一般波长相近的荧光通道之间需要补偿调节，波长相隔较远的荧光通道之间则不需要补偿调节。当实验需要多色标记时，就需要三色和四色分析补偿调节。

3. 阈值设定 流式细胞仪在样品处理和上样过程中会产生少量的细胞碎片，但是仪器本身不会识别检测对象是细胞还是细胞碎片，所以需要采取措施来消除这些碎片对测定的干扰。FSC 与细胞的大小密切相关，完整的细胞和碎片在大小上有明显区别，所以常选择 FSC 指标来设定阈值。

阈值常用百分数表示，如 3% 的含义为每检测 100 个对象，仪器会筛选 FSC 值最小的 3 个数据去除。阈值设得太高，会把部分目标细胞排除出去；设得太低，结果中会混入非目标信号。阈值设定的具体数值不是一个固定值，只是经验值，需根据具体情况调节阈值大小，它与细胞的性质、状态和处理等密切相关。

4. 上样速度 流式细胞仪的液流系统由样品流和鞘液流组成，两者相互独立，分别由样品压和鞘流压控制。一般鞘流压是不变的，仪器通过控制样品压的大小来调节上样速度。在进行流式细胞的检测时，上样速度越低，分析得到的数据越可靠；而上样速度越快，分析得到的数据偏离真实数据的可能性就越大。所以，检测时不能只强调上样速度而忽略了数据的准确性，上样速度要依据样品中目标细胞的数量和检测时间予以综合考虑。

第四节　流式细胞仪的校准与维护保养

仪器设备的校准与维护保养对于保证仪器性能、保证检验结果准确性、延长仪器使用寿命至关重要，应确保其正确执行。

一、流式细胞仪的校准

流式细胞仪属于精密和贵重仪器，设备性能受多种内外因素影响，定期校准对保证测量结果的准确性和稳定性具有重要作用。在设备校准过程中，应参照《流式细胞仪校准规范》(JJF 1665—2017)执行，并详细记录校准过程与结果，校准完成后通过质控等验证设备运行状态。校准内容一般包含分辨率、线性相关系数、检出限、漂移、重复性和示值误差。仪器校准频率的制订通常参考制造商建议和实验室质量管理体系，同时结合设备性能、试剂特性和实验室内部质控要求等因素，建议时间不超过 1 年。

二、流式细胞仪的维护保养

（一）日常保养

实验室应按照操作规程或制造商推荐的要求进行仪器维护保养和日常清洗程序。开机前应添加鞘液和清洗液，及时清空废液；关机前应清洗管路和上样装置，及时排出流动室气泡。当仪器长时间停机后第一次开机、仪器稳定性验证不通过、数据获取时散点图中的碎片或计数明显增加而无法去除，以及进行检测结果分析前该仪器使用了碘化丙啶（PI）、溴乙锭（EB）、吖啶橙（AO）等染料时，也应执行日常清洗程序。

（二）周保养和月保养

实验室应每周清洗流动室，每个月对仪器液路系统进行深度清洗，清洗空气过滤膜、鞘液和废液容器等。

（谢而付）

本章小结

流式细胞仪广泛应用于临床和科研的多个领域，是精准医学与前沿研究的关键工具。流式细胞仪根据其功能分为分析型流式细胞仪和分选型流式细胞仪两种。分析型流式细胞仪主要由液流系统、光路系统、信号检测系统、数据分析与显示系统组成；分选型流式细胞仪比分析型流式细胞仪多一个分选系统。近年来，在传统流式细胞仪的基础上，出现了光谱流式细胞仪。光谱流式技术的核心是在检测过程中，每个荧光染料的发射光谱在定义的波长范围内被一组检测器所捕获并识别，随后其光谱特征被记录并在多色实验中充分使用并解析。光谱流式分析技术作为高效流式细胞术的检测方法，正逐渐取代传统的流式细胞术。

流式细胞仪的性能验证指标包括精密度、稳定性、线性范围、可比性和正确度等。流式细胞仪广泛应用于生物医学研究与临床诊断：在生物医学研究方面的应用主要包括细胞群比例测定、细胞凋亡检测、细胞周期检测和干细胞分选等；在临床诊断方面的应用主要包括血液系统疾病诊断、肿瘤诊断和疗效判断、自身免疫性疾病诊断和患者免疫功能的评价等。流式细胞仪的技术要点主要体现在样品制备、荧光素标记、对照设置和仪器操作等方面。流式细胞仪需要进行定期校准，建议校准频率不超过1年。流式细胞仪还需要进行日常保养、周保养和月保养。

第九章　临床血液学检验仪器与技术

通过本章学习，你将能够回答下列问题：

1. 临床血液学检验仪器有哪些？主要的临床应用是什么？
2. 各种临床血液学检验仪器的检测原理和基本结构是什么？
3. 血细胞分析仪的工作流程是什么？
4. 光学法和磁珠法血液凝固分析仪各有何优缺点？
5. 各种临床血液学检验仪器的性能验证包括哪些内容？

血液在维持人体正常的生理活动方面发挥着重要作用，其成分变化可反映机体健康状况。临床血液学检验是通过对血细胞及血液相关成分进行定性与定量分析，评估血液系统功能状态、辅助诊断血液病及其他系统疾病、监测治疗效果的检验医学分支学科。临床血液学检验仪器是用于血液学检测和分析的医疗设备，如血细胞分析仪、血液凝固分析仪、血液流变分析仪等。随着医疗技术的进步，血液学检验仪器不断优化，为临床提供更加准确、快速的诊断依据。本章将详细介绍常见临床血液学检验仪器的检测原理、基本结构、性能验证、临床应用、校准及维护保养。

第一节　血细胞分析仪

血细胞分析仪（blood cell analyzer）又称为血液分析仪（hematology analyzer），是对一定体积静脉全血中的血细胞种类、数量等进行自动分析的常规检验仪器。血细胞分析仪的主要报告参数包括血细胞计数、白细胞分类计数、血红蛋白测定、血细胞形态相关指标等。另外，血细胞分析仪可提供血细胞的直方图、散点图以及异常报警信息等。

1947年，美国科学家华莱士·库尔特发明了电阻法计数微粒子的专利技术。1956年他将这一技术应用于血细胞计数，这种方法称为电阻抗法或库尔特原理。20世纪60年代末，血细胞分析仪除可进行血细胞计数外，又增加了血红蛋白测定功能；20世纪70年代，单独的血小板计数仪问世。随着各种新技术的应用，20世纪80年代，研制出了白细胞三分群和五分类的血细胞分析仪；20世纪90年代，研制出了可对网织红细胞进行计数的血细胞分析仪，同时对白细胞五分类和不成熟粒细胞的检测功能更加完善。之后，血细胞分析仪进行白细胞分类的同时，可对有核红细胞进行计数。目前，血细胞分析仪可与全自动的推染片机、阅片机连接而形成血细胞分析流水线，明显提高了工作效率，减少了人力成本。

一、血细胞分析仪的检测原理

（一）血细胞计数原理

血细胞分析仪在进行血细胞计数时，一般分为两个检测通道。白细胞为一个通道，红细胞和血小板为一个通道。

1. 电阻抗法（库尔特原理） 血细胞与等渗的电解质溶液（稀释液）相比为电的不良导

体,其电阻值更大。当血细胞通过检测器微孔时,其内外电极之间恒流电路上的电阻值瞬间增大,产生一个电压脉冲信号。脉冲信号的数量等于通过的血细胞数,信号幅度大小与细胞体积成正比(图9-1)。脉冲信号经计算机分析后,以体积直方图(histogram)的形式显示细胞体积分布情况,并计算出体积相关的参数。

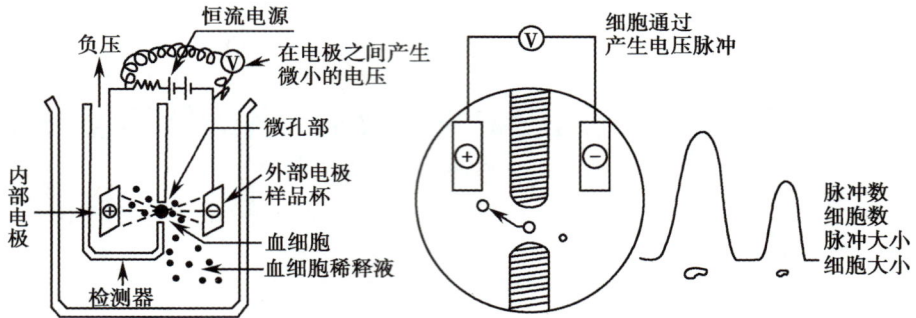

图 9-1 电阻抗法血细胞计数示意图

在白细胞通道中,血液样品与溶血素(溶解红细胞)和稀释液混合后进入反应池。根据电阻抗原理,将白细胞按照体积大小分为三群(图9-2):小细胞群以淋巴细胞为主;中间细胞群包括单核细胞、嗜酸性粒细胞、嗜碱性粒细胞等;大细胞群以中性粒细胞为主。

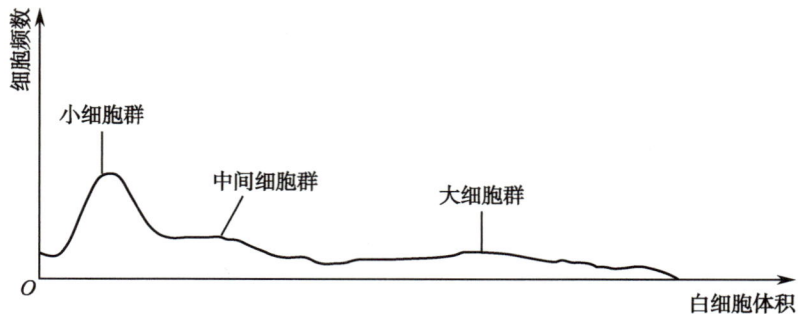

图 9-2 血细胞分析仪白细胞分群示意图

在红细胞和血小板检测通道中,血液样品与稀释液混合后逐一通过检测区域。正常人红细胞和血小板体积有明显的差异,根据脉冲信号大小很容易将二者区分(图9-3)。

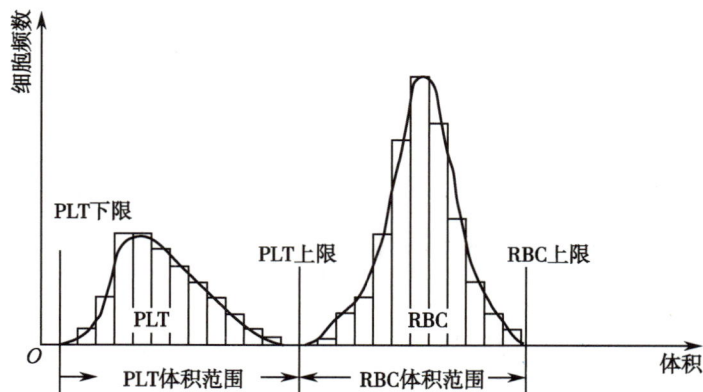

图 9-3 正常人红细胞和血小板体积分布示意图

2. 激光散射法 血细胞经过稀释、染色后,在鞘液的作用下以单个细胞的形式通过检测区。激光照射在血细胞上,细胞会阻挡或改变激光束的方向,从而产生不同角度的散射光。侧向散射光（FSC）反映细胞体积，前向散射光（SSC）反映细胞内部结构如颗粒性质、细胞核复杂程度（图9-4）。同时，被荧光染料染色的血细胞可发出荧光信号（联合核酸荧光染色技术），其强弱与细胞内核酸含量相关。信号接收器将以上信息收集后，不但可以进行血细胞计数，还可以进行白细胞的分类计数。

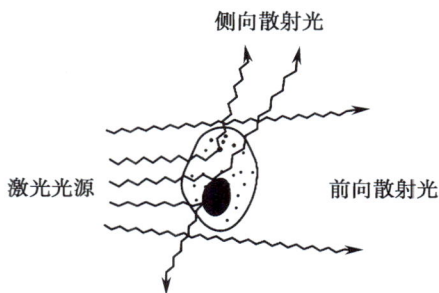

图 9-4　激光散射法血细胞计数示意图

（二）血红蛋白测定原理

各种血细胞分析仪测定血红蛋白都采用光电比色原理。根据朗伯 - 比尔定律，一束平行单色光垂直通过某一均匀非散射的吸光物质时，其吸光度与吸光物质的浓度及吸收层厚度成正比。在血细胞悬液中加入溶血素后，红细胞溶解并释放出血红蛋白，后者与溶血素中某些成分结合形成血红蛋白衍生物。在特定波长条件下进行光电比色，吸光度值与血红蛋白浓度成正比，根据吸光度值可计算出血红蛋白的浓度。

不同血细胞分析仪配套的溶血素种类不同，形成的血红蛋白衍生物不同，最大吸收峰波长也不同。国际血液学标准化委员会（ICSH）推荐的参考方法为氰化高铁血红蛋白（HiCN）测定法，其最大吸收峰在540nm处，多数仪器的检测波长范围为530～550nm。

（三）白细胞分类原理

利用电阻抗原理进行白细胞三分类的技术已经不能满足临床的需求，随着其他多种技术的普及和应用，目前的血细胞分析仪可以将多种检测技术相结合进行综合应用，包括电阻抗、射频电导、激光散射、细胞化学染色等，通过对同一个白细胞的多个参数进行综合分析，从而区分外周血中不同种类的白细胞。这种技术在对白细胞进行五分类的同时，亦可根据白细胞散点图对异常细胞进行报警提示。

1. 多角度激光散射技术　激光照射在白细胞表面时，测定多个不同角度的散射光强度。不同仪器检测的散射光角度有一定的差异，但都是基于白细胞的大小、核质比、核形、颗粒等特性可影响不同角度散射光的原理。综合分析同一个细胞在不同角度下的散射光强度，并将其定位于白细胞散点图上，而进行白细胞五分类。

有的血细胞分析仪通过测定 4 个角度的散射光强度来进行白细胞分类（图9-5）：①前向角（0°）散射光，反映细胞的大小；②小角度（10°）散射光，反映细胞内部结构，如核质比；③垂直角（90°）散射光，反映细胞内颗粒特性和细胞核复杂程度；④垂直角消偏振光散射（90°D散射光），利用嗜酸性颗粒可以将垂直角度的偏振光消偏振的特性，将其与中性粒细胞区别开来。

利用小角度和垂直角散射光把白细胞分为单个核细胞（淋巴细胞、单核细胞）和多个核细胞（中性粒细胞、嗜酸性粒细胞、嗜碱性粒细胞）。利用前向角和小角度散射光将单个核细胞进一步分类：体积小、核质比大的是淋巴细胞，体积大、核质比中等的是单核细胞。利用垂直角散射光和垂直角消偏振光散射将多个核细胞分开。

2. 体积、电导、光散射联合检测技术　体积（volume）、电导（conductance）、光散射（scattering of light）联合检测技术又称 VCS 技术。体积表示利用电阻抗原理测定细胞的体积。电导表示根据细胞内部结构能影响高频电流传导的特性，采用高频电磁探针来测量细胞的电导率。利用细胞内部结构如核质比、核形、胞质颗粒等差异，对细胞进行区分。内部结构越复杂，电导率信号越强。光散射指细胞被激光照射后，接收不同角度的散射光信号。细胞内颗粒越多、越粗大，光散射信号越强。仪器根据细胞体积、电导率和光散射信号的不同，将白细胞进行分类（图9-6）。

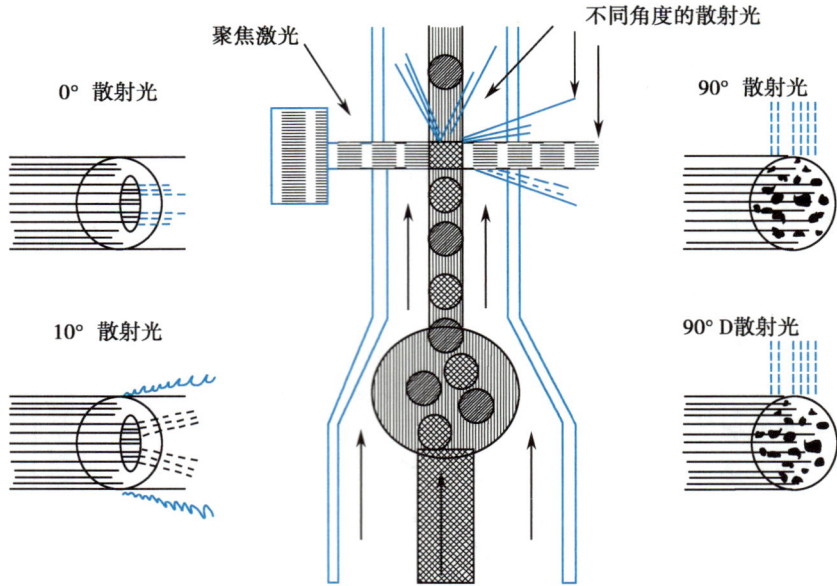

图 9-5　多角度激光散射技术示意图

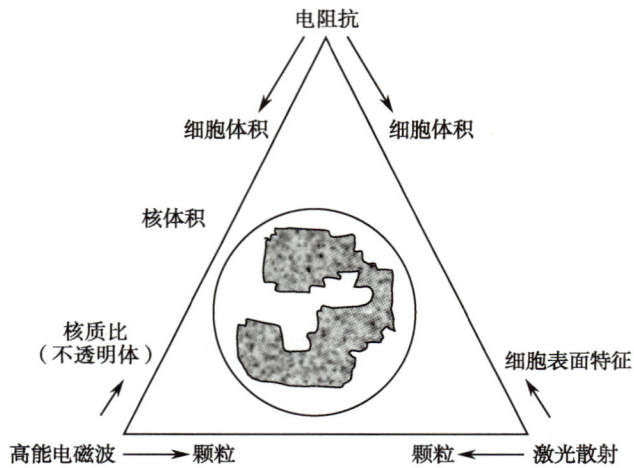

图 9-6　VCS 技术检测原理示意图

3. 光散射与核酸荧光染色联合检测技术　不同白细胞内的核酸类物质含量不同，经过核酸荧光染料染色后呈现出不同强度的荧光信号（SFL），再结合侧向散射光（SSC），可将白细胞分为 4 群（图 9-7）：嗜酸性粒细胞（EO）、中性粒细胞 + 嗜碱性粒细胞（NE+BA）、单核细胞（MO）、淋巴细胞（LY）。再根据嗜碱性粒细胞细胞膜的强抗酸性对其进行计数，从而得到 5 种白细胞分类结果。

4. 光散射与细胞化学染色联合检测技术　将光散射与细胞化学染色技术相结合对白细胞进行分类计数，不同仪器采用的细胞化学染料和散射光角度有所不同。例如光散射结合过氧化物酶染色，根据不同白细胞中过氧化物酶活性的差异（嗜酸性粒细胞 > 中性粒细胞 > 单核细胞，淋巴细胞和嗜碱性粒细胞为阴性），结合散射光信号（前向角散射光），将白细胞分为 4 群（图 9-8）：中性粒细胞、嗜酸性粒细

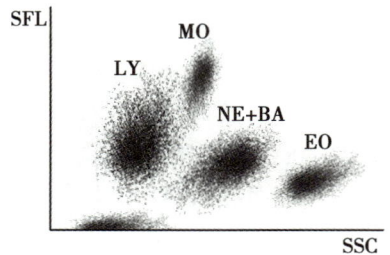

图 9-7　光散射与核酸荧光染色联合检测白细胞分类示意图

胞、单核细胞、淋巴细胞＋嗜碱性粒细胞。然后根据嗜碱性粒细胞细胞膜的强抗酸性对其进行计数,从而得到5种白细胞分类结果。

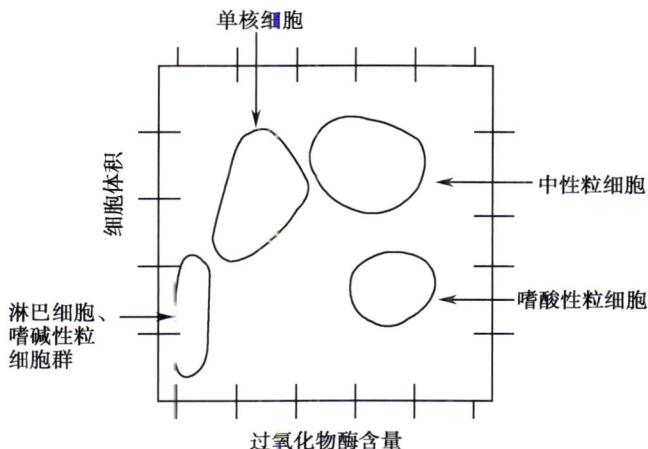

图9-8 光散射与过氧化物酶染色联合检测白细胞分类示意图

(四)网织红细胞计数原理

使用化学染料(如新亚甲蓝)或荧光染料(如聚甲烯次甲基、花菁类染料)与网织红细胞中残存的嗜碱性物质(RNA)相结合,收集散射光及荧光信号,其强度与网织红细胞内RNA含量成正比。不但可进行网织红细胞计数,还可根据荧光信号的强弱区分网织红细胞的成熟度(图9-9),荧光信号越强说明网织红细胞越幼稚。成熟红细胞胞质内不含有RNA,因此荧光信号最弱。

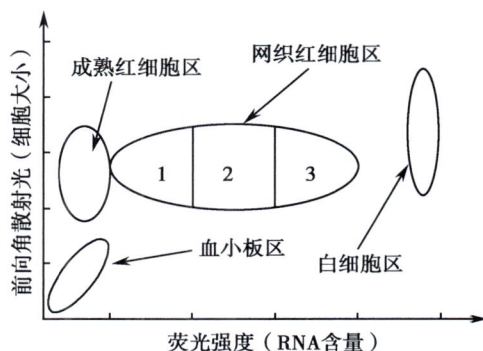

图9-9 网织红细胞计数原理示意图

1. 低荧光强度网织红细胞;2. 中等荧光强度网织红细胞;3. 高荧光强度网织红细胞。

二、血细胞分析仪的基本结构与检测流程

(一)血细胞分析仪的基本结构

虽然各类型血细胞分析仪的检测原理不同,结构亦有差异,但基本由机械系统、硬件及控制系统、血细胞检测系统、血红蛋白测定系统、计算机控制系统以不同形式组合而成。

1. 机械系统 包括自动进样器、旋转扫描组件、夹取混匀组件、穿刺吸样组件、开放进样组件、注射器组件、搅拌混匀机构和气源组件。机械系统用于样品的定量吸取、稀释、传送、混匀等,还兼有清洗管道和驱动排出废液等功能。

2. 硬件及控制系统 包括各类电器板卡、电源系统、驱动控制系统、光学系统硬件等。

3. 血细胞检测系统 国内常用的血细胞分析仪检测系统可分为电阻抗检测系统和激光散射检测系统两大类。

(1)电阻抗检测系统:由检测器、放大器、甄别器、阈值调节器和补偿装置组成。

1)检测器:由微孔、内外部电极等组成(见图9-1)。一般仪器有两个微孔通道,一个测定红细胞和血小板数量,另一个测定白细胞数量和分类计数。

2)放大器:将血细胞通过微孔产生的脉冲电信号放大,以触发下一级电路。

3)甄别器与阈值调节器:甄别器的作用是将初步检测的脉冲信号进行幅度甄别和调

整，根据阈值调节器提供的参考电平值，使脉冲信号被接收到特定的通道中，从而使每个脉冲的振幅位于对应通道的参考电平值之内。

4）补偿装置：当血细胞逐个通过微孔时，一个细胞只产生一个脉冲信号。但实际有两个或更多重叠的细胞同时进入孔径感应区内，此时电导率变化仅能探测出一个单一的高或宽振幅脉冲信号，引起一个或更多脉冲的丢失，使计数结果偏低，这种情况称为复合通道丢失或重叠损失。血细胞分析仪的补偿装置在计数细胞时，能对复合通道丢失进行自动校正，以保证结果的准确性。

（2）激光散射检测系统：由激光器、检测装置、流动室等组成。

1）激光器：多利用氩离子激光器、半导体激光器提供单色光。

2）检测装置：鞘流液体通过加速后实现流体聚焦，使血细胞在鞘液的约束下，排成一条直线逐个通过宝石孔（检测区）。细胞通过之后，若驱动力立刻消失，可能造成旋流和回流。为避免出现这两种情况，增加后池鞘液，将通过小孔的细胞快速驱离，保证计数结果的准确性。

3）流动室：血细胞经核酸荧光染色后通过流动室，激光照射在细胞上，散射光检测器收集散射光信号，荧光监测器接收细胞产生的荧光信号。

4. 血红蛋白测定系统 结构与分光光度计基本相同，由光源、透镜、滤光片、流动比色池和光电传感器等组成。

5. 计算机控制系统 操控仪器检测流程，采集获取细胞的各种信号进行分析及数据转换，处理细胞数量、分类等结果并生成报告。操作系统供实验室工作人员实时查询结果，同时保存历史检测数据，与医院信息系统对接传输报告。

（二）血细胞分析仪的检测流程

各种类型血细胞分析仪的工作流程大致相同，如图 9-10 所示。

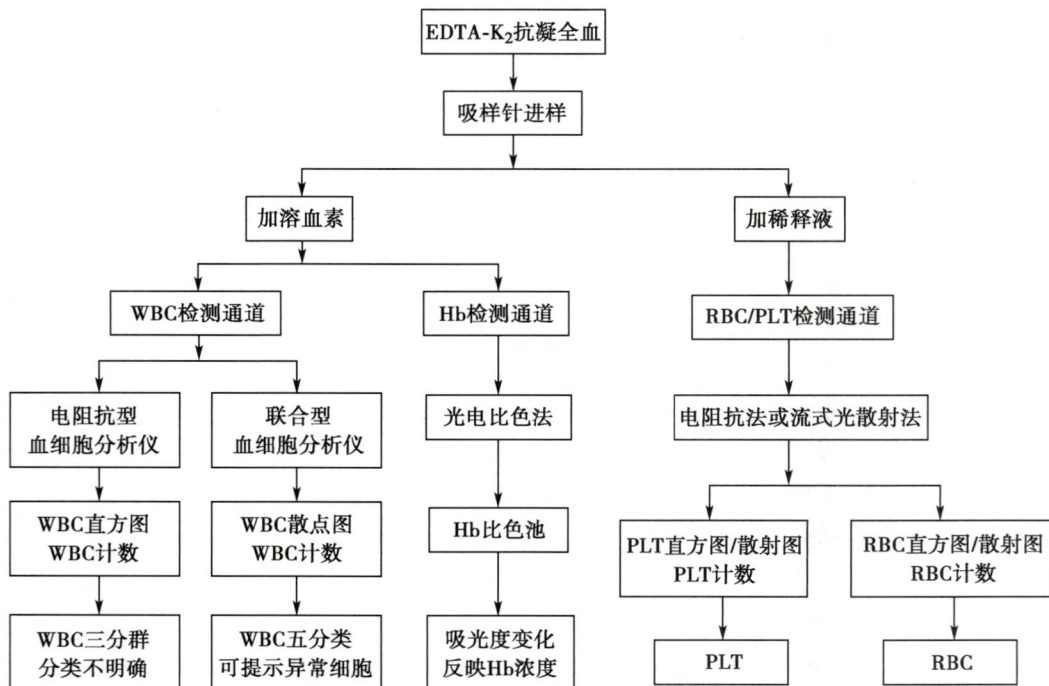

图 9-10 血细胞分析仪的工作流程图

EDTA-K$_2$. 乙二胺四乙酸二钾；WBC. 白细胞；Hb. 血红蛋白；PLT. 血小板；RBC. 红细胞。

三、血细胞分析仪的性能验证与临床应用

（一）血细胞分析仪的性能验证

血细胞分析仪的性能验证参考《临床血液学检验常规项目分析质量要求》(WS/T 406—2012)、《血细胞分析参考区间》(WS/T 405—2012)、《临床化学设备线性评价指南》(WS/T 408—2012)的分析质量要求及验证方法,包括但不限于本底计数、携带污染、批内精密度、日间精密度、线性范围、正确度、可比性、准确度及参考区间验证等。

1. 本底计数 以稀释液作为样品在血细胞分析仪上连续检测 3 次,3 次检测结果的最大值应在允许范围内。

2. 携带污染 分别针对不同检测项目,取 1 份高浓度的临床样品,混合均匀后连续测定 3 次,测定值分别为 H_1、H_2、H_3;再取 1 份低浓度的临床样品,混合均匀后连续测定 3 次,测定值分别为 L_1、L_2、L_3,计算携带污染率(CR)。

计算公式为:$CR = |L_1 - L_3| / (H_3 - L_3) \times 100\%$。

3. 批内精密度 取 1 份浓度水平在要求范围内的临床样品,按常规方法重复检测 11 次,计算后 10 次检测结果的算术平均值、标准差及变异系数(CV),以连续检测结果的 CV 为评价指标。

4. 日间精密度 至少使用 2 个浓度水平(包含正常和异常水平)的质控品,在检测当天至少进行 1 次室内质控,剔除失控数据(失控结果已得到纠正)后按批号或月份计算在控数据的 CV,以室内质控在控结果的 CV 为评价指标。

5. 线性范围 分别针对不同检测项目,取 1 份高浓度的临床样品(最好接近厂家说明书线性范围的上限),使用稀释液将其稀释成 4～6 个浓度水平进行检测,每个水平重复测定 3 次。统计分析理论值和测定值的线性回归方程,要求线性回归方程的斜率为 1.00 ± 0.05,相关系数 $r \geq 0.975$ 或 $r^2 \geq 0.95$。

6. 正确度 至少使用 10 份检测结果在参考范围内的新鲜血液样品,每份样品检测 2 次,计算 20 次以上检测结果的均值。以校准实验室的定值或临床实验室内部规范操作检测系统(如使用配套试剂、用配套校准物定值进行仪器校准、仪器性能良好、规范地开展室内质量控制、室间质量评价成绩优良、检测程序规范、人员经过良好培训的检测系统)的测定均值为标准,计算偏倚,以偏倚为评价指标。

7. 不同吸样模式的结果可比性 取 5 份临床样品,分别使用不同吸样模式(自动进样和手动进样)进行检测,每份样品各检测 2 次,分别计算 2 种模式下检测结果均值间的相对偏差。

8. 实验室内的结果可比性 新仪器使用前,配套检测系统至少使用 20 份临床样品,每份样品分别使用临床实验室内部规范操作检测系统和被比对仪器进行检测,以内部规范操作检测系统的测定结果为标准,计算相对偏差。每个检测项目的相对偏差符合要求的比例应≥80%。

9. 准确度 至少使用 5 份质评物或定值临床样品分别进行单次检测,计算每份样品检测结果与靶值(公议值或参考值)的相对偏差。每个检测项目的相对偏差符合要求的比例应≥80%。

10. 参考区间验证 各选择 20 份健康成年男性和女性的血液样品在血细胞分析仪上测定,记录结果。健康人入选标准包括:自觉健康,排除血液系统疾病、变态反应性疾病、呼吸系统疾病、泌尿系统疾病、消化系统疾病、风湿性疾病、甲状腺疾病、恶性肿瘤、心血管疾病等,近期未曾手术或服用药物,未输血、献血,无剧烈运动,无慢性理化损伤等。90% 以上的结果在参考区间内为验证合格。

（二）血细胞分析仪的临床应用

血细胞分析仪主要用于检测血液中的各种血细胞数量及相关参数，主要包括红细胞参数、白细胞参数、血小板参数、网织红细胞计数。

1. 红细胞参数 包括红细胞计数、血红蛋白浓度、血细胞比容（HCT）、平均红细胞体积（MCV）、平均红细胞血红蛋白含量（MCH）、平均红细胞血红蛋白浓度（MCHC）、红细胞体积分布宽度（RDW），有的血细胞分析仪还可进行有核红细胞计数。红细胞参数对贫血的诊断及鉴别诊断具有重要价值。

2. 白细胞参数 包括白细胞计数及白细胞分类计数，即中性粒细胞、嗜酸性粒细胞、嗜碱性粒细胞、淋巴细胞及单核细胞的百分比和绝对计数，有的血细胞分析仪还可计数不成熟粒细胞。白细胞参数对感染类型鉴别、用药监测、血液系统肿瘤的筛查等具有重要意义。

3. 血小板参数 包括血小板计数、平均血小板体积（MPV）、血小板比容（PCT）、血小板体积分布宽度（PDW）等。血小板参数用于出血性疾病的筛查、用药监测、血液系统肿瘤的筛查等。

4. 网织红细胞计数 包括网织红细胞（Ret）的百分比及绝对计数，有些仪器还可报告网织红细胞血红蛋白含量（CHr）、网织红细胞成熟指数等。网织红细胞计数用于贫血的鉴别诊断、贫血治疗监测等。

四、血细胞分析仪的校准与维护保养

（一）血细胞分析仪的校准

血细胞分析仪的校准对保证检验结果的准确性具有重要意义，应参考《血细胞分析的校准指南》（WS/T 347—2011），对于开展常规检测的实验室，要求每半年至少进行一次血细胞分析仪的校准。可使用厂家配套校准物或校准实验室提供的定值新鲜血，不得混用不同厂家的校准物。

（二）血细胞分析仪的维护保养

血细胞分析仪的规范操作和日常保养是保证仪器正常运行的关键，要严格按照仪器说明书的要求完成每日保养，比如清洗管路、执行关机程序。另外，厂家工程师需要定期对仪器进行专业的维护保养，比如清洗分血阀、残液盘、采样针、过滤网等，定期检查试剂连接管路、血量传感器电压、仪器内液路部件等。根据样品量定期更换易损配件，如采样针、抓取器夹爪、鞘液过滤器等。仪器需连接不间断电源，避免由异常断电引发的仪器故障。对于比较容易处理的故障，操作人员可以进行排查处理，复杂故障应寻求专业工程师进行维护。

第二节 血液凝固分析仪

血液凝固分析仪（automated coagulation analyzer）简称血凝仪，是对血栓和止血有关成分进行自动检测分析的临床常规检验仪器。随着技术进步，血液凝固分析仪经历了手工、半自动、全自动三个发展阶段（表9-1），检测项目、检测方法、操作简便性不断提升。近年来，血液凝固分析仪日益趋于自动化、智能化，体现为检测速度快、加样精度高、分析功能优化。新型血液凝固分析仪具备多通道处理技术，能高效完成多种复杂试验，有力提升了工作效率和检测项目多样性，为血栓与出血性疾病的预防、诊治及个体化治疗提供了重要的支持。

表9-1　血液凝固分析仪的发展简史

时间	设备及技术发展
1910年	Duke开创出血时间（bleeding time，BT）试验。Kottman通过测定血液凝固时黏度的变化来检测凝固时间，开发出世界上最早的血液凝固分析仪
1922年	Kugelmass用浊度计通过测定血液凝固后透射光的变化来反映血浆凝固时间
1950年	Schnitger和Gross发明了基于电流法的血液凝固分析仪，该仪器通过检测血液凝固过程中电流的变化来判断凝固终点
20世纪30—60年代	Quick、Proctor和Rapaport先后报道了经典的外源性和内源性凝血通路的筛查试验——凝血酶原时间（prothrombin time，PT）和活化部分凝血活酶时间（activated partial thromboplastin time，APTT）。基于这些试验原理，机械法血液凝固分析仪得以开发，出现了早期的平面磁珠法
20世纪70年代	由于机械、电子工业的发展，各种类型的全自动血液凝固分析仪先后问世
20世纪80年代	随着发色底物出现并应用于血液凝固的检测，全自动血液凝固分析仪除了可以进行一般的筛选试验，还实现了凝血、抗凝、纤维蛋白溶解系统单个因子的检测，使抗凝、纤溶状况的评估成为可能。准全自动血液凝固分析仪问世
20世纪90年代	全自动血液凝固分析仪免疫通道整合各种检测方法，使检测的项目更加全面，为血栓与止血的检测提供了新的手段，标志着血凝检测进入了分子生物学时代
21世纪	全自动血液凝固分析仪的检测方法更加全面，新增了聚集法、光-磁一体法等，检测模块也从单机向流水线方向发展，并可与其他血液自动化分析系统结合，实现全实验室自动化

一、血液凝固分析仪的检测原理

血液凝固分析仪运用物理、化学及生物学原理，通过多种检测方法（凝固法、底物显色法、免疫学方法等）对血液凝固过程及关键成分动态变化进行精准测量。其中，凝固法作为血栓与止血试验的基础，广泛应用于半自动仪器，而全自动血液凝固分析仪在此基础上结合底物显色法和免疫学方法等多元化技术，实现更为全面深入的血液凝固功能评估。

（一）凝固法

凝固法是指检测血浆在凝血激活剂的作用下发生的一系列物理量变化，再由计算机分析所得数据并将其换算成最终结果，故也称生物物理法。按测量原理可分为电流法、光学法、磁珠法和超声分析法四种。常用于活化部分凝血活酶时间（APTT）、凝血酶原时间（PT）、凝血酶时间（TT）、凝血因子活性、狼疮抗凝物（LA）等项目的检测。

1. 电流法　利用纤维蛋白原（Fib）无导电性而纤维蛋白具有导电性的特点，将待测样品作为电路的一部分，根据凝血过程中电路电流的变化来判断纤维蛋白的形成。由于该法的不可靠性及单一性，所以很快被更灵敏、更易扩展的光学法所取代。

2. 光学法（比浊法）　是目前血液凝固分析中广泛应用的检测技术之一。

（1）原理：其基于光传播的特性，通过检测血浆在凝固过程中光透射或散射的变化来反映凝血过程。随着血液凝固的进行，血浆中的纤维蛋白原会转化为纤维蛋白，导致血浆的浊度增加。因此，通过监测光强度的变化，可以推断出血浆凝固的程度，进而评估凝血因子活性或含量。

（2）分类：根据不同的光学信号测量原理，又可分为散射比浊法和透射比浊法两类。散射比浊法中光源、样品与接收器成一定的角度，即不在一条直线上，接收器得到的完全是浊度测量所需的散射光（图9-11）；而在透射比浊法中，光源、样品与接收器在一条直线上，接收器得到的是很强的透射光和较弱的散射光,仪器进行信号校正后,按经验公式换算得到透射光强度(图9-12)。

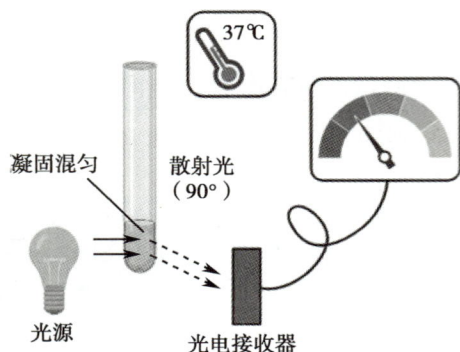

图9-11 散射比浊法原理图   图9-12 透射比浊法原理图

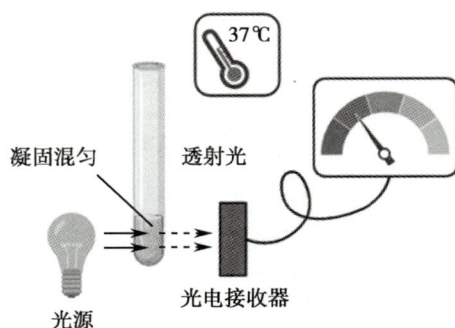

(3)优缺点:用光学法进行凝血检测的优点在于灵敏度高、仪器结构简单、易于自动化。缺点是样品的光学异常(如脂血、溶血、黄疸等)、测试杯的光洁度(影响光的反射和透射)、加样中的气泡等都会成为测量的干扰因素。对此各厂家进行了技术创新,如升级光学系统以滤除背景噪声、采用多重校正算法剔除非特异性吸收、选用特殊材质与工艺处理测试杯以抑制杂散光,同时改进硬件和软件识别并消除气泡干扰,从而保证检测结果的稳定和准确。

3. 磁珠法 是指通过监测血浆凝固过程中的血浆黏度变化来评估凝血功能的技术。在磁珠法中,随着血液凝固过程的发展,血浆的黏度逐渐增大,这会导致在磁场作用下悬浮的磁珠运动受限,运动幅度发生变化。根据对磁珠运动测量原理的不同细分方式,磁珠法可以分为磁感应检测法和双磁路磁珠法。

(1)磁感应检测法:在样品测试杯中加入磁珠,测试杯两侧施加变化的电磁场,磁珠在电磁场的作用下保持恒定的运动(左右振动或旋转运动)。当凝血激活剂加入后,血浆开始凝固,黏度逐渐增加,磁珠的运动强度逐渐减弱,根据磁敏传感器探测磁珠运动强度的变化(振幅或旋转速率变化)确定凝固终点(图9-13)。也有将磁珠整合于干试剂中的便携式血液凝固分析仪,依据纤维蛋白动态变化引起的磁珠在垂直磁场的幅度变化来反映检测结果。

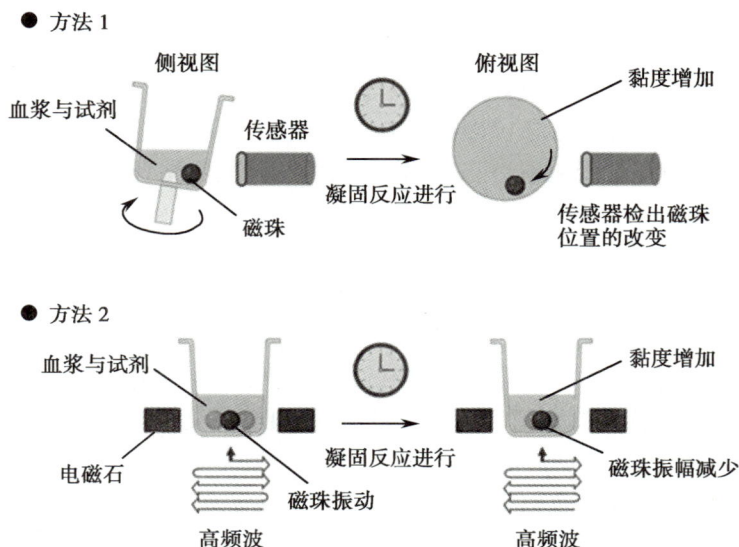

图9-13 磁感应检测法原理图

（2）双磁路磁珠法：又称为磁珠振幅衰减法。该方法利用双磁路系统，其中一个磁路维持磁珠振荡，另一个磁路检测磁珠振幅变化，通过监测磁珠振幅衰减的程度来确定血液凝固终点（图9-14）。

磁珠法凝血检测的优点是不受溶血、黄疸、高脂血症样品及加样中微量气泡等因素的干扰，试剂用量少，磁珠运动还有利于血浆和试剂的充分混匀；缺点是磁珠的生产工艺较复杂，成本较高，需要额外加入磁场装置，仪器的设计较为复杂。磁珠法与光学法的比较见表9-2。

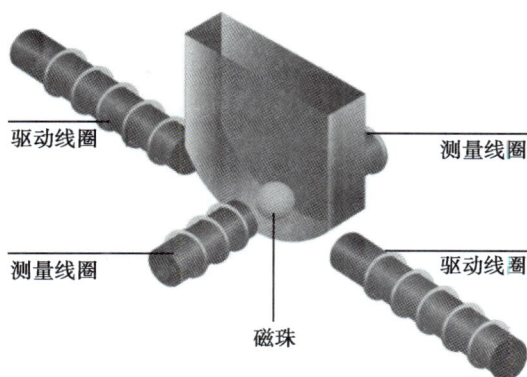

图 9-14　双磁路磁珠法原理示意图

表 9-2　光学法与磁珠法的比较

优缺点	光学法	磁珠法
优点	仪器结构简单、灵敏度高，易于自动化	灵敏度和精确度高，不受样品混浊程度以及颜色的影响
缺点	严重乳糜、溶血、黄疸样品，测试杯的光洁度及加样中的气泡可能会影响检测过程	对外界强磁场干扰敏感，试剂、设备成本和维护成本较高

4. 超声分析法　是指利用超声波测定血浆在体外凝固过程中发生的变化。该方法通过测量血液样品在凝固过程中声速、衰减系数或背向散射强度等声学参数的变化来评估血液的凝固状态。

（二）底物显色法

底物显色法又称生物化学法或酶底物法，是一种通过设计含有酶切位点且附着发色基团的小分子底物，使其在凝血酶或其他凝血因子作用下水解释放出有色产物并引起吸光度变化，从而定量分析血液中凝血因子活性或抗凝血物质含量的方法。在血液凝固分析仪中，待测血浆与特定底物和激活剂混合引发凝血过程，随后凝血酶等酶催化底物分解，生成有色化合物。血液凝固分析仪内集成精密光学系统，通过光源照射、比色池吸收及光度计探测特定波长光强的变化，实时记录并转换吸光度数据，基于标准曲线或算法计算，可精准确定凝血因子活性或抗凝血成分含量。底物显色法常用于抗凝血酶活性、蛋白 C 活性、纤溶酶原活性等项目的检测。

（三）免疫学方法

免疫学方法是指运用抗体与抗原的特异性结合原理对被检物质进行定性和定量分析的方法，常用方法有免疫比浊法、酶标法、免疫扩散法、火箭电泳法、双向免疫电泳法等。血液凝固分析仪主要使用免疫比浊法，用于 D- 二聚体（D-dimer）、纤维蛋白降解产物（FDP）等项目的检测。免疫比浊法可分为直接浊度分析和乳胶比浊分析。

1. 直接浊度分析　既可以是透射比浊，也可以是散射比浊。

（1）透射比浊：是指血液凝固分析仪光源的光线通过待测样品时，待测样品中的抗原与其特异的抗体反应形成抗原 - 抗体复合物，使得透过的光强度减弱。光的减弱程度与抗原量有一定的数量关系，通过测定透过光强度的变化来求得抗原的量。

（2）散射比浊：是指血液凝固分析仪光源的光线通过待测样品时，其中的抗原与特异的抗体形成抗原 - 抗体复合物，使溶质颗粒增大，光散射增强。散射光强度的变化与抗原量有一定的数量关系，通过测定散射光强度的变化来求得抗原含量。

2. 乳胶比浊分析 将待测样品相对应的抗体包被在直径为 15~60nm 的乳胶颗粒上，使抗原 - 抗体复合物的体积增大，光通过后，透射光或散射光的变化更为显著，从而提高实验的灵敏性（图 9-15）。

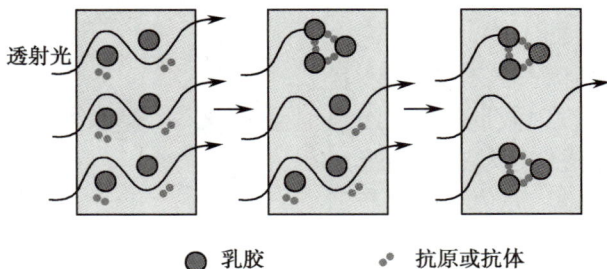

图 9-15 乳胶比浊分析的实验原理

二、血液凝固分析仪的分类与基本结构

按照自动化程度，血液凝固分析仪可分为半自动血液凝固分析仪、准全自动血液凝固分析仪、全自动血液凝固分析仪、全自动血凝检测流水线系统。

（一）半自动血液凝固分析仪

这类仪器的部分操作步骤需要人工参与，如加样、混匀、转移样品等，而凝固过程的监测和结果读取通常是自动化的。仪器主要由样品管位、试剂预温位、样品预温位、加样器械（带电或不带电的电动感应启动装置）、检测通道及内置微机数据处理器等组成。操作步骤常涉及人工预温样品及试剂后置入检测通道、手动加样，随后仪器自动检测并由数据处理器生成报告。因涉及多个人工环节，其重复性欠佳。

（二）准全自动血液凝固分析仪

准全自动血液凝固分析仪比半自动仪器的自动化程度更高，一般包括自动加样、混匀、检测等功能，但仍有一部分步骤需要人工干预，如样品装载、耗材更换或部分结果判读等。这类仪器主要由样品 / 试剂预温系统、手动或半自动加样装置、检测单元（光学或磁性）、微处理器控制系统、搅拌机构以及结果显示与输出组件构成。

（三）全自动血液凝固分析仪

全自动血液凝固分析仪在整个检测过程中几乎无须人工干预，实现样品加载、试剂分配、混合、检测、结果计算和输出报告等步骤的自动化，大大提高检测效率和准确性。全自动血液凝固分析仪的基本结构包括样品传送及处理装置、试剂位、样品及试剂分配系统、检测系统、计算机控制系统及附件等，如图 9-16 所示（不同品牌、不同型号结构不同，此图仅供参考）。

1. 样品传送及处理装置 血浆样品由传送装置依次向吸样针位置移动，多数仪器还设置了急诊位置，使急诊样品优先测定，常规样品在必要时暂停检测。

2. 试剂位 可以同时放置几十种试剂，部分带冷藏功能，以避免试剂变质。

3. 样品及试剂分配系统 包括样品臂、试剂臂、自动混合器。样品臂会自动提起样品盘中的测试杯，将其置于样品预温槽中进行预温。试剂臂将试剂注入测试杯中（为避免凝血酶对其他检测试剂的污染，性能优越的全自动血液凝固分析仪有独立的凝血酶吸样针），由自动混合器将试剂与样品充分混合后送至测试位，已检测过的测试杯被自动丢弃于特设的废物箱中。

4. 检测系统 是仪器的关键部件。根据检测原理与测试项目的不同，装有光学法、磁珠法、底物显色法等不同检测单元。

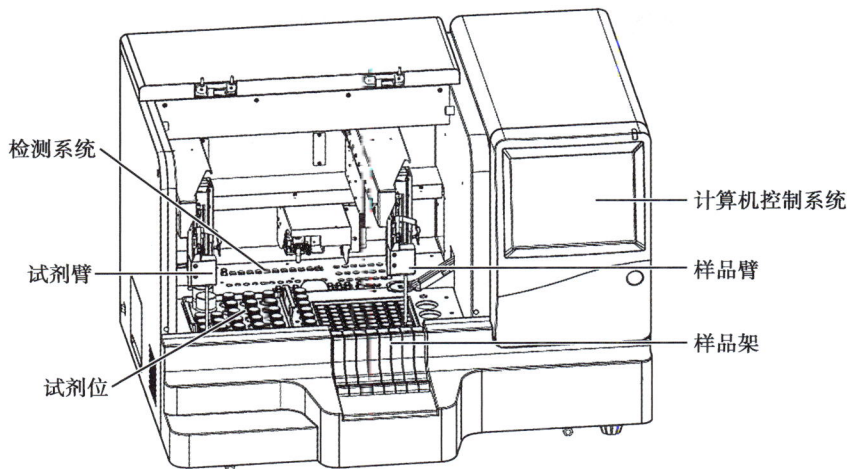

图 9-16 全自动血液凝固分析仪基本结构示意图

5. 计算机控制系统 包括微处理器、操作系统和用户界面,负责控制整个检测流程、分析检测数据,以及生成、存储和打印检测结果。

6. 附件 主要有系统附件、带盖穿刺吸样系统、条码扫描仪、阳性样品分析扫描仪等。

(四)全自动血凝检测流水线系统

在全自动血液凝固分析仪的基础上,分析仪整合于实验室全自动化样品输送轨道上,可几台血液凝固分析仪相连,也可血液凝固分析仪与其他血液检测仪器相连,进样装置与全自动样品分配轨道或机械手兼容。一般在整个系统中还包含自动离心系统,送检样品被样品接收处理系统分拣识别,血凝检测样品进入离心系统,离心处理后的样品管通过机械手或输送轨道进入全自动检测流程,检测结果自动传送到实验室信息系统(LIS)、医院信息系统(HIS)(图 9-17)。还可将多个血液凝固分析仪与其他实验室自动化设备(如样品前处理设备、样品传送系统、后处理系统)整合,形成一个完整的工作流程,高度集成和自动化,实现从样品采集到结果输出全过程无人值守操作,适用于大型医疗机构和高通量样品处理场合。

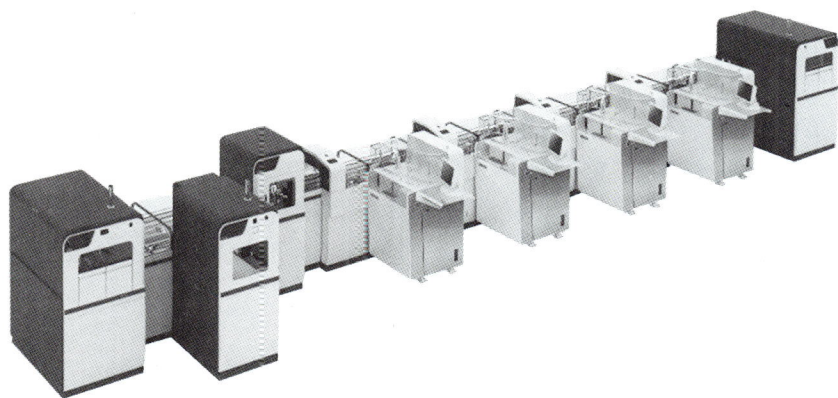

图 9-17 全自动血凝检测流水线系统

三、血液凝固分析仪的性能验证与临床应用

(一)血液凝固分析仪的性能验证

血液凝固分析仪的良好性能是止血与血栓检验质量的可靠保证。

1. 性能验证内容 血液凝固分析仪的性能验证可参考《临床血液学检验常规项目分析

质量要求》（WS/T 406—2012）中凝血试验的分析质量要求及验证方法，包括但不限于精密度、正确度、线性范围以及准确度。

（1）精密度：包括重复性和日间精密度。在相同或不同时间内对 3 个浓度水平（涵盖正常值、中度异常值和高度异常值）的质控血浆或临床样品进行重复性测定。每个样品重复测定 10 次，计算其算术平均值、标准差、变异系数。表 9-3 列出的是常用凝血试验项目的重复性检测要求。

表 9-3　常用凝血试验项目的重复性检测要求　　　　　　　　　　　　　　　　　　单位：%

检测项目		PT[a]	APTT[a]	Fib[b]
变异系数	正常样品	≤3.0	≤4.0	≤6.0
	异常样品	≤8.0	≤8.0	≤12.0

注：a. 异常样品浓度水平要求大于仪器检测结果参考区间中位值的 2 倍；b. Fib 异常样品的浓度要求大于 6g/L 或小于 1.5g/L。

（2）正确度：正确度验证结果以偏倚为评价指标，血液凝固分析仪主要对 Fib 项目进行正确度验证。至少使用 10 份检测结果在参考区间内的临床样品，每份样品检测 2 次，计算 20 次以上检测结果的均值，以校准实验室的定值为标准，计算偏倚，要求 Fib 的偏倚≤10%。

（3）线性范围：线性范围的评价可参考《临床化学设备线性评价指南》（WS/T 408—2012）的要求进行。如厂家已提供线性范围，临床实验室可对其进行验证，取可覆盖整个预期测定范围的 4～6 个浓度水平的临床样品进行验证，每个样品重复测定 3～4 次。血液凝固分析仪要求线性回归方程的斜率为 1.00 ± 0.05，相关系数 $r \geq 0.975$ 或 $r^2 \geq 0.95$。

（4）准确度：准确度验证以总误差为评价指标，用相对偏差表示，要求 PT≤15%、APTT≤15%、Fib≤20%。至少使用 5 份质评物或定值临床样品分别进行单次检测，计算每份样品检测结果与靶值的相对偏差，每个检测项目符合要求的比例应≥80%。

2. 实验室内的结果可比性　随着检验项目的增多及样品量的增加，很多临床实验室会同时使用两台或两台以上、相同或不同型号的全自动血液凝固分析仪进行样品检测。为保证检测结果的准确性，用不同方法、不同分析系统检测同一项目时应定期（至少 6 个月）对检测结果进行比对。

至少使用 20 份临床样品（涵盖正常、异常浓度水平各 50%）进行结果比对，每份样品分别使用临床实验室内部规范操作检测系统和被比对仪器进行检测，以内部规范操作检测系统的测定结果为准，计算相对偏差，每个检测项目的相对偏差符合要求的比例应≥80%。

（二）血液凝固分析仪的临床应用

半自动血液凝固分析仪以凝固法测定为主，检测项目较少，而全自动血液凝固分析仪可使用多种方法进行凝血系统检测、抗凝系统检测、纤维蛋白溶解系统检测、用药监测等多项目的检测。

1. 凝血系统检测

（1）常规筛选试验：如 PT、APTT、TT 测定。

（2）单个凝血因子含量或活性的测定：Fib，凝血因子Ⅱ、Ⅴ、Ⅶ、Ⅷ、Ⅸ、Ⅹ、Ⅺ等。

2. 抗凝系统检测　包括抗凝血酶（AT）、蛋白 C（PC）、蛋白 S（PS）、活化蛋白 C 抵抗（APCR）、狼疮抗凝物（LA）等的测定。

3. 纤维蛋白溶解系统检测　包括纤溶酶原（PLG）、α₂- 抗纤溶酶（α₂-AP）、FDP、D- 二聚体等的测定。

4. 临床用药监测　当临床应用普通肝素（UFH）、低分子肝素（LMWH）及口服抗凝剂（如华法林）时，常用血液凝固分析仪对相关指标进行监测，以保证用药安全。

四、血液凝固分析仪的校准与维护保养

仪器设备的校准和维护保养对于保证仪器性能、保证检验结果准确性、延长设备使用寿命至关重要,应确保其正确执行。

(一)血液凝固分析仪的校准

血液凝固分析仪的设备性能受多种内外因素影响,定期校准对保证测量结果的准确性和稳定性具有重要作用。在设备校准过程中,应参照《凝血分析仪校准规范》(JJF 1945—2021)执行,并详细记录校准过程与结果,校准完成后通过质控等验证设备运行状态。血液凝固分析仪校准内容一般包括温度控制、通道差(半自动血液凝固分析仪)、携带污染率(全自动血液凝固分析仪)、测量重复性等。

仪器校准频率的制订通常参考制造商建议和实验室质量管理体系,同时结合设备性能、试剂特性和实验室内部质控要求等因素,建议时间不超过 1 年。

(二)血液凝固分析仪的维护保养

必要的维护保养是自动血液凝固分析仪正常运行的基本保证。日常维护血液凝固分析仪时,须确保每日外部清洁,包括擦拭仪器表面、除去潜在污染源;运动导杆及丝杆、反应杯、试剂或样品针、抽屉、注射器等是仪器故障多发部位,也是日常维护保养的关键。应严格按照要求进行定期维护保养并记录。

同时应制订应对突发状况的预案,如断电恢复机制、异常报警响应流程,以全方位保障仪器性能优良、检测结果准确可靠。使用自动血液凝固分析仪的过程中,每年应至少请一次厂家专业工程师进行专业维护保养。一旦仪器出现故障,维修者应根据报警内容进行相应处理,必要时,应寻求厂家专业维修工程师解决。

第三节 血液流变分析仪

血液流变学(hemorheology)主要研究血液及其有形成分的流动性、变形性和聚集性的变化规律,血液流变分析仪(hemorheological analyzer)可检测血液黏度、血浆黏度、红细胞聚集性与变形性等。

一、血液流变分析仪的检测原理与基本结构

(一)锥板法(旋转法)

1. 检测原理 锥板式血液流变分析仪由一个同轴圆锥(切液锥体)和一个圆平板(切血平板)组成,待测样品加入圆锥和圆平板的间隙内。圆平板由一个电机驱动旋转时,其与圆锥之间由于相对旋转而产生了剪切速率,使其中的样品产生相对流动。由于样品具有黏度,所以锥板之间会产生一个剪切应力。剪切应力所产生的扭力传导到相对静止的圆锥上,圆锥会随之偏转一定的角度。在相同的转速下,样品的黏度越大,剪切应力越大,圆锥偏转角度也越大,所以偏转角度与样品黏度成正比。通过测量液体加在圆锥上的扭矩,可换算成液体的黏度值(图 9-18)。血液属于"非牛顿流体",依据牛顿黏性定律(黏度 = 切应力 / 切变率),血液黏度与切变率成反比。一般测量高($200s^{-1}$)、中($40\sim50s^{-1}$)、低($<10s^{-1}$)三种切变率下的全血黏度,但该方法不适合测定血浆、血清等牛顿流体样品的黏度。

2. 基本结构 锥板式血液流变分析仪主要由六个部分组成:①锥板检测系统;②温度控制系统;③转速控制系统;④力矩测量系统;⑤自动清洗系统;⑥计算机控制与数据处理系统。

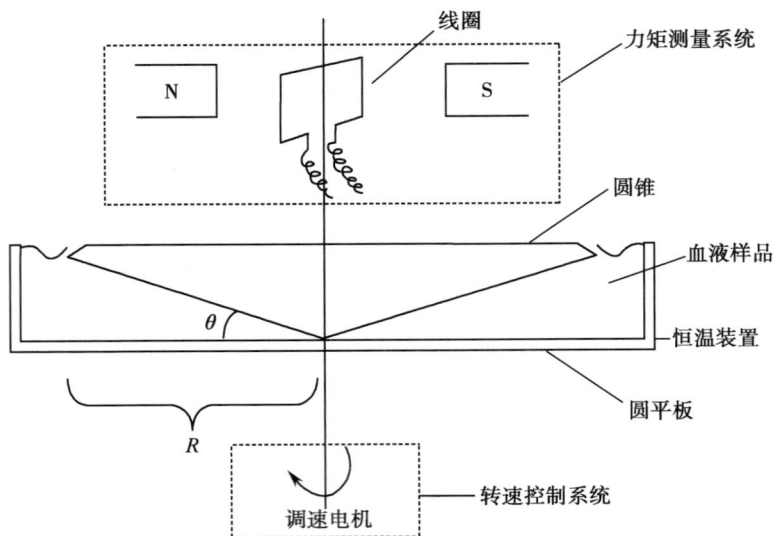

图 9-18 锥板式血液流变分析仪原理示意图

R. 圆平板的半径；*θ*. 圆锥和圆平板之间的角度。

（二）毛细管法

1. 检测原理 根据哈根 - 泊肃叶定律，在一定体积、压差及毛细管管径条件下，液体的黏度与流过毛细管所需的时间成正比。通常测定同体积的血浆与纯水通过毛细管所需要的时间，已知纯水黏度，可计算出血浆黏度。该方法适用于测量黏度较低的"牛顿流体"，如血浆、血清，但不适合测量全血黏度。

2. 基本结构 包括毛细管、储液池、控温装置、计时装置等。

二、血液流变分析仪的性能验证与临床应用

（一）血液流变分析仪的性能验证

血液流变分析仪在投入使用前，应该充分评价其性能指标，参考医药行业标准《血液流变仪》（YY/T 1460—2016），应包括准确度、重复性、携带污染率、样品加样量准确性、连续工作时间等。

（二）血液流变分析仪的临床应用

血液流变分析仪直接测定的参数是全血黏度和血浆黏度，结合血细胞比容（HCT）可计算出红细胞刚性指数、红细胞变形指数和红细胞聚集指数。血液黏度增高提示存在高黏滞综合征，可见于冠心病、脑梗死、糖尿病、高脂血症、真性红细胞增多症等。该项检测虽然对疾病的诊断没有特异性，但可作为心脑血管疾病高危人群的筛查试验，或可用于亚健康人群的体格检查。对疾病监测和用药评估具有一定的参考价值，有助于慢性疾病的管理、预防不良事件的发生。

三、血液流变分析仪的校准与维护保养

（一）血液流变分析仪的校准

新安装的仪器投入使用前，应针对检测系统、温度控制系统进行校准，一般校准周期为12 个月。

（二）血液流变分析仪的维护保养

血液流变分析仪安装时必须调整至水平状态，避免剧烈振动或强电磁干扰，避免阳光直射。

每天使用后完成各组件的清洁工作，包括锥板表面及中间孔、中心轴与锥板的接触部位、加样针外壁以及毛细管玻璃杯内壁等，避免仪器机芯孔内进入异物。根据检测样品数量，应请厂家工程师定期进行保养，必要时更换易损配件。

第四节 自动红细胞沉降率测定仪

红细胞沉降率（erythrocyte sedimentation rate，ESR）简称血沉，是指抗凝全血中红细胞在一定条件下沉降的速率。过去，红细胞沉降率的测定方法为传统的手工方法，即魏氏（Westergren）法，该方法虽然成本低、操作简单易行，但检测时间较长（1小时），不适合批量检测。自20世纪80年代以来，自动红细胞沉降率测定仪逐渐投入使用。该仪器操作简便、重复性好，能实现高通量检测，目前已在实验室广泛应用。

一、自动红细胞沉降率测定仪的检测原理

自动红细胞沉降率测定仪的原理都是建立在魏氏法的基础上。将血液样品充分混匀后垂直放置于仪器中，在重力作用下，红细胞缓慢下沉，血沉管上部出现一段透明的血浆。采用红外线探测技术或其他光电技术定时扫描血沉管，当上层出现血浆后，红外线穿过血沉管到达接收管，接收管将信号传递给计算机。通过不断扫描红细胞与血浆的分界面，动态记录红细胞沉降的全过程，数据经计算机处理后计算出1小时红细胞沉降的距离。

二、自动红细胞沉降率测定仪的基本结构

自动红细胞沉降率测定仪由光源、检测系统、数据处理系统组成。
1. **光源** 多采用红外光源或激光。
2. **检测系统** 一般采用光电二极管阵列，其作用是进行光电转换，把光信号转变成电信号。
3. **数据处理系统** 由放大电路、数据采集处理软件和打印机组成。

三、自动红细胞沉降率测定仪的性能验证与临床应用

新仪器正式启用前，需要完成性能验证。参考行业标准《红细胞沉降率测定仪》（YY/T 1251—2014），至少应该包括符合率、检测重复性、通道一致性等。

红细胞沉降率是临床实验室的常规检验项目，对多种疾病如感染性疾病、结缔组织病的诊断与鉴别诊断、活动度判断、治疗监测等方面具有重要参考价值。

四、自动红细胞沉降率测定仪的校准与维护保养

新仪器投入使用前，应针对检测系统进行校准，一般校准周期为12个月。

自动红细胞沉降率测定仪的结构较为简单，正常使用过程中无须特殊保养，每年厂家工程师完成一次校准和年度保养即可。

第五节 血小板聚集仪

血小板的聚集功能在生理性止血和病理性血栓形成过程中起着至关重要的作用，因而血小板功能的检测对相关疾病的诊断、治疗方案的选择等有重要的指导价值。血小板聚集

仪是检测血小板聚集程度相关指标的仪器。

一、血小板聚集仪的检测原理

此处介绍临床上最常用的光学比浊法血小板聚集仪的检测原理。将富血小板血浆（platelet rich plasma，PRP）置于反应杯中，加入诱聚剂（主要有腺苷二磷酸、肾上腺素、胶原、花生四烯酸等）后，用一硅化的小磁粒进行搅拌，血小板逐渐聚集，血浆浊度随之降低而透射光强度增加。仪器的光探测器接收反应杯中光强度的连续变化，经光电信号转换、放大，传入数据处理系统，最终将透射光强度的变化绘制成血小板聚集的动态曲线。

二、血小板聚集仪的分类与基本结构

（一）血小板聚集仪的分类

根据检测方法和原理的不同，血小板聚集仪可分为光学比浊法血小板聚集仪、剪切诱导血小板聚集测定法血小板聚集仪、散射性粒子检测法血小板聚集仪、发色底物/发光物聚集法血小板聚集仪、转杯血小板计数法血小板聚集仪、微量反应板酶标仪比浊法血小板聚集仪、全血电阻抗法血小板聚集仪及全血流式细胞术血小板聚集仪等。

（二）血小板聚集仪的基本结构

此处主要介绍光学比浊法血小板聚集仪的基本结构，主要包括反应系统、光电检测系统、信号处理系统和数据处理系统等（图9-19）。

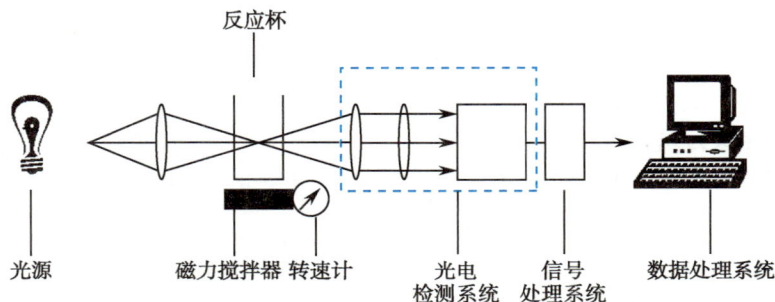

图 9-19　光学比浊法血小板聚集仪基本结构示意图

1. 反应系统　主要包括样品槽、恒温控制单元和磁力搅拌单元三个部分。

（1）样品槽：用于盛放样品反应杯，不同厂家、不同型号仪器的样品槽的设计和数目不尽相同。

（2）恒温控制单元：其功能是使样品槽始终处于37℃，模拟人体的生理状态。

（3）磁力搅拌单元：包括磁力搅拌器和磁珠。磁力搅拌器位于样品槽的底部，磁珠放于样品反应杯内，作用是搅拌混匀，确保聚集反应充分。

2. 光电检测系统　检测系统分为透射光检测系统和散射光检测系统。透射光检测装置的光电接收器与样品反应杯、光源成180°；散射光检测装置的光电接收器与样品反应杯、光源成90°。光源滤光片的滤过波长一般为660nm，检测系统的光电传感器对血小板聚集反应过程中透射光（或散射光）的强弱变化进行连续监测，并将光信号转变为电信号。

3. 信号处理系统　由于检测到的电信号非常微小，需先经放大单元放大、甄别和波形处理，再传输至数据处理系统。

4. 数据处理系统　对信号处理系统传来的数据进行分析处理，得到血小板聚集的动态曲线和检测结果，将其直接打印或者传至实验室信息系统（LIS）。

三、血小板聚集仪的性能验证与临床应用

（一）血小板聚集仪的性能验证

新仪器用于临床检测前均需进行性能验证，达到要求后方可应用于临床检测。血小板聚集仪的性能验证指标包括精密度、正确度、灵敏度、携带污染率、参考区间和分析质量范围等。

（二）血小板聚集仪的临床应用

血小板聚集是指血小板之间相互黏着的能力，血小板聚集功能的测定在血栓与止血的临床应用中有重要价值：①用于血小板无力症、血管性血友病、血小板增多症等疾病的诊断；②用于伴有高凝状态疾病的辅助诊断，如卒中、冠心病、糖尿病、肾病综合征等；③用于伴有低凝状态疾病的辅助诊断，如上消化道出血、流行性出血热等；④用于药物研究与治疗评价，如各种血栓病药物治疗作用的研究以及中医活血化瘀药物对血小板聚集的抑制和解聚的研究等。

四、血小板聚集仪的校准与维护保养

（一）血小板聚集仪的校准

仪器应严格进行年度校准，特殊情况如初次测定之前或主要部件更换后，必须对仪器进行校准操作。校准流程通常由厂家指派的具备相应资质的专业人员，严格按照仪器的出厂说明书进行。在校准过程中，必须使用高、中、低三个不同浓度水平的校准品，以确保校准结果的准确性和可靠性。

（二）血小板聚集仪的维护保养

仪器在使用过程中需要进行定期的维护和保养工作。其中，日常保养和周保养由用户自行完成，年度维护则应由专业工程师负责。具体的维护内容应根据仪器说明书以及临床实际使用情况来制订，以确保仪器的正常运行，延长仪器使用寿命。

第六节 血栓弹力图分析仪

血栓弹力图（thromboelastography，TEG）分析仪是一种记录凝血和纤溶过程中血块强度随着时间发生变化的仪器，可从凝血因子、纤维蛋白原、血小板聚集功能以及纤维蛋白溶解等方面，对患者的凝血功能状况进行全面分析。自 1948 年德国科学家 Harter 发明血栓弹力图分析仪至今，该仪器实现了从手工至半自动再到全自动的突破，大幅度提高了检验的工作效率，最大限度地降低了人为误差，使检测更加高效、准确。为科学指导临床成分输血、全面评估患者凝血功能、预测出血和血栓风险，从而实现对患者的个体化凝血管理提供支持。

一、血栓弹力图分析仪的检测原理

血栓弹力图检测以全血作为检测样品，在体外加入激活剂，启动凝血机制，形成血块，通过绘制时间和血块强度（血栓弹力）的变化曲线，全程监测从内外源性凝血系统的启动、纤维蛋白的形成到血块溶解的过程。

血栓弹力图分析仪检测所使用的样品杯由杯身和杯柱组成，杯身卡在模拟人体温度环境的恒温杯槽中，杯柱套于悬垂丝下的金属探针上，悬垂丝是一根连接着传感器系统的可以扭动的金属丝。测定时向杯身中加入全血样品，杯柱浸于血液样品中，杯槽带动杯身以

137

设定弧度、设定速度左右恒速旋转振荡。血液在杯身和杯柱之间逐渐凝固形成纤维蛋白，杯柱受到纤维蛋白切应力的作用带着探针随着杯身左右旋动，机电传感器跟踪并记录探针的旋转幅度，形成 TEG 曲线（图 9-20）。

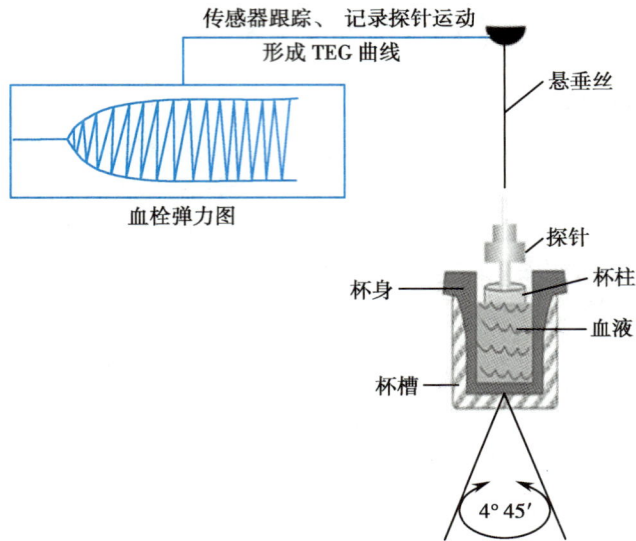

图 9-20 血栓弹力图分析仪检测原理

当血液呈液体状态时，杯身的来回转动不能带动杯柱和探针；当血液逐渐凝固形成血块时，杯身与杯柱之间因血块的黏附而产生阻力，杯身旋转时通过杯柱带动探针同时运动，纤维蛋白-血小板复合物形成的血块，其强度能影响探针运动的幅度；当血块回缩或溶解时，杯柱与杯身间的阻力逐渐解除，最后杯身的运动不再传递给探针（图 9-21）。

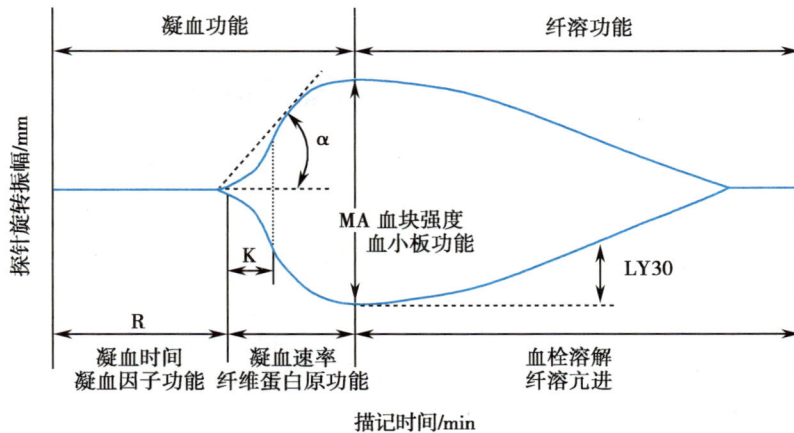

图 9-21 血栓弹力图主要参数构成

①R 表示从血样开始检测至描记图幅度达 2mm 所用的时间，是开始检测至第一块纤维蛋白凝块形成的一段潜伏期，体现凝血因子活性。②K 表示从 R 时间终点至描记图幅度达到 20mm 所用的时间，反映血块的形成速率，主要体现纤维蛋白原的水平与功能。③α 表示描记图最大曲线弧度所做切线与水平线的夹角，主要体现纤维蛋白原的水平与功能。与 K 密切相关，均为反映血凝块聚合的速率，在极度低凝状态下此参数比 K 值更直观。④MA 指描记图上的最大幅度，即最大切应力系数。反映血凝块的最大强度及血凝块形成的稳定性，主要受血小板（作用约占 80%）及纤维蛋白原两个因素的影响，主要体现血小板功能。⑤LY30 表示在 MA 值确定后 30 分钟内血凝块描记图幅度减小的百分比，反映血凝块溶解，即纤溶状态指标，提示是否存在纤溶亢进。

二、血栓弹力图分析仪的分类与基本结构

依据仪器的自动化程度,血栓弹力图分析仪可分为半自动和全自动两大类,不同厂家、不同型号的仪器在结构上有所区别。

(一)半自动血栓弹力图分析仪

半自动血栓弹力图分析仪除电机的旋转和信号测定是自动化操作外,其余操作需手工完成,如装卸样品杯、加样、加试剂、混匀等。仪器由主机和电源适配器等组成。主机由检测系统、水平系统、装卸杯系统和温控系统等组成(图 9-22)。

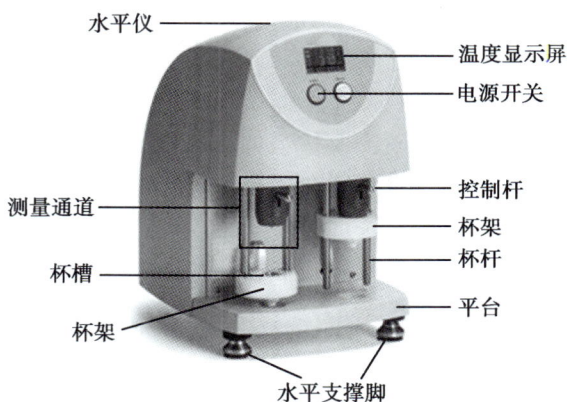

图 9-22 血栓弹力图分析仪主机结构图

1. 检测系统 由样品杯、金属探针、悬垂丝、机电传感器、计算机和分析软件等构成。半自动血栓弹力图分析仪测量通道以 2 通道和 4 通道为主,可单通道检测,也可多通道同时测定。

2. 水平系统 由水平仪和水平支撑脚组成。水平仪位于主机顶部,其水泡的位置是判断血栓弹力图分析仪调平与否的依据。水平支撑脚(3 个或 4 个)位于主机底部,调节支撑脚使顶部水平仪中的水泡居中,则调平合格。

3. 装卸杯系统 由杯架、杯槽、杯杆、控制杆等组成。杯架承托杯槽,可上下移动;杯槽用于承载样品杯;控制杆有三个挡位,分别是装杯(load 位)、测试(test 位)和卸杯(eject 位),用于控制装卸样品杯。上杯时,首先将杯架下滑至平台,控制杆置于 load 位;其次将样品杯放于杯槽中,杯架推至杯杆上部,双手分别放在主机顶部和杯架底部的按钮上,按压三次,确保金属探针插入样品杯的杯柱中;最后,将杯架下滑至杯杆一半,扶住杯架,将样品杯的杯身压回杯槽中,完成上杯。检测时,将控制杆置于 test 位。完成检测后卸杯时,将控制杆移回 load 位,向下压到 eject 位,下滑杯架至平台,向下用力压杯架,弹出样品杯。

4. 温控系统 由加温线、杯槽、温度显示屏等组成。加温线可以将温控模块的信号传递给杯槽;杯槽可为样品杯提供适宜温度,模拟体温;温度显示屏便于实时观测。

(二)全自动血栓弹力图分析仪

全自动血栓弹力图分析仪真正实现了采血管上机、自动扫码、机械臂自动装卸样品杯、样品混匀、加样、加试剂和检测的全程自动化,16 个检测通道大大提高了检验速度,同时最大限度减少人为因素的干扰,使检测更精准。仪器由结构系统、温控系统、加样系统、样品传送及处理系统、检测系统、信号转换系统、计算机软件系统等组成。

三、血栓弹力图分析仪的性能验证与临床应用

(一)血栓弹力图分析仪的性能验证

当临床实验室引进新的检测系统时,使用前需对其进行性能验证,确保各项性能达到标准,达标后方能用于患者样品的测定。此外,当仪器出现严重影响检验性能的情况后(如主要部件故障、仪器移动后等),再次启用前应对受影响的性能进行验证。其他依据临床实验室具体使用情况,选择适当频率进行性能验证。

临床实验室应根据临床需求来制订适宜的检验程序分析性能标准。实验室制订性能标准时,需考虑厂商或研发者给出的声明标准、国家标准、行业标准等。性能验证的结果需满足实验室制订的标准,否则验证不予通过。血栓弹力图分析仪性能验证的主要指标包括精

密度、正确度、生物参考区间、可报告范围等,不同临床实验室可依据自身情况选择需要的指标进行验证。

(二)血栓弹力图分析仪的临床应用

血栓弹力图分析仪的检测类型主要包括普通 TEG 检测、快速 TEG 检测、肝素酶对比检测、血小板图检测及功能性纤维蛋白检测。不同的方法使用的激活剂不同,临床应用也不尽相同。

1. 普通 TEG 检测 以高岭土为激活剂,激活内源性凝血途径。主要用于评估患者的凝血功能,判断凝血状态(低凝、高凝、纤溶亢进),并区分导致该状态的原因;科学合理地指导成分输血;评估凝血相关药物的疗效;预测患者发生血栓的风险,预防术后血栓发生等。

2. 快速 TEG 检测 以高岭土和组织因子为激活剂,同时激活内源性和外源性凝血途径,加速凝血反应,检测用时短,10 分钟左右即可完成测定。主要用于快速评估患者的凝血功能,并可预测患者短期内是否有大量输血的需求。适用于监测急诊、手术患者的凝血功能,还可用于监测肝素抗凝效果。

3. 肝素酶对比检测 同时检测普通杯与肝素酶杯,肝素酶杯的激活剂为高岭土、肝素酶。主要用于检测临床各类肝素的残留,评估肝素、低分子肝素及类肝素药物的疗效;评价鱼精蛋白对肝素的中和效果;判断是否有肝素抵抗或过量情况。

4. 血小板图检测 主要应用人群为使用抗血小板药物的患者,用于抗血小板药物的选择和疗效监测;使用抗血小板药物后患者出血原因的评估;服用抗血小板药物的患者术前、术中出血的风险预测。

5. 功能性纤维蛋白检测 用于评估纤维蛋白对血凝块的影响。

四、血栓弹力图分析仪的校准与维护保养

(一)血栓弹力图分析仪的校准

仪器校准的目的在于配合实验室质量管理。新的检测系统投入使用前需经校准合格后方可使用。除此之外,为了保障仪器良好运行,需严格按照出厂说明书建立和实施相应的校准程序,评估各项性能参数是否满足要求。

血栓弹力图分析仪的校准包括加样系统、检测系统、温控系统等所有子系统的校准,如水平测试及温度测试、通道差测试、准确度测试等。仪器设备校准周期由实验室根据国家法规、实验室实际情况,结合生产厂商的推荐时间来确定,一般每年一次或于仪器核心部件更换后校准一次。

(二)血栓弹力图分析仪的维护保养

每日清理废料仓、废液及反应杯架等;每周清洁清洗池和穿刺针、进行质控测试等;每个月对仪器进行消毒。此外还应不定期检查机器的外观、电源线、管路、激光器、电池和运行状态等,按照仪器说明书要求来执行。

第七节 自动血型鉴定仪

自动血型鉴定仪(automated blood grouping analyzer)是在凝胶微柱或玻璃微柱中进行抗原-抗体反应试验,集机械原理、电子学、光学、计算机技术于一体,将血型鉴定、交叉配血、抗体筛选、抗体鉴定等试验的分析操作、反应级别评定、结果判定和打印及试验后的清洗、废弃物的处理等环节实现自动化操作的仪器。由于自动血型鉴定仪具有操作简单方便、检测速度快、试剂用量少、判读结果准确等优点,现已得到广泛应用。

一、自动血型鉴定仪的检测原理

自动血型鉴定仪的检测原理是在凝胶微柱或玻璃微柱中进行凝集反应。本部分以凝胶微柱为例介绍检测原理。凝胶是不与样品发生反应的惰性物质，内部有孔隙，通过调节凝胶浓度可控制其孔隙大小，只允许游离红细胞通过，与抗体发生凝集反应的红细胞因交联聚集则无法通过。为方便观察和判读试验结果，将凝胶装在透明塑料管中制成凝胶微柱。测定时，红细胞及特异性抗体在凝胶中进行凝集反应，低速离心后，发生凝集的红细胞因不能通过凝胶孔隙而悬浮在凝胶上层，未凝集的游离红细胞则通过凝胶孔隙沉于凝胶管底部。最后，依据红细胞所停留的位置判定结果。所有操作由计算机控制自动进行。

二、自动血型鉴定仪的分类与基本结构

根据自动化程度的不同，自动血型鉴定仪分为半自动和全自动两类。半自动血型鉴定仪的操作需要人工干预，如试剂（液体或试剂卡）和样品均需要人工传递，存在发生差错的可能。另外，不同厂家仪器的内部结构有转盘式样品装载装置和直排式样品装载装置的区别。

不同型号的自动血型鉴定仪的基本结构相同，包括分析系统、控制系统和显示系统；不同之处主要在于内部构造和软件。本节以转盘式样品架血型鉴定仪为例进行介绍。

（一）分析系统

分析系统即主机部分，包括样品装载装置、加样装置、试剂装置、恒温反应装置、离心机、液体容器、检测器和清洗装置（清洗站）等（图9-23）。

主机设计为样品舱、主舱、废弃物舱、试剂卡抽屉和液体系统五个功能区。样品舱内的样品架用以装载样品；主舱内部装有多种主要部件，主要有样品装载装置、自动移液系统、稀释剂和稀释剂容器、孵育器、离心机、自动读取器以及清洗装置等部件；废弃物舱内可容纳使用过的试剂卡；试剂卡抽屉用来储存试剂卡；液体系统包括稀释液和洗涤液。

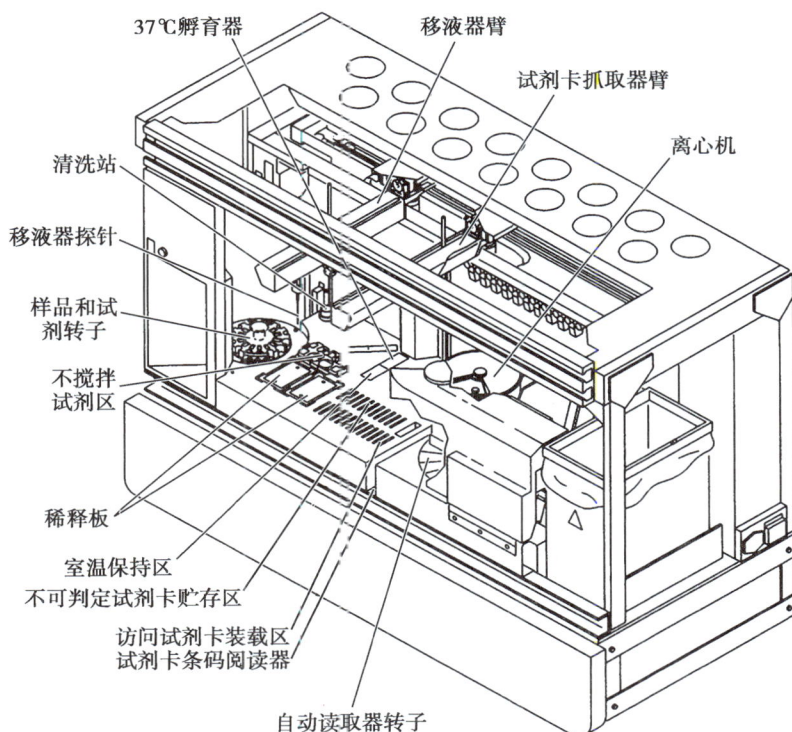

图9-23 自动血型鉴定仪主机内部结构

1. 样品装载装置　常见的样品装载装置类型有转盘式和直排式。转盘式样品装载装置可容纳多个样品架，包括可移动样品架和固定样品架，样品架用来放置样品管。样品架的类型非常重要，因所用样品管的内径和特定样品架中移液器可向下移动的最大距离而决定了系统准确检测样品量的能力。

2. 加样装置　加样装置包括自动移液系统和试剂卡抓取器。

（1）自动移液系统：包括自动移液器探针和移液器臂。在计算机指令下由步进电机驱动移液器臂运动，由液体泵带动探针精确定量吸取样品和试剂进行加样操作，控制样品的制备和转移、分配试剂及各种系统试液，将样品移至稀释板（若需要），并最终移至试剂卡。此外，该系统还负责液位检测、凝块和气泡检测，遇到空吸或探测到血凝块时，可通过自动报警及冲洗避免探针损坏或错误发生。

（2）试剂卡抓取器：用于抓取并转移试剂卡。

3. 试剂装置　对不同种试剂进行分区储存。

（1）试剂载架：储存试剂瓶的试剂载架有直排式和旋转式。红细胞悬液试剂瓶放置在试剂载架上，将载架固定在试剂转子或装载区。不需要搅拌的较大试剂瓶（如0.8%红细胞稀释液、血型分析用稀释液、菠萝蛋白酶试剂瓶）储存在不搅拌试剂区的试剂载架。

（2）访问试剂卡装载区：用于放置新的试剂卡。仪器通过试剂卡条码阅读器扫描读取试剂卡信息，将其送入检测流程，用于后续的血型鉴定。

（3）不可判定试剂卡贮存区：用于存放不可判定的试剂卡。检测中如出现无法判定某些试剂卡的结果时，仪器会将这些试剂卡移至不可判定试剂卡贮存区。操作人员可定期检查并手动取出这些试剂卡进一步分析或重新检测。

（4）试剂卡抽屉：试剂卡抽屉位于主机下部，用于容纳试剂卡套架，套架内放置试剂卡，不同型号仪器的试剂卡抽屉内可容纳不同数量的试剂卡套架。通常有两种试剂卡套架，即常规试剂卡套架和查看试剂卡套架。

（5）试剂卡：是用箔纸密封的一排塑料小管，内容物为加入了与试验内容相关的抗体成分的分子筛凝胶。试验过程中由仪器内的打孔机将箔纸打孔并从孔中加入样品进行反应。

（6）试剂盒：为含有不同细胞的标准细胞悬液。

（7）稀释剂容器：试剂系统还包括稀释剂，不同型号仪器使用不同形式的稀释剂容器。转盘式样品装载装置仪器使用两种规格的稀释板，浅反应孔稀释板为96孔的平底孔，而深反应孔稀释板为96孔的圆底孔。孔内盛放一定量的生理盐水作为稀释剂，试验时由加样探针加入一定量的红细胞悬液，即可配制所需浓度的样品。浅反应孔稀释板用于3%～5%红细胞悬浮或稀释，深反应孔稀释板用于0.8%红细胞悬浮或稀释。孔的构造与加样探针针头的构造吻合，有利于准确定量并避免损坏。两种稀释板放入仪器中的相应位置时不可错位。

4. 恒温反应装置　包括37℃孵育器和室温保持区。

（1）37℃孵育器：为金属浴，用于孵育试剂卡，一般最多可容纳24张试剂卡。

（2）室温保持区：放置不需要孵育的试剂卡，一般最多可容纳42张试剂卡。

5. 离心机　用于离心反应后的试剂卡，以加速沉淀未凝集的游离红细胞。不同型号仪器配置的离心机数量不同，一次可容纳试剂卡的数量也不同。

6. 液体容器　液体容器用于盛放洗液和稀释液，包括生理盐水容器、蒸馏水容器和废弃液体容器。由泵抽吸液体，抽吸液体的种类由软件通过容器与泵之间的阀门控制。常规检测期间仅抽吸生理盐水，关机期间转换为抽吸蒸馏水，重新启动时又由蒸馏水转换为生理盐水。每个容器的液位由软件通过压力检测进行监控，对于生理盐水容器和蒸馏水容器，当液位较低时低压检测会生成警告信息；对于废弃液体容器，废弃液体装满时高压检测会生成警告信息。

7. 检测器 检测器由自动读取器和内设照相机组成。

自动读取器由自动读取器转子、旋转抓取器和条码阅读器组成。自动读取器转子把来自离心机的试剂卡旋转到抓取器可捡取的位置，旋转抓取器将试剂卡移动并扫过条码阅读器，读取试剂卡位置标识，然后移至内设照相机面前（部分仪器的照相机设置在离心机内，可直接读取结果）读卡，最后根据结果读数将已读取的试剂卡移回自动读取器转子或滑道，将用过的试剂卡滑入废物篮。条码阅读器用于阅读试剂卡位置标识。试验结果可显示试剂卡各个柱中的反应级别，包括 ++++、+++、++、+、± 和 −、IND±（不可判定的结果）、混合视野、溶血、细胞太少以及其他各种信息。

8. 清洗装置 仪器内部的清洗站用于移液器探针的清洗。清洗站有两个清洗位置，深反应孔用于清洗完整的探针；浅反应孔用于清洗探针的末端。清洗站内储有清洗液，清洗站中间有一个小孔，通过导管连接至废弃物容器。

（二）控制系统和显示系统

自动血型鉴定仪由计算机系统控制试验的所有部件，包括访问设备的所有组件。计算机软件系统控制仪器的运行，相当于自动血型鉴定仪的大脑，可根据医师和患者的临床需求，在软件中设置试验组或单项试验，指引系统应对样品进行的试验类型。对于每项试验，软件将确定运行该试验所需的试剂和系统需要执行的操作。

实验室信息系统（LIS）能够自动录入试剂、样品信息，查看试剂、样品情况及正在进行的流程，例如试剂的添加、更换和识别，条码的识别，恒温控制，冲洗控制，资源的定位和运行，数据结果的记录打印，质控的监控，仪器各种故障的报警、仪器的维护提示等，都由计算机控制完成。

三、自动血型鉴定仪的性能验证与临床应用

（一）自动血型鉴定仪的性能验证

全自动血型鉴定仪的性能验证主要参考厂家说明书，由具有资质的专业人员（工程师）实施，并出具相应的验证报告。采用仪器配套的试剂，选用室间质评物及临床样品对仪器的准确性、精密度、抗体检出限、抗干扰能力及携带污染情况等进行性能验证，验证合格后方能使用。

（二）自动血型鉴定仪的临床应用

自动血型鉴定仪主要用于血型鉴定、抗体筛选及鉴定、交叉配血和抗球蛋白试验。

1. 血型鉴定 涵盖 ABO 血型鉴定及 Rh 血型鉴定。

2. 抗体筛选及鉴定 采用谱细胞试剂（抗原表型明确的红细胞组合），进行受者抗体筛查，并对筛查到的不规则抗体进行类型鉴定。

3. 交叉配血 用于检验供、受者的相容性。在血型鉴定的基础上，进行交叉配血试验能够发现供、受者之间是否有不相容的成分，确保输血安全。

4. 抗球蛋白试验 用于检测抗红细胞不完全抗体。直接抗球蛋白试验检测红细胞上结合的不完全抗体，间接抗球蛋白试验检测血清中的不完全抗体。主要用于新生儿溶血的辅助诊断及输血前不规则抗体的筛查。

四、自动血型鉴定仪的校准与维护保养

（一）自动血型鉴定仪的校准

自动血型鉴定仪的校准主要包括加样装置、试剂装置、恒温反应装置、离心机、检测器等的校准。一般每年校准一次，由具有资质的专业人员完成。

（二）自动血型鉴定仪的维护保养

每日补充洗液、清空废卡容器、清空废液瓶，然后执行关机程序，并确保液路系统每天

清空并清洗一次。每周清洁仪器表面,要确保清洁过程中和主电源完全断开;检查仪器工作区域是否有异常情况出现,如发现需要通知厂家授权的技术服务人员处理;此外还要更换清洁试剂瓶、清洁废液瓶和洗液瓶、检查仪器加样配适器(注射器)等。每个月消毒一次,可在厂家技术人员指导下进行。每半年进行维护,每年检查仪器的总体情况,需由具有资质的厂家技术人员实施。

维护过程中的清洗和消毒方法、所使用的溶液以及注意事项应严格按照厂家仪器维护手册执行操作。

(邢 莹 郑 磊 刘宏鹏)

本章小结

本章主要介绍了血细胞分析仪等七种血液分析仪器的检测原理、分类、基本结构、性能验证和临床应用、校准和维护保养。

血细胞分析仪多采用经典的电阻抗原理进行血细胞计数,血红蛋白检测采用光电比色原理,部分仪器结合激光散射法和核酸荧光染色(细胞化学染色)进行白细胞计数和分类计数。网织红细胞检测多采用化学染色或核酸荧光染色技术。血细胞分析仪主要由机械系统、硬件及控制系统、血细胞检测系统、血红蛋白测定系统、计算机控制系统组成。

血液凝固分析仪的主要检测方法有凝固法、底物显色法、免疫学方法等。可分为半自动血液凝固分析仪、准全自动血液凝固分析仪、全自动血液凝固分析仪和全自动血凝检测流水线系统。全自动血液凝固分析仪的主要结构包括样品传送及处理装置、试剂位、样品及试剂分配系统、检测系统、计算机控制系统和附件。

血液流变分析仪的检测原理主要包括锥板法和毛细管法。锥板式血液流变分析仪依据牛顿黏性定律,适用于全血(非牛顿流体)黏度的检测。毛细管式血液流变分析仪依据哈根-泊肃叶定律,适用于血浆(牛顿流体)黏度的检测。

自动红细胞沉降率测定仪以魏氏法为基础,由光源、检测系统、数据处理系统组成。

血小板聚集仪的检测原理是在富血小板血浆中加入诱聚剂,在小磁粒的搅拌下,血小板迅速聚集,血浆浊度随之降低而透射光强度增加。光探测器接收光强度的连续变化,将透射光强度的变化绘制成血小板聚集的动态曲线。其基本结构包括反应系统、光电检测系统、信号处理系统和数据处理系统等。

血栓弹力图分析仪是一种记录凝血和纤溶过程中血块强度随着时间发生变化的仪器,可从凝血因子、纤维蛋白原、血小板聚集功能以及纤维蛋白溶解等方面,对患者的凝血状况进行全面分析。能科学指导临床成分输血、全面评估患者凝血状况、预测出血和血栓风险,为患者的个体化凝血管理提供支持。

自动血型鉴定仪是在凝胶微柱或玻璃微柱中进行抗原-抗体反应试验,集机械原理、电子学、光学、计算机技术于一体,将血型鉴定、交叉配血、抗体筛选、抗体鉴定等试验的分析操作、反应级别评定、结果判定和打印及试验后的清洗、废弃物的处理等环节实现自动化操作的仪器。其基本结构包括分析系统、控制系统和显示系统。

第十章 临床尿液检验仪器与技术

10章

通过本章学习,你将能够回答下列问题

1. 尿液干化学分析仪的检测原理是什么?
2. 尿液干化学分析仪是如何进行分类的?
3. 尿液干化学分析仪的结构有哪些部分?各部分的功能是什么?
4. 尿液有形成分分析仪有哪些类型?
5. 流式细胞技术尿液有形成分分析仪的检测原理是什么?其结构包括哪些部分?
6. 流动式数字影像技术尿液有形成分分析仪如何实现图形分析?
7. 尿液有形成分分析仪临床应用的局限性有哪些?

尿液分析(urinalysis)是指运用物理、化学等方法,结合显微镜及其他仪器对尿液样品进行分析,协助对泌尿、循环、消化、内分泌等系统的疾病进行诊断、疗效观察及预后评估等。随着现代医学科学技术的发展,特别是电子技术及计算机的应用,各种尿液干化学分析仪,特别是全自动尿液有形成分分析仪相继问世,为尿液化学成分检查和尿液有形成分的自动化检查提供了可靠的手段。

第一节 尿液干化学分析仪

尿液检测是最古老的医学检验之一。公元前 400 年,古希腊学者 Hippocrates 就注意到,人发热时尿液颜色和气味会有变化。16 世纪人们就开始用化学方法检测尿液中的蛋白质、红细胞、葡萄糖等。20 世纪 40 年代,逐渐出现了尿液干化学试剂带法,并成为筛检健康人或患者尿液的首选方法。自 20 世纪 70 年代,半自动、全自动尿液分析仪相继问世,成为现代尿液分析的标志。20 世纪 80 年代,色谱技术和免疫技术逐渐被应用于干化学试纸中,生产出检测灵敏度和特异度极高的单克隆抗体试剂带。20 世纪 90 年代以来,由于计算机技术的高度发展和广泛应用,尿液干化学分析仪自动化程度和性能得到迅速提升,目前尿液干化学分析仪已经能够在 1 条试剂带上同时测定 8～14 个项目。

我国尿液干化学试纸条的研制始于 20 世纪 60 年代;1980 年,国产尿液干化学试纸条问世;1985 年我国从国外引进尿液分析仪和专用试纸条的生产技术及设备;至 20 世纪 90 年代,尿液干化学分析仪已全部国产化。目前我国已经能够独立生产多种尿液干化学分析仪和尿液有形成分分析仪。

一、尿液干化学分析仪的检测原理

尿液干化学分析仪的基本检测原理是将试剂带浸入尿液样品后,试剂带上的试剂块与尿液中某种成分发生反应,产生颜色变化。颜色的深浅与尿液中该成分的含量成比例关系,并通过仪器设备来检测尿液中各成分的含量。

（一）尿液干化学分析仪的试剂带

1. 试剂带的结构　试剂带采用多层膜结构（图 10-1）：第一层尼龙膜起保护作用，防止大分子物质对反应的干扰；第二层绒制层，它包括过碘酸盐区和试剂区，过碘酸盐区防止维生素 C 等物质的干扰，试剂区含有试剂成分，主要与尿液所测定的物质发生化学反应，产生颜色变化；第三层是吸水层，可使尿液均匀快速渗入，并能抑制尿液流到相邻反应区；最后一层选取尿液不浸润的塑料片作为支持体。

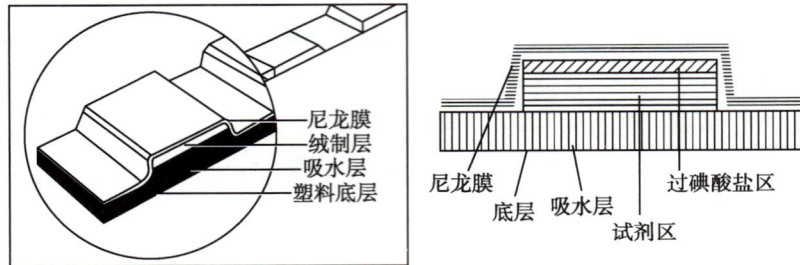

图 10-1　试剂带结构图

临床上常用多联试剂带，它将多种项目试剂块集成在一个试剂带上，可同时测定多个项目。试剂块一般会比测试项目多一个空白块，是为了消除由尿液本身的颜色及试剂块分布不均等造成的测试误差，提高测量准确度。有些仪器还多一个位置参考块，是为了消除在测试过程中因每次放置试剂带的位置不同所产生的测试误差。每次测定前，检测头都会移到位置参考块进行自检，必要时，自动调整发光二极管的亮度和灵敏度，以提高检测的信噪比。

2. 试剂带的反应原理　见表 10-1。

表 10-1　试剂带反应原理

项目	试剂带反应原理	项目	试剂带反应原理
pH	酸碱指示剂原理	亚硝酸盐	重氮 - 偶联反应法
蛋白质	pH 指示剂蛋白质误差原理	白细胞	酯酶法
葡萄糖	葡萄糖氧化酶 - 过氧化物酶法	比重	多聚电解质离子解聚法
酮体	硝普钠（亚硝基铁氰化钠）法	维生素 C	酸性环境还原染料法
隐血	血红蛋白类过氧化物酶法	颜色	反射率法
胆红素	重氮反应法	浊度	透光指数原理
尿胆原	Ehrlich 醛法		

（二）尿液干化学分析仪的检测原理

试剂带浸入尿液后，除空白块外，各检测试剂块因和尿液相应成分发生化学反应而产生颜色变化。各试剂块反应后颜色越深，相应某种成分浓度越高，吸收光量值越大，反射光量值越小，反射率也越小。所以只需测得光的反射率即可以求得尿液中各种成分的浓度。

尿液干化学分析仪一般由计算机控制，采用球面积分仪接收双波长反射光的方式测定试剂块的颜色变化。一种波长为测定波长，它是被测试剂块的敏感特征波长；另一种为参比波长，是被测试剂块不敏感的波长，用于消除背景光和其他杂散光的影响。各种试剂块都有相应的测定波长，其中亚硝酸盐、酮体、胆红素、尿胆原的测定波长为 550nm，pH、葡萄糖、蛋白质、维生素 C、潜血的测定波长为 620nm。各试剂块所选用的参比波长为 720nm。

将测定的每种试剂区反射光的光量值与空白块的反射光量值进行比较,通过计数求出反射率(式10-1),仪器根据反射率确定尿液中生化成分的含量。

$$R = \frac{T_m \times C_r}{T_r \times C_m} \qquad (式10\text{-}1)$$

式中:R 为反射率;T_m 为试剂块对测定光的反射强度;T_r 为试剂块对参考光的反射强度;C_m 为空白块对测定光的反射强度;C_r 为空白块对参考光的反射强度。

双波长检测法不仅可以消除尿液颜色所引起的误差,还可以消除其他杂质成分与试剂反应产生的误差,可提高测量精度。

二、尿液干化学分析仪的分类与基本结构

(一)尿液干化学分析仪的分类

尿液干化学分析仪可按工作方式和自动化程度分类。

1. 按工作方式分类 可分为湿式尿液干化学分析仪和干式尿液干化学分析仪。其中干式尿液干化学分析仪主要基于干试纸法测定尿液中各种物质的含量,因其结构简单、使用方便,目前在临床普遍应用。

2. 按自动化程度分类 可分为半自动尿液干化学分析仪和全自动尿液干化学分析仪。

(二)尿液干化学分析仪的基本结构

尿液干化学分析仪一般由机械系统、光学检测系统、电路系统三部分组成(图10-2)。

1. 机械系统 机械系统包括传送装置、采样装置、加样装置和测量装置等,主要功能是将待检的试剂带传送到检测区,检测后将试剂带送到废物盒。

全自动尿液干化学分析仪的机械系统比较复杂,主要有以下三类。

(1)浸式加样:首先由机械手取出试剂带,然后将试剂带浸入尿液中,再放入测量装置进行检测。此类分析仪取样时需要将试剂带完全浸入尿液中,因此需要足够的尿液(约10ml)。

(2)点式加样:主要由自动进样传输装置、样品混匀器、定量吸样装置、试剂带传送装置和测量测试装置组成。在这类分析仪中,定量吸样装置吸取尿液样品的同时,试剂带传送装置将试剂带送入测量测试装置,定量吸样装置将尿液定量加到试剂带上,然后进行检测,此类分析仪只需2ml尿液。

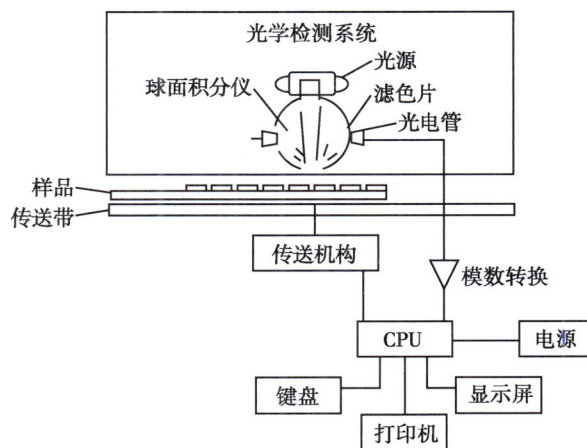

图 10-2 尿液干化学分析仪结构示意图

(3)淋样加样:提高了每个试剂带垫吸样的均匀性,其结构与点式加样方式类似,主要区别是在裸试剂带条基础上增加了试剂带槽,可保证加样时每个试剂带垫都能充分接触尿液样品,少量的多余尿液则通过试剂带槽下面的沟槽吸收,防止样品溢出。

2. 光学检测系统 光学检测系统是尿液干化学分析仪的核心部件,主要包括光源、单色处理装置、光电转换装置三部分。光线照射到反应区表面产生反射光,反射光的强度与各个项目的反应颜色成反比。不同强度的反射光再经光电转换器或光电转换器件转换为电信号进行处理。

尿液干化学分析仪的光学检测系统通常有四种:滤光片分光系统、发光二极管(light

emitting diode，LED）检测系统、电荷耦合器件（charge coupled device，CCD）检测系统和冷光源检测系统。

（1）滤光片分光系统：卤钨灯发出的混合光通过球面积分仪的通光孔照射到试剂带上，试剂带把光反射到球面积分仪上，透过滤光片，得到特定波长的单色光，再照射到光电二极管上，实现光电转换。

（2）发光二极管检测系统：采用可发射特定波长的 LED 作为检测光源，检测头上有三个不同波长的光电二极管，对应于试剂带上特定的检测项目，分别照射红、橙、绿单色光（波长分别为 660nm、620nm、555nm）。

（3）电荷耦合器件检测系统：电荷耦合器件检测系统采用比较尖端的光学元件 CCD 技术进行光电转换。把反射光分解为红、蓝、绿（610nm、540nm、460nm）三原色，又将三原色中的每一颜色分为 2 592 色素，这样整个反射光分为 7 776 色素，可精确分辨颜色由浅到深的各种微小变化。

（4）冷光源检测系统：冷光源是继白炽光、LED、LCD 光源之后出现的高科技新型光源。其发光原理是在电场的作用下产生电子碰撞激发荧光材料产生发光现象。该光源可减少环境光的污染，光源寿命长，采用 4 种波长（525nm、572nm、610nm、660nm）测定，提高仪器灵敏度、准确性和特异性。

3. 电路系统 电路系统是将转换后的电信号放大，经模数转换后送至中央处理器（CPU）处理，计算出最终检测结果，然后将结果输送到屏幕显示，并送至打印机打印。其中 CPU 不但负责检测数据的处理，而且控制整个机械系统、光学检测系统的运作，这些功能均能通过特定软件实现。

三、尿液干化学分析仪的性能验证与临床应用

（一）尿液干化学分析仪的性能验证

尿液干化学分析仪的性能验证可参考行业标准《干化学尿液分析仪》（YY/T 0475—2011），包括准确度、精密度、稳定性、携带污染等。

1. 准确度 使用厂家推荐的参考溶液进行评价，各浓度水平重复测定 3 次，与参考溶液标示值相差同向不超过一个量级，不得出现反向相差。阳性参考溶液不得出现阴性结果，阴性参考溶液不得出现阳性结果。

2. 精密度 取低浓度、高浓度尿液质控液和自然尿液样品（正常和异常尿液各 1 份），连续检测 20 次，观察每份样品每次检测是否在靶值允许范围内。

3. 稳定性 分析仪开机 8 小时内，反射率测试结果的 $CV \leq 1.0\%$。

4. 灵敏度、特异度和总符合率 将尿液干化学分析仪和传统显微镜检查及尿液理化检查结果进行对比，以传统法为基础，计算灵敏度、特异度和总符合率。

5. 携带污染 除比重和 pH 外，各测试项目的最高浓度结果的阳性样品检测后，在随后检测阴性样品时，阴性样品不得出现阳性。

6. 功能评价 仪器至少应具备以下功能：应能开机自检，识别并报告错误；结果单位应至少有国际单位制；应具备数据输出端口；应具有储存测试数据能力；仪器应具有校正功能。

（二）尿液干化学分析仪的临床应用

目前，干化学试剂带的检查项目覆盖尿液颜色、透明度、酸碱度、比重、蛋白质、葡萄糖、酮体、胆红素、尿胆原、亚硝酸盐、红细胞（隐血）、白细胞、维生素 C 等。尿液干化学分析仪具有检测样品用量小、速度快、项目多、重复性好、灵敏度及准确度高等优点，极大地减少了人工显微镜检查的工作量，适用于大批量样品筛查，而且检验数据可通过网络传输给实验室信息系统（LIS），加快了检验报告的传递速度和标准化。但在检测过程中，个别项目

可能存在假阳性或假阴性结果等，所以不能完全取代传统的显微镜检查，只能起到初筛作用。此外，尿液干化学分析仪的检测结果受试剂带质量及储存条件、仪器灵敏度和稳定性等因素影响，也易受尿液中各种内源性和外源性物质的影响。使用尿液干化学分析仪时还应注意以下事宜。

1. 尿比重测量值过高或过低的，比重值不够准确，在评价肾脏的浓缩和稀释功能时应使用折射仪法，不推荐使用干化学法。

2. 尿糖测定只针对尿中的葡萄糖，高浓度酮体、维生素 C、阿司匹林等可导致假阴性。

3. 干化学法测定尿蛋白只对白蛋白敏感，并且易受尿液中精子和黏液丝的影响。大剂量青霉素、对比剂等可导致尿蛋白检测出现假阴性现象，尿 pH 增高还会导致假阳性出现。

4. 干化学法对红细胞和白细胞的检测都是筛查实验。

（1）红细胞的检测是基于血红蛋白类过氧化物酶催化反应原理，如果尿液样品中含有对热不稳定的易热酶、肌红蛋白或某些细菌代谢物等，就易造成潜血结果假阳性；而高蛋白、高比重、高浓度维生素 C 的样品易出现假阴性。

（2）白细胞的检测应用酯酶法，此法只与粒细胞发生反应。尿中以淋巴细胞、单核细胞为主时，则会出现尿液分析仪检测白细胞阴性而镜检阳性；而当尿液在膀胱储存时间过长或其他原因致使白细胞破坏，从而导致中性粒细胞酯酶释放到尿液中时，则会出现尿液分析仪检测白细胞阳性而镜检呈阴性。因此干化学法检测红细胞、白细胞只能起到筛查作用，检测结果有疑问时还应结合临床具体情况，必要时进行人工显微镜检查，以提高尿液分析的准确性。

5. 尿液干化学分析仪对尿液中的上皮细胞、结晶、真菌、细菌、精子、管型、毛滴虫等有形成分无法检测，这些项目的检查需要依靠尿液有形成分分析仪和显微镜共同完成。

四、尿液干化学分析仪的维护与保养

按照仪器厂家推荐的维护保养程序对设备进行定期的维护保养，并制订日保养、周保养和月保养程序。例如用清水或中性清洗剂擦拭仪器表面，清洁试纸托盘和传送装置，倾倒和清洁废试剂带容器。对容易积累尿液残液或污垢的部位，应将其拆下后进行刷洗，擦拭干净后安装。仪器光路、基准白块区等主要部位不可遭受任何灰尘和颜色污染，否则应遵循厂家给出的建议进行清洗。配有校准检测条的仪器，应保持校准检测条的清洁，用后立即放回包装盒内保存。

第二节 尿液有形成分分析仪

尿液有形成分又称尿沉渣（urinary sediment），是尿液离体后经离心沉降处理或自行沉降后得到的沉降物。尿液有形成分包括红细胞、白细胞、上皮细胞、酵母菌、管型、细菌、结晶、药物和精子等。

1983 年国外研制生产了世界上第一台高速摄影机式的尿液有形成分分析仪。1995 年工程师将流式细胞术和电阻抗技术结合起来，研制生产出全自动尿液有形成分分析仪。该仪器检测快速、操作方便，可同时给出尿液有形成分的定量结果和红细胞、白细胞、细胞散射光分布散点图，便于临床医师对疾病的诊治并能满足科研工作的需求。2000 年前后，我国开发、生产出了自动染色尿液有形成分分析仪，具有尿液有形成分检验的自动吸样、准确定量、自动染色等功能。它配合计算机的图像处理功能，并综合干化学分析仪的数据，得出尿液有形成分分析结果，最终打印输出彩色的尿常规图文报告单。

一、尿液有形成分分析仪的分类

尿液有形成分分析仪按照原理的不同,可分为流式细胞技术尿液有形成分分析仪、流动式数字影像技术尿液有形成分分析仪,以及静止式数字影像技术尿液有形成分分析仪。

二、尿液有形成分分析仪的检测原理与基本结构

(一)流式细胞技术尿液有形成分分析仪

1. 检测原理 流式细胞技术尿液有形成分分析仪的测定是应用流式细胞分析技术、荧光核酸染色和电阻抗原理进行的。

在检测进行前,先使菲啶(phenanthridine)和羧花氰(carbocyanine)染料对尿液中的有形成分进行染色。这两种染料都有与细胞结合快、背景荧光弱、细胞的荧光强度与细胞和染料的结合程度成正比等特点。菲啶使细胞核酸成分 DNA 着色,在 480nm 的光激发时,产生 610nm 的橙黄色光,用于区分有核的细胞与无核的细胞,如白细胞与红细胞、病理管型与透明管型。羧花氰的穿透能力强,与细胞质膜(细胞膜、核膜和线粒体膜)的脂质成分相结合,在 460nm 的光激发时,产生 505nm 的绿色光,主要用于区别细胞的大小,如上皮细胞与白细胞。

尿液样品被稀释并染色,由于液压作用进入鞘液流动池,被一种无颗粒的鞘液包围,使每个细胞、管型等有形成分以单个纵列的形式通过流动池的中心(竖直)轴线。在这里各种有形成分被氩激光光束照射,同时接受电阻抗检查,得到荧光强度(fluorescence intensity)、前向散射光(FSC)信号和电阻抗信号三类数据。FSC 信号反映被检颗粒的大小信息;侧向散射光(SSC)信号反映被检颗粒的内部复杂性信息;荧光信号反映被检颗粒 RNA/DNA 的染色信息。同时利用计算机技术计算出两个附加信号信息:①前向散射光脉冲宽度(Fscw):反映被检颗粒的长度,Fscw 可通过式 10-2 计算得出;②荧光脉冲宽度(Flw):反映被检颗粒内容物荧光染色区域的信号宽度,Flw 可通过式 10-3 计算得出。另外,电阻抗信号的大小与细胞体积成正比。由于尿液中不同有形成分的颗粒大小、内部结构复杂性、核酸荧光强度存在差异,所以产生的光学信号有明显的特征,仪器通过分析每个颗粒信号波形的特性来对其进行分类,并绘出直方图和散点图。

$$\mathrm{Fscw} = \frac{CL + BW}{V} \qquad (式 10\text{-}2)$$

式中:CL 为颗粒长度;BW 为激光束宽度;V 为流动速度。

$$\mathrm{Flw} = \frac{NL + BW}{V} \qquad (式 10\text{-}3)$$

式中:NL 为荧光染色区域宽度;BW 为激光束宽度;V 为流动速度。

仪器将荧光、散射光等光信号转变成电信号,并对各种信号进行分析,最后得到每个尿液样品的直方图(histogram)和散点图(scatter diagram)。通过分析这些图形,即可区分每个细胞并得出有关细胞的形态。仪器测定原理简图见图 10-3。

2. 仪器结构 流式细胞技术尿液有形成分分析仪包括光学检测系统、液压系统、电阻抗检测系统和电子分析系统(图 10-4)。

(1)光学检测系统:光学检测系统由氩激光(波长 488nm)、激光反射系统、流动池、前向光收集器和前向光检测仪组成。

激光发出的光束直接由两个双色反射镜反射,然后被聚光镜收集形成射束点汇聚于流动池中的样品上。通过流动池的尿液有形成分被氩激光照射,产生前向光。前向光被前向光收集器收集,发送至前向光检测器,然后被双色过滤器分为前向散射光和荧光。光电倍

前向散射光信号放大器

氩激光

荧光信号放大器

鞘液 电极

电阻抗信号放大器

导电率感应器

稀释 染色

尿样品

| 流式细胞测定法 | | | | 电阻抗测定法 | |

| 前向散射光 | | 荧光 | | 电阻抗信号 | 导电率 |

| 前向散射光强度 | 前向散射光脉冲宽度 | 荧光强度 | 荧光脉冲宽度 | 电阻抗 | |

| 细胞大小 | 细胞长度 | 染色强度 | 染色部分长度 | 细胞体积 | |

散点图

| 红细胞 | 白细胞 | 上皮细胞 | 管型 | 细菌 | 酵母细胞结晶小圆上皮细胞病理管型 | 尿导电率 |

| 前向散射光直方图 | 前向散射光直方图 |

| 红细胞参数 | 白细胞参数 |

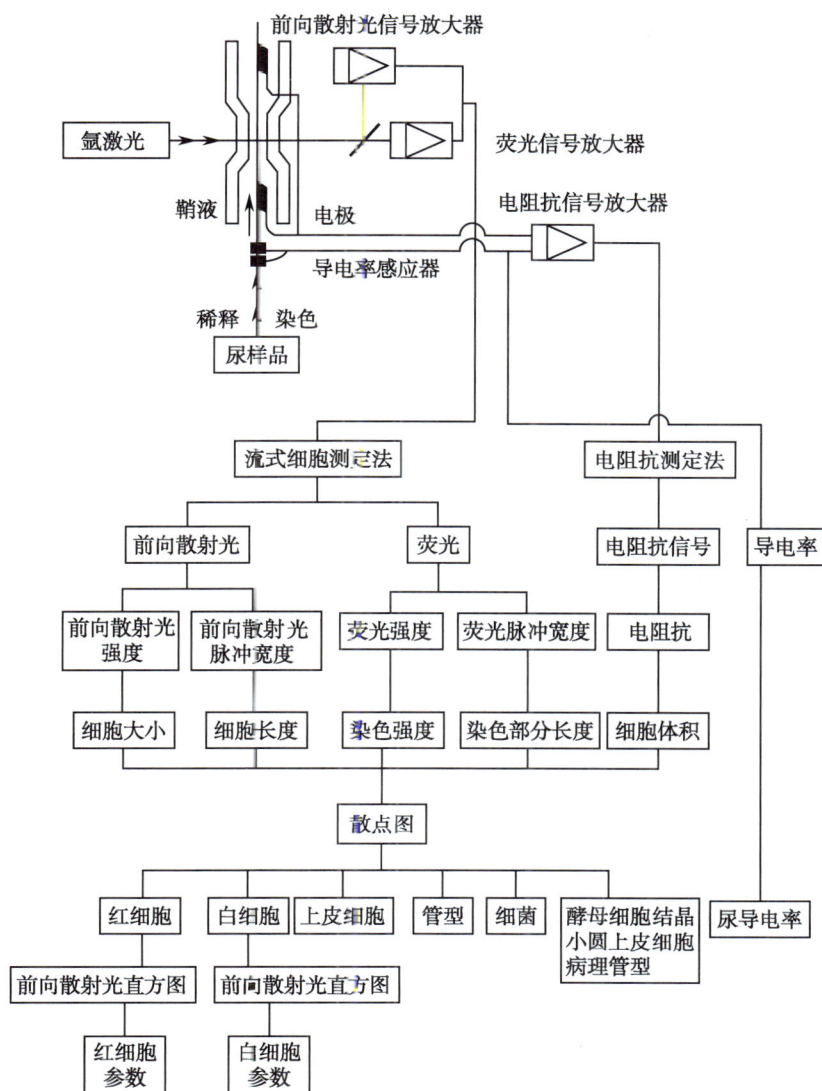

图 10-3 流式细胞技术尿液有形成分分析仪测定原理简图

增管为光电转换元件，接受光照后转化为电子流，电子流轰击倍增器，使电子按照指数递增，从而将电信号放大，然后输送到微处理器进行处理。

（2）液压系统：反应池中的染色样品随着真空作用进入鞘液流动池。为了使尿液中的细胞等有形成分不聚集成团，而是逐个纵向排列通过加压的鞘液输送到流动池，鞘液形成一股液涡流包围在尿液样品外周。这两种液体相互不混合，保证尿液有形成分在鞘液中心通过。鞘液流动机制提高了细胞计数的准确性和重复性，防止错误的脉冲，减少流动池被尿液样品污染的可能，降低了仪器的记忆效应。

（3）电阻抗检测系统：电阻抗检测系统包括测定细胞体积的电阻抗系统和测定尿液导电率的传导系统。当尿液中的细胞通过流动池（流动池前后有两个电极维持恒定的电流）小孔时，细胞和稀释液之间的传导性或阻抗存在较大的差异，阻抗的增加引起电压之间的变化，它与阻抗的改变成正比。

电阻抗检测系统采用电极法测量尿液的导电率。样品进入流动池之前，在样品两侧各个传导性传感器接收尿液样品中的导电率电信号，并将电信号放大直接送到微处理器。这种传导性与临床使用的尿渗量密切相关。

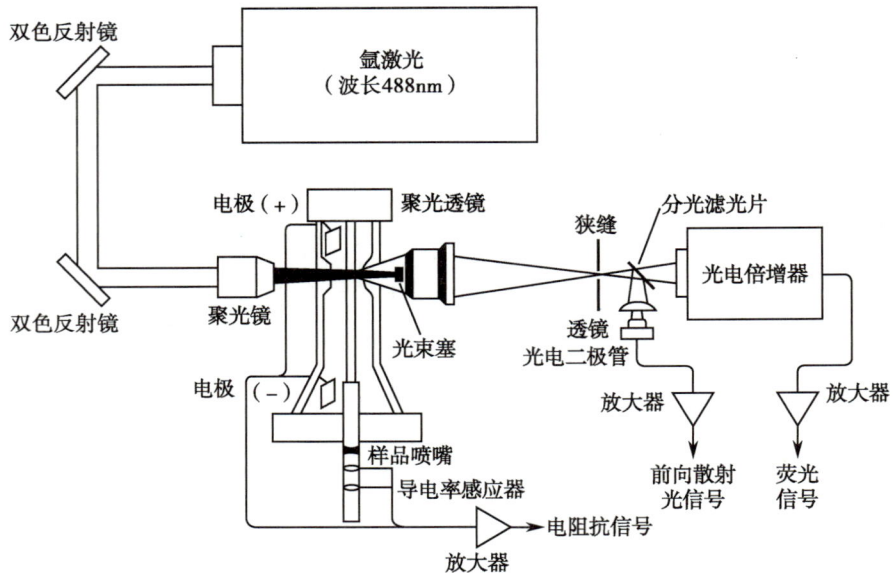

图 10-4 流式细胞技术尿液有形成分分析仪结构示意图

（4）电子分析系统：从尿液细胞中获得的前向散射光很强，光电二极管能够直接将光信号转变成电信号。从尿液细胞中获得的前向荧光很弱，需要使用极敏感的光电倍增管将前向荧光转变成电信号并放大。从尿液中获得的电阻抗信号和传导性信号被传感器接收后直接放大输送给微处理器。所有这些电信号通过波形处理器整理，再传输给微处理器汇总，得出每种细胞的直方图和散点图，通过计算得出每微升各种细胞的数量和形态。

3. 检测项目和参数

（1）红细胞：仪器检测的红细胞（RBC）参数有尿红细胞定量（每微升的细胞数和每高倍视野的平均红细胞数）、均一性红细胞（isomorphic RBC）的百分比、非均一性红细胞（dysmorphic RBC）的百分比、非溶血性红细胞的数量（non-lysed RBC）和百分比（non-lysed RBC%）、平均红细胞前向荧光强度（RBC-MFI）、平均红细胞前向散射光强度（RBC-MFsc）和红细胞荧光强度分布宽度（RBC-FI-DWSD）。

（2）白细胞：仪器检测的白细胞（WBC）参数有白细胞定量（每微升的细胞数和每高倍视野的平均白细胞数）、平均白细胞前向散射光强度（WBC-MFsc）。

（3）上皮细胞：仪器检测的上皮细胞（EC）参数有上皮细胞数、小圆上皮细胞数。

（4）管型：管型种类较多，形态各不相同，仪器不能完全区分这些管型的性质，只能检测出透明管型和标明存在病理管型。当仪器标明有病理管型时，只有通过进一步的离心和人工镜检，才能确认管型的类型。

（5）细菌：由于细菌（BACT）体积小并含有 DNA 和 RNA，所以前向散射光强度要比红、白细胞弱，荧光强度比红细胞强、比白细胞弱。

（6）其他检测：除检测上述参数外，还能标记出酵母菌、精子、结晶，并能够给出定量值。

（二）流动式数字影像技术尿液有形成分分析仪

1. 检测原理

（1）工作原理：流动式数字影像技术尿液有形成分分析仪的工作原理见图10-5。尿液样品采用层流平板式流式细胞术，闪光灯为图像拍摄提供光源支持，显微镜物镜可将拍摄的尿中颗粒放大，尿液样品在鞘液包围的状态下通过仪器的流动池，数字照相机对聚焦于显微镜镜头后面的呈平面流过的样品进行拍照，再将照片传至计算机中进行分析处理。

（2）测定原理：流动式数字影像技术尿液有形成分分析仪的测定原理示意图见图10-6。

尿液样品在上、下两层鞘液的包裹下进入系统中。仪器的流体力学系统由特别制作的薄层板构成,蠕动泵带动鞘液进入薄层板构成的流动池,双层鞘液流包裹在尿液样品外周,而尿液会以单层细胞颗粒的厚度进入薄层板,被高速拍摄照片后进入废液容器。

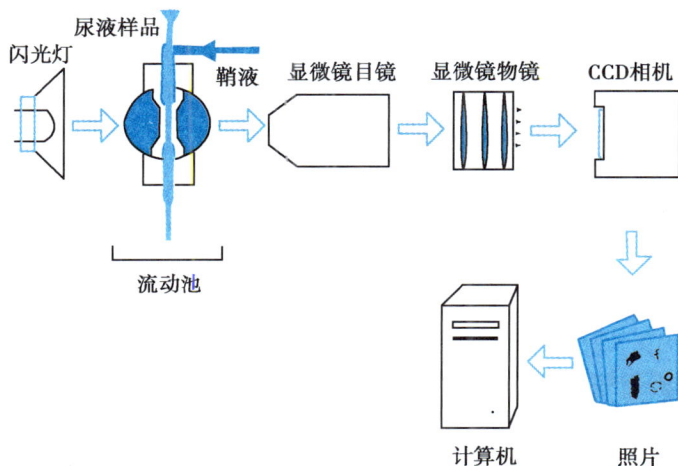

图 10-5 流动式数字影像技术尿液有形成分分析仪工作原理图

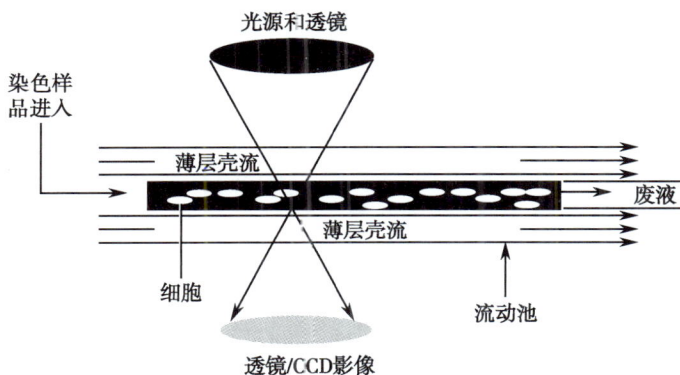

图 10-6 流动式数字影像技术尿液有形成分分析仪测定原理示意图

（3）自动粒子识别：数字相机将拍摄的照片输送至计算机,自动粒子识别（APR）软件对每张照片中的颗粒图片进行分割,形成含有单独颗粒的图像。运用智能识别颗粒的软件,根据颗粒的大小、形状、质地、对比度的特征对其进行分析,得到一系列描述该颗粒特征的相应数值;再将数值与数据库里面保存的颗粒特征数据进行比对,从而对颗粒进行自动识别和分类。

目前仪器可以将颗粒自动划分为 10 个以上类别,并可进一步扩展分为 20 个以上亚分类。这种分类方法能较准确地区分出细胞的形态且重复性好、灵敏度较高、线性误差小。对于样品中明显异常或有病理表现的粒子,可通过屏幕上所显示的粒子形态学特征信息进行判别而对粒子进行确认或再识别。应注意,此类仪器所拍摄的有形成分照片,是经过 APR 系统处理、分割成单一成分的数字照片,这和在显微镜下所观察的整个视野图像是不同的。自动粒子识别软件分割图像示意图见图 10-7。

2. 仪器结构 流动式数字影像技术尿液有形成分分析仪一般由四个模块构成。

（1）流动式显微成像模块：尿液样品在鞘液的包裹下进入流动池,通过固定在薄层板一侧的显微镜物镜镜头,当每个显微镜视野被高速频闪光源照亮后,所经过的有形成分会瞬间被拍摄下来。照片结果被数字化并传递给计算机分析处理器。

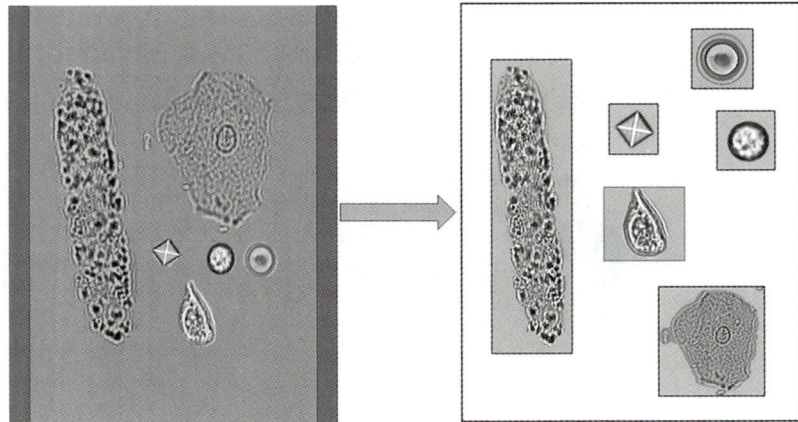

图 10-7 自动粒子识别软件分割图像示意图

（2）计算机分析处理模块：对图像结果进行分析、处理、显示、存储和管理，包括计算机主机、显示器、键盘和鼠标等。

（3）自动进样模块：配备有自动进样装置，在样品架上可同时容纳多个专用试管架。

（4）干化学系统模块：可根据用户需求，接收其他类型的干化学分析系统结果。

3. 结果报告 尿液有形成分结果用定量方式报告，用每微升含有量的方式表示，也可以换算成传统的每高倍/低倍视野的表达方式报告。检测流程图见图 10-8。

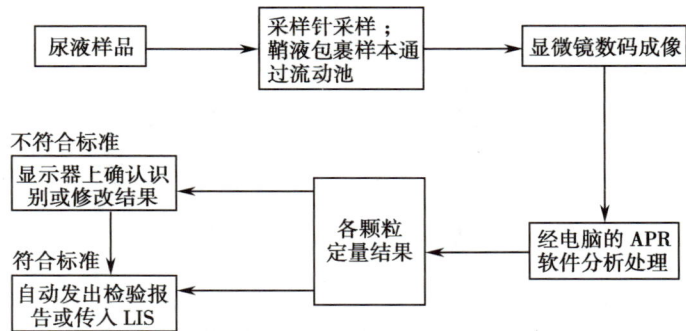

图 10-8 流动式数字影像技术尿液有形成分分析仪检测流程图

4. 检测项目和参数 仪器可以报告 10 项以上的自动分类参数，并可扩展为 20 项以上的进一步分类参数。

（1）自动分类参数：如红细胞、白细胞、白细胞团、鳞状上皮细胞、非鳞状上皮细胞、透明管型、病理管型、细菌、酵母菌、精子、黏液、结晶等。

（2）进一步分类参数

1）结晶：草酸钙结晶、三联磷酸盐（磷酸镁铵）结晶、胆红素结晶、尿酸结晶、无定形盐类结晶、病理性氨基酸结晶等。

2）病理管型：红细胞管型、白细胞管型、颗粒管型、脂肪管型、蜡样管型、上皮细胞管型等。

3）非鳞状上皮细胞：肾小管上皮细胞、尿路上皮细胞。

4）酵母：假菌丝、芽殖酵母。

5）其他：毛滴虫、脂肪滴、红细胞凝块、异形红细胞等。

（三）静止式数字影像技术尿液有形成分分析仪

1. 检测原理 静止式数字影像技术尿液有形成分分析仪的检测原理与人工显微镜检查相似。将尿液样品注入专用的计数板上，经一定时间静置沉淀后，由数字相机通过显微镜放大,在计数板的不同部位拍摄一定数量的数字影像照片,再经计算机处理。能观察到的有形成分包括红细胞、白细胞、上皮细胞、管型、酵母菌、细菌和结晶等。

2. 仪器结构 主要由显微镜系统(具有内置数字相机)、加样器和冲洗系统、图像显示和分析系统等构成。

(1)显微镜系统:由传统光学显微镜与数字摄像头连接一体组成。可选配相差显微镜,用以提高对异常有形成分的辨别分析能力。显微镜系统中另一个重要部件是固定在显微镜台上的流动计数池,由经过高温、高压处理的光洁度极高的单块光学玻璃和合金铝质底座构成,其尺寸与标准显微镜载玻片相同。

(2)加样器和冲洗系统:将试管中的样品混匀、吸出,并输送到显微镜上的计数池中;选择、使用染色液;对管道和计数池进行冲洗;将计数后的样品排出并送到废液容器;选择性地对需要稀释的样品进行稀释。

(3)图像显示和分析系统:显微镜上附带的数字摄像头拍摄一定数量视野下的照片后,将照片传入计算机,计算机对采集到的图像特征参数进行处理、分析、统计,并与计算机系统中已建立的各种有形成分的特征参数进行运算拟合,实现对有形成分的识别和计数。凡是仪器不能识别或错误识别的成分,仪器可作出提示或报警,可通过浏览图像的方式由专业人员协助识别和纠正错误。

3. 检测项目和参数 原则上此类检测仪器所拍摄到的尿液中的有形成分均可被识别,但由于尿液中的有形成分变化较大、种类繁多,以及系统数据库的局限性等问题,其识别能力会有所不同。

一般系统可自动识别出红细胞、白细胞、上皮细胞、管型(透明管型和病理管型)、结晶、黏液丝、细菌等;另外还会有不少于30项的需人工鉴定和选择性补充的有形成分参数,如红细胞管型、蜡样管型、均一性红细胞、非均一性红细胞、尿酸结晶、胆固醇结晶等。

(四)一体化全自动尿液分析系统

一体化全自动尿液分析系统是由全自动尿液有形成分分析仪和全自动尿液干化学分析仪组成的多通道尿液分析系统。该分析系统一次可以放置几十个样品,只需要将装有样品的专用试管架放置于进样台待检区,仪器即可自动运行,还能实现条形码系统自动识别。在样品经吸样针反复抽吸混匀后,开始进样、充池、滴样、沉淀、采图、识别和冲洗等过程,完成尿液样品的干化学分析和有形成分分析(图10-9)。

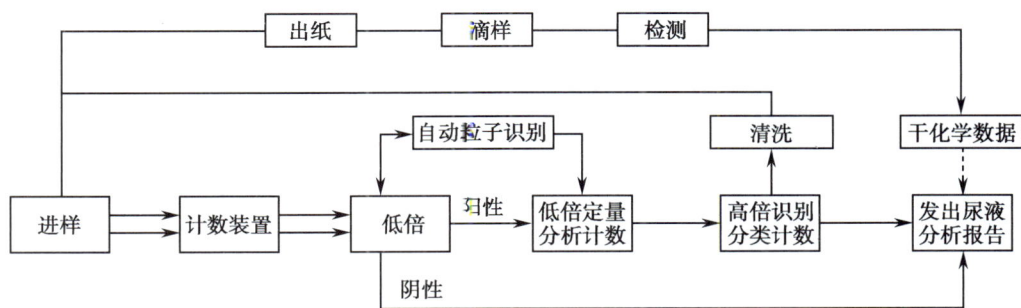

图 10-9 一体化全自动尿液有形成分分析流程图

三、尿液有形成分分析仪的性能验证与临床应用

(一)尿液有形成分分析仪的性能验证

当新的仪器安装完毕后,在使用前为验证其性能是否符合用户的需求或达到出厂设计要求,一般需要对其各种性能进行评价。数字影像技术尿液有形成分分析仪的性能验证可

参考行业标准《尿液有形成分分析仪（数字成像自动识别）》（YY/T 0996—2015），包括检出限、精密度、与镜检的符合率、携带污染率、稳定性、假阴性率等。

1. 检出限 要求对细胞的最低检出限是 5 个 /μl。

2. 精密度 可进行批内、批间精密度评价，最好选择高、低不同浓度的样品测定 10 次后统计均值和 CV。可以用稀释后的人全血替代。可使用血细胞分析仪对其进行计数定量，也可采用血细胞计数板精确计数定量。数字影像技术尿液有形成分分析仪的精密度范围至少应符合表 10-2 中行业标准的要求。

表 10-2 数字影像技术尿液有形成分分析仪的精密度要求

样品	细胞数量 /（个 /μl）	CV/%
低浓度样品	50	≤25
高浓度样品	200	≤15

3. 与镜检的符合率 数字影像技术尿液有形成分分析仪应至少能自动识别红细胞、白细胞和管型这三种有形成分，其单项检测结果与镜检的符合率应达到行业标准的要求（表 10-3）。

表 10-3 数字影像技术尿液有形成分分析仪单项检测结果与镜检的符合率

有形成分	与镜检的符合率 /%
红细胞	≥70
白细胞	≥80
管型	≥50

4. 携带污染率 仪器对细胞的携带污染率应不大于 0.05%。

5. 稳定性 开机 4 小时和 8 小时分别对细胞浓度为 200 个 /μl 的样品重复测定 10 次，所有检测结果的 CV 应不大于 15%。

6. 假阴性率 分析仪对至少 200 份随机尿液样品进行红细胞、白细胞和管型检测，同时以显微镜检查结果为"金标准"测试结果，计算分析仪检测结果的假阴性率，假阴性率应不大于 3%。

（二）尿液有形成分分析仪的临床应用

显微镜检查能真实展现细胞等有形成分的形态，判断直观可靠，是尿液有形成分检查的"金标准"。但显微镜检查存在其无法克服的缺陷，如离心过程中细胞的丢失、溶解造成的假阴性、不同操作者之间的判断误差等。

尿液有形成分分析仪具有检测速度快、操作简单、批量进样、重复性好、样品不需要离心、样品间污染率极低等优点。另外，操作规范化且易于质量控制，实现了尿液有形成分检测的自动化和标准化，大大加快了尿液有形成分的分析速度，提高了工作效率。

在临床应用过程中，由于尿液有形成分分析仪存在的干扰因素较多、灵敏度高，特异度相对较低，所以在实际应用中应结合传统的人工显微镜检查来验证、校准和补充，防止漏检。如流式细胞技术尿液有形成分分析仪不能检出滴虫、胱氨酸、脂肪滴或药物结晶等，也不能鉴别异常细胞和分类病理管型；草酸钙结晶、精子、酵母菌容易造成红细胞假阳性；上皮细胞、酵母菌和滴虫可引起白细胞的假阳性；大量细菌、酵母菌可干扰红细胞计数；黏液丝对管型计数影响明显。使用数字影像技术尿液有形成分分析仪时，虽然可直观地在计算机上看到有形成分的图像，但并非所有成分都为全视野实景图像显示，计数存在客观误差，且分析内容有限,当尿液中存在大量结晶、黏液丝、细菌时,也会导致一些检测参数有假阳性或假阴性出现。

尿液有形成分分析仪对红细胞、白细胞及管型的检出率显著高于干化学法和人工显微镜检查,其主要原因是尿液中有形成分的大小、内容物等并非始终均匀一致,各种病理情况、渗透压改变等因素均可能导致有形成分产生变化,从而导致各信号参数发生变化乃至重叠,对红细胞、白细胞和管型的计数产生干扰。

用尿液干化学分析仪和尿液有形成分分析仪对尿液样品进行联合检查时,当检查结果提示异常或出现结果间不相符的情况时应通过人工显微镜检查确认,方能有效避免尿液分析结果的错误。这是目前临床实验室采用的策略。

四、尿液有形成分分析仪的维护与保养

各型号仪器都应按照设计要求进行日常维护和保养,使用者应遵循厂家推荐的方法,建立自己的维护保养程序并严格执行。

(一)流式细胞技术尿液有形成分分析仪的维护与保养

可通过厂家提供的专用清洗剂对仪器进行清洗,一般是在每日操作完毕后、关机前执行关机程序时应用此清洗剂。清洗剂吸入后可完成取样针、管路和流动池等重要系统的自动清洗。仪器在运行中出现进样或管路故障时,也可以执行清洗程序。

(二)数字影像技术尿液有形成分分析仪的维护与保养

需要使用厂家提供的清洗剂对进样针、管路、流动池和光学计数板进行清洗。仪器每日应用完毕后必须进行清洗。运行过程中出现管路或计数板污染及故障,也需要通过清洗程序进行排除,因为样品中的蛋白质和有形成分易于黏附于系统的管路或计数板上,会对检测结果造成干扰。光学计数板应保持通畅和清洁、无颗粒物、透光性良好、无灰尘进入,确保所拍图像背景清晰、无杂质干扰。应用显微镜镜头观察或拍摄图像的系统,其显微镜镜头的清洁也很重要,同时显微镜的机械系统和电子调节系统应保持运动调节自如。

(张英杰)

本章小结

目前临床尿液检查应用最广泛的仪器是尿液干化学分析仪和尿液有形成分分析仪。尿液干化学分析仪由机械系统、光学检测系统、电路系统三部分组成。检测原理是试剂带浸入尿液后会产生颜色变化,试剂块所显示的颜色深浅与光的吸收和反射程度有关。只要测得光的反射率即可求得尿液中各种成分的浓度。尿液干化学分析仪一般采用双波长法测定试剂块的颜色变化。

尿液有形成分分析仪按照原理的不同,可大致分为流式细胞技术尿液有形成分分析仪、流动式数字影像技术尿液有形成分分析仪和静止式数字影像技术尿液有形成分分析仪。流式细胞技术尿液有形成分分析仪采用半导体激光、鞘流、核酸荧光染色等综合技术手段对尿液中的有形成分进行测定;流动式数字影像技术尿液有形成分分析仪采用数字影像装置对在鞘液中流动的尿液有形成分进行拍照,然后由软件系统对图像进行分析;静止式数字影像技术尿液有形成分分析仪则将尿液样品注入专用的计数板上,经一定时间静止沉淀后,由数字相机拍摄一定数量不同倍数的图像,然后将拍摄的图像进行分析。

在使用上述仪器进行临床尿液样品分析时,应考虑到仪器由于检测原理、性能等方面的限制对检查结果带来的影响。在必要时仍需要进行人工显微镜检查,才能使检查结果更为准确。

第十一章　其他临检相关仪器与技术

通过本章学习,你将能够回答下列问题:

　　1. 阴道分泌物分析仪的检测原理是什么?

　　2. 哪些情况下应对阴道分泌物分析仪的检测结果予以复检确认?

　　3. 按样品处理技术的不同可将粪便分析仪分为哪几类?

　　4. 粪便分析仪的性能验证内容包括哪些?

　　5. 计算机辅助精子分析系统的主要检测参数及意义分别是什么?

　　6. 精子计数板应如何校准?

　　随着医学科学技术的快速发展,先进技术和筛查方法已逐步应用于常规检查,为自动化检验提供了可靠的手段。常见的检验仪器,如阴道分泌物分析仪、粪便分析仪和精子质量分析仪等,它们的应用不仅有效提高工作效率、降低人员间人工镜检的主观性,而且更有利于实现样品大规模筛查检验。本章将着重介绍阴道分泌物分析仪、粪便分析仪和精子质量分析仪的检测原理、分类与基本结构、性能验证与临床应用、校准与维护保养。

第一节　阴道分泌物分析仪

　　阴道分泌物分析仪(vaginal secretion analyzer,VSA)常用于人体生殖道分泌物样品中被分析物的定性或定量分析,通过检测女性生殖道是否存在内环境改变或感染来辅助诊断妇科疾病,能够为女性生殖系统炎症、肿瘤等疾病的临床诊断提供重要依据。随着现代医学科学技术的发展,各种阴道分泌物分析仪相继问世并广泛应用于临床检验,为阴道分泌物有形成分、理学和化学的自动化检查提供了可靠的手段。

一、阴道分泌物分析仪的检测原理

　　阴道分泌物分析仪的检测原理包括数字成像自动识别技术和光学检测技术。自动送样装置将样品送入指定取样点,取样臂联合取样泵将待检样品充分混匀后吸入流动计数池和干化学点样针内。显微镜对流动计数池中的有形成分进行放大,由主机控制显微摄像装置对流动计数池中的样品进行扫描。扫描过程中,仪器自动调节焦距采集细胞图像,同时启动采用神经网络算法的自动识别软件对有形成分进行识别分类和计数。干化学点样针将样品依次点至检测试纸条反应块上,待反应完成后,添加显色液、终止液,等待反应后采集图像,自动识别软件针对试纸反应块显示的颜色判读样品中免疫化学项目的反应结果。图 11-1 为阴道分泌物分析仪原理示意图。

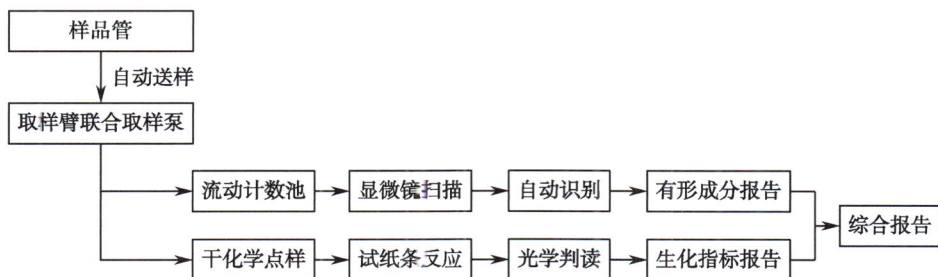

图 11-1　阴道分泌物分析仪原理示意图

二、阴道分泌物分析仪的分类与基本结构

阴道分泌物分析仪按自动化程度可分为半自动干化学分析仪、全自动干化学分析仪和全自动一体机。以全自动一体机为例，其基本结构通常由自动加样模块、检测 - 控制模块、数据分析处理模块等组成。

（一）自动加样模块

自动送样模块通过串行方式与主机连接，自动将待检区样品传送至检测区。取样部件由取样针、电机、电机位置检测装置、导轨等组件构成。分析处理器发出运行指令后，取样针自动运行至样品试管中，在泵阀的作用下混合并抽吸样品，送至显微镜视野下。注射泵按照运行指令抽取并添加显色液、终止液等反应液。

（二）检测 - 控制模块

自动化控制系统调整显微镜载物台位置使检测物位于成像中心，控制聚光镜调节成像焦距，控制物镜自动切换完成电荷耦合器件的自动聚焦。显微摄像模块采集图像传送至主控制系统，进行图像的自动识别、分类和计数。

（三）数据分析处理模块

数据分析处理模块是提供操作界面、完成有形成分图像分类计数、输出统计分析报告的计算机系统。仪器根据预先设定的参数，通过有形成分分析和干化学分析软件完成数据接收、数据分析和数据综合，根据图像处理结果形成标准分析报告。图 11-2 为数据分析处理模块的功能框图。

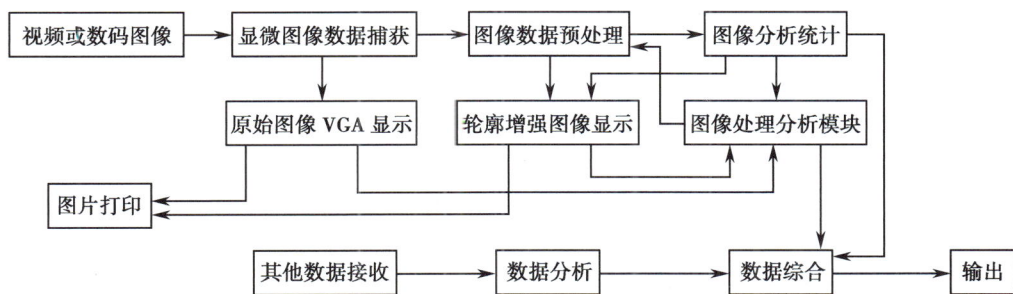

图 11-2　数据分析处理模块的功能框图

三、阴道分泌物分析仪的性能验证、复检程序与临床应用

（一）阴道分泌物分析仪的性能验证

阴道分泌物分析仪投入使用前，实验室应对制造商提供的性能指标进行验证。其中定性项目性能验证应至少包括阴性符合率和阳性符合率，定量项目性能验证至少应包括有形成分结果符合率、重复性、检出限、携带污染率，适用时，还可包括可报告范围。

1. 检出限　对于有形成分检出限，分析仪对浓度水平为 5 个 /HPF（高倍视野）的质控品重复检测 20 次,其中 18 次检测结果大于 0 个 /HPF,则符合要求;对于化学检验检出限,应符合配套试剂检测灵敏度要求。

2. 符合率 验证有形成分分析结果符合率时,仪器自动分析浓度为 10~20 个 /HPF 的质控品 20 次,仪器与人工分析结果相比相对偏差应在 ±10% 范围内,具体按照式 11-1 计算。验证化学结果判读符合率时,分别运行阳性质控卡、阴性质控卡,各检测 10 次,仪器对化学结果自动判读的符合率应不小于 95%,具体按式 11-2 计算。

$$相对偏差 = \frac{仪器结果 - 人工结果}{人工结果} \times 100\% \qquad (式\ 11\text{-}1)$$

$$符合率 = \frac{每个项目分析仪自动判读的正确结果总次数}{10} \times 100\% \qquad (式\ 11\text{-}2)$$

3. 重复性 验证有形成分计数重复性时,用仪器对浓度为 20~30 个 /HPF 的质控品重复检测 10 次,记录每次的实测值 X_i,计算算术平均值 $\overline{X}$,按式 11-3 计算 10 次检测结果的 CV,CV 应不大于 15%。验证生化结果判读重复性时,分别运行阳性质控卡、阴性质控卡,各检测 10 次质控卡的色调值,分别计算 10 次检测结果的 CV,CV 应不大于 6%。

$$CV = \frac{S}{\overline{X}} \times 100\% \qquad (式\ 11\text{-}3)$$

式中: $S = \sqrt{\dfrac{\sum_{i=1}^{n}(X_i - \overline{X})^2}{n-1}}$。

4. 携带污染率 取一定浓度的质控品和生理盐水分别连续检测 3 次,质控品检测结果依次记为 i_1、i_2、i_3,生理盐水检测结果依次记为 j_1、j_2、j_3,按式 11-4 计算携带污染率,仪器的携带污染率应不大于 0.05%。

$$携带污染率 = \frac{|j_1 - j_3|}{i_3 - j_3} \times 100\% \qquad (式\ 11\text{-}4)$$

5. 稳定性 仪器持续开机 8 小时后,对一定浓度的质控品重复检测 10 次,计算所有检测结果的 CV,有形成分计数的 CV 应不大于 15%。仪器持续开机 8 小时后,仪器分别运行阳性质控卡、阴性质控卡,重复检测 10 次,计算 10 次质控卡色调值检测结果的 CV,生化结果判读的 CV 应不大于 15%。

(二)阴道分泌物分析仪的复检程序

当阴道分泌物分析仪检验结果出现异常计数、警示标志、异常有形成分(如滴虫、真菌、异常细胞等)、形态学结果与样品性状不符(如豆渣样样品而真菌未检出)等情况时,应采用图片确认、视频确认、人工镜检等方法对结果进行复检确认,必要时进行进一步检查(如革兰氏染色、巴氏染色显微镜检查等)。对复检标准进行验证,假阴性率应小于 5%。当仪器的化学检测结果与形态学结果不一致(如白细胞酯酶阳性,而白细胞阴性)时,最终报告应以形态学结果为准。当仪器提供阴道微生态评价时,应进行人工确认。

(三)阴道分泌物分析仪的临床应用

阴道分泌物检验是诊断女性生殖系统疾病的基本检验项目,主要用于女性生殖系统炎症、肿瘤等疾病的诊断,是临床诊断阴道疾病的重要依据。阴道分泌物分析仪采用功能学联合有形成分的自动化、标准化检测,具有良好的检验效能。

1. 阴道清洁度分级 仪器对阴道分泌物中的白细胞、红细胞、上皮细胞、线索细胞、真菌、杆菌、球菌等有形成分进行分析,根据白细胞与上皮细胞、乳酸杆菌与杂菌的数量对比对阴道清洁度进行 Ⅰ~Ⅳ 分级。育龄期妇女阴道清洁度与性激素分泌变化有关,排卵前期雌激素水平增高,阴道内有大量乳酸杆菌,阴道趋于清洁;当机体免疫功能低下、卵巢功能不足或病原微生物感染时,平衡被破坏,阴道感染杂菌或某种病原微生物,出现大量白细胞及脓细胞,阴道清洁度下降,通过检查阴道清洁度,可了解阴道内有无炎症病变。

2. 女性生殖系统炎症 阴道清洁度低而未发现病原体为非特异性阴道炎;若检测到相应病原体则提示存在感染引起的阴道炎,如仪器检测到多量孢子和菌丝,伴清洁度异常,即可诊断为真菌性阴道炎;在阴道分泌物中检测到线索细胞是诊断细菌性阴道病的重要指标。干化学指标过氧化氢阳性提示阴道功能处于病理或亚健康状态;白细胞酯酶反映白细胞数量,阳性提示阴道炎;唾液酸酶阳性可能与细菌性阴道炎、肿瘤或其他炎症等有关。

3. 性传播疾病的诊断 仪器可配备不同分析试纸条满足不同临床需求,用于辅助诊断滴虫性阴道炎、细菌性阴道病等。

4. 阴道微生态评价 阴道感染大多存在阴道微生态失调,恢复阴道微生态平衡是阴道感染治疗的最终目标之一。仪器通过检测形态学指标(如菌群密集度、多样性、优势菌、病原体等)和功能学指标(过氧化氢、白细胞酯酶、微生物代谢产物等)对阴道微生态环境进行全面评价,有利于诊断各种单纯性阴道感染,并及时发现各种混合性阴道感染。

四、阴道分泌物分析仪的校准与维护保养

(一)阴道分泌物分析仪的校准

具有自动温育、自动加样、自动判读结果及传输数据等功能的阴道分泌物分析仪,应根据仪器说明书进行校准,校准内容包括仪器的加样系统、检测系统和温控系统。应根据实验室需求制订校准周期,至少每年校准1次。

以下情况应进行仪器校准:仪器投入使用前(新安装或旧仪器重新启用);更换部件进行维修后,可能对检测结果的准确性有影响时;仪器搬动后,需要确认检测结果的可靠性时;室内质量控制显示系统的检测结果有漂移时(排除仪器故障和试剂的影响因素后);实验室认为需进行校准的其他情况。

(二)阴道分泌物分析仪的维护保养

实验室应建立处理、运输、储存、使用和按计划维护阴道分泌物分析仪的程序,以维持和保护仪器设备的性能和技术状况。每日开机、关机时应使用专用清洗液完成日常维护清洗;定期对仪器外表面和进样托盘进行清洁除尘工作,避免因腐蚀生锈影响仪器的正常运作;定期用无水乙醇擦拭吸样针表面,重点清洁取样针前端;计数池为易损件,当计数池通道有污点或堵塞时,应及时清洗或更换;定期维护光电传感器感应头;及时更换老化、变形、破损的蠕动泵管并定期更换废液管,避免造成堵塞;显微镜灯泡的使用寿命受外部环境和使用频率的影响,当出现灯泡亮度不够、图象背景变暗或变黑,影响图像识别时,应立即更换。

第二节 粪便分析仪

粪便分析仪又称粪便分析工作站(feces analysis workstation,FAW),常用于实验室或临床检验科对粪便样品的常规检测。粪便检验对消化系统炎症、肿瘤、出血、梗阻、细菌或寄生虫感染等疾病的筛查具有重要的参考价值。随着粪便检验自动化技术的发展和日趋成熟,粪便分析仪已经实现样品预处理、加样、分析、报告、清洗和废弃物处理的全程自动化,在实现粪便检验标准化与规范化的同时,解决了人工涂片、镜检带来的感官不适和医院感染对检验人员健康造成威胁的生物安全问题。

一、粪便分析仪的检测原理

粪便分析仪主要包括样品处理、形态学检测、免疫学检测、样品图像识别和处理系统等

功能模块。不同厂家生产的粪便分析仪的检测原理会有所不同,本部分将重点介绍常用粪便分析仪的检测原理。

(一)样品处理

样品处理的目的是将固态粪便样品处理成液态以满足后续形态学和免疫学检测需求。常见粪便分析仪的样品处理包括自动加入稀释液、混匀样品(如机械搅拌、正反向旋转、气泡混匀等)、过滤分离(如全过滤分离、侧向过滤分离、抽滤分离等)三个步骤,部分仪器增加浸泡功能或采用不过滤技术。经过上述步骤后,粪便中的大颗粒物质与小颗粒物质(如寄生虫虫卵、幼虫、包囊、细胞等)分离。直接涂片式粪便分析仪则采用不过滤方法完成直接涂片,模拟人工直接涂片技术。

(二)形态学检测

形态学检测主要通过采集粪便中的颗粒形态图像,找出并鉴别有临床意义的形态。仪器的制片方式包括玻片法、流动计数池法、一次性计数池法。含有小颗粒或待检成分的样品应用液经过管道输送到显微镜下的流动计数池,或在加入计数板沉淀后传送至显微镜下,带有图像传输系统的全自动显微镜由仪器自动聚焦,使用高倍视野、低倍视野拍摄粪便有形成分的立体结构和平面结构,当系统判断达到最清晰时自动完成图像采集、识别、分类计数以及图像存储。操作人员可随时对图像进行分析和编辑。半自动粪便分析仪采用手动显微镜图像采集,配置图像传输系统,涂片成像直接显示在计算机屏幕上,由工作人员截图。粪便有形成分的形态识别可通过人工识别和软件识别完成。需要注意的是,对于任何原理的粪便分析仪发现的阳性有形成分,均应对仪器拍摄的实景图像进行人工审核确认后方可发出阳性报告。

(三)免疫学检测

粪便分析仪常采用基于抗原-抗体反应的胶体金法实现对粪便样品隐血、细菌(幽门螺杆菌等)和病毒(轮状病毒、腺病毒等)的定性检测,包含自动化微量加液模块、试剂添加模块、检测分析模块等。粪便分析仪自动执行免疫胶体金测试卡的放置、添加、加样检测、判读结果程序,并自动丢弃检测使用过的免疫胶体金测试卡。部分粪便分析仪(如粪便隐血分析仪)采用免疫比浊法定量检测粪便中血红蛋白的含量,有利于肠癌的早期识别。

(四)样品图像识别和处理系统

计算机数据处理系统通过成像系统进行文字、图像传输。具有 LIS 通信功能的网络版粪便分析仪,能够满足数据双向传输的需要。单机版粪便分析仪需要工作人员建立基本信息、填写报告、审核结果并打印粪便检验图文报告单,为临床提供更为准确、直观的检验报告。

二、粪便分析仪的分类与基本结构

按照样品处理技术将粪便分析仪分为直接涂片式粪便分析仪、过滤悬浮式粪便分析仪和离心浓缩式粪便分析仪三类。

(一)直接涂片式粪便分析仪

直接涂片式粪便分析仪是一类完全模拟人工操作涂片方法的检验仪器,由样品预处理、制片、镜检、耗材处理和计算机系统构成。样品瓶、稀释盘和隐血卡盘依次放入样品盘后,将样品盘放至载样模块,经光电开关判断,计算机系统下达运转指令,步进电机带动载样模块经载样滑道到达指定位置,再由三维机械臂和机械手等传送机构,将样品盘放置到制片区的工作主盘,完成样品颜色和形状拍照、制备悬浊液、涂片、免疫金标记法检测等操作。供有形成分镜检用的成片由三维机械臂传送到达镜检区,经电动载物台传送至显微镜下,由摄像头拍摄图片,完成样品的镜检检测。镜检完成后的玻片板、废弃液被自动回收到耗材回收仓,样品瓶、稀释盘、隐血卡盘随样品盘一起经传送机构传送到仪器外部,经人工丢弃到耗材回收仓。此类粪便分析仪不需要过滤粪便样品,确保了生物样品的代表性。

（二）过滤悬浮式粪便分析仪

过滤悬浮式粪便分析仪由定量泵、蠕动泵、摄像头、成像系统组成，整个操作过程在封闭环境中进行。仪器对样品进行自动定量稀释、自动混匀、自动灌注计数池。显微摄像系统对计数池下的样品进行拍照，图像经过处理后传输到计算机。工作人员查看计算机中的图像并发出检验报告。

（三）离心浓缩式粪便分析仪

离心浓缩式粪便分析仪的基本结构包括浓缩收集管、自动加样装置、流动计数室、显微镜、传动装置和计算机系统。此类粪便分析仪是在样品离心浓缩的前提下，模拟人工染色方法进行粪便检验，能够显著提高虫卵和其他病理成分的阳性检出率。粪便混悬液经管内过滤环过滤，粪便中的大颗粒分子被阻隔于残渣收集器内，而寄生虫虫卵、幼虫、包囊、细胞则通过滤孔进入离心管内，经离心沉淀后收集于底部。系统根据动力管道产生吸力的原理，在微电脑控制台的控制下自动吸样，在蠕动泵作用下，自动吸入沉淀物、染色、混匀、重悬浮，处理后的样品最终进入光学检测系统（或流动检测池），进行自动分析计数。系统每次的吸入量和吸入时间恒定，并可对高浓度样品进行自动稀释。

三、粪便分析仪的性能验证与临床应用

（一）粪便分析仪的性能验证

在仪器用于临床样品检测前，实验室应对其性能进行验证，包括（但不限于）精密度（适用时）、与人工方法检查结果的可比性（符合率）、有形成分检出率等。对于具有隐血检测功能的粪便分析仪，还应对隐血试验进行性能验证，验证内容至少包括阴、阳性符合率，可包括检出限、携带污染率等。

1. 检出率 采用灵敏度质控品或模拟样品，按照仪器正常测试方法测定 20 次，通过人工或计算机识别、分类，审核后得出仪器测定结果，统计结果大于 0 的次数 N，按照式 11-5 计算检出率（Dr）。粪便分析仪对检出限样品的检出率应≥90%。

$$Dr = \frac{N}{20} \times 100\% \qquad （式 11\text{-}5）$$

2. 重复性 将不同浓度的模拟样品按分析仪的正常测试方法分别测试各 20 次，根据所得数据计算 CV。有形成分重复性应满足以下的要求：①模拟样品浓度为 50～200 个 /μl 时，$CV \leq 20\%$；②模拟样品浓度 >200 个 /μl 时，$CV \leq 15\%$。

3. 携带污染率 对模拟样品连续检测 3 次，检测结果分别记录为 i_1、i_2、i_3；然后对生理盐水连续检测 3 次，检测结果分别记录为 j_1、j_2、j_3；按照式 11-6 计算携带污染率（C_i），粪便分析仪的携带污染率应≤0.05%。

$$C_i = \frac{j_1 - j_3}{i_3 - j_3} \times 100\% \qquad （式 11\text{-}6）$$

4. 检出符合率 采集至少 200 例临床粪便样品（阳性样品比例不少于 30%），分别用粪便分析仪和人工镜检方法对其进行分析，计算仪器和人工镜检的阳性检出率（Pr_1、Pr_2）。再将两种方法的阳性检出率进行比较，按照式 11-7 计算检出符合率（Cr），检出符合率应≥80%。

$$Cr = \frac{Pr_1}{Pr_2} \times 100\% \qquad （式 11\text{-}7）$$

（二）粪便分析仪的临床应用

粪便常规检查在多种疾病诊断中具有重要意义，尤其是对消化道的炎症、肿瘤、出血和肠道寄生虫病的诊断更为重要。粪便分析仪能够自动捕捉粪便中的有形成分，具有较高的自动化程度，而且具体操作环节简单，在促进检测速度提升的同时，也在很大程度上减少了

人为误差,且检测期间不需要人为接触样品,具有操作简易、标准规范、安全环保等特点。粪便分析仪的临床应用包括以下几方面。

1. 肠道感染性疾病 通过检测粪便白细胞的数量可判断患者是否存在肠炎、细菌性痢疾、溃疡性结肠炎;通过红细胞的数量可判断患者是否存在下消化道炎症或出血,如细菌性痢疾、溃疡性结肠炎、结肠癌、结肠息肉、痔疮等;慢性腹泻患者的粪便中一般存在较多的淀粉颗粒、脂肪小滴或肌肉纤维等。

2. 肠道寄生虫感染 通过粪便涂片虫卵检测可确定肠道寄生虫病的诊断,如钩虫病、鞭虫病、蛔虫病、蛲虫病、绦虫病、血吸虫病等。

3. 消化系统肿瘤的早期诊断 粪便隐血持续阳性常提示胃肠道恶性肿瘤,间歇阳性提示其他原因的消化道出血。近年来,通过粪便样品基因标志物检测开展的肿瘤早期筛查进展迅速,如 *KRAS*、*APC* 等基因的突变,*SDC2*、*BMP3* 和 *NDRG4* 等基因的甲基化显示出较好的应用前景。《中国早期结直肠癌筛查流程专家共识意见》也明确提到,粪便 DNA 单靶点、多靶点甲基化检测与免疫化学法粪便隐血试验联合检测,可作为肠道肿瘤的筛查方法之一。

4. 黄疸的鉴别诊断 对粪便外观、颜色、胆色素进行测定,有助于判断黄疸的类型。

5. 肠道致病性微生物的检测 目前粪便分析仪常用胶体金试纸条完成部分致病性病毒和细菌抗原的检测。如幽门螺杆菌是胃溃疡的主要致病因素之一,通过对粪便幽门螺杆菌抗原的检测即可进行针对性的筛查;轮状病毒是引起腹泻的病因之一,粪便轮状病毒抗原的检测可辅助判断腹泻病因。粪便中各种致病性病毒、细菌的检测对于判断患者的感染情况具有较好的优势。

四、粪便分析仪的校准与维护保养

(一)粪便分析仪的校准

1. 正常工作条件的要求 仪器的正常工作条件应满足如下要求:符合分析仪说明书规定的温湿度;无霜冻、凝露、渗水、淋雨和日照;75～106kPa 大气压力;交流电源的电压为 220V±22V,频率为 50Hz,功率应符合分析仪说明书的要求。

2. 外观的要求 仪器外观整齐、清洁,表面涂、镀层无明显剥落、擦伤及污垢;铭牌及标志应清楚。

3. 仪器的校准 实验室应对粪便分析仪进行定期校准,确保仪器运行正常。在主要部件更换后、仪器经远距离搬动后、仪器较长时间停止使用后再次启用时或严重故障维修后需对仪器重新校准。实验室应制订校准方案并应进行复核和必要的调整。

(二)粪便分析仪的维护保养

实验室应定期维护粪便分析仪以保护仪器设备的性能。每日清洁仪器表面并清洗废料盒;定期清洗维护清洗池,防止管路堵塞和池下液面电极感应失效;定期用无水乙醇擦拭吸样针表面,重点清洁取样针前端;定期检查并及时更换老化、变形、破损的蠕动泵管;显微镜灯泡的使用寿命受电压、温度、湿度等外部环境和使用频率的影响,当出现灯泡亮度不够、图像背景变暗或变黑,影响图像识别时,应立即更换。

第三节 精子质量分析仪

精子质量分析仪(sperm quality analyzer,SQA)是用于精子浓度分析、精子活力分类和精子形态学分析的检验仪器。男性精液常规检验是评估男性生育能力的重要方法,也是男科疾病诊断和治疗的重要实验依据。近年来，精子质量分析仪进一步整合机器学习算法作为辅助手段，在提高图像处理与图像识别算法性能的同时，实现检测结果准确性的有效提升，高效、客观、高精度的特点使其在精液检查方面凸显优势。

一、精子质量分析仪的检测原理

传统精液常规检验往往由主观误差造成最终结果存在较大差异。随着技术的进步，采用显微数字成像技术和计算机辅助精子分析（computer-aided sperm analysis，CASA）技术的精子质量分析仪正逐步得到应用。

（一）精子质量分析仪

1. 检测原理 精子质量分析仪的检测原理是当光束通过液化的精液时，精子的运动可引起光密度频率和振幅的变化，通过检测两者的变化量即可对精子质量进行判断。变化量越大，精子质量越好；反之，则精子质量越差。精子质量分析仪可客观、迅速地对精子质量进行评价，具有重复性好、客观性强、精密度高、操作简便等优点，但目前还不能完全代替显微镜检查。

2. 检测参数及意义 精子质量分析仪的检测参数及意义见表 11-1。

表 11-1　精子质量分析仪的检测参数及意义

参数	意义
功能性精子浓度（functional sperm concentration，FSC）	有正常形态及快速前向运动的精子数量
活动精子浓度（motile sperm concentration，MSC）	快速前向运动的精子数量
精子活动指数（sperm motility index，SMI）	在 1 秒内，毛细管载样池中的精子运动所产生的在光源路径上的偏移振幅与数量，以浓度与平均前向运动速度的乘积表示
总活动精子浓度（total motile sperm concentration，TMSC）	精液中活动精子的总数，以 MSC 与精液量的乘积来表示
总功能精子浓度（total functional sperm concentration，TFSC）	精液中功能性精子的总数，以 FCS 与精液量的乘积来表示

（二）计算机辅助精子分析系统

1. 检测原理 CASA 系统通过摄像机或录像装置与显微镜连接，确定和跟踪单个精子的活动。精液样品液化后被吸入计数，经显微镜放大，图像采集系统获取精子动、静态图像并将图像输入计算机。CASA 系统根据设定的精子运动移位、精子大小和灰度、精子运动等参数，对采集到的图像进行精子密度、精子活力、精子活动率的定量分析，还可对精子运动速度及运动轨迹特征进行分析。

2. 检测参数及意义 CASA 系统的检测参数及意义见表 11-2。

表 11-2　CASA 系统的检测参数及意义

参数	意义
曲线速度（curvilinear velocity，VCL）	在显微镜下，精子头在二维平面中沿精子运动轨迹移动时单位时间内的平均速度
平均路径速度（average path velocity，VAP）	沿平均路径所计算出的单位时间内的平均速度。平均路径为一种平滑曲线路径，是根据 CASA 系统中嵌入的算法进行计算的，不同的系统中算法是不同的，或者使用了不同的采集参数（如不同的帧率），故不同系统之间的数值可能不具有可比性

续表

参数	意义
直线速度（straight-line velocity，VSL）	根据沿路径的起始点与终点之间的直线运动所计算出的速度
直线性（linearity，LIN）	曲线路径的直线程度（直线速度/曲线速度）
精子头侧摆幅度（amplitude of lateral head displacement，ALH）	精子头沿平均路径的侧向位移数值。ALH 通常表示为侧向位移的最大值或平均值。由于不同 CASA 系统采用不同的算法计算 ALH，故不同系统之间的数值可能不具有可比性
前向性（straightness，STR）	平均路径的直线程度（直线速度/平均路径速度）
摆动性（wobble，WOB）	曲线路径关于平均路径摆动幅度的程度（平均路径速度/曲线速度）
交叉频率（beat-cross frequency，BCF）	曲线路径与平均路径交叉的平均频率
平均角位移（度）（mean angle of deviation，MAD）	精子沿曲线路径运动时，单位时间的瞬时转向角度的平均绝对值。需注意的是，这并不是测量精子头部指向方向的转弯角度

二、精子质量分析仪的基本结构

精子质量分析仪属于计算机图像处理类仪器，通常由显微图像扫描系统、恒温系统、计数池、计算机系统和软件分析系统等组成。

1. 显微图像扫描系统 由显微镜及 CCD 组成，可以将样品信号通过显微镜放大，然后由 CCD 传输到计算机，用于观察和识别精子。

2. 恒温系统 由加温和保温设备组成。通过热吹风机不断将适宜温度的热风鼓入封闭保温罩内，提供稳定、可靠的检查环境。

3. 计数池 计数池的容积是一定的，系统能以每微升样品中所含有形成分的数量完成精确计数。

4. 计算机系统 对图像信号进行全面系统的加工处理，对获得的数据进行输出和存储，生成精子参数结果。

5. 软件分析系统 利用现代化计算机识别技术和图像处理技术，对精子的动、静态特征进行全面的量化分析，对精子的密度、活力、存活率、运动轨迹等特征进行检测分析。

三、精子质量分析仪的性能验证与临床应用

（一）精子质量分析仪的性能验证

精液检验结果的准确性直接影响临床医师诊断和辅助生殖技术治疗措施的选择。仪器的性能验证是保障数据质量、保证分析测试结果准确性的基础。采用显微数字成像技术和 CASA 技术的精子质量分析仪应完成以下性能验证。

1. 浓度分析准确度 取适量混匀微粒测试液（浓度靶值为 X_0）加入计数池进行浓度分析，每个样品至少分析 200 个微粒。如果两个计数池的计数结果在 95% 置信区间内，则取两次计数结果的平均值作为精子浓度测量值（X_i）。按式 11-8 计算微粒测试液的浓度分析相对偏差（D_i），其结果应满足以下要求：微粒测试液（直径为 2～5μm）浓度为（10～25）×10^6/ml 时，相对偏差为 ±20%；浓度为（>25～70）×10^6/ml 时，相对偏差为 ±10%。

$$D_i = \frac{X_i - X_0}{X_0} \times 100\%$$ （式 11-8）

2. 精子动力学分析 至少采集 6 个视野图像且总精子数不少于 200 个，拍摄样品应包含前向运动（progressive motility，PR）、非前向运动（non-progressive motility，NP）、不活动

（immotility，IM）精子及其他非精子成分（细胞及细胞碎片），拍摄时长≥1秒并可回放。将精子动力学测试视频图像导入分析仪进行精子动力学分析，得到精子活力分级数值 P_1，由医学专业人员确认得到精子活力分级数值 P_2。按照式11-9计算各精子活力分级的符合率（C_p），PR 和 NP 精子活力分级符合率应≥80%。

$$C_p = \left(-\frac{|P_1 - P_2|}{P_2} \right) \times 100\% \qquad （式11-9）$$

3. 精子形态学分析 精子质量分析仪应能识别正常形态精子及异常形态精子。取染色良好、散在分布且正常形态精子≥5%的样品片进行精子形态学分析，确认分析仪至少分析 200 个精子。分别记录分析仪识别的正常形态精子个数（A）和异常形态精子个数（B）；经人工复核确认后，分别记录分析仪识别正确的正常形态精子个数（A_1）和异常形态精子个数（B_1）。按式11-10计算正常形态精子及异常形态精子的识别符合率（C），应≥80%。

$$C = \frac{A_1 + B_1}{A + B} \times 100\% \qquad （式11-10）$$

4. 重复性 对不同浓度的微粒测试液进行分析，各重复分析 10 次，计算 10 次浓度分析结果的标准差（S）和平均值（$\overline{X}$），按式11-11计算 10 次浓度分析结果的变异系数（CV），应不大于 7%。

$$CV = (S/\overline{X}) \times 100\% \qquad （式11-11）$$

5. 稳定性 对不同浓度微粒测试液进行浓度分析，每种微粒测试液重复分析 10 次，间隔 4 小时、8 小时再次进行如上分析，记录浓度分析结果。计算 30 次浓度分析结果的标准差（S）和平均值（$\overline{X}$），按式11-12计算浓度值变异系数（CV）。开机 8 小时内，检测结果的 CV 应不大于 10%。

$$CV = (S/\overline{X}) \times 100\% \qquad （式11-12）$$

（二）精子质量分析仪的临床应用

精液是男性生殖器官和附属性腺分泌的液体。精液常规检验是临床实验室，尤其是男科实验室、生殖医学实验室最为基础的检查项目，能够为男性生殖系统疾病的诊断、预后评估以及男性生育能力的评价提供依据。

1. 评价男性生育能力 当男性生育能力下降时可出现精子存活率与活动率指标的降低，其中精子活动率低于 40% 时可导致不育；精子活力是评估男性生育能力的重要指标，其减低可见于精索静脉曲张，以及应用某些抗代谢药、抗疟药、雌激素等；精子总数可以衡量睾丸产生精子的能力和男性输精管道的畅通程度。

2. 辅助诊断男性生殖系统疾病 精液中白细胞过多提示感染，见于前列腺炎、精囊炎和附睾炎等；红、白细胞异常增多见于生殖道炎症、结核、恶性肿瘤等；药物或其他因素导致睾丸精曲小管受损时，精液中可出现较多生精细胞；精液中出现肿瘤细胞可为生殖系统恶性肿瘤的诊断提供依据。

3. 输精管结扎术后的疗效观察 输精管结扎术通过阻断输精管达到避孕的目的，精液常规检验可观察精液中是否存在有活力的精子。

4. 评价捐精者精液质量 为人类精子库和人工授精筛选优质精子。

5. 其他 精子质量分析仪也可用于法医学鉴定。

四、精子质量分析仪的校准与维护保养

（一）精子质量分析仪的校准

用于精液分析的仪器设备主要包括精子计数板、移液器、天平、恒温箱、相差显微镜、CASA 系统、细胞分类计数器等。精子计数板、移液器和其他仪器应当每隔 6 个月或每年校准一次。

1. 精子计数板 使用显微镜细焦点游标尺测量计数池的深度。首先聚焦于计数池的网格，然后聚焦到盖玻片底面的墨水印上。计数两点之间的刻度数。重复计数 10 次，并计算均值、SD 和 CV（$=100\times SD/$ 均值）。检查准确度，标称深度应处于测定所得均值的 $2SD$ 之内。

2. 移液器 通过吸取纯水至刻度线，并将其置于扣除皮重的称量盘来校准。假设水的密度为 1g/ml，根据吸取水的重量计算预期体积。重复测量 10 次，并计算均值、SD 和 CV（$=100\times SD/$ 均值）。检查准确度，标称体积应处于测定所得均值的 $2SD$ 之内。

3. 天平 定期使用内部校准器校正天平，以及在实验室定期维护时进行外部校准。通过称量外部标准砝码来校准天平（例如，1g、2g、5g 和 10g 砝码，其范围涵盖一系列精液重量）。重复测量 10 次，并计算均值、SD 和 CV（$=100\times SD/$ 均值）。检查准确度，标称重量应处于测定所得均值的 $2SD$ 之内。

4. 恒温箱 应当使用温度计来核查恒温箱和加温载物台的温度。温度计也要定期校准。应当通过恒温箱的数字显示装置每天查看 CO_2 混合气体，或通过其他气体分析系统进行周检或月检，以及在维护时进行气体采样检查。

（二）精子质量分析仪的维护保养

仪器设备的维护保养可采用擦拭、清扫、润滑、检查、调整等方法，以维持和保护仪器设备的性能和技术状况。实验室应有处理、运输、储存、使用和按计划维护精子质量分析仪的程序，以确保其功能正常并防止污染或性能退化。

（张 徐）

本章小结

阴道分泌物分析仪按自动化程度可分为半自动干化学分析仪、全自动干化学分析仪和全自动一体机，其基本结构通常包括自动加样模块、检测 - 控制模块、数据分析处理模块等。自动加样模块主要由取样部件、泵阀和注射泵组成，其中取样部件由取样针、电机、电机位置检测装置、导轨等组件构成。检测原理是将待检样品混匀后加至流动计数池和检测试纸条，扫描后采用自动识别软件对有形成分分类计数、判读免疫化学项目的反应结果。

粪便分析仪含多个功能模块，如样品处理、形态学检测、免疫学检测、样品图像识别和处理系统等。按样品处理技术的不同，粪便分析仪可分为直接涂片式粪便分析仪、过滤悬浮式粪便分析仪和离心浓缩式粪便分析仪。直接涂片式粪便分析仪由样品预处理、制片、镜检、耗材处理和计算机系统构成，此类仪器不需要过滤粪便样品，确保了生物样品的代表性；过滤悬浮式粪便分析仪由定量泵、蠕动泵、摄像头、成像系统组成，仪器能够完成自动定量稀释、自动混匀、自动灌注计数池，由人工查看图像后发放报告；离心浓缩式粪便分析仪的基本结构包括浓缩收集管、自动加样装置、流动计数室、显微镜、传动装置和计算机系统，能够显著提高虫卵和其他病理成分的阳性检出率。

精子质量分析仪是将计算机技术与图像处理技术结合应用的精子分析技术。它可以对精液样品中的精子数量、密度、形态、活力、存活率、运动轨迹特征等多个指标进行分析，较全面地获得有价值的精子相关参数。在使用精子质量分析仪的过程中应注意计算机的维护、管道及流动计数池的维护与保养。

第十二章 临床生物化学检验仪器与技术

通过本章学习，你将能够回答下列问题

1. 临床生物化学检验仪器有哪些类型？各自的特点是什么？
2. 分立式自动生化分析仪中，湿式和干式两种类型仪器的基本原理有哪些？
3. 湿式自动生化分析仪的分析参数应如何设置？
4. 自动生化分析仪的校准及性能验证主要包括哪些内容？
5. 湿式和干式自动生化分析仪的特点有哪些异同？
6. 临床生物化学检验仪器的主要临床应用有哪些？

　　临床生物化学是在人体正常的生物化学代谢基础上，研究疾病状态下，生物化学病理性变化的基础理论和相关代谢物的质与量的改变，从而为疾病的临床实验诊断、治疗监测、药物疗效和预后评估、疾病预防等方面提供信息和决策依据的一门学科。临床生物化学检验则是利用分光技术、免疫学技术、电位分析技术等检测疾病病理过程中特异性化学标志物或体内特定成分，并研究这些指标的改变与疾病相关性的学科和技术。临床生化项目的检测技术包括比色法、免疫比浊法、电位分析法等，检测仪器主要有全自动生化分析仪、电解质分析仪、血气分析仪、特种蛋白分析仪等。本章主要介绍临床生物化学相关项目常用的全自动生化分析仪。

第一节　概　述

　　目前临床生物化学相关项目的检测主要使用自动生化分析仪（automatic biochemical analyzer）。它是集电子学、光学、计算机技术和各种生物化学分析技术于一体的临床生物化学检验仪器。它把生物化学分析过程的取样、加试剂、混合、孵育、检测、清洗及数据处理等步骤自动化，具有测量速度快、准确性高、消耗试剂量少等特点，在临床实验室广泛使用。

一、自动生化分析仪的发展简史

　　世界上第一台用于临床生物化学检验的自动化仪器出现于 20 世纪 50 年代。1957 年，根据 Skeggs 教授的设计方案生产出第一台单通道、连续流动式自动分析仪，能以光密度值的形式报告结果，主要用于临床实验室的比色分析。20 世纪 70 年代中期，连续流动式自动生化分析仪问世，由电子计算机控制，每小时可测上百份样品，每个样品可同时测定 20 个项目，自动生化分析仪的发展进入一个崭新时期。随着科学技术和医疗行业的发展，各种各样的生化分析仪器在临床实验室广泛应用，它们不但可以应用化学比色、免疫比浊及电位检测等方法学，还能以模块化的形式进行组合，大大提高检测质量和速度。自动化仪器改变了临床实验室的运行模式，除提高工作效率、减少主观误差、提高检验质量外，也利于实现实验室的智慧化。

二、自动生化分析仪的分类

自动生化分析仪的分类方法有如下几种：①根据自动化程度，分为全自动化和半自动化生化分析仪；②根据可同时测定的项目数量，分为单通道和多通道生化分析仪；③根据仪器的复杂程度，分为小型、中型、大型和超大型生化分析仪；④根据仪器的反应或检测装置的不同，可分为分立式、连续流动式或管道式和离心式生化分析仪，这也是最常用的分类方法。

目前连续流动式和离心式自动生化分析仪已很少见，在临床生化实验室主要应用的是分立式自动生化分析仪，特点是利用计算机进行编程，以有序的机械臂代替手工操作，仪器的各部件间由传送带连接，按顺序依次操作，故也称为"顺序式"分析。而分立式自动生化分析仪也可分为湿式和干式两种类型。

第二节　湿式自动生化分析仪

湿式自动生化分析仪是临床生物化学检验最常用的仪器类型，特点是检测反应在液相中进行，应用液体试剂，仪器需具有纯水入口、排污出口及冲洗系统等。

一、湿式自动生化分析仪的检测原理

临床生物化学检验项目众多，根据物质的特性及其在机体内的含量，可采用不同的检测技术。其中以比色法、免疫比浊法、电位分析法应用最为广泛。

（一）比色法

比色法是通过测定被测物质在特定波长处或一定波长范围内光的吸收度，对该物质进行定性和定量分析的方法。在临床生物化学检验中，不同的被测物质经过化学、酶学及电化学反应后，其产物增加或底物减少，它们在特定波长的吸光度发生改变；根据朗伯 - 比尔定律，吸光度的变化程度与物质的量成比例关系，再通过已知浓度的标准物质测定，可获得被测物质的浓度。

（二）免疫比浊法

当抗原与抗体在系统中生成可溶性免疫复合物后形成微粒，反应系统会出现浊度。当系统中抗体浓度固定时，形成的免疫复合物的量与抗原的量成正比。与已知浓度的标准品对比测定，即可获得样品中抗原的含量。

（三）电位分析法

电位分析法（potentiometric analysis）是以测量原电池的电动势为基础，根据电动势与溶液中某种离子的活度（或浓度）之间的定量关系（能斯特方程）来测定待测物质活度（或浓度）的一种电化学分析法。该方法常以接触检测样品的电极作为指示电极，以电位稳定不变的电极作为参比电极，从而获得它们之间的电位差，该电位差与检测样品中离子活度成正比，再根据已知含量的标准品测定结果，得到待测样品中离子的含量。

二、湿式自动生化分析仪的基本结构

湿式自动生化分析仪的基本结构包括样品处理系统、检测系统、清洗系统和计算机系统。

（一）样品处理系统

1. 样品装载和输送系统　常见类型有样品盘式、链式、传动带式或轨道式等。

（1）样品盘（sample disk）式：样品盘为放置样品、可转动的圆盘状架子，通常为单圈或内外多圈,可单独安置,也可与试剂转盘或反应转盘相套合。在驱动装置带动下,样品盘按一定速度移动,使样品一个个地传递到加样针下,运行中与加样臂配合转动。有的采用更换式样品盘,分工作区和待命区,其中放置多个弧形样品架作为转载台,仪器在测定中自动更换。样品盘的装载数以及校准品、质控品、常规样品和急诊样品的放置位置一般都是固定的,可根据具体工作需要进行设置。

(2)链式:试管固定排列在循环的传动链条上,水平移动到采样位置。这一模式在较早期的部分生化分析仪中使用,现代自动生化分析仪基本不选用。

(3)传动带式或轨道式:即试管架是不连续的,常以5个或10个试管作为一架(图12-1)。由步进电机(stepping motor)驱动传送带,将试管架依次前移,再以单架逐管横移的方式把试管移至固定位置,由加样臂采样。连接流水线的仪器常用这种模式。大多数仪器对于不同功能的试管架(如常规、急诊、校准、质控及保养等)可用不同颜色和编号标示,以示区分。

图 12-1　试管架

2. 加样装置　加样装置大多由注射器(syringe)、加样臂(sample arm)、步进电机或蠕动泵(peristaltic pump)、试剂针(reagent probe)和样品针(sample probe)等组成(图12-2)。在计算机的指令下,加样臂经注射器精确定量吸取样品和试剂,样品和试剂再分别经样品针和试剂针转移至反应杯中。样品针和试剂针一般有液面探测器和防碰撞安全保护功能,能够进行自我保护。此外,样品针和试剂针还具有凝块和气泡检测功能,遇到空吸或探测到血凝块时,可通过自动报警和冲洗来避免探针损坏或错误发生。

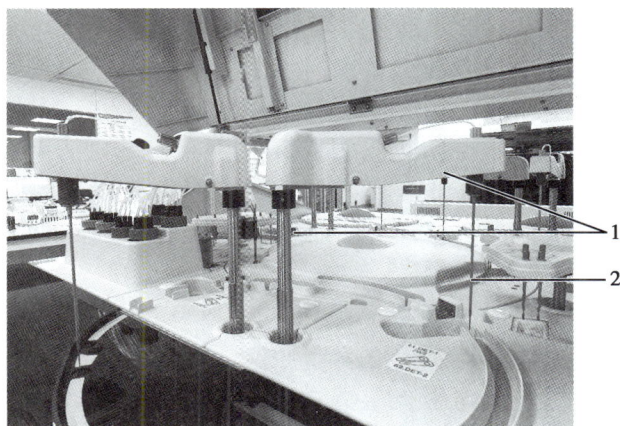

图 12-2　加样装置
1. 加样臂;2. 样品针。

3. 试剂系统　试剂系统指仪器放置检测试剂的部分,常称为试剂仓。试剂仓一般有冷藏装置,温度为4~15℃,保证在机试剂的稳定性。不同仪器配套试剂瓶的形状与规格不尽相同,大多数湿式自动生化分析仪设有两个或两个以上的试剂仓,可按需分配试剂存放位置。试剂一般有条形码,配套仪器通过读码器可直接对试剂的名称、批号、剩余量、有效期和校准曲线等信息自动识别核对,非配套试剂则需手工设置项目参数,放置于固定位置。

4. 搅拌装置 湿式自动生化分析仪中的搅拌装置(mixer)用于搅拌混匀样品/试剂或混合溶液。目前常用的搅拌技术是模仿手工清洗的由多组搅拌棒组成的搅拌单元(图12-3)。

其检测原理是当第一组搅拌棒在搅拌样品/试剂或混合溶液时,第二组搅拌棒同时进行高速高效的清洗,第三组搅拌棒也同时进行温水清洗和风干过程。在单个搅拌棒的设计上,一般采用直角型或螺旋型。螺旋型搅拌棒在高速旋转时,旋转方向与螺旋方向相反,从而增加了搅拌的力度,并且溶液被搅拌时不起泡,可减少微泡对光的散射干扰。搅拌棒表面常具有特殊的不粘涂层,可避免液体黏附,减少交叉污染。也有一些全自动生化分析仪采用超声波对样品与试剂进行混合,解决搅拌装置的携带污染问题。

图 12-3 搅拌装置和搅拌棒
A. 搅拌装置(1. 搅拌装置;2. 螺旋型搅拌棒);B. 螺旋型搅拌棒。

5. 恒温反应系统 湿式自动生化分析仪中用于保持孵育温度的调控和恒温控制装置也是由计算机来控制的。理想的孵育温度波动范围应小于±0.1℃。保持恒温的方式有以下三种。

(1)空气浴恒温:即在吸收池与加热器之间隔有空气。它的特点是方便、速度快、不需要特殊材料,但稳定性和均匀性比水浴稍差。

(2)水浴循环:即在吸收池周围充盈水,由加热器控制水的温度。它的特点是温度稳定,但需特殊的防腐剂以保证水质的洁净,且要定期更换循环水。

(3)恒温液循环间接加热:在吸收池的周围流动着一种特殊的恒温液(具有无味、无污染、惰性、不蒸发等特点),吸收池和恒温液之间有极小的空气狭缝,恒温液通过加热狭缝中的空气保持恒温。它的特点是温度稳定且不需要特殊保养,是目前多数生化自动化仪器采用的恒温模式。

(二)检测系统

"光的测量"是临床实验室最常应用的测量原理。大多数的化学反应都设计为能产生有颜色或浊度的终产物的反应,便于检测。湿式自动生化分析仪检测系统包括光源、分光装置、吸收池(比色杯)和信号检测器。

1. 光源 以往多数采用卤素灯,工作波长为325~800nm。但卤素灯的使用寿命较短,一般只有750~1 500小时,所以目前多数生化分析仪使用寿命较长的氙灯,其工作波长为285~750nm,可测定需紫外光检测的部分项目。

2. 分光装置 湿式自动生化分析仪的分光装置主要采用光栅分光,包括前分光和后分光两种,目前大多数采用后分光测量技术。后分光测量是使一束白光(混合光)经过吸收池后用光栅分光,再检测吸光度,可以在同一体系中应用不同波长测定多种成分(图12-4)。后分光的优点是不需要移动仪器比色系统中的任何部件,可同时选用双波长或多波长进行测定,这样可降低比色的噪声,提高分析的精确度和降低故障率。

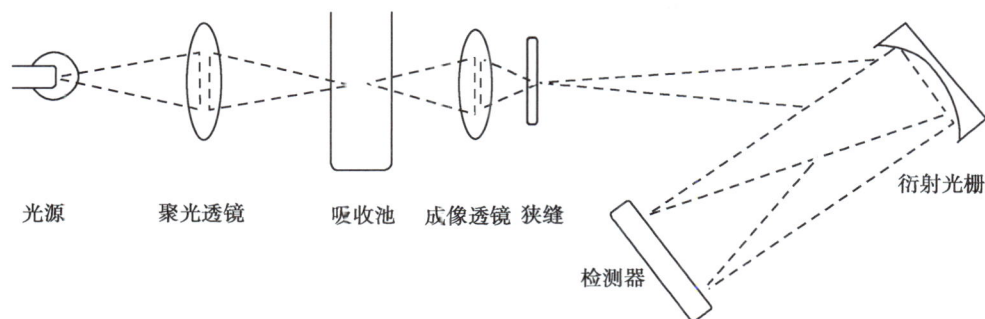

图 12-4 光栅后分光光路图

3. 吸收池 湿式自动生化分析仪的吸收池(cuvette)也是反应杯。通常由石英、硬质玻璃或不吸收紫外线的优质塑料制成,包括一次性和循环使用式吸收池两种,目前多数仪器为循环使用式吸收池。自动生化分析仪的检测速度与吸收池的数量成正比,吸收池的数量越多,检测速度越快。吸收池的光径一般为 0.5～1.0cm,小光径的吸收池更节省试剂,当吸收池光径小于 1.0cm 时,仪器可自动校正为 1.0cm。在仪器完成比色分析后,循环使用式吸收池可被自动冲洗、吸干,在自动空白检查合格后继续使用。

4. 信号检测器 大型湿式自动生化分析仪的信号检测器(signal detector)采用光/数码信号直接转换技术,即将光路中的光信号直接转变成数码信号,完全消除电磁波对信号的干扰和信号传递过程中的衰减。信号的传输以光导纤维代替普通电缆,消除了电子噪声和静电干扰,提高了电子数据传输质量,使电信号更为稳定,数据传送速度更快,检测精度也更高。

(三)清洗系统

清洗系统(washing system)又称为清洗单元,一般包括吸液针、吐液针和干燥棒。可将吸液针和吐液针整合为清洗针,方便注入不同洗液对吸收池进行清洗;干燥棒主要吸取清洗后吸收池内壁的残留液滴(图 12-5)。

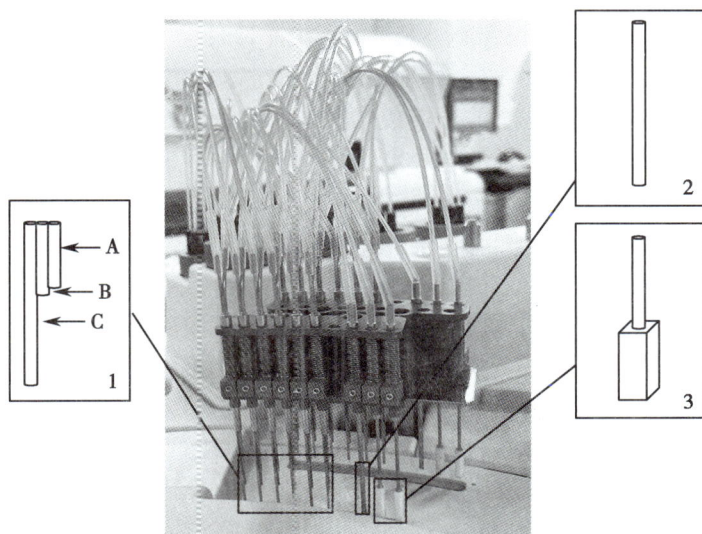

图 12-5 清洗系统(清洗单元)

1. 清洗针(A. 溢液吸嘴;B. 吐液针;C. 吸液针);2. 吸液针;3. 干燥棒。

清洗工作流程为吸取反应液、注入清洗液、吸取清洗液、注入洁净水、吸取洁净水及干燥等步骤。一般在吸出反应液后，仪器先用碱性液冲洗，再用酸性液冲洗，最后用去离子水冲洗。对于常规清洗不能清除携带污染的项目要做特殊处理，以减少交叉污染或携带污染。按时正确清洁管道、探针及吸收池，既可以减少交叉污染，又不损伤管道，是保证检测精密度与准确性的重要因素之一。

（四）计算机系统

1. 计算机软件系统　自动生化分析仪的计算机软件系统是仪器的大脑，样品和试剂的条码识别、加样控制、恒温控制、冲洗控制、结果打印、质控监控、数据管理以及仪器各种故障的报警等都是由计算机控制的。自动生化分析仪的数据处理功能日趋完善，自带的数据管理器软件是仪器与实验室信息系统（laboratory information system，LIS）连接的控制中心，可实时协调仪器与 LIS 之间的数据交互，也可提供独立的质控数据管理功能，实施信息的备份和更新。

2. 计算机硬件系统　自动生化分析仪的计算机程序控制器是计算机系统的硬件部分，主要包括微处理器和主机电脑、显示器以及与计算机或打印机连接并传输数据的数据接口等。

有的全自动生化分析仪具有远程通信及监控功能，能遥控异地测试及维修检查，但考虑到医疗机构数据及网络安全问题，大部分临床实验室并不开放这一功能。

三、湿式自动生化分析仪的反应参数设置

仪器的反应参数就是仪器工作的指令，反应参数的正确设置和合理使用是仪器正常工作的前提条件。反应参数的设定与检测仪器和试剂有关，生产厂家均会提供说明书，提示操作者通过设置正确的反应参数控制仪器完成检测。

（一）测定波长

测定波长的选择有三个主要条件：①待测物质在该波长下的光吸收最大；②吸收峰处的吸光度随波长变化较小；③常见干扰物在该波长下的光吸收最小。

1. 单波长　指使用一个波长检测物质的光吸收强度。当测定体系中只含有一种组分或混合溶液中待测组分的吸收峰与其他共存物质的吸收峰无重叠时，可选用单波长检测。如果一个物质有几个吸收峰，可选择吸光度最大的波长，或者选择在吸收峰处吸光度随波长变化较小的某个波长。单波长测定易受样品溶血、黄疸、脂浊等因素的干扰。

2. 双波长　双波长由主波长和副波长构成，在计算时用主波长的吸光度减去副波长的吸光度。主波长是指测定某物质时，产物的颜色对光吸收的特有波长；副波长是指测定某物质时，为消除其他干扰物质在主波长造成的测定干扰而设定的波长。根据光吸收曲线选择最大吸收峰作为主波长，副波长的选择原则是干扰物在主波长的吸光度与副波长的吸光度越接近越好。

选择双波长的主要目的是：①消除噪声干扰；②减少杂散光影响；③减少样品本身吸收的干扰，当样品中存在非化学反应的干扰物质如甘油三酯、血红蛋白、胆红素等时，会产生非特异性的光吸收，双波长方式可以减少或消除这类光吸收的干扰。选择双波长时还需注意副波长不能设在有色物吸收的灵敏区域，否则会降低测定的灵敏度。

（二）温度

自动生化分析仪通常设有 25℃、30℃、37℃ 三种温度供选择，考虑到代谢酶反应在生化检测项目中应用广泛，为了使酶促反应的温度与体内温度一致，实际应用时，自动生化分析仪的温度一般选择 37℃。

（三）样品量与试剂量

各种自动生化分析仪的最小反应液总体积为 80～500μl。样品量和试剂量的设置主要

由样品体积分数（sample volume fraction，SVF）决定，SVF 是样品体积（V_s）与反应总体积（V_t）的比值，即 $SVF = V_s/V_t$，V_t 为反应体系中所用的样品、样品稀释液、试剂以及试剂稀释液的总体积。

样品量与试剂量应按照试剂说明书设置，不应随意改变 SVF。尤其是测定酶活性时，样品稀释，SVF 减少，酶的抑制或激活、聚合或解离等随之发生改变，因而酶活性并不与 SVF 成正比。特殊情况下，可结合仪器的特性设定，如对样品和试剂的最小加样量和加样量范围、最小反应体积等进行优化，改变 SVF 后，应对检测系统进行性能确认。

（四）试剂

1. 单试剂法 反应体系中只加一种试剂的方法称为单试剂法。常见的有以下几种方法。

（1）单试剂单波长法：指在选定的温度和特定波长下，读取反应一定时间后的吸光度，在单试剂法中最常见。

（2）单试剂双波长法：该法的主要目的是消除检测体系或样品的本底干扰，常用于终点分析。

（3）样品空白法：该法使用单波长或双波长均可，当使用双波长法仍不能纠正混浊、色素、脂血等影响时，常用本法。

2. 双试剂法 试剂主要成分分为两部分，在反应过程中按先后顺序分别加入反应系统，可以消除一些干扰和非特异性反应，确保检测结果的准确性。常见的有以下几种方法。

（1）双试剂单波长一点法：检测试剂分成两部分加入，只读取一次试剂加完并反应后的吸光度。

（2）双试剂两点法：在加入第一试剂后读取吸光度（此时试剂与样品不发生反应，吸光度是样品或试剂所产生的）；然后加入第二试剂，反应一定时间后再读取吸光度；以两次吸光度之差计算结果。此法不但可以避免试剂不稳定造成的影响，还可以消除样品带来的某些影响，使检测结果更准确。

（3）双试剂双波长法：在加入第一、第二试剂时均读取双波长吸光度。

（五）分析方法

半自动生化分析仪一般具备常用分析方法中的一点终点法、两点终点法（单试剂）和连续监测法。全自动生化分析仪的功能比较全面，除具备前述的各种方法外，还可以根据仪器的分析项目和需要进行设置，选择相应的分析方法。

1. 终点分析法（end-point analysis method） 是通过测定反应开始至反应达到平衡时的产物或底物浓度的总变化量，求出待测物质浓度或活性的方法，也称为平衡法（equilibrium method）。终点分析法根据时间 - 吸光度曲线来确定，同时要考虑待测物质反应终点结合干扰物的反应情况。目前多数仪器会设置终点时间内一个时间范围内的平均吸光度，时间范围一般为 3～5 个时间点。如果选取的时间点内吸光度变化大，仪器会警报提示，以避免出现错误结果。

（1）一点终点法：指样品和试剂混合后发生反应，在时间 - 吸光度曲线上吸光度不再改变时，选择连续几个时间点测定吸光度，根据吸光度的平均值计算出待测物质浓度（图 12-6A）。

（2）两点终点法：在第二试剂加入以前，选择连续几个时间点计算吸光度平均值 A_1，此吸光度为试剂本身或第一试剂与样品发生非特异反应引起的，相当于样品空白；加入第二试剂后，经过一定时间反应达到平衡（终点）后，选择连续几个时间点计算吸光度平均值 A_2，$\Delta A = A_2 - A_1$，据此计算待测物浓度（图 12-6B）。该法可以消除样品自身的吸光度，如溶血、脂血和黄疸，以及一些干扰物质对测定的干扰。

2. 固定时间法（fixed time method） 是终点分析法的一种特殊情况，指样品和试剂混合后分别读取延滞期后和反应一定时间后的吸光度，这两点的吸光度差值用于结果计算。如

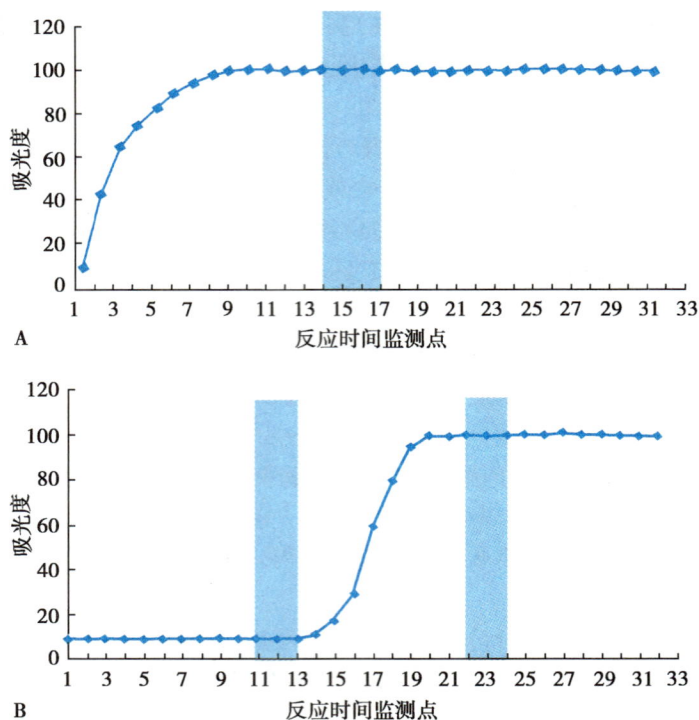

图 12-6　终点分析法反应曲线示意图

A. 一点终点法反应曲线；B. 两点终点法反应曲线。

碱性苦味酸法测定肌酐时读取 20 秒和 60 秒的吸光度，是因为该方法特异性不强，在 20～60 秒肌酐显色反应占主导，而前 30 秒左右为维生素 C 等快反应干扰物显色，后 80～100 秒为蛋白质等慢反应干扰物显色。采用固定时间法可以减少干扰，但具体的分析时间应根据试剂和仪器读数特点决定，可应用干扰试验等进行评估。

3. 连续监测法（continuous monitoring method）　又称速率法，多用于酶促反应参与的检测中，是通过连续测定酶促反应过程中某一生成物质或底物的吸光度，根据吸光度随时间的变化求出待测物浓度或活性的方法。速率法可分为两点速率法和多点速率法。

（1）两点速率法：是指在酶促反应的零级反应期，观察两个时间点的吸光度变化，用两个吸光度的差值（ΔA）除以时间（以分钟为单位），得到每分钟的吸光度，计算酶活性或浓度。

（2）多点速率法：即在酶促反应的零级反应期，每隔一定时间（2～30 秒）测定一次，求出单位时间内吸光度值的改变，计算酶活性或浓度。计算方法有最小二乘法、多点 δ 法、回归法、速率时间法等，最常用的是最小二乘法，即通过最小平方法求得单位时间内吸光度值的变化，得到样品中待测物质的浓度和活性。

4. 免疫比浊法（immunoturbidimetry）　是一种通过检测反应体系中抗原、抗体形成的免疫复合物产生的浊度来测定抗原或抗体反应物浓度的方法，根据检测光路的不同分为透射免疫比浊法和散射免疫比浊法。透射免疫比浊法检测光被免疫复合物吸收后的水平方向的光强度变化，散射免疫比浊法检测光被免疫复合物折射后按一定方向散射的光强度变化。免疫比浊法主要用于血清特种蛋白的测定，如载脂蛋白、微量蛋白、急性期蛋白、免疫球蛋白以及用于某些药物浓度的测定等。

（六）校正方法

自动生化分析仪的校正方法一般包括一点校正法、两点校正法和多点校正法等。

1. 一点校正法　一点校正法曲线为通过坐标原点和校准点的一条直线，常用于酶类项目测定,例如丙氨酸氨基转移酶(ALT)、天冬氨酸氨基转移酶(AST)、乳酸脱氢酶(LDH)等。

2. 两点校正法 两点校正法是指用一个浓度的标准品和一个空白试剂进行校正的方法。两点校正法曲线是通过设定的两个校准点,但不通过坐标原点的一条直线。该法要求反应必须符合朗伯 - 比尔定律,可用于终点分析法和连续监测法的校正。

3. 多点校正法 多点校正法是多个具有浓度梯度的标准品用非线性进行校准的方法。多点校正法所产生的曲线为非线性曲线,包括对数曲线、指数曲线、二次方程曲线、三次方程曲线、logit 转换和 logistic 函数等,多用于免疫比浊法的校准。

(七)分析时间

分析时间的选择和设定是自动生化分析仪反应参数设定的重要环节,直接影响检测结果的准确性。生化反应的时间是某一项目所特有的,因所采用的测定方法不同而各异。

(1) 终点分析法:对于终点分析法,分析时间的选择应充分考虑到干扰的问题。

1) 一点终点法:分析时间应设在待测物质反应将完成时,过早会由于反应未达到终点而影响结果的准确性,过迟则易受其他反应物质的干扰。

2) 两点终点法:应根据方法原理选择合适的第一试剂和第二试剂加入时间,以消除样品空白和内源性物质的干扰。

(2) 连续监测法:一般用于酶活性测定或酶促反应参与的测定。酶活性的大小用反应速率表示,因而要求在零级反应期内测定反应速率,此时的反应速率不受底物浓度的影响,仅同酶活性大小有关。对于某一种物质的测定,由于选择的试剂和分析方法不同,其分析时间也随之变化,因而对于特定的试剂和分析方法,应先仔细观察时间 - 反应进程曲线,从曲线上选择最佳的分析时间。

(八)线性范围

根据朗伯 - 比尔定律,当反应吸光度处于线性范围内时,检测结果与吸光度变化成正比,能准确反映待测物的浓度。为保证检测结果的准确性,自动生化分析仪应设定在数据收集时间内吸光度变化的允许范围(最大值和最小值)。如果吸光度范围设置过小,则非线性机会出现增多,或观察时间延长,工作效率降低;如吸光度范围设置过大,则失去了判断线性的意义。

四、湿式自动生化分析仪的性能验证与临床应用

(一)湿式自动生化分析仪的性能验证

仪器的性能验证通常在新仪器常规应用前、仪器的主要部件发生故障、仪器搬迁、试剂升级、校准品溯源性改变时进行。湿式自动生化分析仪的性能验证指标常包括精密度、检测正确度、线性范围、可报告范围等,其结果判断标准由实验室依据实际情况自行设定或参照产品说明书声明。验证方法及判断标准设定可参照《定量检验程序分析性能验证指南》(WS/T 408—2024)及《临床化学定量检验程序性能验证指南》(CNAS-GL037:2019)。

1. 精密度 精密度验证主要评估随机误差,一般采用重复性试验进行验证。精密度验证样品应首选新鲜或冻存的临床样品,若未能获得符合要求的临床样品,可使用有相同或相似基础的样品,如血清基础的质控品。检测样品至少有 2 个浓度,每个样品每天检测 3~5 次,连续检测 5 天,可获得总精密度及中间精密度。批内标准差(S_r)、批间方差(S_b^2)及实验室内标准差(S_l)通过如下公式进行计算:

$$S_r = \frac{\sqrt{\sum_{d=1}^{D}\sum_{i-1}^{n}(x_{di}-\overline{x_d})^2}}{D(n-1)} \qquad (式12-1)$$

$$S_b^2 = \frac{\sum_{d=1}^{D}(\overline{x_d}-\overline{x})^2}{D-1} \qquad (式12-2)$$

$$S_1 = \sqrt{\frac{n-1}{n} \times S_r^2 + S_b^2}$$ （式 12-3）

式中：D 为试验天数，n 为每天的重复次数，x_{di} 为第 d 天第 i 次的重复结果，$\bar{x}_d$ 为第 d 天所有结果的均值，$\bar{x}$ 为所有结果的均值。

2. 检测正确度 检测正确度的验证方法包括偏倚评估、回收试验及方法比对等，在临床上一般按实际情况选用其中之一即可。

（1）偏倚评估：可以采用有证标准物质（包括国家标准物质和国际标准物质等）、具有溯源性的标准物质及正确度控制品进行偏倚评估，一般至少选用 2 个浓度水平在测量区间内的样品。每个浓度水平的样品每天至少测定 2 次，连续测定 5 天，所有结果计算均值，均值与参考靶值之差即偏倚。

（2）回收试验：采用在临床基础样品中加入经称重法配制的标准液，检测加入标准液前后的浓度变化。一般要求加入标准液的体积不超过样品总体积的 10%，并保证终浓度在方法的检测区间内，至少制备 2 个水平的浓度，建议加入浓度设定在医学决定水平。按式 12-4 计算获得回收率：

$$R = \frac{C \times (V_0 + V) - C_0 \times V_0}{V \times C_s} \times 100\%$$ （式 12-4）

式中：R 为回收率；C 为加入标准液后样品总浓度，V_0 为基础样品体积；V 为加入标准液体积；C_0 为基础样品浓度；C_s 为标准液浓度。

（3）方法比对：与参考方法进行比对，选择至少 8 份临床样品，浓度范围在方法的测量区间内均匀分布，最好包含医学决定水平。评估方法和参考方法同时检测选择的临床样品，每份样品以每种方法检测 3 次，求出均值，计算评估方法与参考方法的偏倚。

（4）可比性验证：如实验室因客观条件限制未按以上要求进行正确度验证，可以参加能力验证、比对试验等方法代替。可用室间质评样品进行检测，取 5 个样品，每个样品检测 3 次，求出均值后与靶值比较，计算出偏倚；也可至少选择 20 份临床样品，浓度在测量区间均匀分布并包含医学决定水平，用已经过验证、性能符合要求的检测系统为参考系统进行比对，评估方法与"（3）方法比对"相同。

3. 线性范围 线性范围验证应选用患者样品，由 2 个高、低浓度的样品按不同比例混合形成系列混合样品，应合理确定混合比例，使样品浓度等距或接近等距，且浓度应覆盖分析程序的测量范围。

临床实际应用时，可选择接近线性范围下限值和上限值的新鲜血清样品若干份，要求无溶血、黄疸、脂血，将若干份低浓度样品和高浓度样品分别混合，获得低值（L）和高值（H）样品，检测浓度（定值）。再按照以下方法获得 6 个线性样品：L、4L＋H、3L＋2H、2L＋3H、L＋4H 和 H。通过计算可得每个样品的计算浓度。验证时，将每个线性样品检测 3 次，求得检测浓度，将检测值与计算值进行线性回归分析。以已知浓度（计算浓度）为自变量（x），各单次检测浓度（检测浓度）为因变量（y），进行直线回归分析，得回归方程 $y = ax + b$，其中 y 为检测浓度，x 为计算浓度；a 为斜率，b 为截距。可通过对以上回归方程进行线性范围的可靠性评估，从而判断线性范围是否被接受，具体方法可参照《定量检验程序分析性能验证指南》（WS/T 408—2024）的要求。

4. 可报告范围 可报告范围是指对临床诊断、治疗有意义的待测物浓度范围，此范围如果超出线性范围，可通过将样品稀释、浓缩等预处理使待测物浓度在线性范围，包括下限及上限。

（1）可报告范围下限：对于可报告范围下限的确定，可利用线性范围下限或低值样品进行不确定度评估。可直接选取接近方法线性范围下限的患者样品或通过稀释患者样品获得，样品数通常为3～5个,浓度间隔小于测时区间下限的20%。各重复检测5～10次,以不确定度在可接受范围的最低浓度作为可报告范围下限。

(2)可报告范围上限:可报告范围上限则可利用对高值样品进行稀释后评估可接受的稀释倍数的方法来获得。高值样品一般使用混合血清,浓度接近线性范围上限(如不能获得符合条件的高浓度样品,可添加被分析物标准品),至少3个样品,应用方法学规定的稀释液进行不同倍数的稀释(稀释后理论浓度不低于线性范围下限),检测后获得检测结果,乘以稀释倍数后为复现结果,与未稀释前的浓度进行偏倚评估,偏倚在可接受范围的稀释倍数为可接受稀释倍数,可报告范围上限为线性范围上限乘以稀释倍数。

5. 参考区间 临床实验室常用参考区间的来源包括卫生行业标准、试剂说明书、权威教材等提供的参考区间;通过研究建立的参考区间;通过参考区间转移法获得的参考区间。一般在实际应用时,多对参考区间来源进行评估,再进行临床验证后应用。

(1)参考区间的评估:参考区间的评估主要是保证服务的目标人群和其他分析前因素的可比性,如参考人群地域分布、参考个体和样品类型的选择、样品的采集方法和处理程序等;保证分析中因素的可比性,如具有相同或相近的溯源性、分析特异性、结果一致性等。在此基础上,经临床论证通过后,可引用该来源的参考区间,并形成评估报告。

(2)临床样品的验证:实验室在应用参考区间前,应从本地参考人群中筛选少量(至少20例,重要的项目应至少60例)参考个体,筛选标准参照参考区间建立时应用的标准,性别、年龄分布应均衡。按照本实验室操作程序采集、处理、检测样品,检测前需保证分析系统性能符合相关要求,将其测得值与参考区间进行比较。

验证结果判断标准为:①在参考区间之外的验证数据不超过10%为通过验证;②若超过10%的数据在参考区间之外,则另选至少20例合格参考个体,重新按照上述判断标准进行验证;③若3～4个数据位于参考区间外,则另选20例合格参考个体重新按照上述判断标准进行验证;④若5个以上的数据位于参考区间外,或另选20例合格参考个体中有3个以上的数据仍位于参考区间外,则参考区间验证未通过。如果参考区间验证不通过,实验室应考虑其来源的适用性,需按照行业标准《临床实验室定量检验项目参考区间的制定》(WS/T 402—2024)建立适用的参考区间。

(二)湿式自动生化分析仪的临床应用

湿式自动生化分析仪在临床检验工作中的使用越来越普遍,大大提高了检验质量和工作效率。

1. 脏器功能改变的检验项目
(1)肝功能项目:丙氨酸氨基转移酶、胆红素、总胆汁酸、胆碱酯酶等。
(2)肾功能项目:肌酐、尿素、半胱氨酸蛋白酶抑制剂C(简称胱抑素C)、尿微量白蛋白、转铁蛋白等。
(3)心功能项目:肌酸激酶及同工酶、肌钙蛋白等。

2. 物质代谢异常的检验项目
(1)脂类代谢项目:总胆固醇、甘油三酯、载脂蛋白等。
(2)糖类代谢项目:血糖、糖化血红蛋白。
(3)蛋白质代谢项目:总蛋白、白蛋白。
(4)电解质代谢项目:钾、钠、氯、钙。

3. 免疫功能异常的检验项目 包括免疫球蛋白、补体C3和C4、类风湿因子、抗链球菌溶血素O、C反应蛋白。

4. 血清药物浓度的监测及检测
(1)治疗性药物浓度监测:强心苷类药、抗癫痫药、心境稳定剂、抗心律失常药、免疫抑制剂、平喘药、氨基糖苷类抗生素等。

（2）滥用药物浓度的检测：苯丙胺、大麻、美沙酮等。

五、湿式自动生化分析仪的校准与维护保养

湿式自动生化分析仪要获得准确可靠的分析结果、延长使用寿命、减少维修次数、提高使用效率，必须建立仪器使用规范，包括定期（如1年）对仪器进行校准，以及对仪器进行相应的维护与保养。自动生化分析仪在工作过程中虽可进行主要部件的自动维护，然而为保证仪器的正常运行，还需严格按照操作手册要求作定期的三级维护保养。

（一）湿式自动生化分析仪的校准

对湿式自动生化分析仪的校准，可参照行业标准《全自动生化分析仪》（YY/T 0654—2017），主要校准内容包括评估杂散光、吸光度线性范围、吸光度稳定性、吸光度准确性、吸光度重复性、温度稳定性、加样准确性与重复性、样品携带污染率及临床项目丙氨酸氨基转移酶、尿素及总蛋白的批内精密度等，以使仪器性能达到临床检测要求。

（二）湿式自动生化分析仪的维护保养

1. 一级维护保养

（1）每日维护：在每日的开机时和关机时进行保养。

1）开机维护保养：主要包括对仪器进行清洁和例行检查；清洁样品针、试剂针、反应盘等；清空废液桶、光路检测、孵育槽换水等。

2）关机维护保养：主要是对样品针、试剂针、吸收池等进行冲洗，一般仪器都设有关机自动冲洗功能。

（2）每周维护：自动生化分析仪一般有每周清洗程序，主要是清洗反应部件和反应杯空白检测。清洁冲洗单元，防止滋生细菌或沉淀物堵塞清洗单元；用洗液冲洗样品针以防止堵塞；用浸有蒸馏水的纱布清洗排废液口的结晶，防止结晶堵塞。

（3）每月维护：主要是清洁孵育槽和离子试剂管路，以及冲洗仪器风扇空气滤网、进水管道的过滤网等。

2. 二级维护保养 二级维护与保养为针对性的，要求操作者对仪器结构有一定了解，能够拆卸一部分仪器部件，例如加样针、石英吸收池等。仪器使用一段时间后，常会出现由样品中蛋白质凝集导致的堵塞，如加样针堵塞会造成吸样不准甚至无法吸样，而管道堵塞时会发生漏水、溢水现象，此时常规的清洗程序已不能纠正，需拆下仪器元件进行手工清洁。一般先做物理清通，再用去蛋白液浸泡即可。对于橡胶管道堵塞，可用厂家提供的专用清洗液清洗，含氯消毒液会造成橡胶老化，不建议使用。如出现仪器轴承阻力增大或噪声增大，应检查轴承元件是否缺乏润滑，可使用润滑剂，最好使用医用凡士林。

3. 三级维护保养 三级维护与保养为更换性保养，仪器需定期进行一些易损件的更换，如离子电极、光源灯泡、试剂和样品注射器活塞头、冲洗器的靴形头以及一些泵管密封圈等。当光源能量降低时，首先会出现405nm波长的吸光度发生变化，应及时更换光源，以免影响检测结果。除定期对易损件进行更换外，自动生化分析仪一般也会有相应的自动预警提示。

第三节 干式自动生化分析仪

干式自动生化分析仪（dry-type automatic biochemical analyzer）于20世纪80年代问世，是分立式自动生化分析仪的特殊类型。特点是将待测液体样品直接加到已固化于特殊结构

的试剂载体上,以样品中的溶液将固化的试剂溶解后与待测成分发生化学反应,是集光学、化学、酶工程学、化学计量学和计算机技术于一体的新型生化检验仪器。

干式自动生化分析仪的特点是完全脱离了传统的分析方法,所有的测定参数均储存于仪器的信息磁块中,当编有条形码的特定试验试纸条、试纸片或试剂包放进测定装置后,即可进行测定。它的灵敏度和准确性与经典的分立式自动生化分析仪相近,而且操作简便、无交叉污染、测定速度快、无须清洗系统。使用后的反应单元可单独处理、对环境污染少,尤其适用于急诊检测和微量检测。但干片均为单人份一次性使用,所以成本较高。

一、干式自动生化分析仪的检测原理

干式自动生化分析仪大多采用多层薄膜固相试剂技术,测定方法多为反射光度法(reflectance spectroscopy)和差示电位法(differential potentiometry)。

(一)反射光度法

反射光度法是指显色反应发生在固相载体,光反射率与固相层厚度、单位厚度的光吸收系数以及固相反应层的散射系数相关。当固相层厚度与固相反应层的散射系数固定时,光吸收系数与待测物浓度成正比。它不遵循朗伯-比尔定律,多使用库贝卡-芒克(Kubelka-Munk)理论,该理论描述了含有能散射和吸收入射光的微小粒子系统的光学行为(见文末彩图12-7)。

(二)差示电位法

差示电位法基于传统的湿化学的离子选择电极原理,多用于测定无机离子。由于多层膜是一次性使用的,且对大分子有过滤功能,所以它既具有离子选择电极的优点,又避免了通常条件下电极易老化和易受样品中蛋白质干扰的缺点(见文末彩图12-8)。

二、干式自动生化分析仪的分类与基本结构

(一)干式自动生化分析仪的分类

根据反应原理的不同,干式自动生化分析仪可分为反射光度法技术分析仪、袋式分析仪和胶片涂层技术分析仪。

1. 反射光度法技术分析仪 该系统采用反射光度法原理,使用的试纸条由三部分组成:①条码识别区:位于试纸条背面,储存检测项目的相关信息;②样品分离区:位于试纸条正面下部,由玻璃纤维和纸层构成,用以阻截红细胞和白细胞等有形成分;③反应区:位于试纸条正面上部,样品通过样品分离区被转移介质运送到反应区底部进行反应并检测。

2. 袋式分析仪 该系统使用的是袋式干试剂包,由透明的双层塑料薄膜制成,形成内、外两层小袋,内层为试剂小袋,外层为透明小袋。测定开始时将试剂包放进仪器,样品及其稀释液由探针刺孔注入包内,在反应的不同阶段,试剂小袋经破裂器击碎,试剂经混合和保温,透明小袋随后经机械碾压形成吸收池用于测定反应后的吸光度,最后由计算机系统报告结果。

3. 胶片涂层技术分析仪 该系统使用的是试纸片(块),各种反应都在干片(多层膜片)内进行。其检测原理是应用涂层技术制作胶片基础的感光乳剂,将其呈层状均匀地涂布在支持层上。试纸片(块)由扩散层、试剂层、指示剂层和支持层组成,作用分别是接收样品、改变样品的物理化学性质、对待测物进行测定和支撑其他层膜。

(二)干式自动生化分析仪的基本结构

干式自动生化分析仪主要包括样品处理系统、检测系统和计算机软件系统等基本结构。

1. 样品处理系统 干式自动生化分析仪的样品处理系统无清洗系统,相比湿式自动生化分析仪复杂的液体管路来说,结构上可简化一些。

（1）样品装载和输送系统：干式自动生化分析仪采用传动带式或轨道式进行样品的装载与输送，前者主要在单机使用而后者则多连接流水线。

（2）加样装置：干式自动生化分析仪的加样装置一般用一次性的吸头，在计算机程序的指挥下，通过加样臂中的气泵装置精确调节控制加样量，用后丢弃，无须对加样装置进行清洗。

（3）试剂系统：干式自动生化分析仪的试剂主要为干片，每张干片为一个测试量，检测项目的所有试剂均分层固化于干片的不同介质中。液体样品加入干片后，通过渗滤作用，将其中的试剂溶解并发生反应。干片一般贮存于带弹簧装置的盒子中，按需将不同项目的干片弹射在孵育检测区域。

（4）恒温反应系统：干式自动生化分析仪的恒温装置采用空气浴，应用转盘形式，可以接收从试剂贮存系统弹射出的试剂干片，可将干片移动至加样位置，接收样品或电解质参比液。

2. 检测系统 干式自动生化分析仪的光源、分光装置和信号检测器与湿式自动生化分析仪类似，区别在于干式自动生化分析仪检测的光是在反射路线中的。另外，干式自动生化分析仪是直接检测干片上反射光的变化，不需要吸收池。

3. 计算机软件系统 干式自动生化分析仪的计算机软件系统的作用及组成与湿式自动生化分析仪相同。

三、干式自动生化分析仪的反应参数设置

干式自动生化分析仪因试剂固化于干片中，操作者无法对不同试剂的量进行调节，而且多为配套系统，仪器与试剂配合使用，厂家在批量生产前，对各种反应参数进行过性能确认及临床验证。因此，多数情况下，干式自动生化分析仪的反应参数在日常使用时无须进行特殊设置，只需对每个项目进行定标即可测定样品。

四、干式自动生化分析仪的性能验证与临床应用

（一）干式自动生化分析仪的性能验证

干式自动生化分析仪的性能验证与湿式自动生化分析仪执行同样的标准，均可参照《定量检验程序分析性能验证指南》（WS/T 408—2024）和《临床化学定量检验程序性能验证指南》（CNAS-GL037:2019）进行相关指标的验证。同时，考虑干式和湿式自动生化分析仪检测的结果存在一定的差异，建议同一实验室使用两种类型仪器时，应考虑相同项目固定于一种类型仪器完成，以保证实验室内结果的可比性。

（二）干式自动生化分析仪的临床应用

干式自动生化分析仪的临床应用与湿式自动生化分析仪一致，可覆盖脏器功能改变、物质代谢异常、免疫功能异常等情况，以及满足外源性药物浓度监测等方面的临床需求。

五、干式自动生化分析仪的校准与维护保养

为获得准确的检测结果并延长仪器的使用时限，干式自动生化分析仪同湿式自动生化分析仪一样需要进行必要的校准和维护保养。

（一）干式自动生化分析仪的校准

按干式自动生化分析仪的特点，一般可参考行业标准《干式化学分析仪》（YY/T 0655--2024）及计量标准《干式生化分析仪校准规范》（JJF 2036—2023）进行校准。主要的校准内容包括孵育器温度及项目准确度、批内精密度、线性、稳定性等，检测项目一般使用血清葡萄糖（终点法）、丙氨酸氨基转移酶（速率法）及钾（差示电位法）。

（二）干式自动生化分析仪的维护保养

干式自动生化分析仪的结构比湿式自动生化分析仪简单，特别是基本没有液体管路，因此，维护保养的内容也就相对较少。

1. 一级维护保养 日常维护主要包括每日、每周、每月的维护与保养。

（1）每日维护：干式自动生化分析仪多在急诊使用，较常见的情况是 24 小时开机使用。每日应对仪器表面进行清洁和例行检查是否有故障；清洁加样臂、样品架及其适配器；检查各种试剂耗材是否充足；清空废物容器；检查干燥剂及保湿剂是否需要更换。

（2）每周维护：主要对加样臂前端的吸头密封器及干片转运通道进行清洁，防止样品的污染。

（3）每月维护：对废弃物的通道进行清洁，更换易损部件，如防蒸发盖等。

2. 二级维护保养 作为针对性的维护保养，要求操作者对仪器结构有一定了解，具有拆卸仪器部件的能力。主要是对易损部件进行更换，如光源灯泡，一般情况下，灯泡需要更换时，仪器也会有相应的自动预警提示。

（刘利东）

本章小结

本章介绍了临床生物化学检验仪器中应用最多的自动生化分析仪，它是集电子学、光学、计算机技术和各种生物化学分析技术于一体的临床生物化学检测仪器，它把生物化学分析过程的取样、加试剂、混合、孵育、检测、清洗及数据处理等步骤自动化，具有测量速度快、准确性高、消耗试剂量少等特点，在临床实验室广泛使用。

自动生化分析仪一般分为连续流动式或管道式、离心式和分立式三种，其中分立式是临床生化实验室最常用的一种，而分立式又可分为湿式和干式两种类型。本章从分立式自动生化分析仪的检测原理、基本结构、性能验证、临床应用、校准与维护保养等方面进行了详细介绍。

湿式自动生化分析仪是临床最常用的检测仪器，它的检测原理主要有比色法、免疫比浊法、电位分析法。基本结构包括样品处理系统、检测系统、清洗系统和计算机软件系统。湿式自动生化分析仪需要设定项目的反应参数，主要包括测定波长、温度、样品量与试剂量、分析方法、校正方法、吸光度线性范围等，日常使用时应按照不同仪器类型及检测原理进行合理设置。

干式自动生化分析仪是适合急诊检验的分立式自动生化分析仪，主要特点是将检测试剂固化于特殊结构的试剂载体上，以样品中的溶液将固化的试剂溶解后与待测成分发生化学反应。检测原理包括反射光度法和差示电位法。与湿式自动生化分析仪不同的是，干式自动生化分析仪的基本结构包括样品处理系统、检测系统和计算机软件系统，不需要复杂的液体管路系统。

分立式自动生化分析仪目前广泛应用于脏器功能改变、物质代谢异常、免疫功能异常及血清药物浓度监测等方面的检测。为保证检测结果的准确可靠，仪器需要进行必要的性能验证，主要内容包括检测正确度、精密度、线性范围、可报告范围，同时必须建立仪器使用规范，加强仪器日常维护。

第十三章 临床免疫学检验仪器与技术

通过本章学习，你将能够回答下列问题：

1. 免疫测定有哪些常用的分析技术？
2. 不同类型的化学发光免疫分析仪之间有哪些异同点？
3. 荧光免疫层析分析仪的基本原理和性能特点是什么？
4. 散射比浊分析仪的分类和检测原理是什么？
5. 免疫印迹分析仪由哪些模块组成，临床应用包括哪些？
6. 酶免疫分析仪的检测原理是什么？
7. 均相免疫分析技术的特点是什么？涉及哪些免疫试验？
8. 单分子免疫分析的主要技术特点及临床应用优势有哪些？
9. 液相芯片技术的检测原理及性能特点是什么？

免疫测定（immunoassay）是利用抗原和抗体可特异性反应的特性，对待测物质进行检测的分析技术。由于大多数抗原、抗体的特异性反应不能被直接观察和测定，通常需要借助标记技术和多种免疫分析技术。自 20 世纪 90 年代以来，基于不同免疫分析原理的各种自动化免疫分析仪相继问世并被广泛应用于临床检验，检测结果的稳定性和准确性显著提高，极大地减轻了操作人员的劳动强度，也使自动化、规模化、高通量和超灵敏的检测成为可能。本章主要介绍临床实验室常用的自动化免疫分析仪器的检测原理、基本结构、性能验证与临床应用、校准与维护保养。

第一节　化学发光免疫分析仪

化学发光免疫分析（chemiluminescence immunoassay，CLIA）是将具有高灵敏度的化学发光测定技术与高特异性的免疫反应相结合的检测分析技术，广泛用于检测各种抗原、半抗原、抗体、激素、酶、脂肪酸、维生素和药物等。与其他广泛使用的免疫分析技术相比，化学发光免疫分析技术具有检测灵敏度更高、分析测量范围宽、检测试剂更加稳定等特点。

一、化学发光免疫分析仪的检测原理

（一）化学发光的原理

化学发光（chemiluminescence）是指伴随化学反应过程所产生的一种光辐射现象。某些化合物分子（如发光剂）吸收反应过程中所产生的化学能后，从能级较低、稳定的基态跃迁至能级较高、不稳定的激发态。由于处于激发态时分子具有较高且不稳定的能量，很容易以生成光子的形式释放能量并重新回到基态，从而产生化学发光现象。

（二）化学发光免疫分析的原理

化学发光免疫分析技术是通过免疫反应特异性地将待测组分从样品中分离，利用发光强度与待测组分含量之间的比例关系，通过化学发光反应测量分离组分的浓度。

184

根据反应过程中是否需要分离结合标记物和游离标记物，免疫反应被分为均相免疫反应与异相免疫反应。其中，均相免疫反应不需要分离；而异相免疫反应大多借助固相载体，将一种反应物（抗原/抗体）固定在固相载体上，并使该反应物与另一种反应物（相应的抗体/抗原）结合形成复合物后，通过洗涤、离心等方式使其与液相中其他物质分离，因此亦称为固相免疫分析。大多数化学发光免疫分析属于固相免疫分析，如典型的双抗体夹心酶免疫化学发光法，其原理见图13-1。

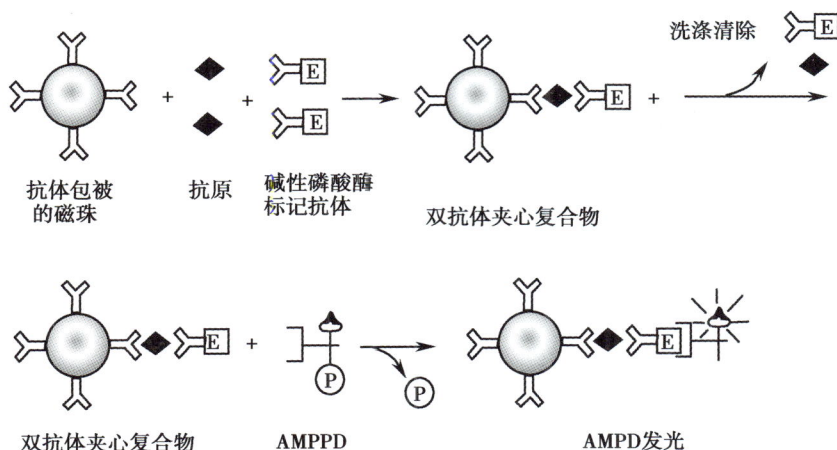

图 13-1　双抗体夹心酶免疫化学发光法原理

AMPPD. 3-（2′- 螺旋金刚烷）-4- 甲氧基 -4-（3′- 磷酰氧基）苯基 -1,2- 二氧环己烷；
AMPD. 2- 氨基 -2- 甲基 -1,3- 丙二醇。

二、化学发光免疫分析仪的分类与基本结构

（一）化学发光免疫分析仪的分类

临床常用的化学发光免疫分析仪按照仪器的检测自动化程度可分为全自动和半自动两种；按照分离技术可分为磁珠分离和塑料孔板两种；按照发光方法可大致分为化学发光酶免疫分析（chemiluminescence enzyme immunoassay，CLEIA）、化学发光免疫分析（chemiluminescence immunoassay，CLIA）、电化学发光免疫分析（electrochemiluminescence immunoassay，ECLIA）和光激化学发光免疫分析（light initiated chemiluminescence assay，LICA）。本部分主要按照发光方法介绍各类化学发光免疫分析仪的特点。

1. 化学发光酶免疫分析相关仪器　该类仪器是将酶标记于示踪抗体上，再以酶催化底物进行化学发光反应。常用的工具酶有辣根过氧化物酶（HRP）、碱性磷酸酶（ALP）等。

（1）辣根过氧化物酶：辣根过氧化物酶是一类重要的发光试剂，常用的底物有鲁米诺（luminol）或其衍生物异鲁米诺（isoluminol）。鲁米诺在辣根过氧化物酶和启动发光试剂（NaOH和H_2O_2）的作用下进行发光反应，其波长为425nm。

（2）碱性磷酸酶：碱性磷酸酶常用的底物是 AMPPD［3-（2′- 螺旋金刚烷）-4- 甲氧基 -4-（3′- 磷酰氧基）苯基 -1,2- 二氧环己烷］。AMPPD 在碱性磷酸酶的作用下产生 470nm 的光，发光时间可持续几十分钟。

2. 化学发光免疫分析相关仪器　该类仪器是用化学发光剂直接标记抗原或抗体。常用于标记的化学发光物质有吖啶酯类化合物，其通过启动发光试剂（NaOH 和 H_2O_2）而发光，此过程仅需 1 秒，为快速而强烈的闪烁发光。吖啶酯（acridinium ester，AE）作为标记物用于免疫分析，其化学反应简单、快速，无须催化剂；检测小分子抗原时一般采用竞争法，大分子抗原则大多采用夹心法。化学发光免疫分析的优点是非特异性结合少、本底低，且与大

分子结合不会减少所产生的光量，从而增加了检测的灵敏度。

3. 电化学发光免疫分析相关仪器　该类仪器使用的标记物是三联吡啶钌$[Ru(bpy)_3]^{2+}$。其发光原理与上述化学发光不同，是一种在电极表面由电化学引发的特殊化学发光反应，实际包括了电化学和化学发光两个过程。当反应体系中含有三联吡啶钌，再加入含三丙胺（TPA）的缓冲液，同时给电极加电压，启动电化学反应过程。发光剂三联吡啶钌和电子供体TPA 在阳极表面进行电子转移，二价钌被氧化成三价，而 TPA 被氧化形成一种很强的还原剂，可将一个电子转移到三价的钌，使其形成激发态的钌，激发态的三联吡啶钌发射出一个波长为620nm的光子后重新回到基态，发光标记物可循环发光。

4. 光激化学发光免疫分析相关仪器　发光氧通道免疫分析（luminescent oxygen channeling immunoassay，LOCI）技术问世于 20 世纪 90 年代，我国科研人员在此原理的基础上建立了国产的光激化学发光免疫分析系统。

该类仪器是用抗体包被感光微球，抗原包被发光微球。感光微球在 680nm 激发光照射下，使周围氧分子激发变成单线态氧，后者将能量传递给发光微球，使其发射 520～620nm 的荧光信号。此过程中，单线态氧的半衰期只有 4 微秒，在反应体系中的扩散范围约 200nm。因此，只有发生抗原 - 抗体特异性反应的结合态发光微球才能获得单线态氧的能量并发光；非结合态发光微球由于相距较远，无法获得能量而不发光；因而发光强度与样品中待测抗原量成反比。图 13-2 为竞争法光激化学发光原理。

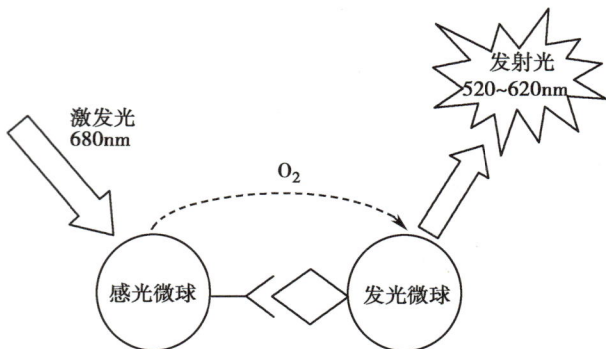

图 13-2　竞争法光激化学发光原理

（二）化学发光免疫分析仪的基本结构

化学发光免疫分析系统一般由控制系统、试剂和消耗品系统、取样系统、反应孵育系统、清洗系统、测量系统等子系统构成。图 13-3 为某全自动化学发光酶免疫分析仪的结构图。

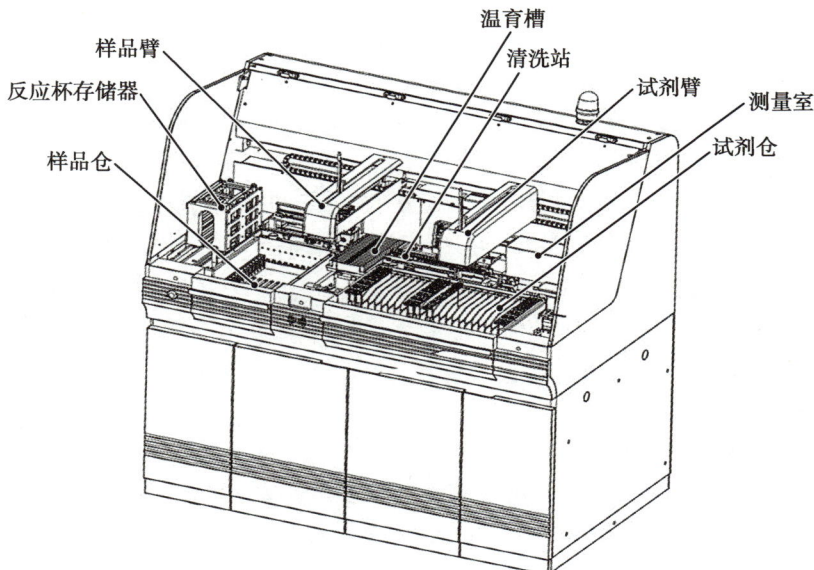

图 13-3　全自动化学发光酶免疫分析仪结构图

1. 控制系统 通常由软件系统和硬件系统组成。软件系统能够控制仪器的运行，并提供人机界面以便用户操作、管理仪器。硬件系统通常是外置的计算机或嵌入仪器的单片计算机，为软件提供运行环境和平台，前者常见于大中型的分析仪器，后者仅见于结构简单的小型仪器。

2. 试剂和消耗品系统 主要用于保存试剂和消耗品（结构上包括样品仓、试剂仓、反应杯存储器等模块），并维持合适的温度环境。

3. 取样系统 取样系统通过样品臂及试剂臂等模块自动将样品和试剂定量加入反应管中。大型仪器的取样系统还包括样品架的缓冲区，可一次性容纳一定数量的样品，以便仪器连续取样。

4. 反应孵育系统 通过温育槽提供合适的环境温度以进行免疫反应。

5. 清洗系统 在清洗站内通过合适的清洗步骤去除化学发光反应所不需要的游离相。

6. 测量系统 化学发光反应产生的光信号通过测量室内的光电倍增管进行测量。化学发光免疫分析仪中常用的单光子计数器是一种特殊类型的光电倍增管。当反应产生的光子照射光电倍增管时，由于光电效应，其表面可产生能量微弱的游离电子，称为光电子。经光电倍增管反复放大，最后形成电脉冲信号。信号经放大、降噪，最后换算出相对发光单位（relative luminescence unit，RLU）。

三、化学发光免疫分析仪的性能验证与临床应用

（一）化学发光免疫分析仪的性能验证

参考 CNAS 的《医学实验室质量和能力认可准则》（CNAS-CL02:2023）、《临床化学定量检验程序性能验证指南》（CNAS-GL037:2019）以及美国临床和实验室标准协会相关文件对化学发光免疫分析仪进行验证。

1. 精密度 根据《临床化学定量检验程序性能验证指南》（CNAS-GL037:2019）建议的验证方法，应包括重复性和中间精密度。

（1）重复性验证：使用至少 2 个浓度水平的质控品，对其进行至少 10 次重复测定，计算 $\bar{X}$、SD 和 CV。

（2）中间精密度验证：需每天检测 1 个分析批，每批检测 2 个水平的样品，每个样品重复检测 3～5 次，连续检测 5 天，计算批内 SD、批间 SD 与实验室内 SD。

验证结果应满足制造商或研发者声明的性能指标、实验室制定的判断标准。

2. 正确度 每个浓度水平的标准物质样品至少每天重复测定 2 次，连续测定 5 天，记录检测结果，计算全部检测结果的均值，并计算偏倚。同时通过称重法配制标准溶液，在临床基础样品中加入不同体积的标准溶液（标准溶液体积应少于总体积的 10%），制备至少 2 个水平的样品。每个样品重复测定 3 次或以上，计算均值浓度和回收率。验证结果应满足制造商或研发者声明的性能指标、实验室制定的判断标准。

3. 线性范围 根据《临床化学定量检验程序性能验证指南》（CNAS-GL037:2019）建议的验证方法，选取高浓度和低浓度的定值校准品，将高浓度与低浓度样品按预定比例稀释，得到 5～7 个已知线性范围内等浓度间隔的系列样品（应覆盖定量下限和上限），每个浓度水平的样品重复测定 3～4 次，取其平均值，以理论值为横坐标，以检测均值为纵坐标，拟合曲线后进行回归分析，相关系数的平方 r^2 应大于 0.95。

4. 生物参考区间 参考《临床实验室如何定义、建立和验证参考区间：批准指南（第 3 版）》（CLSI EP28-A3c）文件进行验证。纳入 20 例健康者，男 10 例，女 10 例，年龄为 20～70 岁，对生物参考区间进行验证。仅允许少于 5% 的数据超出所验证的生物参考区间，即 95% 以上的健康者检测值在参考区间内。

5. 检出限 参考《临床实验室测量程序检测能力评价：批准指南（第 2 版）》（CLSI EP17-A2）和《临床实验室管理学》的介绍方法，以配套稀释液作为空白样品 C0，连续重复做 20 次，记录每次的检测发光强度值。计算空白样品发光强度值的均值和标准差。空白样品发光强度值所对应的水平为检出限，检测值在此范围内则表示有 99.7% 的可能性检测物检测值小于或等于检出限，即无检测物检出。同时检测定标品低值 C1（由低浓度校准品稀释至接近厂家说明书声明的检出限浓度所得）连续 2 次，取均值，计算检出限。

6. 携带污染 收集 1 例极高水平和 1 例极低水平的样品，或用相应稀释液作为极低样品；将高水平样品均分成 10 份，编号 H1～H10，低水平样品均分成 11 份，编号 L1～L11（H 表示高水平，L 表示低水平）。按照 L1、L2、L3、H1、H2、L4、H3、H4、L5、L6、L7、L8、H5、H6、L9、H7、H8、L10、H9、H10、L11 的顺序检测样品。统计高水平对低水平的干扰组（H-L），即 L4、L5、L9、L10、L11，以及低水平对低水平的干扰组（L-L）2 组的样品水平，即 L2、L3、L6、L7、L8。并分别计算 2 组的均值（$\bar{x}$）和标准差（s）。H-L 结果的均值 $\bar{x}_{\text{H-L}}$ 减去 L-L 结果的均值 $\bar{x}_{\text{L-L}}$，即携带污染量；3 倍 L-L 结果的 s，即允许误差范围。要求携带污染量 = $\bar{x}_{\text{H-L}} - \bar{x}_{\text{L-L}} \leqslant 3s_{\text{L-L}}$。

（二）化学发光免疫分析仪的临床应用

化学发光免疫分析仪应用广泛，覆盖了常规的免疫检测项目，包括甲状腺相关激素、性激素、肿瘤标志物、感染性疾病相关项目、骨代谢相关标志物、自身抗体检测以及药物浓度监测等。

四、化学发光免疫分析仪的校准与维护保养

（一）化学发光免疫分析仪的校准

在仪器校准过程中，应参照《全自动封闭型发光免疫分析仪校准规范》（JJF 1752—2019）执行，并详细记录校准过程与结果，校准完成后通过质控等验证设备运行状态。校准的主要指标有反应区温度控制的准确性和稳定性、检测稳定性、批内测量重复性、线性和携带污染率等。一般每 12 个月校准一次，但在仪器主要检测部件故障或可能导致测定结果误差时，应立即对仪器进行校准。

（二）化学发光免疫分析仪的维护保养

日常维护包括检查供水阀、水机、检查针的打水状况；用纱布沾蒸馏水清洁样品针的针尖白头；定期清洗水桶、进水过滤网、冷却风扇、试剂盘、废物回收系统等，应严格执行维护操作并做好记录。需每年两次请厂家工程师对仪器进行专门的维护保养。

第二节　荧光免疫分析仪

一、荧光免疫分析仪的检测原理

荧光免疫分析仪是一种用于测量免疫反应的仪器，其检测原理基于荧光素标记的抗体与待检测物（通常是细胞、蛋白质分子或其他生物分子）之间的特异性结合。

（一）荧光免疫染色技术

荧光免疫染色技术是将荧光素标记在抗体上，免疫反应结束后使用特定波长的激发光照射，荧光素吸收激发光的能量进入激发态，在其回到基态的过程中以电磁辐射形式释放能量，产生荧光。

荧光免疫染色技术分为直接法和间接法。直接法是使荧光素标记的抗体直接与抗原反应，以检测抗原；间接法是在抗体与相应的抗原结合后，形成抗原 - 抗体复合物，再用荧光素标记的抗抗体（二抗）与复合物的抗原或抗体反应，在荧光显微镜下观察荧光信号的分布和定位。

（二）荧光免疫层析技术

免疫层析技术又称侧向流免疫层析，是一种薄层色谱分析技术。将已知的抗原或抗体偶联到标记物上（如金纳米颗粒、乳胶颗粒、荧光基团／材料等），并将偶联后的抗原或抗体固定在纤维素薄膜的结合垫上。其中用荧光基团或荧光材料作为标记物的免疫层析称为荧光免疫层析技术。当液体待测样品流过结合垫时，样品中相应的抗体或抗原就会与结合垫上的抗原或抗体发生特异性反应，从而实现了待测物的标记。待测样品在纤维素薄膜的毛细作用带动下流经捕获线，若样品中存在相应的抗体或抗原，就能和被标记过的抗原或抗体发生特异性反应而吸附到载体上，最后通过检测捕获线上的荧光信号就可以判断样品中是否含待测物以及待测物的含量。相比于胶体金免疫层析技术，荧光免疫层析技术的灵敏度和定量能力更高。

二、荧光免疫分析仪的分类与基本结构

荧光免疫分析仪可分为荧光免疫染色分析仪（包括荧光免疫染色自动操作仪、全自动荧光免疫判读系统）和荧光免疫层析分析仪。

（一）荧光免疫染色分析仪

1. 荧光免疫染色自动操作仪 荧光免疫染色自动操作仪的基本结构包括加样系统、清洗系统、温育系统等（图13-4）。

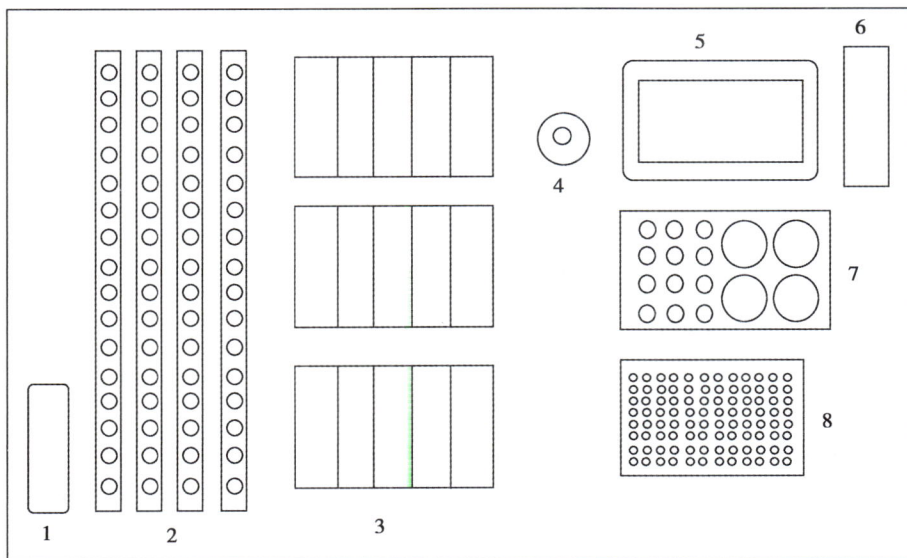

图 13-4 荧光免疫染色自动操作仪基本结构

1. 条形码扫描器；2. 样品轨架；3. 载玻片托盘；4. 样品针清洗站；5. 清洗站；6. 清洗机头；7. 试剂架；8. 稀释板。

（1）加样系统：包括样品针和样品针清洗站、样品轨架和试剂架等部件，完成样品稀释，并将样品、荧光素标记的抗体滴加至载玻片。

（2）清洗系统：包括储液桶、清洗站、清洗机头、废液排出管路等部件。用于清洗载玻片，去除反应后未结合的成分，包括抗体／抗原或标记荧光素的抗体，是减少非特异性荧光的关键环节。

（3）温育系统：可提供温育所需的温度和湿度，包括恒温器、孵育盖等。

2. 全自动荧光免疫判读系统 全自动荧光免疫判读系统主要由全自动荧光显微镜、成像系统、机械与控制系统、计算机和软件系统组成（图13-5）。

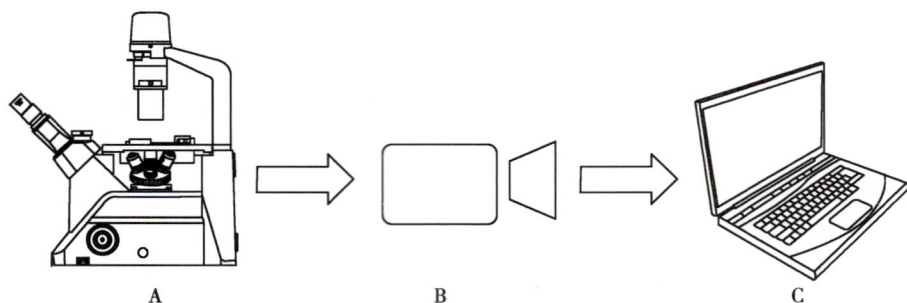

图 13-5 全自动荧光免疫判读系统的基本结构

A. 全自动荧光显微镜；B. 成像系统；C. 计算机和软件系统。

（1）全自动荧光显微镜：采用 LED 光源，具有能效高、寿命长、波长纯正、发热量低、体积小、反应快等诸多优点。

（2）成像系统：采用冷 CCD 技术荧光摄像头，具有高信噪比的特性，可以确保弱光或黑暗视野下获得背景干净、清晰的荧光图片，真实呈现镜下结果。

（3）机械与控制系统：通过该系统，只需操作人员将荧光玻片放置于载物台上，仪器便可自主完成阅片的所有步骤，无须人工干预。

（二）荧光免疫层析分析仪

全自动荧光免疫层析分析仪由主机、附件及耗材组成。其中主机由进样模块、加样模块、孵育模块、（光学）检测模块、调度模块、数据处理系统及软件等组成；附件及耗材包括由一次性移液头及样品架等组成的耗材模块、试剂卡存储模块及废料盒等（图 13-6）。

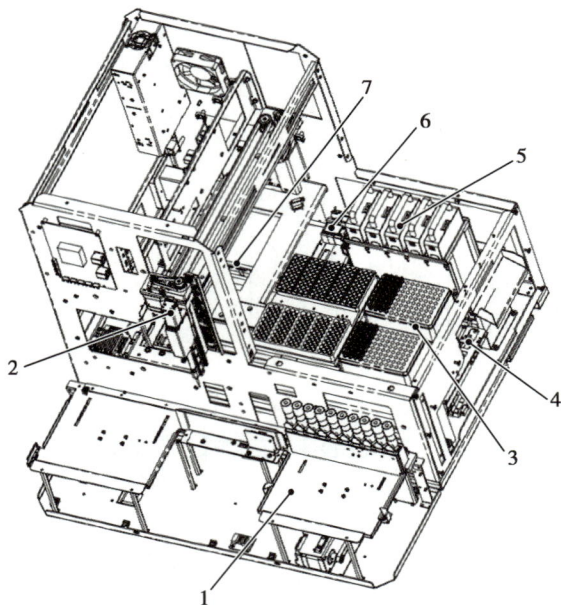

图 13-6 全自动荧光免疫层析分析仪的基本结构

1. 进样模块；2. 加样模块；3. 耗材模块；4. 调度模块；
5. 试剂卡存储模块；6. 检测模块；7. 孵育模块。

1. 进样模块 可将样品架送入取样区，检测有无样品管，并进行试管架扫码、样品管扫码后再使样品架移动到取样区，配合移液器完成样品取样后，将样品架从取样区转运至退样区。

2. 加样模块 可从耗材模块取移液头，后移动至取样区取样混匀，然后将移液头卸载至废料盒。

3. 耗材模块 存放检测配套的移液头等耗材。

4. 调度模块 可使试剂卡在试剂卡存储模块、孵育模块、检测模块、加样模块等不同模块间转运。

5. 试剂卡存储模块 存放预装试剂卡，并判断有无预装试剂卡仓及提供除湿功能。

6. 检测模块 可对转运至检测模块的试剂卡进行免疫反应信号的检测。

7. 孵育模块 为试剂卡的免疫反应提供恒温环境。

三、荧光免疫分析仪的性能验证与临床应用

（一）荧光免疫分析仪的性能验证

荧光免疫分析仪的性能验证可参考我国卫生行业标准《干扰实验指南》(WS/T 416—2013) 以及国外相关文件，如《能力比对检验的分析质量要求》(CLIA'88)、《用患者样品进行方法比对及偏倚评估》（第 3 版）(CLSI EP09c) 等文件中的分析质量要求及验证方法执行。校准内容包括但不限于精密度、准确度、线性范围、干扰实验和一致性验证等。

1. 精密度 选取高值和低值两个浓度的血清样品各 1 份，连续测定 20 次。批内精密度采用同日内短时间连续测定 20 次的方法；批间精密度采用每份样品测 4 次，连续测定 5 天的方法。将所得结果进行统计学处理获得均值、标准差和变异系数，即可得到不同浓度下的批内精密度和批间精密度。荧光免疫分析仪项目精密度检测要求如表 13-1 所示。

表 13-1 荧光免疫分析仪项目精密度检测要求

性能验证	批内精密度	批间精密度
样品	高、低浓度血清样品各 1 份	
检测方法	同日内连续测定 20 次	每份样品测 4 次，连续测定 5 天
要求	≤1/4 TEa	≤1/3 TEa

2. 准确度 采用至少 2 个浓度水平的可用于评价常规方法的参考物质（厂家校准品）、有证参考物质(CRM)或控制物质，严格按照说明书要求准备样品并完成测定。每个样品做 2 次，取均值，计算偏差。均值在靶值或检测值与临界值比值(S/CO) 的 ±20% 区间为合格，否则为不合格。

3. 线性范围 按照《定量测定方法的线性评价》（第 2 版）(CLSI EP06) 文件要求，取高值和低值血清样品各 1 份，浓度覆盖说明书给出的范围。进行梯度混合制备系列浓度（低值：高值分别为 100:0、75:25、50:50、25:75、0:100），每个水平测定 3 次。以实测值为 Y，理论值为 X 做直线回归方程。要求相关系数 $r \geq 0.975$，斜率 a 符合 $0.97 < a < 1.03$，否则为不合格。

4. 干扰实验 应验证与待测物可能存在交叉反应的干扰物对检测的影响，样品中常见的干扰物有血红蛋白、甘油三酯、胆红素、免疫球蛋白 G(IgG) 和交叉抗原等。将干扰物高实验浓度样品与低实验浓度样品定量混合，可得到干扰物浓度介于 2 个样品之间的一系列实验样品。具体制备方法见表 13-2。每个浓度重复检测 2 次，计算均值。加入干扰物的阳性组结果和阳性对照组结果之间的符合率应 ≥80%{[（加入干扰物的血清测量值－未加入干扰物的血清测量值）/未加入干扰物的血清测量值]×100%}；添加干扰物的阴性组和阴性对照组结果均为阴性，结果方可接受。

表 13-2 干扰物不同浓度系列样品的制备方法

系列样品号	高实验浓度样品用量 /ml	低实验浓度样品用量 /ml
1	0.0	10.0
2	2.5	7.5
3	5.0	5.0
4	7.5	2.5
5	10.0	0.0

5. 一致性验证 不同检测系统间的比对参照《用患者样品进行方法比对及偏倚评估》（第 3 版）（CLSI EP09c）文件,选择一定数量的样品。实测不同平台检测的总符合率和 Kappa 检验的评级,总符合率 >95%、Kappa 评级为"良"或"优"者为合格,否则为不合格。

（二）荧光免疫分析仪的临床应用

荧光免疫分析仪主要用于疾病的诊断、监测和治疗方案评估。

1. 生化指标检测 血清中肝功能和肾功能检验项目、心肌标志物、糖化血红蛋白等各种生化指标的测定。

2. 肿瘤标志物检测 乳腺癌［如癌胚抗原（CEA）、糖类抗原 125（CA125）、糖类抗原 15-3（CA15-3）］、前列腺癌［前列腺特异性抗原（PSA）］、肝癌［甲胎蛋白（AFP）］等肿瘤标志物的检测。

3. 感染性疾病相关指标检测 各种感染性疾病的病原体或相关抗体,包括病毒（如人类免疫缺陷病毒、乙型肝炎病毒、丙型肝炎病毒）、螺旋体、细菌、真菌和寄生虫等的测定。

四、荧光免疫分析仪的校准与维护保养

（一）荧光免疫分析仪的校准

荧光免疫分析仪的稳定、可靠运行对保证超微量物质测量结果的准确性和稳定性具有重要作用。对于仪器的加样及清洗模块,需要结合制造商建议和实验室质量管理体系,对准确度、精密度、加样针携带污染、洗液残留量、温度准确性等重要部件的重要参数进行定期校准。建议两次校准的间隔不超过 1 年。

仪器校准后验证应参考《全自动时间分辨荧光免疫分析仪》（YY/T 1533—2017）执行,并及时记录校准过程与结果,一般包括检出限、线性范围和相关系数、重复性、准确度。部分要求如下。

1. 检出限 不高于 10^{-12} mol/L（Eu^{3+}）。

2. 线性范围 线性范围不低于 4 个数量级：$10^{-12} \sim 10^{-8}$ mol/L（Eu^{3+}）,在线性范围内相关系数 $r > 0.990\,0$。

3. 重复性 取 1 份 10^{-10} mol/L 铕标准液,连续测定 10 次,$CV < 3\%$。

4. 准确度 对 10^{-10} mol/L 铕标准液进行测定,测量值与标定值的相对偏差在 ±5% 范围内。

（二）荧光免疫分析仪的维护保养

荧光免疫分析仪的日常维护包括仪器表面擦拭、探针内部浸泡和清洗、固体和液体废物清除。与此同时,还需定期清洗探针外部、清洗站、注液器,冲洗管路、过滤网、样品架、样品管托架,以及对光路进行检查保养。此外,还应制订断电恢复机制、异常报警响应流程等应对突发状况的预案,全方位保障仪器性能优良、检测结果准确可靠。

第三节 免疫比浊分析仪

免疫比浊法是基于抗原、抗体之间的特异性结合反应来检测液体介质中特定蛋白质、病原体或其他小分子的分析技术。该技术由经典的免疫沉淀反应发展而来，根据检测器在光路的位置分为透射免疫比浊法和散射免疫比浊法。本节主要介绍散射免疫比浊法的检测原理和仪器（参见第三章相关内容）。

一、散射比浊分析仪的检测原理

散射免疫比浊法是将液相免疫沉淀反应与散射光谱原理相结合的免疫分析技术。可溶性的抗原与抗体在液相中通过特异结合形成免疫复合物，从而引起液相浊度发生变化。利用散射光谱分析技术可以量化上述浊度变化，进而准确地推断出待测抗原的浓度。散射免疫比浊法按测试方式可分为终点散射比浊法、定时散射比浊法、速率散射比浊法和乳胶增强免疫比浊法。

（一）终点散射比浊法

终点散射比浊法（endpoint nephelometry）是一种在抗原 - 抗体免疫反应达到稳态后进行测量的方法。此时，免疫复合物的形成量不再增加，反应体系的浊度不再变化（需注意亦不可出现絮状沉淀而影响浊度）。通过测量此时的散射光强度，并与标准曲线比较确定样品中的待测物浓度。该方法反应过程时间较长，结果受温度、溶液中离子及 pH 等影响。另外，随着时间延长，抗原 - 抗体复合物会再次聚合形成大颗粒沉淀，导致散射值降低，因此需掌握最适时间进行比浊测定。此外，当样品内抗原含量较低时，本底（空白管）散射值较高，也会影响检测灵敏度。由于上述缺点，临床实验室使用的主流散射比浊分析仪通常不采用终点散射比浊法。

（二）定时散射比浊法

定时散射比浊法（fixed time nephelometry）由终点散射比浊法改进而成。由于免疫沉淀反应在抗原、抗体相遇后极短时间内开始，反应介质中的散射信号变动很大。该方法不与反应开始同步，而是推迟几秒以扣除由免疫沉淀反应造成的不稳定信号。

具体来说，定时散射比浊反应分为两个阶段，即预反应阶段和反应阶段（图 13-7）。预反应阶段保证抗原、抗体比例合适，确保反应体系抗体过量，避免抗原过量产生的钩状效应。自开始反应后 7.5 秒至 2 分钟内，进行第一次读数，在 2 分钟时进行第二次读数，两次信号值相减获得待测抗原的信号值。当这个值小于设定的阈值时，认为抗原未过量，抗原、抗体的比例是合适的，此时形成的不可溶性颗粒产生最强散射光信号，这种信号与待测的抗原量成正比。

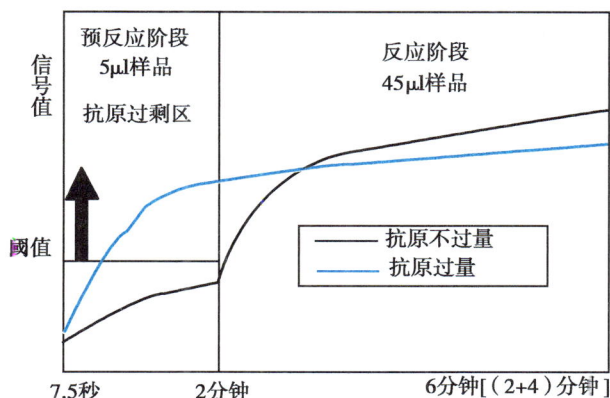

图 13-7 定时散射比浊反应过程

（三）速率散射比浊法

速率散射比浊法（rate nephelometry）是一种抗原、抗体结合的动力学测定方法。抗原、抗体结合速率最大的某一时刻称为速率峰，当反应体系中的抗体过量时，速率峰的高低与抗原含量成正比，这种测定速率峰的方法就是速率检测法。速率散射比浊法动态地测定单位时间内抗原-抗体复合物形成的散射光信号，从而获得多个速率峰，峰值的高低与待测物质（抗原）的量成正比（图 13-8）。速率散射比浊法具有检测速度快、灵敏度高、精确度高、稳定性好等优点。

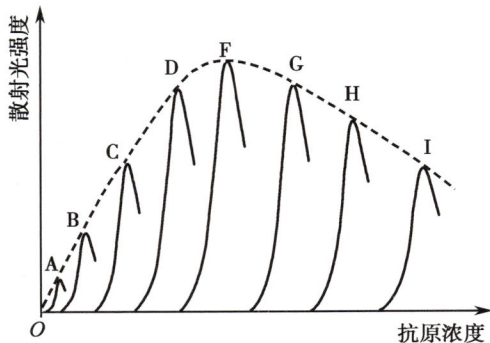

图 13-8　抗原浓度与速率峰信号的关系

（四）乳胶增强免疫比浊法

乳胶增强免疫比浊法（latex-enhanced immunoturbidimetry）是一种带载体的免疫比浊法。其基本原理是选择一种大小适中、均匀一致的乳胶颗粒吸附或交联抗体。在液相状态下，在入射光波长内的光线可透过单个乳胶颗粒，使透过光增加，散射光减少；当结合了乳胶颗粒的抗体遇到相应抗原发生聚集时，则使透过光减少，散射光增加，因此散射光的增加程度就与乳胶凝集成正比，也与抗原量成正比。

影响光散射强度和特性的因素包括颗粒的直径、入射光的波长及其与光路的夹角、介质的折射系数，其中乳胶颗粒的直径是主要因素之一。该法将抗体吸附于乳胶颗粒表面，可以增加免疫反应复合物的直径，从而增强散射光强度，提高散射比浊法检测灵敏度（检测水平可达到 ng/ml 或 pg/ml）。

二、散射比浊分析仪的基本结构

速率散射比浊分析系统由分析仪、计算机、打印机三部分组成。其中分析仪是系统的主要部分，包括浊度仪、加样系统、试剂和样品转盘、清洗工作站等。

速率散射技术的光源采用 670nm 激光，检测仪置于与激光光束呈 90° 处，以测量光散射，主要测定中小分子。速率透射技术的光源为波长 940nm 的近红外光，光源与检测仪的夹角为 180°，两者呈直线，主要测定大分子（图 13-9）。

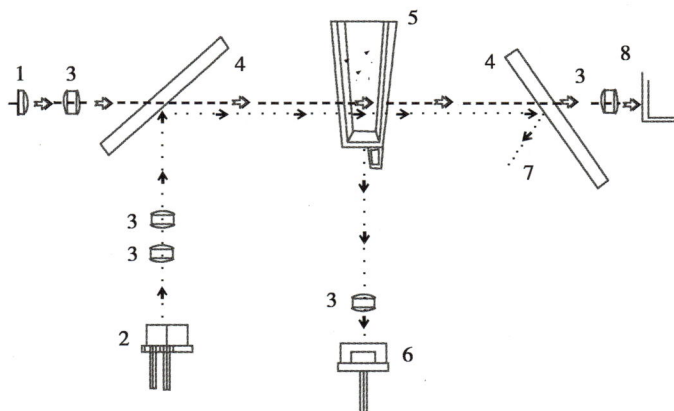

图 13-9　免疫比浊分析仪光路比较

1. LED 光源（透射比浊）；2. 激光光源（散射比浊）；3. 聚焦镜头；4. 分光棱镜；5. 反应杯；6. 散射比浊检测仪；7. 激光反射；8. 透射比浊检测仪。

三、散射比浊分析仪的性能验证与临床应用

（一）散射比浊分析仪的性能验证

根据《临床检验定量测定项目精密度与正确度性能验证》（WS/T 492—2016）和 CLSI 相关文件，散射比浊分析仪的性能验证包括（但不限于）以下内容。

1. 精密度　参考上述相关文件进行评价，采用高、低 2 个浓度的质控物，连续 5 天，每天分析 1 个批次，每个浓度重复检测 4 次。数据经过离群值检验，收集 40（2×20）个有效数据，统计计算获得均值、标准差和变异系数，与《能力比对检验的分析质量要求》（CLIA'88）的 1/3 TEa 或厂家声明的范围进行比较。

2. 正确度　以厂家配套定标品作为定值物（非该项目当前使用批号的定标液），连续检测 3 次，经统计学处理分析得到被检样品与标定浓度值的偏倚，相对偏倚 =（测定值 − 靶值）/ 靶值 ×100%，与可接受范围进行比较。允许总误差（TEa）范围按照《能力比对检验的分析质量要求》（CLIA'88）文件中的要求规定为 25%，正确度验证的可接受范围为 1/2 TEa，即 12.5%。

3. 线性范围　留取接近仪器标注的分析测量范围上限和下限的 2 个分析浓度的样品，低浓度∶高浓度分别按照 100∶0、80∶20、60∶40、40∶60、20∶80、0∶100 的比例配制 6 组浓度的样品。对每个混合样品进行双份测定。将测定均值和预期值两组数据经统计后拟合一阶回归线。去除"0"浓度后计算平均斜率是否位于 0.97～1.03 范围内，并利用 t 检验评价截距与 0 是否存在显著性差异。

4. 生物参考区间　选择年龄、性别均匀分布的 20 例健康体检成人样品，要求均无溶血、脂血和黄疸等，采用简化方案以小样品验证厂家提供的参考区间。20 例结果中 95% 的结果在参考区间之内，则说明厂家提供的参考区间可以接受。

（二）散射比浊分析仪的临床应用

散射比浊分析仪应用广泛，目前在临床上主要用于特定蛋白质及药物浓度测定。

1. 免疫功能监测　IgA、IgM、免疫球蛋白轻链 κ、免疫球蛋白轻链 λ、补体 C3、补体 C4 等测定。

2. 脂质代谢检测　载脂蛋白 A1、载脂蛋白 B、脂蛋白 a 等测定。

3. 炎症状况检测　C 反应蛋白、血清淀粉样蛋白 A、降钙素原、铜蓝蛋白等测定。

4. 类风湿性关节炎检测　类风湿因子、抗链球菌溶血素 O 等测定。

5. 肾脏功能监测　尿微量白蛋白、α_1- 微球蛋白、β_2- 微球蛋白等测定。

6. 营养状态监测　白蛋白、前白蛋白、转铁蛋白等测定。

7. 药物浓度检测　阿米卡星、卡马西平、庆大霉素、苯巴比妥、苯妥英钠、奎尼丁、妥布霉素等测定。

四、散射比浊分析仪的校准与维护保养

（一）散射比浊分析仪的校准

校准内容主要包括加样系统的准确度和重复性，温控系统的准确性和一致性，光学检测系统的准确性、重复性和线性。此外，还需检查仪器各部件（电脑、通信系统、供水系统等）的运行状态、使用内置软件监测内部状态（电压、气体流通、温度等）等，保证各功能模块的正常运行。一般每 12 个月校准一次，但在仪器主要检测部件故障或可能导致测定结果误差等其他情况时，应立即对仪器进行校准。

（二）散射比浊分析仪的维护保养

散射比浊分析仪的日常维护包括：检查注射器、稀释液、缓冲液及抗体试剂的量；进行

光路校正以保证检测精度；关机后彻底冲洗管道，避免残留物导致堵塞等。定期对针及反应杯进行保养，及时更换注射器的插杆顶端以维持密封性，清洗空气过滤网保证通风，使用细针清理探针避免堵塞。在长期使用过程中还需要重新更换钳制阀上管道和泵周管道，给机械传动部分的螺丝上润滑油。

第四节　免疫印迹分析仪

免疫印迹试验（immunoblotting test，IBT）是一种将高分辨率凝胶电泳和免疫反应相结合的检验技术，可以通过抗原、抗体的特异性结合检测复杂样品中的某种蛋白质，也称为蛋白质印迹法（Western blotting）。它是检测蛋白质特性、表达与分布的一种常用的方法，如用于组织抗原的检测、多肽分子的质量测定及病毒的抗体或抗原检测等。同时具有凝胶电泳的高分辨率以及免疫反应的高灵敏度、高特异度等特点，样品用量少、成本低，可以大规模开展。

一、免疫印迹分析仪的检测原理

（一）蛋白免疫印迹试验的原理

首先将混合抗原样品加至凝胶中进行单向或双向电泳，然后通过电转移的方式将凝胶中分离的蛋白质组分转移到固相载体上，如硝酸纤维素膜、尼龙膜等。固相载体以非共价键形式吸附蛋白质，且能使电泳分离的多肽类型及其生物学活性保持不变。以固相载体上的蛋白质或多肽作为抗原，后续可分为直接法和间接法。间接法是先加入相应的抗体与抗原进行特异性结合，洗去载体上未结合的抗体后，再与酶、荧光素、发光剂或放射性核素等标记的第二抗体进行反应，通过底物显色或放射自显影等手段，对电泳分离的特异性目的蛋白质成分进行检测、分析。直接法则是利用酶、荧光素等标记的相应抗体直接与抗原结合后进行检测与分析，但直接法在临床上应用很少。

（二）重组免疫印迹试验的原理

重组免疫印迹试验（RIBA）属于免疫印迹试验，但不同之处在于 RIBA 并不需要提前制备混合抗原样品，而是利用基因重组的方式，通过大肠埃希菌或酵母等宿主菌表达、纯化所需抗原，将得到的一种或多种诊断抗原吸附或包被在硝酸纤维素膜条上，以此直接作为检测试剂条，用于病原体抗体的确认试验和自身抗体的检测等。RIBA 检测特异度高于 ELISA，但灵敏度稍逊，常用于大样品 ELISA 初筛后的病原体的确认试验和含复杂抗原成分的病原体抗体（如血清抗 HCV 抗体）的分析。临床上还使用 RIBA 进行抗可提取核抗原（ENA）抗体谱等的检查，同时检测多种自身免疫性疾病相关的自身抗体，临床上用于不同自身免疫性疾病的诊断与鉴别诊断。

二、免疫印迹分析仪的基本结构及其功能

全自动免疫印迹分析仪的基本结构包括主机、软件和附件三部分。主机包括加吸液模块、加样模块、温育反应模块、图像采集模块、样品模块和风干模块；软件主要指在计算机上安装的仪器控制软件；附件包括试剂瓶、废液桶、温育槽、备用保险管、底物遮光罩等。此处主要展开介绍主机部分（图 13-10）。

1. 加吸液模块　由导管、蠕动泵、点头电机、加液头和吸液头等组件构成。负责完成试剂的添加、废液的吸取。

2. 加样模块　由加样头、加样头收集通道等组件构成。实现样品、试剂组分的自动添加。

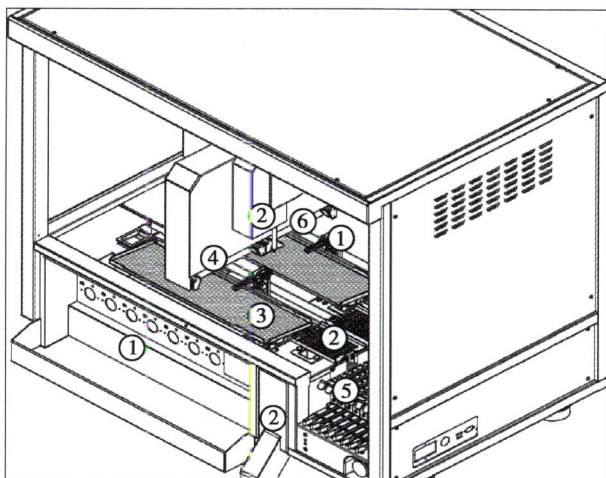

图 13-10 免疫印迹分析仪主机结构示意图

1. 加吸液模块；2. 加样模块；3. 温育反应模块；4. 图像采集模块；
5. 样品模块；6. 风干模块。

3. 温育反应模块 由温育槽、摇床等组件构成。使膜条与试剂充分接触、混匀，并维持温育环境。

4. 图像采集模块 由内置相机、图像采集和判读软件功能块组成。实现膜条的拍照和判读功能。

5. 样品模块 由扫描轨道、样品架等组件构成。实现样品和试剂组分的自动扫描以及加载运输。

6. 风干模块 由风扇、机械臂架等组件构成。检测完成后，负责快速将膜条风干，便于下一步的拍照和判读。

三、免疫印迹分析仪的性能验证与临床应用

（一）免疫印迹分析仪的性能验证

免疫印迹分析仪的性能验证可参考《临床定性免疫检验重要常规项目分析质量要求》（WS/T 494—2017）和中国合格评定国家认可委员会（China National Accreditation Service for Conformity Assessment，CNAS）的《免疫定性检验程序性能验证指南》（CNAS-GL038:2019）中定性免疫试验的分析质量要求及验证方法，并结合《干扰实验指南》（WS/T 416—2013）、《临床化学定量检验程序性能验证指南》（CNAS-GL037:2019）和《定性测试性能评估的用户协议》（第 3 版）（CLSI EP12）等文件进行。性能验证的内容包括但不限于精密度、准确度和检出限的验证。

1. 符合率 留取诊断和结果明确的阴性样品 20 份（包含至少 10 份其他标志物阳性的样品）、阳性样品 20 份（包含至少 10 份在临界值附近和 4 倍以内的弱阳性样品、1 份极高阳性样品），随机编号后检测。诊断灵敏度、诊断特异度和诊断符合率不低于厂家声明。

2. 精密度 试剂生产厂家根据检测目的及灵敏度和特异度建立临界值 C_{50}，即检测结果低于该临界值则判定为阴性或无反应，高于临界值则判定为阳性或有反应。在理想情况下对恰好为 C_{50} 的样品进行一系列重复性检测，将产生 50% 的阴性结果和 50% 的阳性结果。类似于 C_{50} 的定义，检测浓度为 C_5 和 C_{95} 的分析物将产生 5% 和 95% 的阳性结果，实验室通过测定 $C_5 \sim C_{95}$ 区间的宽度可表示定性检测的精密度，这一区间范围应 $\leq C_{50} \pm 20\%$。

3. 准确度 特定的定性免疫测定系统或试剂的准确度常以灵敏度 / 特异度来表示，灵

197

敏度、特异度的计算方法如表 13-3 所示。用待评价的免疫测定系统与诊断标准方法同时检测具有代表性的人群,计算灵敏度和特异度的置信区间。作为筛查试验,检测的灵敏度应大于 95%;作为诊断试验,检测灵敏度和特异度均应大于 95%;作为确认试验,检测特异度应大于 98%。

表 13-3　灵敏度、特异度的计算方法

试剂的检测结果	分析物阳性	分析物阴性	合计
阳性结果数	TP	FP	TP+FP
阴性结果数	FN	TN	FN+TN
合计	TP+FN	FP+TN	TP+FP+FN+TN
灵敏度		$\dfrac{TP}{TP+FN}\times100\%$	
特异度		$\dfrac{TN}{TN+FP}\times100\%$	

注:TP. 真阳性例数;FP. 假阳性例数;FN. 假阴性例数;TN. 真阴性例数。

4. 检出限　又称最小检出浓度或分析灵敏度。将定值标准物质的样品梯度稀释至厂商声明的检出限浓度,在不同批内对该浓度样品进行测定(如测定 5 天,每天测定 4 份样品),样品总数不得少于 20 个。如果≥95% 的样品检出阳性,则检出限验证通过。

5. 抗干扰能力　收集目标物分别为阴性、弱阳性、阳性不同浓度的 5 份样品。同时收集阴性的高浓度血红蛋白、高浓度甘油三酯、高浓度胆红素和 IgG 样品,并将它们分别加至上述选取的目标物分别为阴性、弱阳性、阳性不同浓度的 5 份样品中,使其干扰物质浓度达到厂商说明书声称的干扰浓度。未添加干扰物质的阴性、弱阳性、阳性不同浓度的 5 份样品作为对照。对所有样品同时进行目标物检测,每个浓度重复检测 2 次,计算均值并记录。加干扰物质的阳性组结果和阳性对照组结果之间应满足符合率≥80%;添加干扰物质的阴性组结果和阴性对照组结果均为阴性。

6. 分析特异性　对于感染性疾病的特异抗原和抗体,分析特异性评估质量指标是指用无特定病原体感染者和除特定病原体外的其他病原体感染者的样品检测时,不应出现阳性结果。对于特定的自身抗体等,分析特异性是指试剂盒所用抗原与特定自身抗体以外的其他抗体(包括其他自身抗体)的交叉反应程度。理想的评估质量指标应该无交叉反应性。

（二）免疫印迹分析仪的临床应用

1. 疾病相关自身抗体的检测　系统性红斑狼疮、混合性结缔组织病、干燥综合征、肌炎等自身免疫性疾病的相关自身抗体检测。

2. 感染性疾病的确认试验　TORCH 感染、梅毒等严重传染病的确诊。

四、免疫印迹分析仪的校准与维护保养

（一）免疫印迹分析仪的校准

在免疫印迹分析仪的使用过程中,为了保证结果的准确、可靠,应当定期对仪器各模块进行校准,主要参数包括加样精度和准确度、条带成像稳定性、洗液残留量、分液准确性和重复性等。此外,还应确保仪器在良好的环境条件(比如适宜的温度、湿度、电压等)下运行,使仪器的使用寿命持久、工作状态良好。

（二）免疫印迹分析仪的维护保养

日常维护保养包括排空管路并进行灌注清洗、清空固体废弃物(包括已使用的一次性

加样头、试剂瓶、温育槽）等。除每日维护保养的程序外，还需使用洁净的湿布清洁仪器表面，如有必要应使用温和的清洁剂；对废液桶、管路及试剂托盘进行清洁和消毒。还需要定期检查仪器各部件是否正常，及时校准蠕动泵等部件。

第五节　酶免疫分析仪

酶免疫分析（enzyme immunoassay，EIA）技术是将抗原 - 抗体反应的特异性与酶催化反应的高效性、专一性相结合的免疫分析技术。由于具有灵敏度高、操作简便易行、试剂有效期长等优点，EIA 技术成为临床实验室常用的分析检测技术之一。随着酶标仪的问世和不断发展，目前的全自动酶免疫分析系统已经具备多任务、多通道和完全实现平行过程处理的功能。本节将主要介绍普通酶标仪和全自动酶免疫分析系统。

一、酶免疫分析仪的检测原理

（一）酶联免疫吸附试验

酶联免疫吸附试验（enzyme linked immunosorbent assay，ELISA）是一种酶标记固相免疫分析技术。酶标记抗体或抗原后，标记的酶水解反应底物而使溶液显色，有色产物可以通过肉眼观察，也可用酶标仪测定。显色反应代表了反应体系中存在被标记的抗体（或抗原），显色程度与其浓度具有一定的关系，因而能对抗原（或抗体）进行定性或定量检测。

（二）酶联免疫吸附试验的常用酶与底物

1. 辣根过氧化物酶　辣根过氧化物酶（horseradish peroxidase，HRP）的底物包括过氧化物和供氢体。常用的过氧化物有过氧化氢（H_2O_2）和过氧化氢尿素（$CH_6N_2O_3$）。在 ELISA 中常用的供氢体为邻苯二胺（o-phenylenediamine，OPD）、四甲基联苯胺（3,3,5,5-tetramethyl-benzidine，TMB）和二氨基联苯胺（diaminobenzidine，DAB）。OPD 作为 ELISA 供氢体底物，灵敏度高，测定方便，但是配制成应用液后不稳定，常在数小时内自然变成黄色。TMB 无此缺点，经酶作用后由无色变为蓝色，目测对比度鲜明，加酸终止酶的反应后变为黄色，比较容易比色及定量测定。

2. 碱性磷酸酶　碱性磷酸酶（alkaline phosphatase，ALP）常用的底物为对硝基苯磷酸酯（p-nitrophenylphosphate，PNP），其反应产物为黄色的对硝基酚，测定波长为405nm。

3. β- 半乳糖苷酶　β- 半乳糖苷酶（β-galactosidase，β-Gal）的常用底物为4- 甲伞酮基 -β-D- 半乳糖苷（4-methylumbelliferone-β-D-galactoside，4-MUGal），其敏感性比 HRP 高。

4. 葡萄糖氧化酶　葡萄糖氧化酶（glucose oxidase，GOD）的常用底物为葡萄糖，供氢体为氯化硝基四氮唑蓝（nitrotetrazolium blue chloride，NBT），反应产物为不溶性的蓝色沉淀。

上述底物多数具有生物毒性，吸入或者接触会对人体产生毒害，使用时应注意防护，如戴口罩、手套和护目镜等。

二、酶免疫分析仪的分类与基本结构

（一）酶标仪

实际使用过程中，可以将酶标仪当作一台专用的光电比色计或分光光度计。光源灯发出的光经过滤光片或单色器变成一束单色光，单色光进入塑料微孔板中的待测样品内，一部分被样品吸收，另一部分转换成相应的电信号。电信号经数据处理和计算，最后由显示器和打印机显示结果。微处理器还通过控制电路机械驱动 x 方向和 y 方向的运动以移动微孔板，从而实现自动进样检测过程。酶标仪的检测原理见图 13-11。

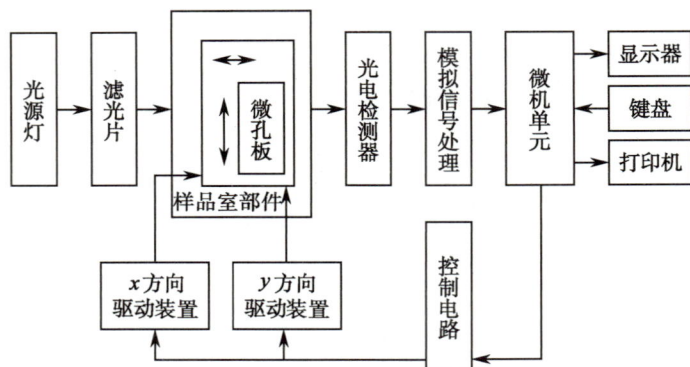

图 13-11 酶标仪的检测原理

（二）全自动酶免疫分析系统

1. 加样系统 加样系统用于样品和试剂的分配。为确保加样的准确性，会采用不同的加样原理，例如气动加样、高精度定量注射加样；加样针带有液面感应功能，自动探测样品液面高度；检测样品中的凝块、纤维丝和气泡等。

2. 温控孵育系统 温控孵育系统提供酶标板，在孵育时保持温度恒定，防止试剂蒸发，并根据需要进行振荡孵育，可使免疫反应更加充分，提高检测灵敏度。

3. 洗涤工作站 洗涤工作站主要用于洗涤加样针和反应板。加样针的洗涤是减少携带污染的关键步骤。洗涤的模式可根据需要设定，一般采用先内部冲洗、后外部冲洗的方式，内部冲洗时加样针位置稍高，外部冲洗时加样针位置略低。

4. 酶标仪 酶标仪的光源一般为卤素灯或钨光源，目前也有酶标仪采用 LED 光源。酶标仪一般配有多个滤光片，波长范围为 400～700nm，可采用单、双波长测定方法。测量分辨率可达 0.000 1，吸光度范围为 0～4.000 0，并有混匀振荡功能。

三、酶免疫分析仪的性能验证与临床应用

（一）酶免疫分析仪的性能验证

酶免疫分析仪属于精密的定量仪器，它的性能验证可参考本章中"化学发光免疫分析仪的性能验证"相关定量检测项目的性能验证内容。

（二）酶免疫分析仪的临床应用

酶免疫分析仪在临床上主要用于定量或定性检测，可用于感染性疾病的抗原或抗体检测，如病毒性肝炎（甲型肝炎抗体、乙型肝炎抗体及抗原等）血清标志物检测、TORCH（弓形虫、风疹病毒、巨细胞病毒和单纯疱疹病毒）感染检测、梅毒螺旋体抗体检测、HIV 感染筛查等。也可用于蛋白质类肿瘤标志物的检测，如 AFP、CEA。

四、酶免疫分析仪的校准与维护保养

（一）酶免疫分析仪的校准

酶免疫分析仪的校准重点在光学部分，为了防止滤光片霉变，应定期检测校正。校准后需重点关注示值稳定性、波长示值误差、波长重复性、吸光度示值误差、吸光度重复性、灵敏度等主要参数。

（二）酶免疫分析仪的维护保养

日常维护保养包括清洁仪器外部的尘污、用杀菌剂处理仪器内部微孔板托架周围的泄漏物质。还应定期核对滤光片波长、检查光学元件、清洗滤光片。及时检查微孔探测器是

否有堵塞物,如果有则可用细钢丝贴着微孔板底部轻轻将其除去。每次维护保养都应使用仪器自身提供的软件执行检查程序,打印检查结果报告并归档。

第六节 均相免疫分析仪

均相免疫分析技术是一种在液相中进行的免疫测定方法,不需要将结合的抗原 - 抗体复合物(B)和游离抗原(F)分离即可进行测定。这种方法利用抗原与抗体反应后形成的复合物和剩余的游离抗原 / 抗体之间的特性差异来进行检测。均相免疫测定的关键在于 B 和 F 具有不同的特性,使得它们在不分离的情况下即可进行测定,具有简便、快速、利于自动化等优点,常用于检测小分子抗原物质。

一、均相免疫分析仪的检测原理

(一)均相酶免疫试验

1. 酶放大免疫试验技术 酶放大免疫试验技术(enzyme multiplied immunoassay technique,EMIT)指用酶标记小分子半抗原,酶标半抗原与特异性抗体结合后,由于半抗原本身分子质量较小,抗体与标记酶产生空间位阻效应,导致酶的活性受到抑制,而游离酶标半抗原中酶的活性则不受影响。因此该技术往往用于竞争法,当样品中待测半抗原含量越多,与抗体结合的酶标半抗原越少,游离的酶标半抗原越多,则加入底物后吸光度值越高,酶活性与样品中待测抗原含量成正比。

2. 克隆酶供体免疫试验 克隆酶供体免疫试验(cloned enzyme donor immunoassay,CEDIA)利用基因重组技术分别表达某种功能酶(如 β- 半乳糖苷酶)的两种片段,大片段称为酶受体(enzyme acceptor,EA),小片段称为酶供体(enzyme donor,ED),两者单独状态下均无活性,只有在一定条件下结合后才能具有酶活性。CEDIA 的反应模式为竞争法,样品中的待测抗原和 ED 标记的抗原与特异性抗体竞争结合,当 ED 标记的抗原与抗体结合后,由于空间位阻效应无法再与 EA 结合,而游离的 ED 标记抗原则可以与 EA 相结合,形成具有活性的酶,加入底物后测定酶活性,酶活性与样品中待测抗原含量成正比。

(二)均相荧光免疫试验

1. 时间分辨荧光免疫试验 均相时间分辨荧光免疫分析系统是建立在时间分辨荧光和荧光共振能量转移理论基础上的组合技术。荧光共振能量转移理论是指一对合适的荧光物质可以构成一组能量供体和能量受体,当两个荧光发色基团足够近时,供体分子吸收一定频率的光子被激发到更高的电子能态,在回到基态前,通过偶极间的相互作用,能量向邻近的受体分子转移。均相时间分辨荧光免疫分析利用三联吡啶类化合物将镧系元素(Eu^{3+})和别藻蓝蛋白连接,组成能量转移效率高的能量供体和受体对,测量前不必分离结合标记物(B)和游离标记物(F),可以用双波长时间分辨。

2. 荧光偏振免疫试验 荧光物质在经单一平面的偏振光激发后,可以发射出相应的偏振荧光,该荧光具有很强的方向性。以此为基础,荧光偏振免疫试验(fluorescence polarization immunoassay,FPIA)利用了抗原、抗体竞争反应原理,当荧光素标记的小分子抗原与特异性抗体结合后,相较于游离抗原,抗原 - 抗体复合物的分子质量增加,转动速度减慢,受偏振光激发后发射的偏振荧光增强。因此样品中的待测抗原含量与偏振荧光强度呈负相关,可通过绘制标准曲线计算样品中的待测抗原含量。

(三)均相化学发光免疫试验

光激化学发光免疫分析(light initiated chemiluminescence assay,LICA)是一种均相免疫

检测技术,属于化学发光技术。利用一个抗体包被、内含鲁米诺类化学发光物质的感光微球和另一个抗体包被二甲基噻吩衍生物及 Eu 螯合物的发光微球组成检测体系。当有目标抗原存在时,形成夹心免疫复合物,感光微球激发后产生的单线态氧把能量传递给发光微球,产生光信号。在不分离的情况下精准区分结合标记物(B)和游离标记物(F),通过直接检测体系中的发光量计算得出待测抗原量。

二、均相时间分辨荧光免疫分析仪的基本结构

自动化均相时间分辨荧光免疫分析仪一般由加样模块、温育温控模块、光学检测模块、清洗分离模块、机架模块、数据处理模块和外壳构成(图 13-12)。

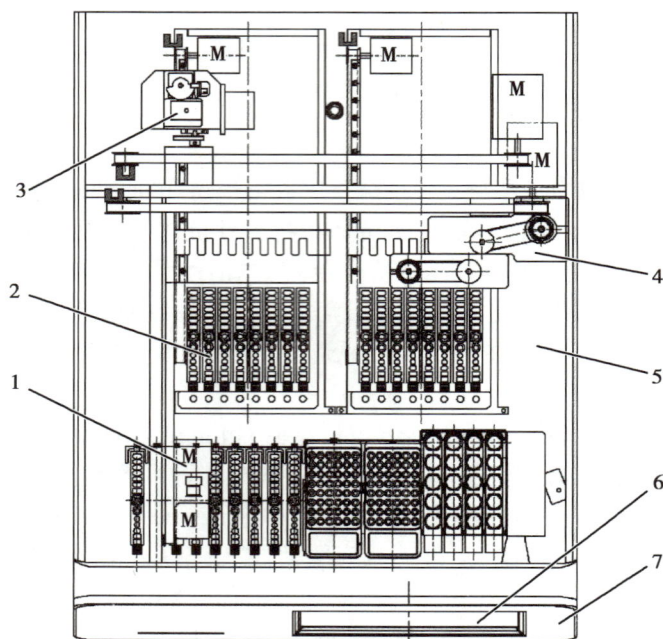

图 13-12 均相时间分辨荧光免疫分析仪的内部结构图

1. 加样模块;2. 温育温控模块;3. 光学检测模块(荧光);4. 清洗分离模块;
5. 机架模块;6. 数据处理模块;7. 外壳;M. 电机。

三、均相时间分辨荧光免疫分析仪的性能验证与临床应用

(一)均相时间分辨荧光免疫分析仪的性能验证

均相时间分辨荧光免疫分析仪的性能验证可参考本章"化学发光免疫分析仪的性能验证"相关定量检测项目的性能验证内容。

(二)均相时间分辨荧光免疫分析仪的临床应用

1. 胎儿先天性疾病 如检测 2 型单纯疱疹病毒 IgM 抗体、弓形虫 IgM 抗体、风疹病毒 IgM 抗体、巨细胞病毒 IgM 抗体等产前筛查项目。

2. 传染病 如检测乙型肝炎病毒相关指标、人类免疫缺陷病毒(HIV)抗体、丙型肝炎病毒(HCV)抗体、梅毒螺旋体抗体等项目。

3. 内分泌水平 如检测甲状腺激素、胰岛素、性激素、生长激素等项目。

4. 肿瘤标志物 如检测甲胎蛋白(AFP)、癌胚抗原(CEA)、糖类抗原 19-9(CA19-9)等项目。

四、均相时间分辨荧光免疫分析仪的校准与维护保养

（一）均相时间分辨荧光免疫分析仪的校准

在仪器校准过程中，应参照《全自动时间分辨荧光免疫分析仪》（YY/T 1533—2017）执行，并详细记录校准过程与结果，校准完成后通过质控等验证仪器运行状态。校准的主要指标有检出限、线性范围、重复性、准确性、稳定性等。一般每12个月校准一次，但在仪器主要检测部件故障或可能导致测定结果误差等其他情况时，应立即对仪器进行校准。

（二）均相时间分辨荧光免疫分析仪的维护保养

日常维护保养包括清理废物盘（如倒空废物盘内的吸头）、检查注射器和样品处理器管路系统在灌水过程中是否有气泡等。如有大量气泡不能被排出，先检查蠕动泵内管路连接和4个阀门是否有故障，并考虑更换注射器，每次使用后还需用去离子水冲洗样品探针并浸泡针管。

一周内至少清洗和消毒样品处理器或板处理器、移动盘、废液瓶、探针等仪器部件一次，并检查探针固定器是否稳定，擦拭样品处理器上的齿轮，清理探针清洗池。

应定期倒空样品处理器和板处理器的洗液瓶并将其冲洗干净；冲洗样品处理器管路系统和擦洗盖子、支架及镜子；拆下洗板机多头吸嘴进行清洗；进行移液管准确性检查和探针的残留检查。

第七节 单分子免疫分析仪

单分子免疫分析（single molecule immunoassay，SMI）也称为数字免疫分析，是将单分子检测与免疫分析相结合，通过逐个计数免疫复合物，定量检测痕量蛋白质标志物的方法，以满足疾病早筛、早诊、早检等需求。

一、单分子免疫分析仪的检测原理

单分子免疫检测主要包括形成免疫复合物、离散、识别和计数4个步骤。使包被捕获抗体的磁珠与样品反应，再加入带标记的检测抗体，形成捕获抗体-抗原-检测抗体免疫复合物，随后将免疫复合物离散，将其限制在足够小的体积内以提高检测灵敏度。根据离散方式，目前常见的为基于微阵列芯片和微液滴的单分子免疫检测。

（一）基于微阵列的单分子免疫检测

该方法是在毫米级芯片上雕刻（或浇筑）成千上万个微米级微井，每个微井体积约40fl，随后将免疫复合物结合磁珠分配于微井口，再借助高分辨率成像系统对荧光点进行计数。依据泊松分布理论，计算同时含磁珠与荧光产物孔的数量/含磁珠孔总数的比值，以此确定测试样品中的蛋白质浓度（图13-13）。

（二）基于微液滴的单分子免疫检测

该方法对免疫复合物的离散主要通过特殊设计的微流道，利用流动剪切力和表面张力，将携带免疫复合物磁珠的连续流动相分割在极小体积的液滴里（纳升级以下），常见液滴形式为油包水和水包油；再借助流式荧光或荧光显微镜检测，依据泊松分布理论计数定量（见文末彩图13-14），可实现POCT。目前应用最广泛的液滴生成方式是依靠微流控芯片的流道设计，包括T形通道法、共流聚焦法、流动聚焦法。

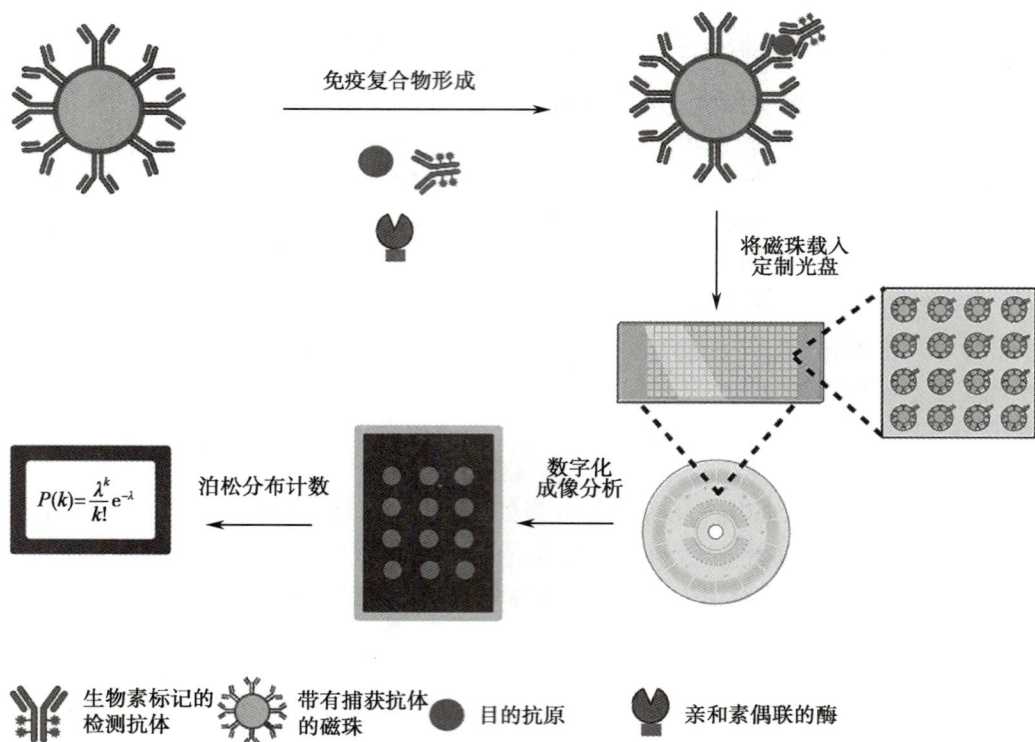

图 13-13　基于微阵列的单分子免疫检测的原理

二、单分子免疫分析仪的基本结构

（一）单分子免疫阵列分析仪

目前最具代表性的基于微阵列技术的单分子免疫分析仪，其主要结构包括以下几部分。

1. 样品反应系统　将样品转移到反应体系中，形成双抗夹心复合物，生物素标记的检测抗体会进一步与亲和素标记的 β- 半乳糖苷酶结合。

2. 液体管理系统　用于输送样品、试剂和缓冲液，确保在分析过程中被准确地混合、加入和排出。

3. 光盘　技术的核心之处，一张 DVD 式圆盘上通常包含 24 个芯片，每个芯片通常含有 20 万个以上的微孔，每个微孔刚好容纳 1 个磁珠。

4. 数字化成像系统　拍摄和记录免疫阵列上各个位置的荧光信号强度，将其转化为数字化的图像或数据。

5. 控制面板及数据处理软件　可操作仪器、设定参数和监控仪器状态，并将所得样品数据进行分析。

（二）微液滴单分子免疫分析仪

微液滴单分子免疫分析仪的核心部件为基于微流控技术的液滴发生芯片，可将样品、试剂和液滴精确地操控在微米尺度上。此外，还配备样品处理模块、流式荧光检测模块、液体控制模块、自动化控制及数据处理模块等。

三、单分子免疫分析仪的性能验证与临床应用

（一）单分子免疫分析仪的性能验证

单分子免疫分析仪可参考美国临床和实验室标准协会相关文件中的分析质量要求及验证方法执行，包括但不限于以下指标。

1. **精密度**　选取高值和低值 2 个浓度的血清样品各 1 份，连续测定 20 次。批内精密度采用同日内短时间连续测定 20 次的方法；批间精密度采用每份样品测 4 次，连续测定 5 天的方法。将所得结果进行统计学处理获得均值、标准差和变异系数，结果的变异系数应低于 10%。

2. **正确度**　正确度验证有两种方案：一是用患者样品与其他检验方法/试剂盒进行正确度验证实验，计算两种方法之间的偏倚是否在医学允许偏倚内；二是用参考物质进行正确度验证实验，计算符合率，符合率应≥80%。

3. **线性范围**　准备高、低浓度（最好分别为测量区间的上、下限）患者样品，按一定比例稀释成厂家声称的线性范围内的 5～7 个浓度样品，各浓度间距最好基本相等。每一浓度至少重复测量 2 次，以稀释度为横轴，以每个稀释度的测量均值为纵轴做线性回归图，求出线性回归方程式和相关系数的平方 r^2，r^2 应大于 0.95，线性动态范围大于 4 个数量级。

4. **检出限**　取已知阴性血清作为空白血清，每个项目连续重复测定 20 次，根据检测均值 $\overline{X}$、标准差 SD，计算均值检出限 LoD，$LoD = \overline{X} + 3SD$；LoD 实测值要小于厂商提供的临界值。

（二）单分子免疫分析仪的临床应用

单分子免疫分析仪目前主要应用于神经系统疾病、肿瘤及感染性疾病相关标志物的检测，凭借其超高灵敏度可以进行痕量标志物的检测。

1. **神经系统疾病领域**　既往只能在脑脊液中检测的神经标志物，利用单分子免疫分析技术可以在外周血中检测到，如阿尔茨海默病和多发性硬化相关的 Aβ 蛋白、Tau 蛋白、神经丝轻链等。

2. **免疫炎症领域**　可检测炎性生物标志物，如检测白介素、干扰素等炎性因子在类风湿性关节炎、肿瘤、感染等多种疾病中的早期变化。

3. **感染性疾病领域**　在免疫反应开始前检测感染性疾病生物标志物，如检测 SARS-CoV-2 感染早期患者血清中的 I 型干扰素，阐明其在抑制病毒中的作用；对 γ 干扰素释放试验无法区分的样品进行 γ 干扰素检测，能够有效区分是否为潜伏感染者。

4. **肿瘤领域**　可用于肿瘤早期诊断及治疗后的监测，如检测血清前列腺特异性抗原（PSA）用于前列腺癌的早期诊断；检测胰腺癌患者白血病抑制因子（LIF）水平可用来预判胰腺癌对化疗的应答。

四、单分子免疫分析仪的校准与维护保养

单分子免疫分析仪的定期维护保养包括定期清洗液体管路，保养光学系统，及时更换耗材，如滤芯和管道连接件，并定期校准仪器以确保准确性。

第八节　液相芯片免疫分析仪

液相芯片技术也称作悬浮芯片技术，是新型高通量检测平台。该技术通过在不同编码的微球上进行抗原-抗体、酶-底物、配体-受体的结合反应，并分别检测微球编码和报告荧光来达到定性和定量检测的目的。

一、液相芯片免疫分析仪的检测原理

根据微球编码方式的不同，液相芯片免疫分析仪可分为基于荧光编码微球和数码磁性微球的液相芯片免疫分析仪（图 13-15）。

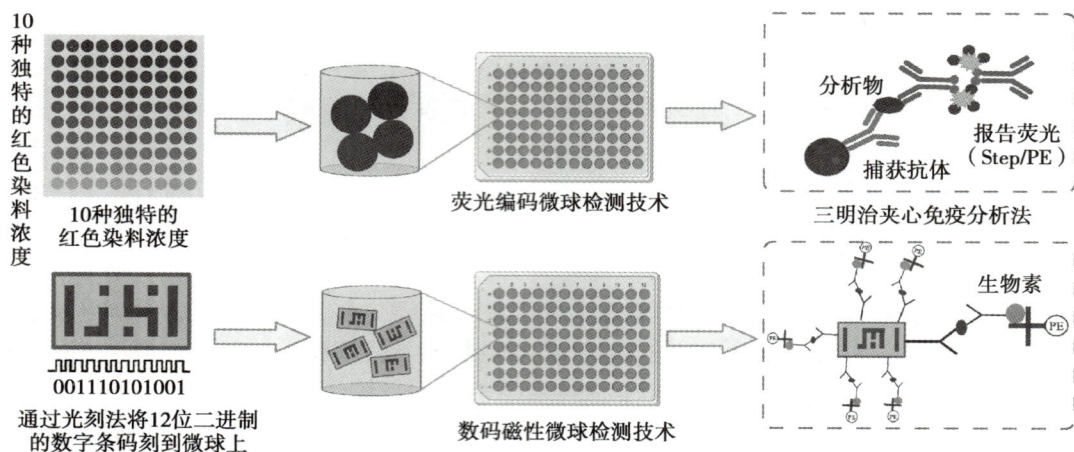

图 13-15 液相芯片免疫分析仪的检测原理

Strep. 链霉亲和素；PE. 藻红蛋白。

（一）基于荧光编码微球的液相芯片免疫分析仪

荧光编码微球用两种或三种荧光素进行染色，通过调整荧光素的比例，可获得最多 100 种或 500 种具有不同特征荧光谱的微球。检测样品时，将不同的编码微球混合，再加入待检样品，在悬液中靶分子与微球表面交联的捕获分子发生特异性结合，再与含有另一种荧光物质的报告分子结合。荧光编码微球依次通过红、绿双色激光，红色激光用于判定微球的荧光编码，以确定检测项目；绿色激光则用于测定微球上报告分子的荧光强度，以确定样品中相应待检物质的含量。

（二）基于数码磁性微球的液相芯片免疫分析仪

数码磁性微球是将顺磁性材料掺入微球内，通过光刻法将 12 位二进制的数字条码刻到微球上，通过这种工艺可以制备得到 4 096 种不同编码的磁性微球。然后在微球上偶联不同检测物的特异性探针、抗原或抗体，即可得到针对不同检测项目的编码微球。加入样品进行反应后，数码磁性微球使用白色 LED 光源识别数字化编码，从而鉴定各个不同的反应类型，绿色 LED 光源可确定粒子上结合的报告荧光分子的数量，从而确定微球上结合的目的分子的数量。

二、液相芯片免疫分析仪的分类与基本结构

（一）基于荧光编码微球的液相芯片免疫分析仪

此类液相芯片免疫分析仪的结构包括以下几部分。

1. 双激光荧光检测系统　该系统主要由光学系统、检测系统、液流系统以及高速数字处理器组成。

2. 96/384 孔板自动上样系统　关于该系统的检测速度，最快时，一个 96 孔板耗时 20 分钟，一个 384 孔板耗时 75 分钟。

3. 鞘液自动控制输送系统　控制鞘液流动，处理液流中的气体，自动分配鞘液。

4. 计算机控制系统　包括仪器控制软件和数据获取、结果分析软件。

5. 校准试剂盒和自动维护校准板　提供开、关机操作和自动校准系统的操作平台。

（二）基于数码磁性微球的液相芯片免疫分析仪

此类液相芯片免疫分析仪以 LED 为光源，采用 CCD 快速成像的方式进行孔板检测。该仪器没有液路系统，避免了由液路堵塞引起的设备故障，从而降低了维护成本。

三、液相芯片免疫分析仪的性能验证与临床应用

（一）液相芯片免疫分析仪的性能验证

液相芯片免疫分析仪的性能验证可参考美国临床和实验室标准协会相关文件中的分析质量要求及验证方法执行，包括但不限于以下指标。

1. 精密度 选取两个浓度血清样品各 1 份，每份样品测 4 次，连续测定 5 天，将所得结果进行统计学处理，即可得到不同浓度下的批内和批间精密度。小于或等于本室允许总误差的 1/4（批内）和 1/3（批间）即本室质量目标为合格。

2. 正确度 正确度验证有两种方案，一是用患者样品与其他检验方法/试剂盒进行正确度验证实验，计算两种方法之间的偏倚是否在医学允许偏倚内；二是用参考物质进行正确度验证实验，计算符合率，符合率应≥80%。

3. 线性范围 取 1 份高值血清样品，用生理盐水按 100%、80%、60%、40%、20%、10%、5%、0% 稀释成不同浓度水平，每个浓度水平的样品测定 3 次。以实测值为 Y，以理论值为 X 构建直线回归方程。要求相关系数 $r \geq 0.975$。

4. 检出限 将标准物质按 1:1、1:2、1:4 的比例进行稀释，3 个浓度水平的样品重复检测 2 次。稀释后计算检测值与临界值比值（S/CO），以 2 次测定结果均值为阳性时的最低浓度制备样品，重复检测 20 次。在 20 次检测中，至少 18 次检测阳性时的浓度为检出限。

（二）液相芯片免疫分析仪的临床应用

液相芯片免疫分析技术是一种非常灵活的高通量检测技术，广泛应用于生物医学研究、疫苗与药物开发、临床疾病检测等众多领域。

1. 细胞因子检测 可同时检测多种细胞因子以全面判断机体免疫功能，在疾病的诊断、病程观察及疗效评价方面有重要意义。

2. 生物标志物筛选 可进行多项肿瘤标志物组合筛查、多种自身免疫性疾病的抗体筛查，以及代谢因子、心血管蛋白标志物、神经多肽等的筛查。

3. 病原体检测 如进行幽门螺杆菌相关蛋白的检测、TORCH 检测、乙型肝炎抗体的检测等。

四、液相芯片免疫分析仪的校准与维护保养

用相应校准试剂盒对仪器的状态、光学系统和鞘液流动进行检测和校准。校准频率通常为每个月一次，也可根据实际情况增加。日常维护保养包括仪器检查、仪器自我诊断、清洁探针、冲洗系统等。

（盛慧明　张会生　陈　瑾）

本章小结

本章主要介绍了化学发光免疫分析仪、荧光免疫分析仪、散射比浊分析仪、免疫印迹分析仪、酶免疫分析仪、均相免疫分析仪，以及新发展起来的单分子免疫分析仪、液相芯片免疫分析仪。

免疫分析仪依据检测方法主要分为以下几种。化学发光免疫分析仪的检测方法包括化学发光酶免疫分析、化学发光免疫分析、电化学发光免疫分析和光激化学发光免疫分析，其由控制系统、试剂和消耗品系统、取样系统、反应孵育系统、清洗系统、测量系统等子系统构成。荧光免疫分析仪基于荧光素标记技术原理，可分为荧光免疫染色分析仪（包括荧光免疫染色自动操作仪、全自动荧光免疫判读系统）和荧光免疫层析分析仪。散射比浊分析仪

的检测基于液相免疫沉淀反应和散射光谱原理。免疫印迹分析仪采用凝胶电泳与免疫反应相结合的蛋白免疫印迹试验作为检测方法。酶免疫分析仪的检测则是基于标记酶水解底物后产物显色。均相免疫分析仪因无须分离结合物和游离物，可快速、简便地检测样品，仪器种类多样，涉及酶免疫试验、荧光免疫试验、化学发光免疫试验等多个领域。总体而言，上述各类自动免疫分析仪均对主要结构的各个系统进行了系统化、小型化和智能化的设计并进行了严格的检验和验证，操作简便、性能稳定，同时在日常维护保养以及数据的交换和联机控制等方面进行了设计和完善。

单分子免疫分析技术可逐个计数免疫复合体，来定量检测痕量蛋白，主要包括基于微阵列和基于微液滴两种单分子免疫检测方法。该技术灵敏度可达 10^{-18}mol/L，显著促进疾病的早筛、早诊、早检。液相芯片技术借助不同编码微球，在液相体系中通过抗原 - 抗体反应来检测蛋白。通过荧光或数字编码方式可大大提高反应通量，是继基因芯片、蛋白芯片之后的新一代生物芯片技术。

第十四章　临床微生物检验仪器与技术

14章

通过本章学习,你将能够回答下列问题:

1. 自动化微生物培养系统的检测原理有哪些?
2. 自动化微生物鉴定与药敏分析系统的检测原理有哪些?
3. 质谱技术在临床微生物检验方面有哪些应用?
4. 全自动细菌分离培养系统的检测原理是什么?
5. 全自动细菌分离培养系统的优势体现在哪些方面?

近 20 多年来,随着微电子、计算机、分子生物学、物理和化学等先进技术的飞速发展并向微生物学渗透,微生物的鉴定向快速化、微机化和自动化方向发展,且已取得了许多突破性的进展,出现了许多自动化微生物检验系统、自动化微生物鉴定与药敏分析系统。

目前微生物检测的自动化系统大致分为两大类:一类是自动化微生物培养检测与分析系统,主要功能是通过连续监测的方式,检测样品中是否有微生物存在;另一类是自动化微生物鉴定与药敏分析系统,主要功能是将分离的微生物进行鉴定,同时进行抗菌药物敏感试验,报告鉴定及药敏结果。

第一节　自动化微生物培养系统

病原菌培养是感染性疾病诊断的重要手段,快速和准确地检测病原体对临床诊断和抗菌治疗至关重要。自动化培养技术的发展经历了如下几个阶段:观察方法从肉眼观察到放射性标记,再到非放射性标记;操作从手工到半自动化,再到自动化;结果判断从终点判读到连续判读并记录细菌生长曲线,一旦出现阳性结果可随时报告等。随着科学技术的进步和微生物学的发展,自动化微生物培养系统所用的培养基、培养方法以及信号检测技术均有所改进,出现了许多智能型的培养系统。

第一代自动化微生物培养系统为放射性核素测定系统,缺点在于有放射性核素污染的危险,检测速度较慢。第二代自动化微生物培养系统为非放射测定系统,检测时间得以缩短并且无放射性污染。尽管与连续监测系统(continuous-monitoring system,CMS)相比有明显的不足,但对于一些中、小实验室,仍不失为一种合理的选择。第三代自动化微生物培养系统克服了早期培养系统的一些缺点,并且将培养箱、搅拌系统和检测系统合为一体。在培养过程中,除了处理阳性瓶和卸载阴性瓶,不再需要进行其他的手工操作。检测系统不需要额外的气体供应,培养瓶可连续监测,缩短了检测出微生物生长所需的时间。系统内至少有一种可降低假阳性的仪器检测信号样品,提高了培养结果的可靠性。

一、自动化微生物培养系统的检测原理

自动化微生物培养系统的检测原理主要有二氧化碳感受器、荧光检测和放射性标记物质检测三种检测技术。出于对环保和安全性方面的考虑,放射性标记物质检测已较少使用。

自动化微生物培养系统的检测原理主要是通过自动监测培养基（液）中的混浊度、pH、代谢终产物 CO_2 的浓度、荧光标记底物或代谢产物等的变化，定性地检测微生物。

目前已有多种类型的自动化微生物培养系统在临床微生物实验室应用，仪器的型号和外观各不相同，但检测原理相似的同类仪器的结构基本相同。根据检测原理与结构的不同，自动化微生物培养系统可分为如下三类。

（一）以测定培养基导电性和电压为基础的微生物培养系统

培养基中因含有不同的电解质而具有一定的导电性。微生物在生长代谢的过程中可产生质子、电子和各种离子团（例如在液体培养基内 CO_2 转变成 HCO_3^-），通过电极检测培养基的导电性或电压可判断有无微生物生长。

该系统主要由需氧培养瓶、厌氧培养瓶、4 个分别可容纳 28 个培养瓶的恒温水浴箱以及培养基导电检测系统组成。培养瓶的瓶盖上有 2 个铂电极与培养基相连，将培养瓶放入仪器中，瓶盖上的电极与仪器的电极连接器连接，由计算机控制系统每 30 分钟自动检测培养基导电性 1 次。若一天中 2 次所测导电性差值变化明显，在培养瓶继续监测的情况下，用特制的注射器抽取培养液接种于固体培养基，以证实是否有菌生长。用仪器连续观察 5 天，检测信息可存入计算机中，并以图像、斜率或数值的形式显示培养瓶中培养基的导电性。

（二）以测定气压为基础的微生物培养系统

许多细菌在生长过程中常伴有吸收或产生气体的现象，如很多需氧菌在胰酶消化大豆肉汤中生长时，由于消耗培养瓶中的氧气，故首先表现为吸收气体。而厌氧菌生长时最初均无吸收气体的现象，仅表现为产生气体（主要为 CO_2），因此可利用感受器或激光扫描测压系统检测培养瓶内气体压力的改变以观察微生物的生长情况。

1. 感受器测压系统　培养瓶顶部的连接装置与仪器的感压探测器相接，探测器每 12 分钟监测一次需氧培养瓶，每 24 分钟监测一次厌氧培养瓶，并将气体压力数据传输到计算机。计算机软件将气体压力随时间的变化绘制成生长曲线图，按照特有的方法处理曲线。当培养瓶顶部压力的改变达到一定值时，判断为阳性，即有细菌生长；否则为阴性，即无细菌生长（图 14-1）。

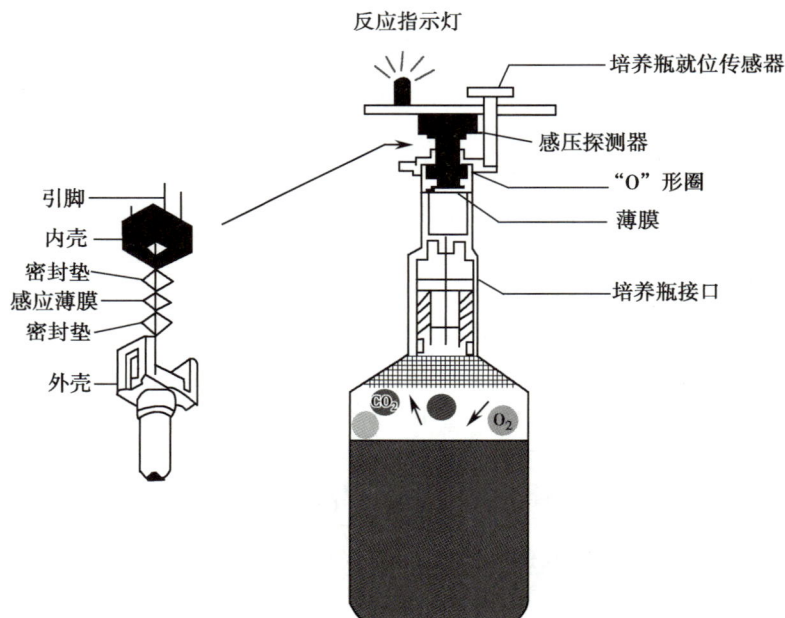

图 14-1　感受器测压系统检测原理示意图

2. 激光扫描测压系统 该系统的检测方式与感受器测压系统略有不同，通过激光扫描测得气体压力的变化。在培养瓶的顶部有一激光探测器，每 5 分钟对培养瓶顶部的隔膜扫描一次，隔膜位置的升降可反映瓶内压力的改变。另外，在培养瓶内有一个磁力搅拌子，通过搅拌可达到振荡培养的目的，使瓶内培养物与培养基作用得更为充分（图 14-2）。

（三）以光电技术为基础的微生物培养系统

以光电技术为基础的微生物培养系统是目前国内外应用得最广泛的自动化微生物培养系统。微生物在代谢过程中必然会产生代谢终产物 CO_2，引起培养基 pH 及氧化还原电位的改变。利用光电比色检测微生物培养瓶中某些代谢产物量的改变，可以判断有无微生物生长。根据检测手段的不同，这类自动化微生物培养系统又可分成以下三类。

1. 基于指示剂的培养系统 该系统中，在每个培养瓶底部装有一个带含水指示剂的 CO_2 感受器，感受器与瓶内液体培养基之间由一层仅允许 CO_2 通过的离子排斥膜相隔，培养基中的其他成分包括氢离子均不能通过离子排斥膜。当培养瓶内有微生物生长时，其释放出的 CO_2 可渗透至感受器，并与感受器指示剂上的饱和水发生化学反应，产生游离氢离子使 pH 降低，感受器上的指示剂溴麝香草酚蓝由绿变黄。

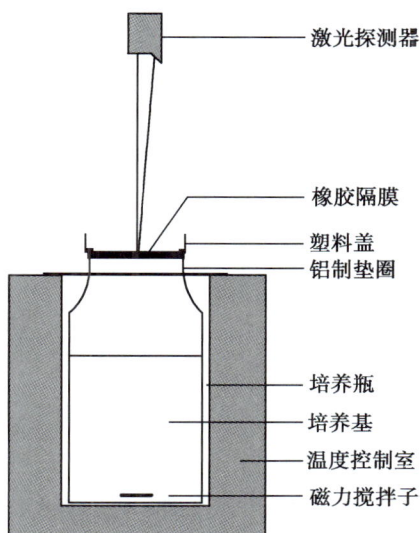

图 14-2　激光扫描测压系统检测原理示意图

感受器上方的发光二极管每 10 分钟发一次光投射到感受器上，再由一光电探测器测量其产生的反射光。当感受器的颜色由绿变黄时，其反射光强度逐渐增强。微机会自动连续记忆反射光强度信号并绘成生长曲线图，再由软件分析判断阴性或阳性，以此确定是否有微生物生长（图 14-3）。阳性培养瓶的判断有三个标准：①CO_2 初始值超过生物指数基值；②CO_2 生成速率持续增加；③CO_2 生成速率异常增高。大部分培养瓶采用后两条标准之一，而不是用是否超过基值来判断，这样可大大减少假阳性的产生。如果在理想条件下，经过规定的时间后 CO_2 水平没有明显变化，样品就被确定为阴性。

2. 基于荧光法的培养系统 该系统利用荧光法作为检测手段，其 CO_2 感受器上含有荧光物质。当培养瓶中的 pH 降低时，酸性环境促使感受器释放出荧光物质，从发光二极管发射的光激发感受器而产生荧光，并且荧光强度随 CO_2 的产生量增多而增强。光电比色检测仪

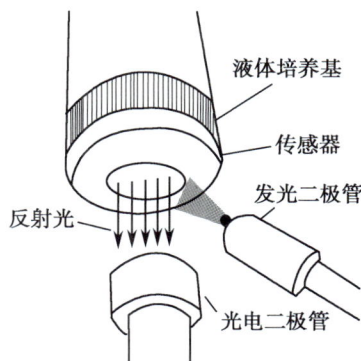

图 14-3　基于指示剂的培养系统检测原理示意图

每 10 分钟直接对荧光强度进行检测，数据传输到计算机后，生长监测系统根据荧光的线性增加或荧光产量的增加等标准，分析细菌的生长情况，判断阳性或阴性（图 14-4）。

3. 基于同源荧光技术的培养系统 该系统采用同源荧光技术监测微生物的生长。与培养基结合的荧光分子在最初具有一定的荧光值，当有微生物存在时，其生长代谢过程中或产生 CO_2，或发生 pH 改变，或发生氧化还原反应使电位改变等，均可导致液体培养基内的荧光分子结构发生改变而成为无荧光的化合物，即发生荧光衰减（图 14-5）。通过光电比色检测仪检测荧光衰减水平，可判断有无微生物生长。

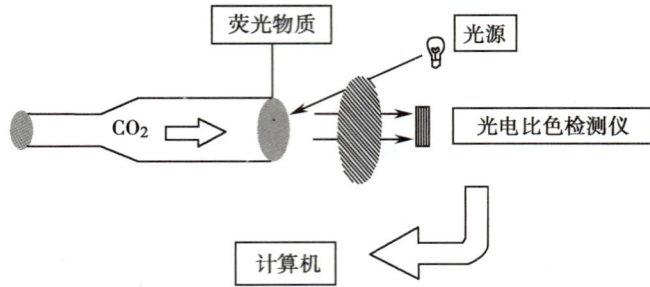

图 14-4　基于荧光法的培养系统检测原理示意图

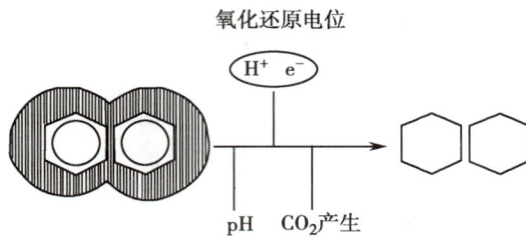

图 14-5　基于同源荧光技术的培养系统检测原理示意图

该系统阳性结果的判断采用以下三种标准。

（1）Slope 方式：用仪器将微生物培养的检测斜率与仪器的参考斜率进行比较，当检测斜率大于参考斜率时判为阳性，缓慢生长的微生物多以此方式报告结果。

（2）Delta 方式：以单位时间内荧光值变化速度报告阳性，对数生长期细菌多以此方式报告。

（3）Threshold 方式：任何比仪器参考值低的微生物培养瓶均报告为阳性，此方式也可对培养基是否过期进行判断。

临床应用中一般以前两种报告方式为主。

二、自动化微生物培养系统的基本结构

自动化微生物培养系统的基本结构包括恒温孵育系统、检测系统、计算机及其辅助设备。

（一）恒温孵育系统

恒温孵育系统设有恒温装置和振荡培养装置。培养瓶放入仪器后进行培养并借助固相反射光光度计连续监测每个培养瓶的状态。恒温装置内部设有控制箱，是仪器的关键部分，其主要功能是控制培养仪内部的温度、控制振荡器的振荡幅度、连接计算机以传输培养结果。

1. 培养仪　主要包括：①电源开关；②显示屏和触摸屏；③条形码阅读器：用于装入或卸去培养瓶时扫描培养瓶上的条形码；④孵育箱；⑤内部温度监测器：监测培养仪的内部温度；⑥指示灯：位于每个瓶位的一侧，灯亮时指示培养瓶的放置和卸载位置，同时也指示相应位置培养瓶的阴、阳性结果；⑦各种接口：如数据柜接口、微机接口、打印机接口、调制解调器接口、实验室信息系统（LIS）接口等。

2. 培养瓶　自动化微生物培养系统均配有专用的需氧细菌培养瓶、厌氧细菌培养瓶和细菌培养瓶（儿童型），部分培养仪还配有分枝杆菌培养瓶与真菌培养瓶。需氧细菌培养瓶中加入含有复合氨基酸和碳水化合物的胰酶消化豆汤培养基，并用氧气和二氧化碳的混合气体填充，用于监测血液和人体其他无菌部位体液的需氧微生物。厌氧细菌培养瓶中加入含有消化物、复合氨基酸和碳水化合物的胰酶消化豆汤培养基，并用氮气和二氧化碳的混

合气体填充,用于监测血液和人体其他无菌部位体液的厌氧微生物。分枝杆菌培养瓶中加入 Middlebrook 7H9 肉汤,并用氧气、氮气和二氧化碳的混合气体填充,使用前还应在其中加入营养添加剂,用于监测无菌部位的样品以及血液和经消化去污染的样品中的分枝杆菌。有些培养瓶中还添加了活性炭,用于吸附样品中可能存在的抗微生物药物,以消除其对微生物生长的影响。

(二)检测系统

各种半自动和全自动化微生物培养系统中,根据其各自的检测原理设有相应的检测系统。检测系统由计算机控制,对微生物培养实施连续、无损伤的瓶外监测。

(三)计算机及其辅助设备

收集并分析来自培养仪的数据,并将患者和培养瓶的资料存入数据库,根据数据综合分析,判断培养结果,并发出报告(包括阳性出现时间)。计算机系统还可以进行数据贮存和回顾性分析等。

三、自动化微生物培养系统的性能验证与临床应用

(一)自动化微生物培养系统的性能验证

自动化微生物培养系统的性能验证常用留样验证和系统平行比对两种方法。实验室可根据医院患者数量和地区、病种特征等具体情况和两种方法的特点选择其中一种适宜的验证方法,或两种方法同时应用,具体的验证要求、验证方案与可接受标准可见《临床微生物检验程序验证指南》(CNAS-GL028:2018)。

(二)自动化微生物培养系统的临床应用

自动化微生物培养系统在临床上应用广泛,其能够快速、准确地识别和分离细菌、真菌和病毒,有助于快速确定感染病原体,从而指导治疗方案,加快诊断速度,减少人为操作的干扰和交叉污染的风险,提高结果的准确性和可靠性。同时减少实验室工作人员的工作量,从而节约时间和成本。

四、自动化微生物培养系统的校准与维护保养

(一)自动化微生物培养系统的校准

自动化微生物培养系统的校准是确保系统准确性和可靠性的重要环节,仪器的校准对于保证仪器性能、保证检验结果准确性、延长使用寿命至关重要,应确保其正确执行。自动化微生物培养系统的校准包括传感器校准、光学系统校准、温度控制校准、液体处理系统校准、数据系统校准、整机性能校准等。

(二)自动化微生物培养系统的维护保养

自动化微生物培养系统的维护保养对于保障仪器性能和实验结果的准确性至关重要,它包括常规保养与补充保养两种。

1. 常规保养 包括定期清洁消毒,以防止交叉污染;检查和更换关键耗材,如培养基和传感器;更新系统软件,以利用最新功能;进行性能测试,以确保系统功能正常;建立详细的维护记录,便于追踪和规划未来的维护活动。此外,操作人员的定期培训也不可或缺,以确保他们能够正确使用仪器并执行基本的保养任务。

2. 补充保养 除了常规保养,还应建立故障排除流程、保持关键备件库存、定期进行系统升级、强化安全操作规程,以及考虑与供应商签订服务合同以获得专业的维护支持。此外,应确保所有维护活动符合行业标准和法规要求,以保持系统的合规性和可靠性。

第二节　微生物质谱菌种鉴定系统

临床上多种疾病是由病原微生物引起的,在治疗过程中需要快速、准确地检测出致病菌的种类以便进行针对性的治疗。传统的微生物学鉴定方法操作烦琐,难以进行质量控制,在结果的判定和解释等方面易因主观片面而造成错误。近年来基于质谱技术(mass spectrometry,MS)的自动化检测仪器能够简便、快速及特异地分析微生物大分子标志物质谱图,从而实现临床微生物检验中细菌、真菌及病毒的鉴定,是对传统的基于生化及表型测定鉴定微生物方法的补充,也是临床微生物鉴定技术发展的一个新方向。目前,基质辅助激光解吸电离飞行时间质谱(matrix-assisted laser desorption ionization time-of-flight mass spectrometry,MALDI-TOF-MS)已经部分取代了传统的生化鉴定法,成为临床微生物实验室进行微生物鉴定的主要技术。

一、MALDI-TOF-MS 仪器的检测原理

分析前,将待测样品与化学基质一起点种在样品盘上,所选择的基质在仪器的测定波长处能有良好的吸收。点种完后,样品盘被放入样品解吸/电离室,样品与基质的混合物接受激光脉冲照射,使基质活化。样品分子被活化的基质分子、水和离子包围。一旦吸收,基质便将自身的质子传递给样品分子,使样品分子在气化状态均带正电荷。在电离室电场的作用下,样品分子加速通过,且速度与质荷比相关。粒子通过电离室后进入飞行时间质谱分析器,在这里,带电粒子沿着无电场的路径飞行,最后到达粒子检测器。具体的飞行时间由粒子检测器测得。从飞行时间可以计算出每种粒子的质荷比,从而绘出样品复合物的质谱图(图 14-6)。

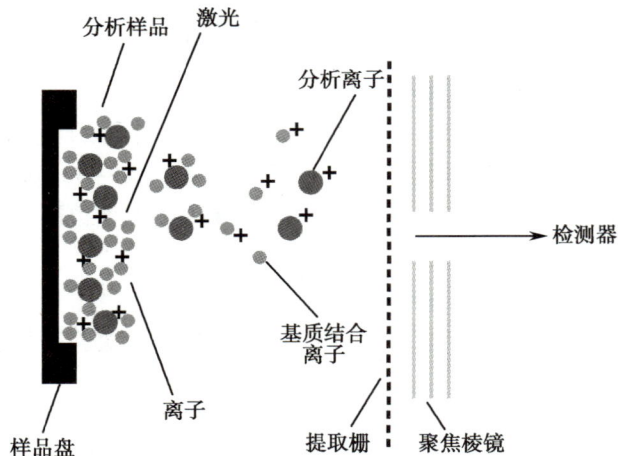

图 14-6　MALDI-TOF-MS 仪器的检测原理示意图

二、MALDI-TOF-MS 仪器的基本结构

MALDI-TOF-MS 仪器主要由三部分组成:①样品解吸/电离室;②飞行时间质谱分析器;③粒子检测器(图 14-7)。

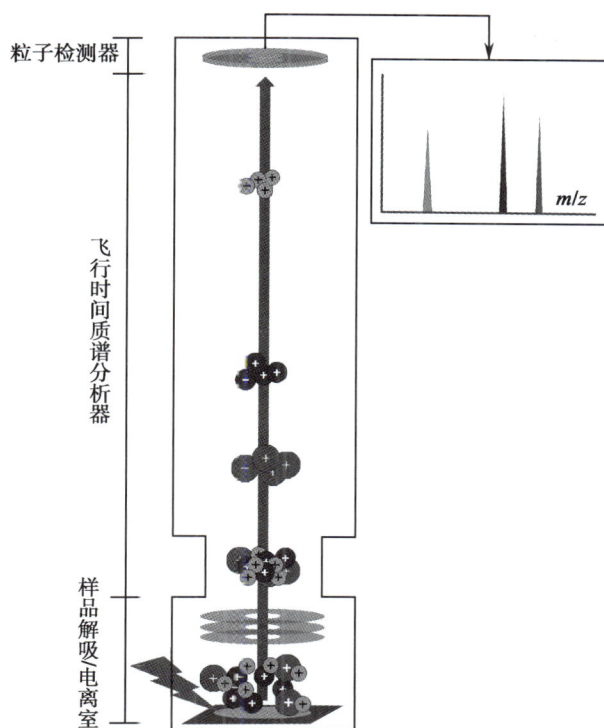

图 14-7 MALDI-TOF-MS 仪器的基本结构示意图

三、MALDI-TOF-MS 仪器的性能验证与临床应用

（一）MALDI-TOF-MS 仪器的性能验证

实验室使用 MALDI-TOF-MS 仪器后，若对试剂、数据库、分析软件和硬件等进行更换或升级以及扩大检测范围，应进行部分验证，主要包括准确度和精密度。通过将 MALDI-TOF-MS 仪器和现用方法或参考方法（如测序方法）获得的病原体鉴定结果进行比较以进行准确度验证，精密度验证应包括所有可能存在的主要变量。具体要求可见《临床微生物培养、鉴定和药敏检测系统的性能验证》（WS/T 807—2022）。

（二）MALDI-TOF-MS 仪器的临床应用

MALDI-TOF-MS 仪器在临床上有多种应用，最常应用于临床微生物方面，具体总结如下。

1. 微生物鉴定 MALDI-TOF-MS 仪器最主要的应用为微生物鉴定，通过病原体的蛋白指纹图谱，可以做到精准鉴定，时间缩短至数分钟。

2. 耐药性检测 通过 MALDI-TOF-MS 仪器，可以快速确定微生物的部分抗生素耐药性，有助于选择最有效的治疗方案，减少抗生素滥用和抗生素耐药性的发展。

3. 药物测定 该仪器可测定药物浓度，监测药物代谢，用于药物治疗的个体化管理。

4. 蛋白质分析 MALDI-TOF-MS 仪器可用于研究蛋白质的结构、组成和功能，有助于理解疾病的发病机制和药物作用途径。

四、MALDI-TOF-MS 仪器的校准与维护保养

（一）MALDI-TOF-MS 仪器的校准

1. 质量校准 使用一系列已知质量的校准标准品对质谱仪进行校准，以确保质量测量的准确性，包括对仪器采集的光谱进行校正，以补偿任何仪器相关的偏差。这些标准品可

能包括肽段、蛋白质或其他分子质量标准品。

2. 灵敏度校准 通过调整仪器参数,如激光强度、探测器电压等,来优化信号的响应,确保不同浓度的样品都能得到可靠的检测。

3. 分辨率校准 飞行时间质谱的分辨率决定了能够区分相近质量离子的能力。通过校准,确保质谱仪在所需的分辨率范围内运行。

4. 稳定性测试 检查仪器的长期稳定性,确保在连续运行过程中测量结果的一致性。

5. 数据库校准 对于 MALDI-TOF-MS 仪器的数据库匹配的鉴定过程,需要定期更新和维护数据库,以确保鉴定的准确性。

6. 软件校准 MALDI-TOF-MS 仪器通常配备有用于数据采集和分析的软件,需要确保软件设置正确,并且与仪器兼容。

(二) MALDI-TOF-MS 仪器的维护保养

维护 MALDI-TOF-MS 仪器对于确保其高效运行和提供可靠分析结果至关重要。第一,定期对仪器进行校准以维持分析精度;第二,清洁仪器表面以防止灰尘和污垢累积;第三,及时更换消耗品如靶板和样品板。应保持软件更新,以利用最新技术并确保数据安全。定期检查光学元件,以避免污染和损伤。维护真空系统,包括检查泵油和清洁真空室。确保稳定的电源供应和良好的接地,避免电气干扰。记录所有维护活动,以便于跟踪和预测未来的维护需求。操作人员应接受专业培训,了解仪器的正确使用和基本故障排除方法。对于复杂问题,应及时联系制造商或专业技术人员。通过这些措施,可以延长仪器的使用寿命,保证分析结果的准确性和重复性。

第三节 自动化微生物鉴定与药敏分析系统

虽然各类型自动化微生物鉴定与药敏分析系统的原理和功能不尽相同,结构和性能亦有差异,但基本是由系统主机、测试卡、比浊仪、培养和监测系统、计算机数据管理系统组成的。

一、自动化微生物鉴定与药敏分析系统的基本原理

(一) 自动化微生物鉴定系统的基本原理

自动化微生物鉴定系统的基本原理侧重于利用先进的技术对细菌进行快速和准确的鉴定。这些系统通常采用以下几种方法。

1. 生化反应 系统设计了多种测试卡,每张卡上包含多项针对不同细菌的生化反应。这些测试卡能够根据细菌的特定生化特性,如代谢产物或酶活性,来区分不同类型的细菌。

2. 光电比色法 通过测定细菌分解底物导致的 pH 改变或透光度变化,系统能够识别细菌的生化反应,可以量化测试卡上颜色的变化。

3. 荧光法 在测试卡中加入特定的酶底物,细菌产生的酶与底物反应后生成荧光物质,这种方法能够显著提高鉴定的速度和灵敏度。

(二) 自动化微生物药敏分析系统的基本原理

1. 比浊法 通过光电比浊仪测定测试卡中由细菌生长引起的浊度变化。浊度的增加反映细菌的生长情况,从而可以推断抗生素的抑制效果。

2. 荧光法 在含有荧光底物的培养基中,细菌代谢活动会产生荧光,通过测定荧光强度,系统可以快速判断抗生素的抑制效果。

二、自动化微生物鉴定与药敏分析系统的基本结构

（一）半自动微生物鉴定与药敏分析系统

半自动微生物鉴定与药敏分析系统主要由系统主机、测试卡、比浊仪、计算机等组成，计算机程序包括鉴定与药敏分析的数据库、数据储存和分析系统及药敏专家系统。

鉴定或药敏分析测试卡在机外经适当的孵育后，某些测试孔需人工添加试剂，一次性上机读取结果，由计算机进行分析和处理，并报告细菌鉴定和药敏分析结果。亦可进行人工判读，将编码输入计算机，由计算机软件评定结果。

（二）全自动微生物鉴定与药敏分析系统

全自动微生物鉴定与药敏分析系统由系统主机（包括孵育箱、检测箱、废卡接收箱、真空充填室、封口机、显示器等）、测试卡、培养和监测系统、计算机数据管理系统、条码扫描器、比浊仪等组成。

1. 测试卡　测试卡是系统的工作基础，不同的测试卡具有不同的功能。最基本的测试卡包括革兰氏阳性菌鉴定卡、革兰氏阴性菌鉴定卡、革兰氏阳性菌药敏卡和革兰氏阴性菌药敏卡，使用时应根据涂片和革兰氏染色结果进行选择。另外，有些系统还配有鉴定厌氧菌、酵母菌、需氧芽胞杆菌、奈瑟菌和嗜血杆菌、李斯特菌、弯曲菌等菌种的特殊鉴定卡及多种不同菌属的药敏卡。

2. 培养和监测系统　测试卡接种菌液后即可放入孵育箱中进行培养和监测。一般在测试卡放入孵育箱后，监测系统要对测试板进行一次初次扫描，并将各孔的检测数据自动储存起来作为以后读板结果的对照。有些通过比色法测定的测试板经适当的孵育后，某些测试孔需添加试剂，此时系统会自动添加，并延长孵育时间。监测系统每隔一定的时间对每个孔的透光度或荧光物质的变化进行检测。

3. 数据管理系统　数据管理系统控制孵育箱温度，自动定时读数，负责数据的转换及分析处理。当反应完成时，经过专家系统审核，计算机自动打印报告，并可进行菌种分离率、抗菌药物耐药率等流行病学统计。

三、自动化微生物鉴定与药敏分析系统的性能验证与临床应用

（一）自动化微生物鉴定与药敏分析系统的性能验证

性能验证主要包括验证时机、验证菌株与验证方案的选择等，具体要求可见《临床微生物培养、鉴定和药敏检测系统的性能验证》（WS/T 807—2022）。

（二）自动化微生物鉴定与药敏分析系统的临床应用

自动化微生物鉴定与药敏分析系统可以提高工作效率，减少人为错误，提供更快速和准确的微生物鉴定和药敏分析检测结果，从而帮助医师制订更有效的治疗方案。此外，自动化系统还可以通过减少样品处理时间来加快病原体的鉴定和药敏分析速度，这对于及时治疗和控制感染传播具有重要意义。

四、自动化微生物鉴定与药敏分析系统的校准与维护保养

（一）自动化微生物鉴定与药敏分析系统的校准

自动化微生物鉴定与药敏分析系统的校准是确保检测结果准确性和可靠性的关键环节。校准过程中，应遵循制造商的指南，使用认证的标准菌株，并定期进行以保持系统性能。此外，需要对光学系统和软件进行校准。校准后，应提供详细的记录和校准证书，证明系统的性能符合既定标准。同时，在校准间隔期内，应持续监控系统性能，确保其稳定性，并在必要时排查并解决故障。此外，校准还应考虑到环境因素对系统性能的影响，以及法

规遵从性,确保所有操作均在法律和行业标准框架内进行。

(二)自动化微生物鉴定与药敏分析系统的维护保养

自动化微生物鉴定与药敏分析系统应放置在适宜的环境条件下,避免直射日光,并确保工作台面处于水平状态。操作人员必须经过专业培训并获得相应资格,以保证操作的正确性和检验的质量。此外,应遵循仪器的标准操作规程,包括正确的开机顺序、卡片选择、菌悬液配制等。定期进行仪器清洁,特别是光学部件,以维持读数的精确性。软件更新也应定期进行,以利用最新的技术。除了上述日常维护措施,还应参考系统的用户手册,以获取详细的操作和维护信息。在遇到仪器故障时,应能进行基本的故障排除或联系专业技术人员。通过这些综合性的维护保养措施,可以延长仪器的使用寿命,并确保其持续提供高质量的微生物鉴定和药敏分析结果,满足临床诊断的高标准要求。

第四节　微生物显微自动化阅片系统

微生物显微自动化阅片系统是一种利用先进的图像处理和人工智能技术,自动识别和分析显微镜下微生物样品的仪器。该系统通常包括以下几个关键组成部分:显微镜、数字成像设备、计算机视觉算法和数据处理软件等。相比于传统的微生物的人眼识别方法,它依赖于大型数据库的构建、人工智能方法与自动成像技术,可以有效地提高阅片的准确性。

一、微生物显微自动化阅片系统的原理

微生物显微自动化阅片系统利用数字成像、图像处理和人工智能算法等技术,实现了对微生物样品图像的自动化识别、分析和报告,为微生物学研究和临床诊断提供了高效、准确的工具和支持。

1. 自动成像　自动化的图像扫描成像系统代替传统的人工显微镜观察,实现样品的扫描、传输、分析的全流程自动化,大大减少人工劳动。

2. 智能软件分析　高速、高精度的全涂片扫描有效捕捉致病菌,提升检出率,获得的图像会被智能软件分析,软件能够不断学习和适应,以实现病原菌的自动发现和统计。

3. 人工智能技术　利用卷积神经网络(convolutional neural network,CNN)等人工智能技术提高了识别的准确率,设计简单易用,即使没有细胞成像经验的用户也能快速掌握。

二、微生物显微自动化阅片系统的基本结构

微生物显微自动化阅片系统的基本结构大都类似,通常包括以下几个关键组件。

1. 光学成像系统　包括光源、物镜、目镜、滤光片等,用于放大和观察样品的微观结构。

2. 机械移动系统　如电动载物台和机械臂,用于自动移动和定位样品。

3. 图像采集系统　包括相机和图像传感器,用于捕捉显微镜下的图像。

4. 计算机处理系统　配备有处理器和存储设备,用于控制操作和处理图像数据。

5. 软件分析系统　提供用户界面、图像处理算法、数据库管理等功能。

6. 高级成像技术系统　包含特殊的成像组件和分析工具。

7. 环境控制系统　如温控系统,确保仪器在稳定的环境中工作。

三、微生物显微自动化阅片系统的性能验证与临床应用

微生物显微自动化阅片系统主要应用于微生物学和细胞学的自动判读,其性能验证是

确保仪器在临床检验中获得准确可靠结果的重要环节。这一过程包括准确性验证、重复性验证、线性范围验证、检出限验证、交叉反应评估等。此外,环境条件测试、数据完整性、用户操作培训和维护保养也是性能验证的关键组成部分。所有这些验证步骤有助于保证微生物显微自动化阅片系统在临床应用中的高效运行,并满足所有预定的性能标准。

四、微生物显微自动化阅片系统的校准与维护保养

(一)微生物显微自动化阅片系统的校准

微生物显微自动化阅片系统的校准是确保系统提供高质量图像和精确分析结果的关键环节。这包括对光学元件进行调整以获得清晰图像、对成像传感器进行校准以实现实时聚焦,以及使用专有的颜色校准文件确保监视器色彩的准确性。此外,还需要验证硬件和染色质量,调整分辨率以满足特定需求,并确保系统与医疗信息系统的兼容性。网络带宽的校准也很重要,特别是对于需要快速传输大量图像数据的系统。定期进行这些校准活动有助于维持微生物显微自动化阅片系统的性能,从而提高临床诊断的准确性和效率。

(二)微生物显微自动化阅片系统的维护保养

微生物显微自动化阅片系统的维护保养是确保仪器长期稳定运行和维持高性能的关键环节。这包括为系统提供适宜的存放环境,定期清洁光学元件以保证图像清晰,检查和维护机械部件以确保其精确移动,以及根据制造商的指南进行硬件校准和软件更新。同时,确保网络连接的稳定性和电源供应的可靠性也是至关重要的。此外,及时更换耗材和执行预防性维护可以避免潜在的故障,而对操作人员进行定期培训则有助于确保他们能够正确使用仪器。对于复杂的维护任务,应联系专业技术人员以获得帮助。通过这些综合性的维护保养措施,微生物显微自动化阅片系统能够提供高质量的图像和准确的分析结果,从而提高临床诊断的准确性和效率。

第五节　全自动细菌分离培养系统

传统的细菌分离培养手工操作存在很多弊端,例如:①随着实验室样品量的增多,操作人员受样品污染的潜在危险性越来越高;②样品预处理不规范,降低了样品培养的阳性率;③划线接种过程不规范,不同的人员有不同的操作手法,难以做到规范与标准化;④手工操作难以做到立即处理每一份样品,而采样超过2小时未能接种,样品中一些细菌会失去活性,严重影响分离培养的阳性率。随着全自动细菌分离培养系统的问世,对于痰液、尿液、粪便及各类拭子等样品,从样品的自动化预处理到自动划线接种,再到获取分离培养结果,整个过程无须人工操作,即能实现样品的分离培养。目前具有不同程度、不同处理环节实现自动化操作的自动细菌分离培养系统,本节简要介绍全自动细菌分离培养系统的检测原理、基本结构、性能验证与临床应用、校准与维护保养。

一、全自动细菌分离培养系统的检测原理

根据样品类型选择不同的样品采集管采样,将其置于培养装置的特定位置。仪器开始运行后,会自动阅读采集管上的条形码信息,并按照样品类型选择不同的方式进行预处理,然后将该培养装置移送至特定位置。在该处通过对采集管顶部进行机械施压,仪器刺破样品采集管的底部后,样品通过特定通道流入培养板底端的样品池。位于样品池中的接种环会自动接触样品,仪器机械手自动抓取接种环手柄,再将样品接种于培养板上。经过一段时间的分离培养(仪器自动记录培养的开始时间与结束时间,培养结束时仪器会自动报警提

醒),即可从仪器样品槽中取出分离培养装置,直接观察培养板上细菌的生长情况,并根据菌落的形态及颜色,对细菌的种类作出初步判定,或挑取单个菌落作进一步的检测(图 14-8)。

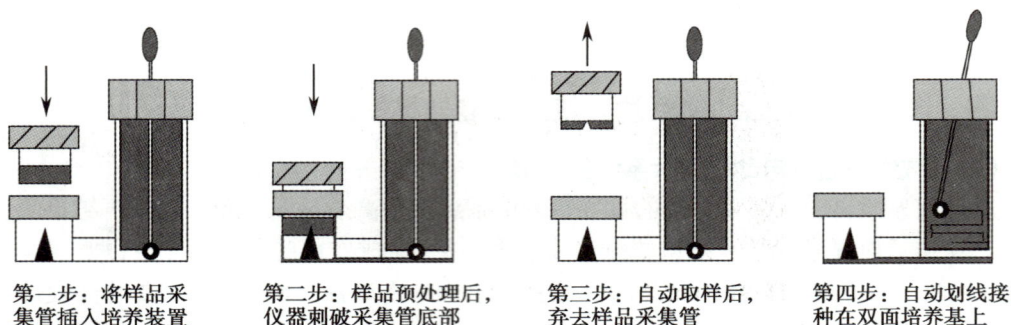

第一步:将样品采 集管插入培养装置　　第二步:样品预处理后, 仪器刺破采集管底部　　第三步:自动取样后, 弃去样品采集管　　第四步:自动划线接 种在双面培养基上

图 14-8　全自动细菌分离培养系统的检测原理

二、全自动细菌分离培养系统的基本结构

全自动细菌分离培养系统由仪器及操作系统、专用样品采集管、分离培养装置三部分组成。

(一)根据功能选择模块

仪器由不同模块组合而成,主要有以下两种。

(1)综合型:由普通模块、特殊模块和供气模块组成,能同时进行普通环境细菌和特殊厌氧细菌的分离培养。

(2)普通型:由普通模块和支撑模块组成,仅进行普通环境细菌的分离培养。

(二)专用样品采集管

本系统备有不同规格、不同类型的专用样品采集管,包括用于尿液和各种体液等液体样品的采集管,用于粪便等固态样品的采集管和用于鼻咽、阴道等部位拭子样品的采集管。

(三)分离培养装置

该系统设有不同的分离培养装置,适用于不同样品类型。如用于尿液和各种体液等液体样品的分离培养装置,用于粪便等固态样品的分离培养装置,用于鼻咽、阴道等部位拭子样品的分离培养装置等。

三、全自动细菌分离培养系统的性能验证与临床应用

全自动细菌分离培养系统包括自动接种和培养两部分装置,主要用于有菌部位分离样品的全自动接种与培养。其性能验证参照《临床微生物检验程序验证指南》(CNAS-GL028:2018)的要求进行。

四、全自动细菌分离培养系统的校准与维护保养

(一)全自动细菌分离培养系统的校准

全自动细菌分离培养系统的校准通常包括多个关键步骤,如温度校准、湿度校准、CO_2浓度校准以及培养皿搬运机械的精度校准。此外,系统还需对光学成像设备进行校准,确保图像分析的准确性。每个传感器和执行器的性能也需定期检查和校正,以保证系统整体运行的准确性和可靠性。这些校准过程确保了系统能够准确地模拟培养环境,有效地进行细菌分离和培养,具体校准方法参见设备厂商的要求。

(二)全自动细菌分离培养系统的维护保养

全自动细菌分离培养系统的维护保养是确保系统长期稳定运行和实验结果准确性的基

础。这包括定期对温度控制单元进行校准以维持精确的培养条件,检查和校准时间设置以保证培养周期的一致性,以及对流速和压力传感器进行校准以确保液体处理的准确性。同时,需要对光学测量设备如分光光度计进行维护,保证其测量结果的可靠性。此外,应对系统中的机械部件进行润滑和检查,确保它们能正常运作,以及对传感器进行定期的清洁和校准,以避免误差。软件和数据处理系统的更新和维护也不可忽视,以确保数据收集和分析的准确性。所有维护活动都应详细记录,以便于追踪和回顾。通过这些细致周到的维护保养措施,可以最大限度地减少系统故障的风险,提高实验的效率和结果的可靠性。

(郑光辉)

本章小结

本章依次介绍了自动化微生物培养系统、微生物质谱菌种鉴定系统、自动化微生物鉴定与药敏分析系统、微生物显微自动化阅片系统以及全自动细菌分离培养系统等多种先进的自动化微生物检验系统和相关技术,旨在为微生物检验领域提供全面的参考和深入的研究视角。

自动化微生物培养系统根据检测原理不同可分为以测定培养基导电性和电压为基础的微生物培养系统、以测定气压为基础的微生物培养系统和以光电技术为基础的微生物培养系统。自动化微生物鉴定与药敏分析系统主要用于细菌的鉴定和抗菌药物敏感性分析,该系统结合光电比色技术、荧光检测技术和微生物数值编码鉴定技术,自动对数据进行处理分析,得出最后结果。细菌分解底物后,通过反应液中 pH 的变化,色原性或荧光原性底物的酶解,测定挥发或不挥发酸,以及识别是否生长等方法来分析鉴定细菌。抗菌药物敏感性试验使用药敏测试卡进行检测,其实质是微型化的肉汤稀释试验。应用光电比浊原理,仪器每隔一定时间自动测定细菌生长的浊度,从而观察细菌的生长情况。

MALDI-TOF-MS 仪器对微生物进行鉴定,是对传统的基于生化及表型测定微生物鉴定方法的补充,已经成为临床微生物实验室进行微生物鉴定的主要技术之一。随着全自动细菌分离培养系统问世,临床微生物相关的仪器能够对痰液、尿液、粪便及拭子样品进行自动化预处理、自动划线接种,并对样品进行分离培养,进而完成鉴定及药敏试验。从样品的预处理到获取分离培养结果,整个过程无须人工操作,使分离培养更加规范、安全。不仅降低了操作人员受样品污染的潜在危险性,还提高了微生物实验室分离培养的质量。

第十五章　临床分子生物学检验常用仪器与技术

> **通过本章学习，你将能够回答下列问题：**
> 1. 简述磁珠法自动化提取核酸的工作流程。
> 2. 什么是梯度 PCR 仪？它有什么优点？
> 3. 简述实时荧光定量 PCR 仪的结构。
> 4. 数字 PCR 如何实现定量检测？
> 5. 简述第二代测序仪的检测原理。
> 6. 第一、二、三代测序技术各有何优缺点？
> 7. 简述核酸质谱分析仪的临床应用。

现代分子生物学技术已经成为临床检验的重要组成部分，掌握分子生物学检验常用仪器的原理、构造和性能至关重要。核酸的提取是分子生物学检验中的基本技术，核酸自动化提取仪的诞生为大量提取核酸提供了便利。聚合酶链式反应（polymerase chain reaction，PCR）自 20 世纪 80 年代诞生以来，已经成为现代分子生物学领域不可或缺的实验技术，推动了现代医学由细胞水平向基因水平的发展。DNA 测序技术是了解生命现象、研究疾病发生机制、探讨疾病诊断和治疗新方法的重要手段。本章主要介绍核酸自动化提取仪、PCR 仪、DNA 测序仪及核酸质谱分析仪的检测原理、结构与分类、性能验证与临床应用、校准与维护保养。

第一节　核酸自动化提取仪

核酸（包括 DNA 和 RNA）提取是临床分子生物学检验中的基本技术，其核酸提取质量与速度直接影响检验结果的质量与速度。目前，手工提取核酸已经难以满足大规模、高通量的实验要求。而核酸自动化提取仪能够快速、准确地提取核酸，且具有高通量特性，是临床分子生物学检验中的重要仪器。

一、核酸自动化提取仪的检测原理

传统的核酸提取法包括胍盐裂解法、碱裂解法、溴化十六烷基三甲基铵（CTAB）裂解法和酚抽提法，其基本原理是通过一系列的化学和物理过程把核酸从其他细胞成分中分离出来。传统核酸提取方法优点虽然多，但不能适应核酸自动化提取的要求。随着核酸提取技术的发展，核酸提取试剂盒和自动化的核酸提取系统被开发，其技术原理大多为磁珠法、二氧化硅基质法和阴离子交换法。本文主要介绍磁珠法。

磁珠法使用的磁性载体包括固定的磁棒和可移动的磁珠。固定的磁棒又称固定体，为吸附磁珠提供磁场。磁珠是带有硅涂层的磁性树脂，其表面连接了可特异地与 DNA 发生结合的氨基、巯基、环氧基等功能基团，具有可逆吸附核酸的特性。磁珠法利用磁珠在高盐低 pH 下吸附核酸、在低盐高 pH 下与核酸分离的原理，通过移动磁珠或转移液体提取纯化核酸。过程如图 15-1 所示,包括以下步骤:①吸附:在样品裂解液中加入磁珠,磁珠特异性吸附裂解细胞释放的核酸,蛋白质等分子则不被吸附而留在溶液中;②分离:在磁场的作用下,带有核酸的磁珠吸附在磁棒上,与溶液分离;③洗涤:加入洗涤液,反复洗涤,去除杂质;④洗脱:加入洗脱液,核酸从磁珠上被洗脱下来;⑤磁棒再将磁珠从溶液中吸出,完成核酸的提取工作。

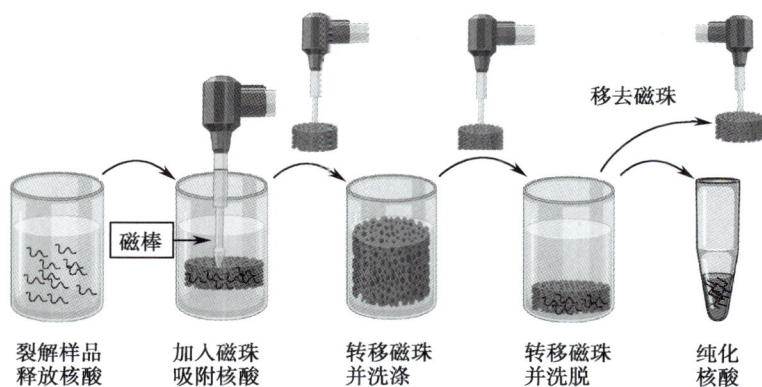

图 15-1 磁珠法核酸自动提取过程

磁珠法核酸自动化提取仪是目前自动化核酸提取的主流仪器,提取模式可以为单管提取,也可以为多通量提取。因其操作简单快捷,提取 96 个样品仅需 30～45 分钟,大大提高了实验效率。

值得注意的是,DNA 和 RNA 的自动化提取仪的检测原理不完全相同,在应用中应根据实验需要合理选择。

二、核酸自动化提取仪的结构与分类

(一)核酸自动化提取仪的结构

核酸提取仪的结构主要包括以下几个部分:样品处理模块、核酸纯化模块、溶剂供给系统、温度调控系统和控制系统。

1. 样品处理模块 用于将生物样品(如血液、组织、细胞等)处理成适合提取核酸的状态,通常包括样品裂解、混匀等设备。

2. 核酸纯化模块 核酸纯化是核酸自动化提取的关键步骤,通常采用吸附柱、离心管或磁珠等材料,通过特定的化学反应和离心过程,将核酸与其他杂质分离开来。这一步骤需要严格控制温度、时间和溶液的 pH 等参数,以确保纯化效果。

3. 溶剂供给系统 提供所需溶剂和试剂,通常包括多个储液瓶、管道和试剂泵等设备。

4. 温度调控系统 用于控制核酸提取过程中的温度,通常包括加热装置、冷却装置和温度传感器等设备。

5. 控制系统 通常由计算机或微处理器组成,用于控制整个提取过程的执行和参数的调节。

(二)核酸自动化提取仪的分类

1. 根据提取检测原理 核酸自动化提取仪主要分为两大类:一类是基于磁珠法设计的核酸自动化提取仪,另一类则是基于二氧化硅基质法或阴离子交换法设计的离心柱法核酸自动化提取仪。

2. 根据仪器型号 核酸自动化提取仪可以分为小型核酸自动化提取仪和自动液体工

作站。自动液体工作站是功能非常强大的设备,可实现提取、扩增和检测的全自动化,核酸提取只是其中的一部分功能。

三、核酸自动化提取仪的性能验证与临床应用

(一)核酸自动化提取仪的性能验证

核酸自动化提取仪的良好性能是核酸模板质量的可靠保证,性能验证指标包括但不限于以下内容。

1. 核酸提取浓度、纯度 核酸浓度和纯度主要使用分光光度计分析。较纯的 DNA 样品的 A260nm/A280nm 应为 1.8~2.0,RNA 样品的该比值在 2.0 以上,核酸的完整性可通过凝胶电泳判断。

2. 核酸提取重复性 可采用批内精密度和批间精密度来验证重复性。

3. 核酸提取线性 依据《定量测定方法的线性评价》(第 2 版)(CLSI EP06),对已知浓度样品进行梯度稀释后再进行提取。

4. 提取准确度 通过参加室间质评或能力验证计划,提取已知靶值的参考物质或标准物质。

5. 携带或交叉污染 选取灵敏度较高的项目的阳性样品若干份,已知检测阴性的样品若干份,在核酸自动化提取仪中按阴、阳性样品相间的方式排列并进行检测。阴性样品中不能检出阳性样品。

6. 抗干扰能力 将不同浓度的甘油三酯、胆红素、白蛋白、抗病毒药物加入样品中,比较加入干扰物样品与不加入干扰物样品的提取结果。

(二)核酸自动化提取仪的临床应用

核酸自动化提取仪是应用配套的核酸提取试剂来自动完成样品核酸提取工作的仪器。广泛应用于疾病控制中心、临床疾病诊断、输血安全、法医学鉴定、药物研发等多种涉及基因检测的领域。

小型核酸自动化提取仪适用于任何需要进行核酸提取的常规实验室应用。集核酸提取、扩增、检测全自动化于一体的自动液体工作站,一般都应用在单一类样品且一次提取样品数量非常大的实验需求上。

四、核酸自动化提取仪的校准与维护保养

(一)核酸自动化提取仪的校准

核酸自动化提取仪的具体校准项目和校准方法可根据《(自动)核酸提取仪校准规范》(JJF 1874—2020)进行。具体指标包括温度示值误差、均匀性和稳定性,取液量示值误差、重复性和一致性。

1. 温度控制 用精密的温度检测设备比较实测温度与设定温度。

2. 移液精度评价 可用称重法,以水为介质进行移液装置精密度验证,重复吸取的 $CV < 5\%$。

(二)核酸自动化提取仪的维护保养

1. 防尘措施 定期检查核酸自动化提取仪的滤网和通风口,清除附着的灰尘和杂质。

2. 定期清洁 根据仪器的使用频率,定期对核酸自动化提取仪进行清洁。清洁前,确保仪器已断电,并等待设备冷却。避免使用含有腐蚀性物质的清洁剂。

第二节 PCR 仪

一、PCR 仪的检测原理

聚合酶链式反应核酸扩增仪也称为 PCR 基因扩增仪、PCR 扩增仪,简称为 PCR 仪,是一种利用聚合酶链式反应技术对特定 DNA 进行扩增的仪器。它能够在设定的温度范围内快速升降温,在精确控制的条件下实现温度变化,为 PCR 提供必要的热循环条件,以实现 DNA 的扩增。

二、PCR 仪的结构与分类

(一)PCR 仪的结构

PCR 仪的核心部件由加热块、加热元件和温度传感器等组成(图 15-2)。

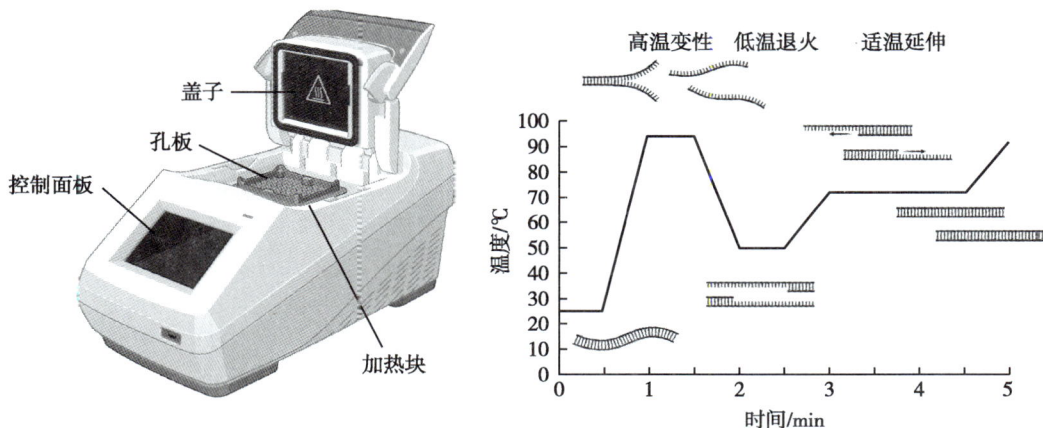

图 15-2 普通 PCR 仪结构及检测原理

1. 加热块 PCR 仪的核心部分,用于加热和冷却反应混合物。加热块通常由铝或不锈钢制成,具有良好的热传导性能。

2. 温控系统 包括温度传感器(如热敏电阻或热电偶)和加热/冷却元件(如加热器、压缩机等)。温控系统确保加热块能够快速、准确地达到和维持预设的温度。

3. 反应室或孔板 是 PCR 反应混合物放置的地方。可以是标准的 96 孔 PCR 板模式,也可以是特殊设计的反应室,用于特殊形状的反应管。

4. 盖子或盖子加热器 确保反应混合物在扩增过程中处于密封状态,并防止污染。一些 PCR 仪具有盖子加热器,在热循环过程中可以维持盖子的温度,以防止凝结。

5. 控制面板 用于输入和显示操作参数,如温度、时间、循环次数等。现代 PCR 仪通常具有触摸屏或图形用户界面。

6. 计算机控制系统 用于控制 PCR 循环过程、存储和执行程序,以及记录实验数据。一些 PCR 仪可以通过计算机或网络进行远程控制。

7. 电源和接口 PCR 仪需要有稳定的电源供应,以及可能需要用于数据传输的接口,如通用串行总线(USB)、以太网或无线保真(Wi-Fi)。

8. 安全部件 包括过热保护和紧急停止按钮,以确保操作安全。

（二）PCR 仪的分类

经过 20 多年的发展，PCR 仪的种类日益增多，结构设计日臻完善。按照三个温度循环变温方式的不同，分为水浴式 PCR 仪、变温金属块式 PCR 仪、变温气流式 PCR 仪、梯度 PCR 仪和原位 PCR 仪五种不同结构的 PCR 仪。其中，水浴式 PCR 仪已被自动化的 PCR 仪取代。本文主要介绍变温金属块式 PCR 仪、梯度 PCR 仪和原位 PCR 仪。

1. 变温金属块式 PCR 仪　即普通 PCR 仪。此类 PCR 仪的主要特点是在同一个金属块上完成高温变性、低温退火和适温延伸三个温度的交替变化。金属块的材质主要是铝合金或不锈钢，上面有不同数目甚至不同规格的凹孔，用来放置 PCR 反应管。凹孔内壁加工精密，保证与反应管紧密接触；有的凹孔内壁经过镀金或镀银处理，以提高热传导性。

变温金属块式 PCR 仪的温度控制方式有两种：一是压缩机控温，由压缩机按照设定程序自动控制升降温；二是半导体控温，半导体控温器是电流换能型器件，既能制冷，又能加热，通过控制输入电流的大小和方向，可实现高精度的温度控制。

2. 梯度 PCR 仪　是由变温金属块式 PCR 仪衍生出来的具有温度梯度功能的 PCR 仪。梯度 PCR 仪的结构与变温金属块式 PCR 仪的结构基本相同，只是在温度控制环节增加了梯度功能，计算机软件略微复杂。使用梯度 PCR 仪，可以对 PCR 过程中的高温变性、低温退火和适温延伸三个温度循环中的任何一个温度进行梯度实验。实际应用中，最常用的是对低温退火步骤进行温度梯度的控制，目的是找到最佳的退火温度。

3. 原位 PCR 仪　原位 PCR 仪是一种用于在细胞或组织切片中进行聚合酶链式反应的实验仪器。它允许在细胞或组织的原始位置上扩增特定的 DNA 或 RNA 序列，同时保持细胞或组织的形态结构。这种技术结合了 PCR 的高灵敏度和原位杂交的细胞定位能力，可以在分子和细胞水平上检测特定的基因组序列、转基因及外源基因。

三、PCR 仪的性能验证与临床应用

（一）PCR 仪的性能验证

样品中的核酸模板经普通 PCR 仪扩增后，常需联合琼脂糖凝胶电泳技术，来分析扩增产物中是否含有目的核酸片段，从而判定在样品中是否存在被检测核酸分子。因而，普通 PCR 检测通常为定性检测，性能验证应该包括临床符合率、检出限、特异性和抗干扰能力等。

1. 临床符合率　以国家卫生健康委临床检验中心室间质评样品的成绩计算符合率，或使用质检合格的标准品，检测高、中、低浓度的阳性标准品各 10 例，阴性样品 5 例，检测结果与已知结果比较，要求一致性为 100%。

2. 检出限　以厂家声明的检出限为可能的最低检出限，重复测定最低检测浓度水平的样品 20 次，根据《分子诊断检验程序性能验证指南》（CNAS-GL039:2019）的要求，20 次测试中至少有 18 次为阳性，即表明在本实验室条件下可以检出厂家所声明的最低检出浓度。

3. 特异性　特异性验证需要选取待测样品中常含有的与待测核酸分子特性相近的成分，进行检测对比，要求无交叉反应。

4. 抗干扰能力　根据试剂盒说明书，在反应体系中加入相应浓度的干扰物质进行检测，要求干扰物质不会造成已知阴性样品出现假阳性结果，而已知阳性样品检测结果仍为阳性。

（二）PCR 仪的临床应用

在临床应用领域，PCR 仪的用途非常广泛，包括但不限于以下几个方面。

1. 感染性疾病诊断　PCR 仪可用于临床病原微生物的检测和鉴定，例如病毒、细菌等。这种仪器能够快速、准确地确定病原体，为医师提供及时、有效的治疗依据。

2. 遗传性疾病诊断　PCR 仪可用于特定基因突变的检测，帮助医师对遗传性疾病进行早期筛查和诊断。

3. 法医学鉴定 PCR 仪也用于法医学鉴定中的 DNA 检测和分析。

四、PCR 仪的校准与维护保养

(一) PCR 仪的校准

1. 温度校准与控制

(1) 使用校准过的温度计,检查 PCR 仪的加热块和冷却系统,确保其能够达到设定的温度范围及升、降温速度。

(2) 对 PCR 仪的每一个加热区(如 96 孔板中的每个孔)进行温度均匀性测试,记录每个区域的温度差异。

(3) 根据测试结果调整 PCR 仪的温度控制参数,确保每个区域的温度均匀且稳定。

2. 时间精度校准

(1) 使用计时器或秒表,测试 PCR 仪从达到设定温度到开始计时的响应时间。

(2) 校准 PCR 仪的计时系统,确保其与外部计时设备的时间差异在可接受范围内。

(二) PCR 仪的维护保养

应定期维护和保养以确保 PCR 仪正常运行和延长使用寿命。

1. 每次使用结束取反应管时,应避免在仪器内打开反应管,防止污染仪器。如果不慎打开,需立即用 10% 次氯酸钠擦拭,再用清水擦拭,最后用 75% 乙醇擦拭。将仪器设置为 50℃运行 0.5 小时,使样品反应室充分干燥。

2. 定期清洗盖子底面,防止残留物影响盖子的松紧度。打开盖子,用移动紫外线照射 1 小时。

3. 选择没有腐蚀性的清洗剂,定期清洗仪器的外表面以去除灰尘和油脂。

4. 建议至少半年检查一次制冷系统,如升降温达不到要求,需更换制冷系统。

5. 如果 PCR 仪出现问题,首先需要检查保险丝。如果保险丝烧毁,需更换备用的保险丝。

第三节 实时荧光定量 PCR 仪

一、实时荧光定量 PCR 仪的检测原理

实时荧光定量 PCR(real-time fluorescence quantitative PCR)通过荧光染料或荧光标记的特异性探针,对 PCR 产物进行标记跟踪,实时监控反应过程。实时荧光定量 PCR 仪是带有激发光源和荧光信号检测系统的 PCR 仪,可以实时记录和分析 PCR 过程中的荧光信号数据,并通过电脑系统及相应的分析软件对数据进行计算,从而实现对待测样品中特定 DNA 或 RNA 模板的定性或定量分析。

二、实时荧光定量 PCR 仪的结构与分类

(一) 实时荧光定量 PCR 仪的结构

实时荧光定量 PCR 仪在普通 PCR 仪组件的基础上增加了实时荧光监测光学系统。另外,还包括电路控制系统、计算机及应用软件等信号处理系统。其结构示意图如图 15-3 所示。

1. 热循环系统 即基因扩增热循环部件,是实时荧光定量 PCR 仪的核心部件,其功能与普通 PCR 仪相似,负责精确控制温度以实现 DNA 的扩增。实现温度控制的加热系统和制冷系统在不同种类实时荧光定量 PCR 仪中有所不同。加热系统主要分为空气加热系统

和半导体加热系统；制冷系统主要分为风扇制冷系统、压缩机制冷系统和半导体制冷系统。不同加热系统和制冷系统优缺点见表15-1和表15-2。

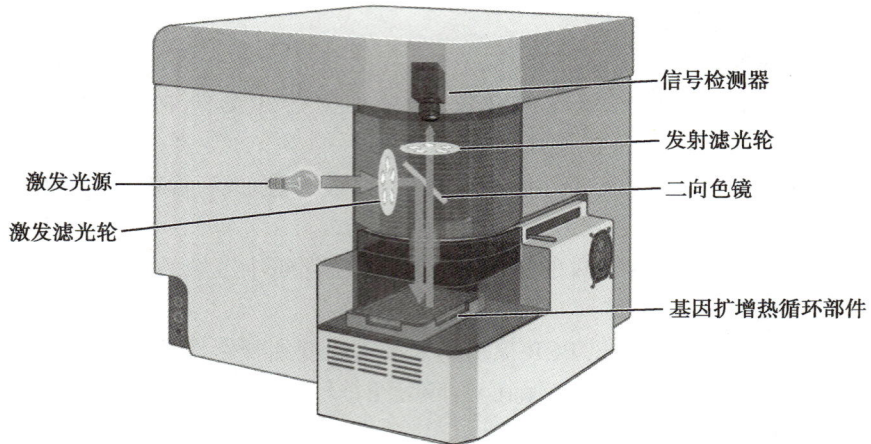

图 15-3 实时荧光定量 PCR 仪结构示意图

表 15-1 实时荧光定量 PCR 仪加热系统的优缺点

优缺点	空气加热系统	半导体加热系统
优点	①速度快；②管间温度均一性好；③无须金属的精密加工	①温控范围大：4～99℃；②灵活性好：可以做温度梯度；③样品数量多：96孔，甚至384孔
缺点	①温度范围小：不能低于室温；②灵活性差：不能做温度梯度；③样品数量少	①加热速度比空气加热系统稍慢；②均一性稍差

表 15-2 实时荧光定量 PCR 仪制冷系统的优缺点

优缺点	风扇制冷系统	压缩机制冷系统	半导体制冷系统
优点	价格低	①制冷快；②精确度高	①控温性能强；②可低于室温；③体积小；④可主动制冷
缺点	①精确度差；②不能主动制冷	①体积大；②常过度制冷；③破坏臭氧层	技术要求高

2. 荧光监测光学系统 该系统包括激发光源、滤光片、变焦镜头和信号检测器等部件。激发光源能够发射特定波长的光来激发荧光染料。滤光片选择性地允许特定波长的光通过，从而过滤掉不需要的背景光，提高荧光检测的准确性。变焦镜头用于聚焦荧光信号，确保荧光信号能够被准确捕获。信号检测器能负责接收并测量荧光信号，将其转化为电信号，以便数据处理和分析。

（1）激发光源：目前实时荧光定量 PCR 仪使用的激发光源有卤钨灯、激光、发光二极管（LED）、氙灯等，其优缺点见表15-3。

（2）滤光片：通常由激发滤光片、二向色镜和发射滤光片组成。

1）激发滤光片：激发滤光轮中有选择性滤过不同波长光的滤光片，可以透过特定波长范围内的激发光，并阻挡其他波长范围内的杂散光，从而提高激发效率和信噪比。

2）二向色镜：可以将激发滤光片透过的激发光反射到样品上，并将样品发出的荧光信号透过到检测器上，从而使激发和发射两个方向上不同波长范围内的光线分离。

表 15-3 实时荧光定量 PCR 仪激发光源的优缺点

优缺点	激光	卤钨灯	发光二极管	氙灯
优点	光源强度大，光透性好	①发射光谱范围宽且连续；②光源强度中等，与大多数荧光的强度相似	①冷光源，无须预热使用寿命长；②成本低	①光源强度大；②发射光谱范围宽，适合多种荧光染料
缺点	①发射光谱范围窄；②成本高；③产热、耗电、寿命短	①热光源，预热耗时；②寿命短	①光源强度弱；②发射光谱范围窄，且不连续；③固定激发波长，荧光素选择有限	成本比卤钨灯稍高

3）发射滤光片：发射滤光轮中有选择性透过不同波长光的滤光片，可以透过特定波长范围内的荧光信号，并阻挡其他波长范围内的杂散光，从而提高检测灵敏度和准确度。实时荧光定量 PCR 仪常用的荧光报告基团或染料有 6- 羧基荧光素、六氯 -6- 羧基荧光素、6- 羟基吡啶 -2- 羧酸、羧基 -X- 罗丹明、花青素荧光染料等，对应通道的激发滤光片和发射滤光片设定的滤过波长接近染料最大激发波长和发射波长。6- 羧基荧光素的最大激发波长和发射波长为 494nm 和 522nm、六氯 -6- 羧基荧光素或 6- 羟基吡啶 -2- 羧酸的最大激发波长和发射波长为 535nm 和 553nm、羧基 -X- 罗丹明的最大激发波长和发射波长为 588nm 和 608nm、花青素荧光染料的最大激发波长和发射波长为 675nm 和 694nm。

（3）信号检测器：有电荷耦合器件（CCD）、光电二极管（PD）和光电倍增管（PMT）等。其中 CCD 使用寿命长，但易受背景信号噪声影响，且有边缘效应；光电二极管体积小、成本低，但检测灵敏度低；光电倍增管具有信号放大作用，能提高对较低光信号的灵敏度，但成本相对较高。

3. 电路控制系统 电路控制系统负责协调和管理各个部件的工作，确保它们能够按照设定的程序准确执行。它具有控制温度循环、荧光检测以及数据处理等功能，确保 PCR 的准确性和可重复性。

4. 信号处理系统 包括计算机及应用软件，用于控制仪器运行、处理和分析数据。软件通常具有友好的用户界面，可以方便地设置 PCR 的反应参数、监控反应进程，并对检测数据进行处理和分析。

此外，实时荧光定量 PCR 仪还可能包括其他辅助部件，如样品加载系统、清洗系统等，以提高仪器的自动化程度和实验效率。

（二）实时荧光定量 PCR 仪的分类

根据加热模式的不同，实时荧光定量 PCR 仪有变温金属块式实时荧光定量 PCR 仪、变温气流式实时荧光定量 PCR 仪和各孔独立控温的实时荧光定量 PCR 仪三类。其中变温金属块式实时荧光定量 PCR 仪目前使用最广泛。

三、实时荧光定量 PCR 仪的性能验证与临床应用

（一）实时荧光定量 PCR 仪的性能验证

实时荧光定量 PCR 仪可实现对核酸分子的定性分析和定量分析。定性分析检测的性能验证参照普通 PCR 仪的性能验证执行。定量分析还需进行精密度、正确度、线性和可报告范围、不确定度等指标的性能验证，具体参照《分子诊断检验程序性能验证指南》（CNAS-GL039:2019）执行。

1. 精密度 批内精密度不超过厂商声明的数据，或批内、批间 $CV < 5\%$。

2. 正确度 与标准品靶值比较计算偏倚,以靶值±0.4对数值为评价界限。

3. 线性和可报告范围 在项目浓度范围内,测定浓度与实际浓度呈良好的线性关系,要求相关系数的绝对值$|r|$≥0.98或参考试剂说明书要求。

(二)实时荧光定量PCR仪的临床应用

相对于普通PCR仪,实时荧光定量PCR仪不需要联合琼脂糖凝胶电泳即可进行结果分析,而且还具有定量检测和基因表达量检测的功能,因而在临床上得到了非常广泛的应用。

1. 感染性疾病诊断 目前,实时荧光定量PCR仪广泛用于感染性疾病的诊断中。如肝炎病毒的检测与载量监控、性传播疾病病原体检测、呼吸道病原体检测、肠道病原体检测等。

2. 优生优育与遗传病筛查 通过对胚胎或新生儿的基因进行检测,可以预测遗传病风险,为家庭生育决策提供科学依据。

3. 肿瘤基因筛查与诊断 可检测肿瘤相关基因的突变或表达水平,为肿瘤的早期诊断、治疗方案的制订和预后评估提供有力支持。

四、实时荧光定量PCR仪的校准与维护保养

(一)实时荧光定量PCR仪的校准

实时荧光定量PCR仪要求每年至少校准一次。仪器校准环境要求温度10～30℃,湿度30%～80%,以及洁净的室内空气和稳定的电源。校准项目包括温度校准和光学系统校准。应由专业工程师进行校准,执行仪器设定的校准程序,通过校准试剂盒对仪器状态进行自动校准。每年校准计划包括以下内容:执行目标区(ROI)校准、背景校准、光学系统校准、染料校准、仪器验证试验等。或者,温度校准可参考普通PCR仪的校准要求执行,光学系统校准的具体指标和校准方法根据计量技术规范《实时荧光定量PCR仪校准规范》和《聚合酶链反应分析仪校准规范》(JJF 1527—2015)进行。

(二)实时荧光定量PCR仪的维护保养

1. 运行环境 仪器应放置在水平台面上,处于清洁环境中,接不间断电源,以防止强电流或断电影响程序运行。避免仪器靠近水池、火炉、腐蚀性物质、强磁场等。

2. 防止长期运行 连续两次运行中间应让仪器至少停止运行0.5小时。

3. 样品池的清洗 打开样品池盖,加入95%乙醇,浸泡5分钟。使用微量移液器吸取液体,并用棉签吸干剩余液体。之后,设定PCR仪温度为50℃,运行PCR程序5～10分钟,去除残余液体。

4. 仪器的清洁 实时荧光定量PCR仪的外壳要用柔软的擦拭布配合温和的清洁液清洗,禁用乙醇或其他洗涤用品。

5. 部件更换 只能使用制造商提供的更换部件(包括保险丝)来维护系统,系统其他部件的更换和维修都应由专业工程师来完成。

第四节 数字PCR仪

20世纪90年代,Bert Vogelstein等首次提出数字PCR(digital PCR,dPCR)的概念。2003年,Dressman等设计出"BEAMing"油包水微滴的实验方案,有效解决了扩增体系分隔的技术难题,推动了dPCR的发展。近年来,微流控技术和微滴生成技术的发展推动了dPCR技术的快速发展。尽管dPCR和实时荧光定量PCR都是对起始样品中的核酸进行定量分析,但它们有一个重要区别:实时荧光定量PCR依靠标准曲线或参照基因来测定核酸量,而dPCR则能够直接计算出DNA分子个数,可对样品核酸分子进行绝对定量。

一、数字 PCR 仪的检测原理

dPCR 在本质上还是依赖于特定试剂和仪器,基于酶进行核酸扩增,但要实现核酸分析的数字化,需要掌握分隔、极限稀释和泊松分布等原理。

(一)分隔和极限稀释

实现分隔和极限稀释是 dPCR 的关键。dPCR 过程主要包括 PCR 混合液的分隔、PCR 扩增以及荧光信号的采集与数据分析。通过微流控技术或微滴生成技术,PCR 混合液分散成数百个至数百万个纳升或皮升级的微滴反应单元,每个微滴反应单元随机包含或不包含核酸分子模板(图 15-4)。因此,dPCR 可理解为是在大规模平行微反应器中进行单分子水平的荧光定量 PCR 扩增并进行精准计数的检测。

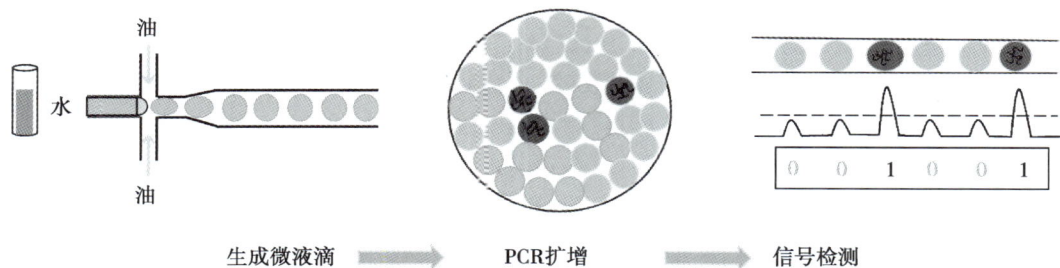

图 15-4　数字 PCR 技术流程图

(二)泊松分布

每个微滴反应单元含有 0 个、1 个或多个核酸分子的可能性符合泊松分布。经过几十个 PCR 循环扩增后,在扩增终点检测每个微滴反应单元的终点荧光信号。有荧光信号记为"1",无荧光信号记为"0"。最后根据泊松分布原理可对靶分子的起始拷贝数或浓度进行估算。如果每个微滴反应单元的平均体积 V_p 是已知的,根据泊松分布理论,原 PCR 混合液中的目标浓度(拷贝/单位体积)可根据以下公式计算:[目标 DNA]$= -\ln(1 - N_P/N_T)/V_P$。式中:[目标 DNA]是 PCR 混合液单位体积中的目标核酸分子数;N_P 为阳性微滴反应单元数,N_T 是微滴反应单元总数。

二、数字 PCR 仪的结构与分类

(一)数字 PCR 仪的结构

数字 PCR 仪由微流控或微滴生成系统、基因扩增热循环系统、荧光检测系统,以及控制系统、用户界面与数据输出系统组成。整个实验过程需要经过三大步骤:首先,通过微滴生成系统进行微滴的制备,将待检测试剂分离到成千上万个微小独立单元中;其次,通过基因扩增热循环系统对微滴反应单元进行扩增,使微滴中的核酸模板呈指数增加,从而增加浓度便于检测;最后,将微滴反应单元转移到荧光检测系统中采集荧光信号。

1. 微滴生成系统　通常包括微流体通道、喷嘴、压力控制系统等,主要负责将样品和试剂精确分配到微小的液滴中。这些液滴是 PCR 的微小容器,其大小、数量以及均匀性对于后续的反应至关重要。

(1)微流体通道:是由微加工技术制造、具有精确的尺寸和形状的通道。通道材料包括硅、石英、玻璃和聚合物等。这些通道负责引导和控制样品与试剂的流动,确保它们能够按照预设的比例和顺序混合。微流体通道的设计还需考虑流体的动力学特性,以优化微滴的生成。

(2)喷嘴:位于微流体通道的末端,通常是一个微小的开口,用于将混合后的液体以微滴的形式喷出。喷嘴的制造需要高精度的加工技术,以确保其尺寸和形状的准确性。常见的制造方法包括激光刻蚀、微机械加工和注塑成型等。喷嘴通过精确控制液体的流速和压力,确保生成的微滴具有一致的尺寸和形状。

（3）压力控制系统：通常由压力传感器、调节器和执行器等组成,它们密切协作以精确控制微流体通道和喷嘴中的液体压力,确保微滴的生成速度和稳定性。它还可以根据需要进行实时调整,以应对不同实验条件的需求。压力控制系统的精度对微滴生成的均匀性和一致性至关重要。

2. 基因扩增热循环系统　与普通 PCR 仪相似,包括加热元件、温度传感器和温控电路等,用于实时监测和调整温度,确保 PCR 在合适的温度下进行。

3. 荧光检测系统　与实时荧光定量 PCR 仪或流式细胞仪的检测系统相似,包括光学元件(如激光器、滤光器、光电倍增管等)、图像传感器和数据处理单元等。用于检测每个微滴中的荧光信号或其他反应指标。

4. 控制系统、用户界面与数据输出系统　包括显示屏、按钮、数据接口(如 USB、网络接口等)以及相应的软件。提供用户与仪器之间的交互接口,允许用户设置参数、监控实验进度并获取实验结果。

数字 PCR 仪通常将微滴生成系统、基因扩增热循环系统和荧光检测系统分散设置,但目前数字 PCR 仪正在向集成化一体机趋势发展,有的数字 PCR 仪甚至将核酸提取模块也集成为一体。

(二) 数字 PCR 仪的分类

按照反应单元生成方式的不同,数字 PCR 仪分为基于液滴式微流控的微滴数字 PCR仪和基于芯片式微流控的微阵列芯片数字 PCR 仪。

1. 微滴数字 PCR 仪　微滴数字 PCR 仪通常将 PCR 混合液和油加到一起,以其中一种作为连续相(油),另一种作为分散相(水),通过微滴生成系统,在两相表面张力和剪切力共同作用下形成包裹单拷贝核酸分子模板和 PCR 反应液的油包水乳状液,然后将液滴收集在PCR 反应管中进行扩增。热循环后,将孔板或排管转移到微滴阅读仪中,在其中的微滴会被抽出来并以流式细胞仪的方式快速通过荧光检测系统进行荧光检测。根据荧光信号和设置的阈值,将这些微滴划分为阳性或阴性微滴群。

2. 微阵列芯片数字 PCR 仪　通过微孔芯片技术或微流控技术,使 PCR 混合液均匀地分布在预制的芯片中,纳升级的液体被封闭在高通量的微池或微量通道中。上样后的芯片被放置在基因扩增热循环系统中进行后续的 PCR 扩增。扩增后,使用相机对芯片中的每个微滴反应单元进行荧光成像,根据荧光信号强度和设置的阈值,将阳性反应单元和阴性反应单元分开。

三、数字 PCR 仪的性能验证与临床应用

(一) 数字 PCR 仪的性能验证

普通 PCR 仪和实时荧光定量 PCR 仪的性能验证指标同样适用于数字 PCR 仪的定性和定量分析,但基于数字 PCR 仪在技术上的诸多优势,性能验证中需要考虑以下特性。

1. 灵敏度和检出限　与普通 PCR 仪和实时荧光定量 PCR 仪不同,数字 PCR 仪通过极限稀释将样品稀释至单分子水平,并平均分配到几万个反应腔室里进行扩增反应。这相当于通过缩小反应体积实现对靶基因的富集。同时,样品中的 PCR 抑制剂浓度被大幅度稀释,从而使 PCR 抑制剂对检测的干扰作用大大减弱。在优化的 dPCR 体系中,理论上可检测到包含单个核酸分子的阳性微滴,其检出限可以定义为目标核酸分子能够从背景或阴性质控中被统计性地分辨的最小数量。然而在实际操作中,dPCR 也会出现假阳性和假阴性结果。

2. 特异性 在 dPCR 检测中，具有高度选择性的引物和探针对确保检测的特异性和重复性至关重要。因为对双相微液滴的 dPCR 产物进行回收验证不具有可行性，因而应采用质控品通过定量 PCR（qPCR）和／或对 qPCR 产物进行核酸测序来评估引物和探针的特异性。

3. 准确度 dPCR 对核酸分子的准确定量依赖于对阴性反应单元和阳性反应单元的准确分类，因为阳性反应单元的比例是计算核酸分子浓度或拷贝数的一个参数。因此，优化 dPCR 的一个关键目标是使阴性和阳性反应单元之间的荧光差异最大化。

（二）数字 PCR 仪的临床应用

dPCR 不仅与实时荧光定量 PCR 一样能用于临床医疗中病原体、肿瘤基因、遗传病基因的检测，相对于实时荧光定量 PCR，dPCR 在以下领域的应用更具有优势。

1. 基于 dPCR 的高灵敏度特性 能够检测到稀有突变、稀有等位基因和超低丰度核酸分子。

2. 基于 dPCR 的绝对定量特性 无须内参或标准品（标准曲线），即可对靶分子起始量进行绝对定量，从而实现病原体检测和载量监测；可精确检测转移到血液循环中的肿瘤细胞和 DNA 片段；可检测基因表达差异以及定量分析 RNA、循环微 RNA（microRNA）等。

3. 基于高稳定性和抗干扰能力 dPCR 采用终点 PCR 检测方法。这种方法不依赖阈值循环数（cycle threshold，Ct）值，不依赖扩增效率，能消除 PCR 抑制剂的影响，更适合基质复杂样品的检测，如适合动物血液、组织、粪便、尿液、痰液等复杂样品中稀有碱基序列的定量检测和微小差异核酸拷贝数的精确鉴定。

四、数字 PCR 仪的校准与维护保养

微滴式、芯片式和微孔式数字 PCR 仪计量性能的校准可采用《数字聚合酶链反应分析仪校准规范》（JJF 2055—2023），其他类型的数字 PCR 仪也可参照该规范执行。数字 PCR 仪的计量特性有温度示值误差、温度均匀度、升降温速率、拷贝数浓度重复性、荧光强度重复性等。

仪器校准的环境条件为：实验室环境应满足仪器安装的要求，不得存在强烈的机械振动和电磁干扰，校准时实验室温度应当控制在 15～30℃，相对湿度不大于 70%。需要注意的是，校准前需将数字 PCR 仪开机预热 30 分钟，确保仪器达到正常工作状态。数字 PCR 仪的维护保养参考实时荧光定量 PCR 仪，保持清洁、防止污染、定期检查排查故障等。

第五节 DNA 测序仪

DNA 测序是确定 DNA 分子中 4 种核苷酸碱基（A、T、C、G）排列顺序的过程。20 世纪 70 年代，桑格测序（Sanger sequencing）技术利用链终止反应形成的 DNA 单碱基差异片段区分技术，首次实现了 DNA 的测序。21 世纪初出现的第二代测序技术（second generation sequencing technique）利用芯片技术，实现了大规模、高通量的短片段平行测序，推动了基因组学在临床中的应用普及。随后发展起来的第三代测序技术则专注于长序列读长能力，并朝着实时测序和单分子测序的方向不断发展。

一、DNA 测序仪的检测原理

（一）第一代测序技术

按照碱基特异预处理方法的不同，第一代测序技术主要可分为桑格测序法和化学降解法。桑格测序法反应条件温和、易于自动化，是第一代测序仪的技术基础。桑格测序原理

如图 15-5 所示,利用双脱氧核苷三磷酸(ddNTP)和荧光标记技术测定不同长度的终止片段来确定 DNA 序列。DNA 聚合酶延伸反应随机地将与模板碱基位互补的脱氧核苷三磷酸(dNTP)或 ddNTP 延伸为新的碱基。由于 ddNTP 缺乏 3'-OH 基团,延伸终止并形成一个特定长度的终止片段。利用毛细管电泳技术分离不同长度的终止片段并形成单碱基荧光信号,从而推导出原始 DNA 链的序列。

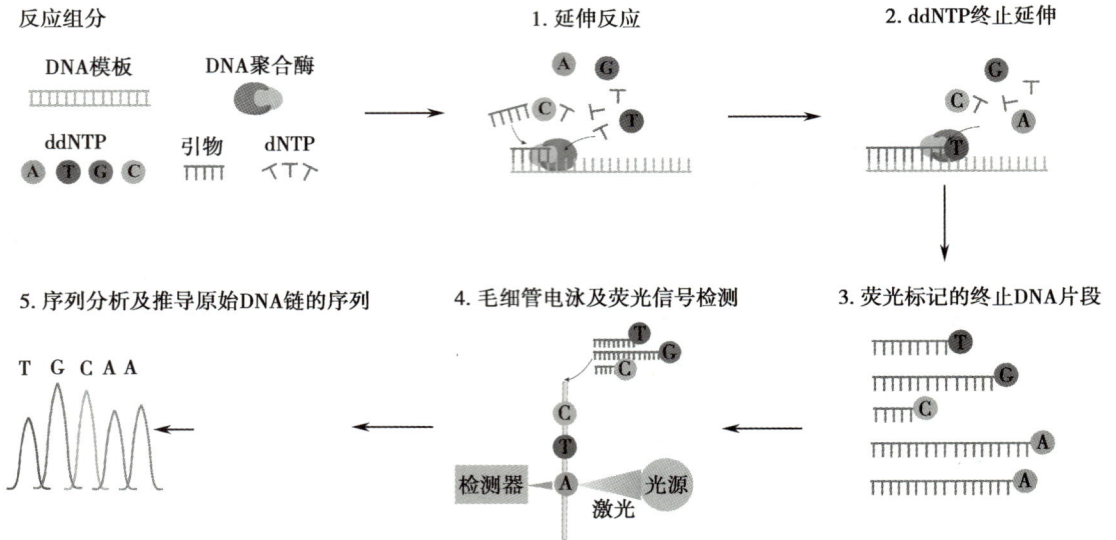

图 15-5　桑格测序法检测原理图

(二)第二代测序技术

第二代测序技术又称为高通量测序。根据测序技术可分为边合成边测序(sequencing by synthesis,SBS)、DNA 纳米球测序和半导体测序。

边合成边测序技术是基于 DNA 聚合酶在 DNA 片段克隆簇模板上合成双链时,不断重复合成延伸一个核苷酸碱基、跟随一次测序反应的循环,直到合成全长双链 DNA 来测定 DNA 序列的一种测序技术(图 15-6)。

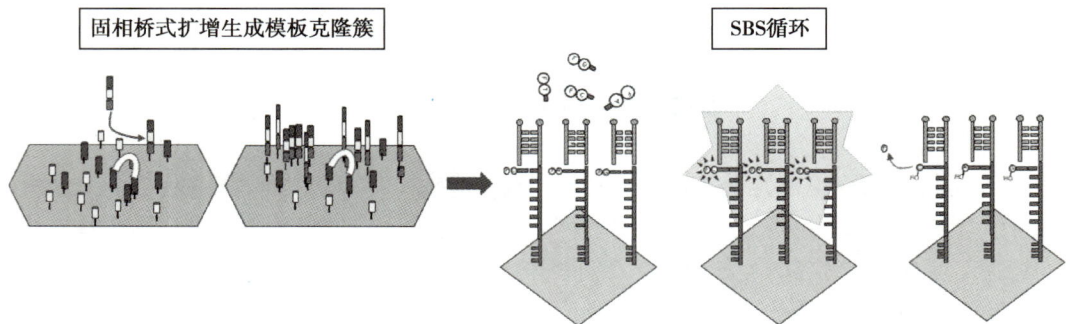

图 15-6　边合成边测序技术检测原理图

以高通量测序在感染性疾病中的应用为例,依据检测策略的不同,高通量测序又可分为宏基因组高通量测序(mNGS)和靶向高通量测序(tNGS)。mNGS 技术利用全基因组测序策略,将样品中所有核酸进行测序,具备无偏倚、广覆盖等优势。tNGS 技术只针对特定基因序列进行测序,通过超多重 PCR 正向富集目标病原核酸,随后仅对获取的核酸片段进行测序,具有高灵敏度、高分辨率识别等优势。

（三）第三代测序技术

第三代测序技术提供了长读段（可＞1Mb）的能力，适用于复杂区域和结构变异的研究。其代表为纳米孔测序（nanopore sequencing）及单分子实时测序技术。

纳米孔测序技术是基于不同的核苷酸在通过纳米孔时会产生不同的电流阻抗，从而无须扩增或标记而直接进行 DNA 测序的技术，测序原理如图 15-7 所示。

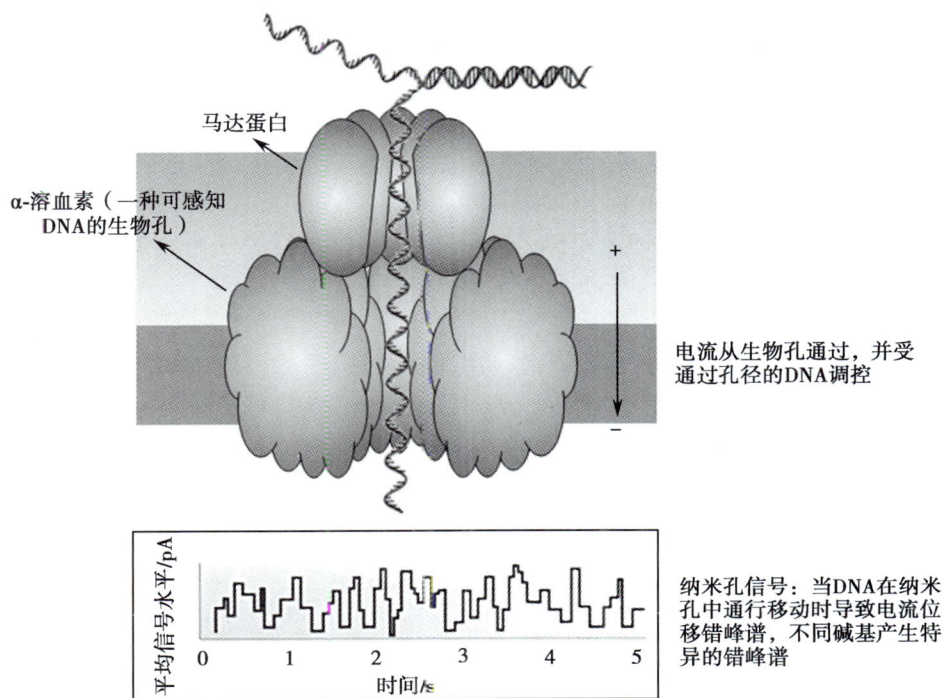

图 15-7　纳米孔测序技术检测原理图

（四）新兴测序和基因组学技术

1. 光学基因组图谱　是一种高分辨率的可视 DNA 分子图谱，通过特殊的荧光转移酶标记技术对 DNA 进行标记，用高分辨率荧光显微镜进行拍照。主要用于识别大规模变异，识别结构变异的分辨率可达几百个碱基。

2. 3D 多维基因组学　该技术利用染色体构型捕获技术，通过交联反应锁定近距离接触的 DNA 区域，并通过切割、分离交联的片段进行测序分析。再利用高分辨率荧光原位杂交成像技术，直接观察 DNA 的空间位置，通过解析染色体 DNA 分子的三维空间构型、折叠和相互作用，探究基因调控的机制。

二、DNA 测序仪的分类与基本结构

（一）第一代测序仪

桑格测序仪通常包含以下几个功能组件。

1. 注射组件　包括进样针列、注射泵系统等，可将 DNA 样品引入毛细管阵列。

2. 毛细管阵列组件　包括由二氧化硅材质的毛细管组成的阵列系统、保护罩、电泳胶灌注泵等，荧光标记的 DNA 片段在毛细管阵列中通过电泳实现分离。

3. 电泳组件　由毛细管阵列两端的缓冲液储液槽、电泳高压电源等组成，实现电泳过程。

4. 探测组件　包括激光激发光源和荧光信号探测器等，位于毛细管阵列的一端以检测标记的 DNA 片段发出的荧光信号。

（二）第二代测序仪

基于边合成边测序技术的第二代测序仪通常包含以下几个功能组件。

1. 流动槽芯片 是一种微流控芯片，包含了合成测序反应所需的试剂，内含数百万个通道，用于文库 DNA 片段的结合和测序反应。将测序文库 DNA 片段加载到流动槽芯片上，测序文库 DNA 片段与流动槽表面固定的特异性引物结合后，利用固相桥式扩增，在流动槽表面生成相同的克隆簇。

2. 流体系统 负责在测序过程中精确控制流经流动池内的试剂和样品。进入测序循环后，与克隆簇 DNA 模板互补的荧光标记核苷酸（dNTP）被合成到引物链的 3′ 端，未被合成的核苷酸随后被流体系统洗去。

3. 光学系统 通过激光器和摄像头激发和捕获测序过程中产生的荧光信号。摄像头捕捉被合成的核苷酸发出的荧光信号，不同颜色可区分不同的碱基（A、T、C、G）。待引物 3′ 端新延伸的核苷酸碱基的可剪切荧光标记被移除后，暴露可继续延伸的 3′-OH 端。进入下一个合成测序循环添加下一个 dNTP。不断重复测序循环直到完成 DNA 片段克隆簇的全长双链合成。

4. 计算机系统 管理整个测序过程，对数据进行分析，并提供用户界面进行控制和监测。

（三）第三代测序仪

纳米孔测序仪通常包含以下几个功能组件。

1. 微流控芯片 其中包含嵌入蛋白通道的纳米孔膜。纳米孔通常是由蛋白质或固态无机材料制成的嵌入绝缘磷脂双分子层或合成高分子膜中的纳米尺寸小孔。

2. 电路系统 用于在纳米孔膜两侧施加电压，产生电压差以控制离子流。

3. 传感器 用于检测分子通过纳米孔时的电流变化。当测序过程中文库单链 DNA 分子通过转位过程被送入纳米孔时，孔道暂时阻塞，导致离子电流发生扰动。这种离子电流的变化会引起特征变化信号的产生，特定核苷酸的表观修饰还会引起额外的特征变化信号。

4. 计算机系统 控制实验流程、分析数据，并将电流信号直接转换为包括修饰在内的碱基序列。

三、DNA 测序仪的性能验证与临床应用

（一）DNA 测序仪的性能验证

实验室应根据检测项目的预期用途以及生产制造商声明，选择对检测结果质量有重要影响的参数进行验证。在技术平台、样品类型以及预期用途不同时，DNA 测序仪所需验证的性能指标宜有所侧重。根据《分子诊断检验程序性能验证指南》（CNAS-GL039:2019），桑格测序仪和第二代测序仪选择验证的性能指标宜包括临床符合率和检出限等。

1. 临床符合率 选取阴性样品至少 5 例、阳性样品（宜包含弱阳性／低扩增的样品）至少 10 例，按照患者样品检测程序，采用候选方法与参比方法如金标准方法、行业公认方法或经性能验证符合临床预期用途的方法（如通过 ISO 15189 认可的实验室使用的检测方法）进行平行检测，并计算正确率。要求达到试剂或检测系统说明书中声明的性能指标标准。

2. 检出限 进行定量检测或试剂说明书有声明检出限时，应进行检出限的验证。采用稀释液或阴性血清（不含目标物和影响检测性能的干扰物质）对定值标准物质（如国际参考品、国家参考品、厂家参考品等）进行梯度稀释并至检出限浓度。对该浓度样品重复测定 5 次或在不同批内重复测定 20 次（如每天测 4 次，连续测 5 天）。如果采用 5 次重复测定方法，必须 100% 检出靶核酸；如果采用 20 次测定，必须至少 18 次检出靶核酸。需要注意的是，对于检测对象同时包含不同比例的不同基因型的情况，应设置多个梯度，主要从扩增反应终体系的总核酸浓度和突变序列所占比例两个方面进行评价。

（二）DNA测序仪的临床应用

1. 遗传性疾病诊断 DNA测序仪广泛应用于产前诊断、新生儿筛查等的遗传性疾病诊断，如囊性纤维化、苯丙酮尿症和亨廷顿病等。

2. 肿瘤诊断和治疗 通过识别肿瘤相关基因中的特定突变，为个体确定最佳治疗方案，指导靶向治疗，监测治疗反应并预测肿瘤复发的风险。

3. 新型传染病的发现及鉴别 第二代测序仪可用于新型传染病的发现和鉴别，以及识别特定病原体和抗生素耐药性谱。此外，也可用于药理基因组学，预测药物反应并优化治疗。

4. DNA样品的完整性分析 新兴测序和基因组学技术能够为单细胞、单分子的基因组学提供非单碱基分辨率的结构信息，实现对DNA样品的完整性分析，在肿瘤学、遗传性疾病、罕见病和衰老等领域有广泛应用前景。

四、DNA测序仪的校准与维护保养

（一）桑格测序仪

桑格测序仪的校准主要包括激光检测系统的对准和优化、毛细管阵列的校准和染料-光谱的校准。同时应按照制造商推荐的维护程序，定期清洁毛细管阵列、注射系统和其他组件；更换耗材如过滤器和缓冲液，进行软件更新和性能监控以及执行制造商推荐的预防性维护措施。

（二）第二代测序仪

应按照制造商的建议定期进行校准和维护保养。闲置仪器在使用前也应进行校准和维护保养。校准时应采用经批准的标准物质。校准项目通常包括读长（reads）总数重复性、GC含量占比偏差（GC%）、碱基识别质量百分比、平均碱基错误率、比对率、比对率重复性、序列覆盖率重复性、测序一致序列准确率、序列相对丰度偏差等。仪器的维护需使用指定的清洗液，并按照说明书要求运行维护清洗程序。

第六节 核酸质谱分析仪

核酸质谱技术是一种将电离的核酸分子按离子质荷比（m/z）的大小进行分离和检测的分析技术，具有速度快、灵敏度高和多重检测的优势。现阶段核酸质谱分析仪均采用基质辅助激光解吸电离（matrix-assisted laser desorption ionization，MALDI）和飞行时间（time-of-flight，TOF）分析联用的技术，可快速、准确地进行核酸分析，且检测范围可以扩展到数十万道尔顿。

一、MALDI-TOF核酸质谱分析仪的检测原理

MALDI-TOF核酸质谱分析仪的检测原理如图15-8所示，主要通过样品制备、样品电离、质量分析等几个阶段，获得核酸分析物样品的特征性质谱结果。

（一）样品制备

过量基质与核酸分析物样品共结晶形成电离样品。基质通常为有机酸，能够吸收较强的激光能量，在激光照射下增强电离样品吸收激光的能量，并减少激光对核酸分析物的破坏。常用的基质包括3-羟基吡啶甲酸（3-HPA）、吡啶甲酸（PA）、3-氨基吡啶甲酸（3-APA）和6-氮杂-2-硫代胸腺嘧啶（ATT）等。

（二）样品电离

采用MALDI软电离技术，对电离样品进行脉冲激光照射，大量小分子基质发生瞬间气

化消融,核酸分子被附近的基质分子电离,生成带正电荷的完整核酸分子,可进行后续质量分析。

(三)质量分析

分析物离子化后,在电场的作用下,不同质荷比的离子沿已知长度的路径飞行,由于飞行时间与离子的质荷比平方根成反比,通过测量离子飞行时间即可获得其质荷比。按照质荷比测量区间及信号强弱进行分析即获得核酸分析物样品的质谱结果。

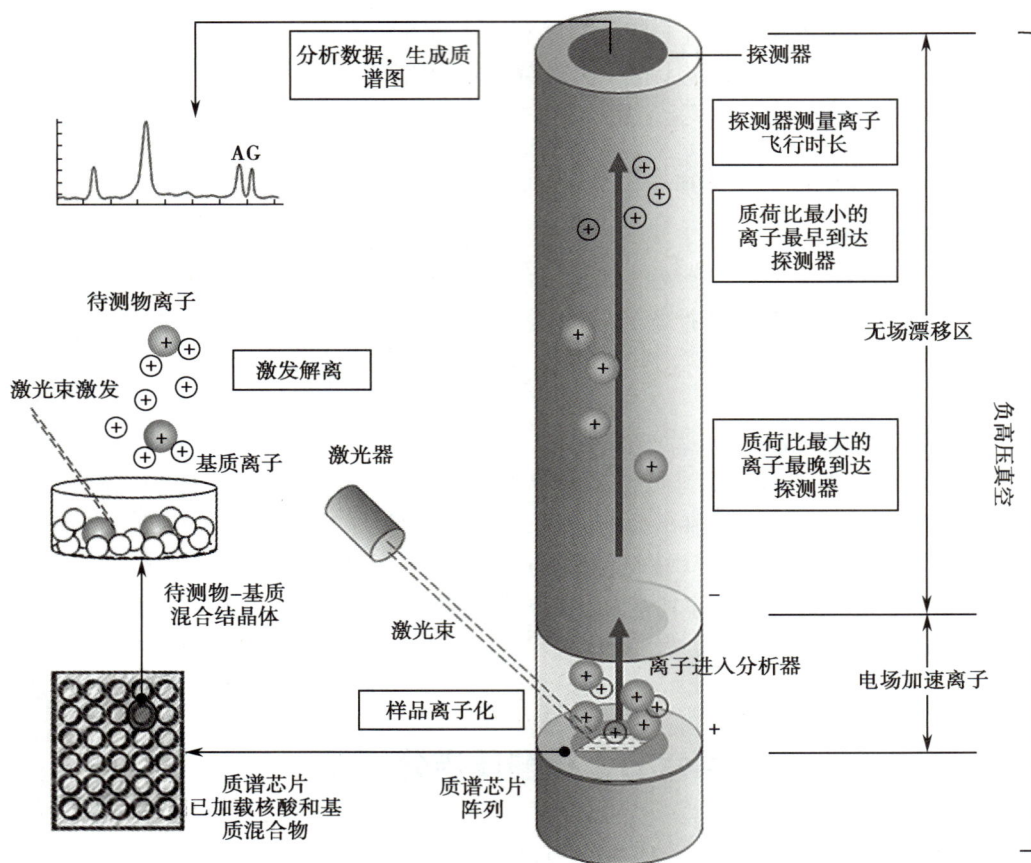

图 15-8 MALDI-TOF 核酸质谱分析仪检测原理示意图

二、MALDI-TOF 核酸质谱分析仪的基本结构

MALDI-TOF 核酸质谱分析仪主要由样品与基质混合进样器、激光解吸方式电离器以及飞行时间质量分析器组成。

1. 样品与基质混合进样器 基质与核酸分析物在样品与基质混合进样器中形成电离样品。

2. 激光解吸方式电离器 对电离样品实现 MALDI 软电离,产生完整分析物样品离子。

3. 飞行时间质量分析器 是利用离子飞行时间差异进行分析的检测器,通过测量分析物样品离子飞行时间获得其质荷比。

三、MALDI-TOF 核酸质谱分析仪的性能验证与临床应用

(一)MALDI-TOF 核酸质谱分析仪的性能验证

国家医药行业标准《医用质谱仪 第2部分:基质辅助激光解吸电离飞行时间质谱仪》

（YY/T 1740.2—2021）对核酸质谱分析仪的性能提出了具体规定，主要性能验证指标如下。

1. 核酸检测准确度 重复检测核酸质谱标准物质，阴性参考品检测结果均应为阴性，阳性参考品检测结果均应为阳性。

2. 交叉污染 检测空白样品无明显目标峰（信噪比<3）。

（二）MALDI-TOF 核酸质谱分析仪的临床应用

1. 单核苷酸多态性检测 MALDI-TOF 核酸质谱分析技术结合多重 PCR 技术，最多可同时检测 50 个单核苷酸多态性（SNP）位点，满足临床多基因、多位点的检测要求。

2. 基因突变检测 MALDI-TOF 核酸质谱分析技术可清晰显示谱图峰，数据准确、易判别，可快速获得结果，可检测到低至 0.5% 的突变比例。

3. DNA 甲基化检测 相比于传统方法，MALDI-TOF 核酸质谱分析技术在引物设计、数据分析等方面更加便捷、快速和准确，可检测低至 5% 的甲基化水平。

4. 基因拷贝数变异检测 MALDI-TOF 核酸质谱分析技术通过分析扩增产物在谱图中的峰强度可判断基因拷贝数变异是否存在，具备高通量、高灵敏度、低成本等优势。

5. 病原体检测及分子分型 MALDI-TOF 核酸质谱分析技术通过将 PCR 与质谱技术相结合，可以实现对细菌和病毒的快速检测与分型，同时还可进行耐药相关基因的检测。

四、MALDI-TOF 核酸质谱分析仪的校准与维护保养

仪器设备的校准和维护保养对于保证仪器性能、保证检验结果准确性、延长使用寿命至关重要，应确保其正确执行。

（一）MALDI-TOF 核酸质谱分析仪的校准

需按照仪器操作说明运行及校准，包括：定期调节激光器、摄像头和芯片的一致性，以保证测试的准确性；进行 3 点或 4 点调谐校准，并对参数进行优化，同时进行核苷酸实验测试的验证，以确保仪器的性能达到最佳状态等。校准后，参照国家医药行业标准《医用质谱仪 第 2 部分：基质辅助激光解吸电离飞行时间质谱仪》（YY/T 1740.2—2021）进行验证。

1. **质量范围** 可测定的最低到最高质荷比（m/z）的范围需达到制造商声明的质量范围。
2. **质量准确度** 质荷比最大允许误差$\leq 5 \times 10^{-4}$。
3. **质量分辨力** 在制造商声明的质量范围或质荷比$\leq 10\,000$范围内，分辨力 $R \geq 700$。
4. **信噪比** 检测绝对量≤ 50fmol 合成标准品质谱峰的质荷比，信噪比≥ 10。
5. **质量重复性** 质荷比的变异系数$\leq 0.02\%$。
6. **质量稳定性** 8 小时内的质荷比相对偏差不超过3×10^{-4}。

（二）MALDI-TOF 核酸质谱分析仪的维护保养

清洁和检查仪器的液体系统，更换密封圈、单向阀和水管，以确保系统正常运行；清洁和润滑机械系统，使工作环境保持干燥清洁、无振动及磁场；清洁点样针并验证摄像头和针头的位置准确性，以确保采样的准确性；对真空舱和离子系统进行清洁，并定期更换离子源、气体瓶、电离器等消耗部件，以确保系统的稳定性。

（易 斌 杨 滨）

本章小结

核酸自动化提取仪具有快速、准确、高通量的特点，多采用磁珠法、二氧化硅基质法和阴离子交换法。

PCR 仪的本质是热循环仪，为 PCR 技术提供精确温度控制以实现靶核酸序列的体外扩增。PCR 仪主要分为普通 PCR 仪和实时荧光定量 PCR 仪两大类。在普通 PCR 仪的基础上

又衍生出梯度 PCR 仪和原位 PCR 仪。PCR 仪结合荧光检测系统发展为实时荧光定量 PCR 仪。数字 PCR 是一种数字化核酸分析技术,能实现初始样品核酸分子的绝对定量。数字 PCR 仪由微流控或微滴生成系统、基因扩增热循环系统、荧光检测系统,以及控制系统、用户界面与数据输出系统组成。

第一代测序技术依赖桑格测序产生的大量 DNA 片段,解析单碱基差异。第二代测序技术依据平行测序原理,将大量 DNA 分子分解为小片段完成测序后,用生物信息学算法将片段序列组装还原为 DNA 全长序列。第三代测序技术则专注于单分子、长片段、实时测序。这些测序技术相应的设备平台,则采用适合自动化、可扩展通量的测序技术及仪器技术,实现了在临床的规模化应用和发展。

MALDI-TOF 核酸质谱分析仪利用激光解吸电离技术将核酸转化为离子,并根据离子飞行时间和质荷比进行分析,具有快速、高灵敏度、高通量等特点,在核酸检测领域具有广阔应用前景。

第十六章　临床即时检验仪器与技术

通过本章学习，你将能够回答下列问题：

1. 即时检验（POCT）的定义和主要特点是什么？有哪些临床应用？
2. 即时检验的主要技术大致可分为哪几类？
3. POCT 血糖测定仪的检测原理和基本结构是什么？
4. POCT 血气分析仪的检测原理和基本结构是什么？
5. POCT 免疫分析仪的检测原理和基本结构是什么？
6. 简述微流控芯片技术在 POCT 仪器中的应用。

20 世纪 80 年代以来，为满足临床医学对检验过程快速化的要求，即时检验（point-of-care testing，POCT）以其能现场迅速获取检验结果的个性化服务、符合现代医学的发展要求而得到迅猛发展。目前这一技术被广泛应用于多种场景，包括但不限于各级医院科室、个体健康管理、重大疫情监控、现场执法、军事行动与灾难救援等场合。随着电子系统的小型智能化突破及检验仪器的不断优化升级，POCT 领域经历了深刻的变革，催生了一大批更紧凑、更自动、更精确的检验仪器。这些革新性的 POCT 检测技术和方法不断涌现，无疑标志着检验医学正稳步踏入一个全新的发展阶段。

第一节　即时检验的概念与特点

一、即时检验的概念

即时检验（point-of-care testing，POCT）由中国医学装备协会现场快速检测 POCT 装备技术分会在多次专家论证基础上统一命名，并将其定义为：在采样现场进行的、利用便携式分析仪器及配套试剂快速得到检测结果的一种检测方式。曾有过许多意思相近的关于 POCT 的表述，如患者近旁检测、床旁检测、家庭检测、患者自我检测和医师诊所检测等。现今，POCT 技术泛指操作简便、能够在临床实验室之外的场合（如门急诊室、病房、手术室、救护车内、患者住所等）开展的一大类检验技术。

二、即时检验仪器的分类与特点

POCT 能及时、快速提供检测结果，节省了分析前、分析后许多复杂步骤占用的时间，极大地缩短了检测周期。POCT 还能满足各种不同场合的需求，可以进行现场的紧急救治，根据结果快速指导临床治疗，有效解决了临床实验室检测耗时较长的问题，成为大型自动化检测的有效补充工具，具有广阔的应用前景。另外，POCT 也是对传统检验方法的补充，并且已由最初的定性检测发展到目前的准确、全程定量检测。许多检测结果的精确度已能满足临床的需要。

（一）即时检验仪器的分类

目前 POCT 仪器的分类尚无明确的界定，一般根据其用途、大小和外观、所用装置特点进行分类。

1. 根据用途分类　可分为血糖测定仪、电解质分析仪、血液分析仪、血气分析仪、凝血测定仪、心肌损伤标志物检测仪、药物应用监测仪、酶联免疫检测仪、甲状腺激素检测仪等。

2. 根据仪器大小和外观分类　可分为便携型、桌面型、手提式、手提式一次性使用型 POCT 仪器等。

3. 根据所用装置特点分类　可分为卡片式装置、微制造装置、生物传感器装置等 POCT 仪器。

（二）即时检验仪器的特点

构成 POCT 的核心要素为"现场非专门训练人员"的操作模式与"微型、便携、智能"的检测技术（包括试剂和 / 或设备）。POCT 仪器必须在以下几个方面满足临床诊疗需要和国家相关规定。

1. 仪器小型化　便于携带，对检测场地和水电供应的需求比大型仪器低。

2. 操作简单化　一般 2～4 个步骤即可完成检测。样品通常可直接使用，无须复杂的预处理步骤和相应的辅助设备。检测的实施和操作可以是非专门训练人员，甚至是被检测对象本人。

3. 报告即时化　一般报告时间为 3～20 分钟。缩短从样品采集到检测结果报告的时间是 POCT 仪器的核心要素。脱离即时报告这一核心功能，POCT 仪器将失去其实质性意义。

4. 检测质量有保障　仪器和配套试剂应带有相应的质控体系，以监控仪器和试剂的质量和工作状态，保证检验质量。

5. 产品应经权威机构质量认证　仪器和试剂均应获得国家相关权威机构的质量认证。POCT 仪器的测定结果应与大型仪器有可比性规律。

6. 检测费用应合理　目前 POCT 单个测试的成本相对较高，逐步降低检测的成本应该是 POCT 生产厂家的目标。

7. 生物安全　POCT 仪器和试剂的应用不应给患者和操作者的健康带来损害或对环境造成污染。即使检测场地和操作条件简化，也不能忽视操作者的防护以及样品检测后废弃物的规范化处理。

第二节　常用的即时检验仪器及其临床应用

一、常用的即时检验技术及仪器

常用的 POCT 技术主要包括干化学技术、免疫层析技术、电化学检测技术、生物传感器技术、微流控芯片技术、红外和近红外分光光度技术等。

（一）干化学技术及相关仪器

1. 干化学技术　干化学（dry chemistry）技术是使反应试剂经特殊工艺固定在固定载体上（纸片、胶片等），用被测样品中所存在的液体作为反应介质，被测成分直接与固化于载体上的干试剂进行呈色反应，根据颜色深浅的不同，对检测样品进行定性或定量分析。

相对于"湿化学"技术，干化学技术具有很多优点，如无须准备试剂和定标，试剂储存时间长，可进行全血检测，对检测仪器要求相对简单，整个实验运转费用相对较少等。

现今采用的干化学技术主要包括单层试纸技术和多层涂膜技术。

（1）单层试纸技术：包括单项检测试纸和多项检测试纸。

1）单项检测试纸：一次只能测一个项目，如血糖检测试纸、血氨检测试纸、尿糖检测试纸等。

2）多项检测试纸：一次在一条试纸上可同时检测几项、十几项甚至几十项，如尿液干化学分析试纸等。

（2）多层涂膜技术：主要包括四层，即扩散层、试剂层、指示剂层和支持层。试剂提前固化在由高分子材料制成的多层薄膜和透明支持层上，样品加入干片后首先通过扩散层，样品中的蛋白质、有色金属等干扰成分被扩散层中的吸附剂过滤后，液体成分渗入试剂层进行显色反应，产生检测信号，通过仪器对待测物进行定性和定量分析。临床使用的干化学分析系统采用多层涂膜技术，目前已应用于血液化学成分，如脂类、糖类、蛋白质、尿素、电解质、酶及一些血药浓度的测定等。

2. 干化学技术相关仪器 干化学技术常结合目视法进行定性检测，也可通过仪器进行半定量或定量分析。目前干化学技术相关仪器有尿液干式生化分析仪、干式自动生化分析仪。

（1）尿液干式生化分析仪：常采用反射光度法进行测量，已成为检验科尿常规检查的常用仪器。

（2）干式自动生化分析仪：目前主要采用差示电位法和反射光度法两种检测方法，具备操作简便、无须定标和检测速度快的特点，可用于全血检测，能够检测血红蛋白、胆红素、总胆固醇、肌酐、高密度脂蛋白、血糖、甘油三酯、尿素、尿酸、丙氨酸氨基转移酶及钾离子等多项指标，适用于血站、流动采血车和医院检验科等场景。

（二）免疫层析技术及相关仪器

1. 免疫层析技术 免疫层析技术（immunochromatography）是将已知抗原（抗体）偶联至硝酸纤维素膜或其他介质上，当检测样品中存在相应的抗体（抗原）时，它们将与介质上的抗原（抗体）结合发生特异性反应，被吸附至介质上，通过显色反应以确定待测物成分是否存在，从而达到检测目的。

（1）根据检测原理分类：免疫层析技术一般分为夹心法和竞争法。

1）夹心法：是指待测物中的抗原（抗体）与检测条带处的抗体（抗原）及标记的抗体（抗原）发生特异性结合，形成"三明治"夹心复合物。检测信号与待测物的浓度成正比。一般用于检测含有两个或两个以上的抗原决定簇的大分子物质。

2）竞争法：是指待测物中的抗原和检测条带处的相同抗原竞争结合标记的抗体，检测信号与待测物浓度成反比。一般用于检测小分子的抗原决定簇和半抗原重组物质。

（2）根据标记物的种类分类：免疫层析技术可分为胶体金免疫层析技术和荧光免疫层析技术。

1）胶体金免疫层析技术：是以胶体金作为示踪标记物应用于抗原 - 抗体反应的一种免疫技术。该技术用胶体金标记单克隆抗体，检测结果可通过裸眼直接阅读或通过仪器阅读。裸眼直接阅读法是指根据试纸条检测线和控制线的颜色定性判断有无靶标，具有快速简便的优势。而仪器阅读法则是通过设备分析检测线和控制线的光吸收强度计算出检测物浓度，具有可定量分析的优势。胶体金免疫层析技术的灵敏度和稳定性较低，但是具有简单快速、结果清晰、携带方便等优点，在疾病的快速诊断及药物残留分析方面发挥重要作用。

2）荧光免疫层析技术：是一种利用荧光染料对抗体（抗原）进行标记，通过测定免疫反应生成的抗原 - 抗体复合物中的荧光染料实现靶抗原（抗体）定性或定量分析的免疫分析技术。和胶体金免疫层析技术相比，荧光免疫层析技术具有更高的灵敏度和精确度。常见的荧光染料包括有机荧光染料、稀土离子配合物、半导体量子点等。目前荧光免疫层析技术已广泛应用于心脏标志物、肿瘤标志物和感染相关指标等的检测。近年来,纳米材料的快速发展为荧光纳米颗粒技术的创新提供了有力支持。将荧光分子封装至纳米颗粒中,使每颗纳米颗粒容纳成千上万个荧光分子,实现更强的荧光发射,显著提高了检测的灵敏度。此外,结合时间分辨技术检测荧光,可有效排除非特异性荧光信号的干扰,提高分析灵敏度和特异度。

2. 免疫层析技术相关仪器 免疫层析技术在临床领域应用广泛,其检测过程操作简单,用户只需将待测样品滴加至检测条的指定加样区域,或将检测条直接浸入待测样品即可启动检测。该技术具备了高灵敏度和优异的特异性,还能在几分钟内快速获得结果。其检测条设计紧凑,结果判定直观,通过颜色变化即可作出定性评估。如需定量分析,则需使用配套免疫层析分析仪。根据标记物的不同,可分为基于胶体金的金标分析仪和基于荧光标记的免疫荧光分析仪。

(1)金标分析仪:金标分析仪是将免疫层析技术和胶体金标记技术相结合的分析仪器。

1)检测原理:将样品加入加样孔,反应区域含有的纳米金标记的抗体或抗原和待测物质结合,被固相抗体捕获而被富集或截留在层析材料的检测区内,在膜上显示出阳性反应线条,而游离的免疫金复合物则会越过检测带继续向前泳动,至质控区与参照抗体结合而显示出阳性质控线条。反之,如果待测样品溶液中不含被检物,则检测区就不呈现反应线条,仅显示质控对照线条。仪器的测定系统对纳米金信号进行测量,并对特异性待测物进行定量分析。

金标分析仪的核心是信号接收部分,主要依赖于反射式光纤传感器测量反射法进行信号测量。具体为:光源照射在试纸条上,试纸条表面的散射光由信号接收部分接收。由于纳米金颗粒对光的吸收作用,接收到的试纸条检测带和质控带上的散射光信号将小于试纸条上其他区域的信号。因此,当光度计完成对试纸条的扫描检测后,试纸条的散射光信号分布曲线上存在两个与检测带和质控带对应的信号较弱的区域,根据这两个信号分别计算检测带吸光度和质控带吸光度,通过内置的标准工作曲线,计算出被检测样品中目标被检物浓度。

2)基本结构:金标分析仪通常包括反射型光纤传感器、光探测器、单片微电脑、输入输出接口、模数转换器、扫描控制电路、光电转换电路、背景补偿电路、显示器和内置打印机等。反射型光纤传感器由入射光纤盒、接收光纤组成,其由单片微电脑控制从背景向测试线方向扫描,反射光经光探测器转换成电信号输出,经模数转换器即可自动将吸光度值转换成浓度值并显示。由单片微电脑软件系统控制的检测仪器具有较好的可靠性和精确性。目前金标分析仪检测的项目主要有 C 反应蛋白(CRP)、超敏 C 反应蛋白(hs-CRP)、糖化血红蛋白(HbA1c)、心肌肌钙蛋白 T(cTnT)、D-二聚体和尿液白蛋白等。

3)影响因素:测量环境的光照、温度和湿度等物理条件均会对检测结果产生干扰;由操作导致的检测区反应颜色不均匀,可使检测结果偏高。

(2)免疫荧光分析仪:目前使用的 POCT 免疫分析仪多采用免疫荧光技术,具有高精确度、高灵敏度和高度自动化的优点。这类仪器内置的质控功能有效确保了整体检测系统的稳定性和可靠性,同时支持多项目并行检测,显著提升了检测效率。

1)检测原理:将样品加入加样孔后,过滤掉血细胞和其他颗粒成分,样品中待测物与荧光标记抗体形成免疫复合物,经过层析过程,分别被捕获在试剂卡检测区和质控区。仪器的荧光光源照射到试剂卡的检测区和质控区的荧光免疫复合物上,荧光免疫复合物所产生的荧光信号被仪器测量系统所检测,并根据标准曲线计算出样品中的待测物浓度。

2)基本结构:基于免疫荧光技术的 POCT 免疫分析仪由荧光检测器和检测板组成。检测试剂盒内含有检测板、溶血缓冲液、检测缓冲液和身份识别(ID)芯片等。

3）影响因素：所有影响荧光发生和检测的因素都有可能导致免疫荧光分析仪的检测结果出现偏差；仪器的工作环境应保持干燥、清洁、平坦，并避免阳光直射和电磁辐射。

（三）电化学检测技术及相关仪器

1. 电化学检测技术 电化学检测（electrochemical detection，ECD）技术是根据物质在溶液中的电化学性质（如电位、电导、电流、电量等）及其变化来确定物质的组成及含量的分析技术。

（1）电化学检测步骤：电化学检测可以分成两个步骤，即信号转换和信号显示测量。信号转换是指把样品中待测组分的参数和干扰参数分离后，将前者转换成电参数（电流、电动势、电导、电量或电容等），再通过电子线路和测量仪表完成信号显示测量。

（2）电化学检测器：包括极谱检测器、库仑检测器、安培检测器和电导检测器等。前三种统称为伏安检测器，用于检测具有氧化还原性质的化合物，电导检测器主要用于离子检测。

安培检测器（amperometric detector，AD）应用较广泛，其中以脉冲式安培检测器最为常用，其具有高灵敏度和选择性，尤其适用于分析含有电活性物质的样品。

（3）特点：电化学检测具有高灵敏度的优点，适合痕量组分分析；与酶技术和免疫技术相结合可扩展其应用范围，提高分析速度和特异性。该技术的不足之处在于干扰因素较多，如生物样品或流动相中的杂质、流动相中溶解的氧气和温度的变化等都会对其产生较大的影响。此外，各种电极寿命有限，使用中需经常对电极的性能指标进行评估和校正。

2. 电化学检测技术相关仪器 POCT 血糖测定仪是具有代表性的电化学检测 POCT 分析仪，具有测定快速、携带方便、操作简单、用血量少等优点，被广泛应用于医院实验室血糖的快速测定和患者的血糖自我监测。每次仅取数微升血即可完成检测。

（1）检测原理：基于电化学方法的快速微量血糖测定仪采用生物传感器原理，将生物敏感元件（酶）同电化学换能器相结合，并借助现代电子技术将测得结果以直观数字形式输出。

在一定的恒定电压下，当血液样品滴在电极的测试区后，电极上固定的葡萄糖氧化酶或葡萄糖脱氢酶与血中的葡萄糖发生酶促反应，随后酶电极产生一定的响应电流，该电流与被测血液样品中的葡萄糖浓度具有线性关系，根据这一关系即可计算样品中的葡萄糖浓度。

（2）基本结构：POCT 血糖测定仪的基本结构包括开关、显示屏、试纸插口、电池、密码牌插槽、样品测量室等。POCT 血糖测定仪的试纸条结构见图 16-1，包括聚酯膜（顶膜和底膜）、加样区、试剂区、钯电极等。通过试纸条表面设置的密码牌，能自动校正血糖测定仪和试纸。测试时，通过吸取或抹涂方式加入血样，与酶电极反应产生的电流转换为血糖浓度值并显示于屏幕上。

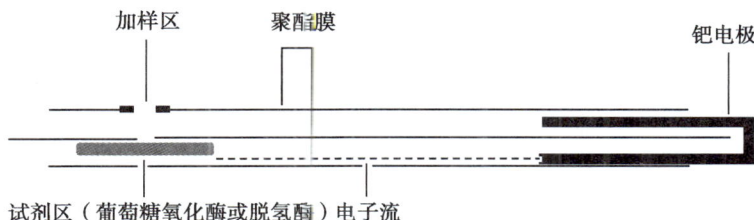

图 16-1 血糖测定仪试纸条示意图

（3）性能验证：根据《体外诊断检验系统 自测用血糖监测系统通用技术条件》（GB/T 19634—2021），血糖测定仪的性能验证参数包括精密度、正确度和血糖试纸条批间差。

1）精密度评估：用两台血糖测定仪对同一份高、低浓度的血液样品重复检测 20 次，分别计算出标准偏差和变异系数。重复测量血糖浓度小于 5.55mmol/L，精密度标准偏差（SD）应小于 0.42mmol/L；重复测量血糖浓度大于等于 5.55mmol/L，变异系数（CV）应小于 7.5%。

否则表示该样品的测量结果无效,还需对该样品进行重复测量。

2)正确度评估:血糖测定仪和血糖试纸条的系统正确度应符合下列要求之一。①血糖测定仪和血糖试纸条在测定静脉血样和毛细血管血样时,其测量结果与参考分析仪测量结果偏差的95%应符合以下要求:测量浓度≤5.55mmol/L时,偏差不超过±0.83mmol/L;测量浓度>5.55mmol/L时,偏差不超过±15%;②血糖测定仪和血糖试纸条对葡萄糖的回收率为80%~120%。

3)血糖试纸条批间差评估:用不同批号的血糖试纸条在同一血糖测定仪上分别重复测量正常人空腹新鲜抗凝静脉全血或质控物质10次,并计算批间差异。不同批号血糖试纸条的批间差应不大于15%。

(4)使用及维护保养

1)使用注意事项:POCT血糖测定仪的使用和操作必须规范,以保证检测结果的质量。以下因素会直接或间接影响血糖检测结果。

A.血糖测定仪与试纸条应匹配:测试前应核对、调整血糖测定仪显示的代码,以确认与试纸条包装盒上的代码相一致。每台仪器有其各自相对应的配套试纸条,不同仪器间的试纸条不能交叉使用。

B.试纸条的使用与保存:使用前均应注意检查试纸条包装盒上的有效期,不能使用过期的试纸条,以免影响检测结果。

试纸条的质量会受测试环境的温度、湿度、化学物质等的影响,因此试纸条的保存很重要。要求将试纸条存放在干燥、阴凉、避光的地方,用后密闭保存。个人用户应注意尽量选择独立包装的试纸条,以免打开后试纸条在短期内用不完而影响质量。

C.采血与操作:采血量不足、过量上样、末梢采血时过度挤压等都会影响测定结果;仪器操作不当将导致检测失败或测定值不准确。

D.消毒剂因素:采用葡萄糖氧化酶原理的血糖测定仪时(包括电极法与光化学法原理的血糖测定仪),不宜使用含碘消毒剂消毒皮肤,因为碘酊、聚维酮碘中的碘可与血糖试纸条中的酶发生反应,产生误差。即使用乙醇消毒皮肤,取血部位的残留乙醇也能与试纸条上的化学物质发生反应而导致血糖值不准确。

E.仪器状态:血糖测定仪必须按照要求进行校准。血糖测定仪的校准是利用模拟血糖液(仪器配制)检查血糖测定仪和试纸条相互间运作是否正常。模拟血糖液含有已知浓度的葡萄糖,可与试纸条发生反应。血糖测定仪需要校准的情况包括:①第一次使用的血糖测定仪;②每次使用新批号试纸条时;③怀疑血糖测定仪或试纸条出现问题时;④当测定结果未能反映出受试者感觉的身体状况时(例如感觉有低血糖症状,而测得的血糖结果却偏高);⑤血糖测定仪被摔跌后。

F.其他因素:①环境因素:测定应尽量在室温下进行,并避免将仪器置于电磁场(如移动电话、微波炉等)附近;②患者因素:贫血、红细胞增多症、脱水或高原地区患者,以及使用某些药物,都可能对基于葡萄糖氧化酶法或葡萄糖脱氢酶法的POCT血糖测定仪的测试结果产生干扰,其检测结果仅用于空腹血糖的初步筛查,在糖尿病的诊疗过程中,不能替代临床实验室大型自动生化分析仪对葡萄糖水平的准确定量检测。

2)维护保养:血糖测定仪的维护与保养也十分重要。测定血糖时,血糖测定仪常会被环境中的灰尘、纤维、杂物等污染,特别是检测时不慎使血液污染仪器的测试区,都会影响测试结果。因此要对血糖测定仪定期进行检查、清洁、保养及校准。

(四)生物传感器技术

1.生物传感器的定义 生物传感器是指能感应(或响应)生物量和化学量,利用离子选择电极、底物特异性电极、电导传感器、酶传感器等特定的生物检测器进行分析检测,并按一定的规律将其转换成可用信号(包括电信号、光信号)并将信号输出的器件或装置。

2. 生物传感器的基本结构 生物传感器主要由生物识别元件(感受器)和信号转换器(换能器)两部分组成。

(1)生物识别元件(感受器):由具有识别生物或化学分子能力的敏感材料(如由电活性物质、半导体材料等构成的化学敏感膜,或由酶、微生物、DNA等形成的生物敏感膜)组成。

(2)信号转换器(换能器):指可以捕捉敏感材料与目标物之间相互作用过程的器件,主要由电化学或光学检测元件(如电流、电位测量电极,离子敏场效应晶体管,压电晶体等)组成。

3. 生物传感器的检测原理 待测物质通过扩散进入生物识别元件,与识别元件结合并发生生物化学反应,再经过相应的信号转换器转化成可定量处理的光信号或电信号,最后经过相应仪器的放大、处理和输出,实现分析检测(图16-2)。该技术联合了酶化学、免疫化学、电化学与计算机技术等,可以对生物体液中的分析物进行超微量的分析,例如 K^+、Cl^-、Na^+、Ca^{2+}、Mg^{2+} 等电解质,pH、PCO_2、PO_2 等血气指标以及葡萄糖。

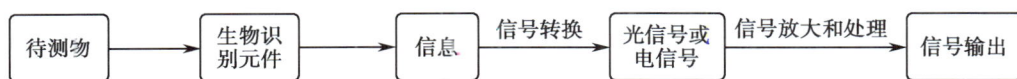

图 16-2　生物传感器检测原理

(五)微流控芯片技术及相关仪器

1. 微流控芯片技术

(1)定义和目的:微流控芯片(microfluidic chip)技术是把化学、生物、医学分析过程中所涉及的样品制备、反应、分离、检测等基本操作单元集成到一块几平方厘米大小的芯片上,由微通道形成网络,以可控流体贯穿于整个系统,从而实现常规化学或生物实验室的各种功能的技术。微流控芯片技术是当前微全分析系统(micro-total analysis system,μ-TAS)发展的热点领域,它的最终目标是把临床实验室的各种功能单元,包括采样、稀释、加试剂、反应、分离、检测等单元集成在微芯片上,构建微型全分析系统的芯片实验室。

(2)特点:微流控芯片最显著的特点在于以下三个方面。

1)微型化:具体体现于芯片通道至少在一个维度上为微米级尺度。相较于宏观尺度的实验装置,这种微米级结构极大地增大了流体的面积/体积比,催生了一系列独特的性质,如层流现象、毛细作用、高效的热传导效应等。这些效应使得在进行分析时能够有效减少样品和试剂消耗,大幅度提高分析效率。

2)集成化:让现有烦琐、不精确的生物分析过程自动化、连续化。

3)高通量:通过多通道的平行测定,使多个目标物能同时进行检测。

微流控芯片技术已被认为是21世纪最为重要的前沿分析技术之一。

2. 微流控芯片技术相关仪器 微流控芯片技术在样品分析方面具有快速、高通量和低消耗的特点,同时兼具操作灵活和便携的优势,使其在医学检验尤其是在POCT领域展现出巨大的发展潜力和应用价值。微流控芯片已经应用在常规生化检验、免疫学检验、基因组和蛋白质组研究、毒理检测和法医学鉴定方面,显示出广阔的应用前景。

(1)微流控芯片的分类与检测原理:微流控芯片是实现微流控技术的主要平台,它的装置特征主要是其容纳流体的有效结构(通道、反应室和其他一些功能部件)至少在一个维度上为微米级尺度。微流控芯片主要有压力传感芯片、电化学传感芯片、微/纳米反应器芯片、微/纳米流体过滤芯片和离心力驱动芯片等。如果以微流控芯片的动力源进行分类,可以分为主动式微流控芯片和被动式微流控芯片。

1）主动式微流控芯片：主要由超微加工的微泵、微阀、微管道、微电极、微检测元件等结构组成，通过控制微电流、微分压差、离心力（图16-3）等方式主动改变微流体的流动方向、流动速度、传质传热等，从而对样品进行分离和分析。

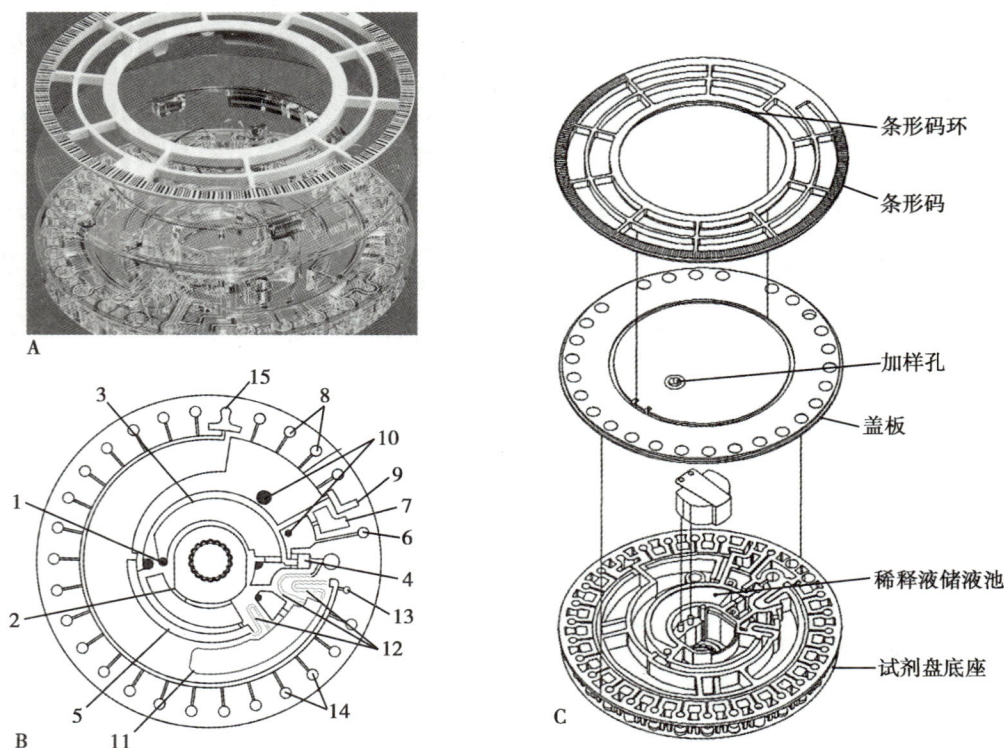

图 16-3　离心力驱动芯片

A. 圆盘芯片的整体实物结构图；B. 底层结构；C. 整体结构。

1. 加样孔；2. 液囊（预封装稀释液）；3. 加样池；4. 血样定量池；5. 稀释液定量池；6. 血样质控池；
7. 血样废液池；8. 稀释液质控池；9. 稀释液废液池；10. 透气孔；11. 混合池；12. 虹吸阀通道；
13. 前置废液池；14. 反应检测池；15. 混合液废液池。

2）被动式微流控芯片：主要以液体本身的重力和重力转化的压力，或材料的表面性能，连同毛细管作用（虹吸作用）为动力，配以化学涂层或物理结构建立时间窗的设计，减缓或加速微流体流动速度，从而使反应达到平衡。

图16-4是被动式微流控芯片结构示意图，其反应原理是：①当样品通过纳米荧光探针反应池时，样品中的抗原、抗体发生反应，使待测物带有荧光标记；②样品到达检测卡中的S形通道流路控制室，完成孵育并达到反应平衡；③当样品的液流通过检测区时，捕获抗体、抗原从而形成"三明治"样结构的双抗体夹心复合物，并保留在检测区；④检测区中的荧光信号与样品中抗原/抗体的浓度成比例关系。

（2）微流控芯片技术相关仪器：POCT血气分析仪是微流控芯片技术应用领域的一个典型代表，该仪器融合了微流控芯片技术和电化学技术，能够同时进行血气分析、电解质、生化以及凝血等多项指标的即时检验，为用户提供快速、准确的检测手段。

1）检测原理：微流控芯片技术是POCT血气分析仪采用的主流检测原理。它利用微加工技术制作薄膜电极，利用硅微加工技术制作生物电极阵列，通过微流体毛细作用进样，配备手持式的操作仪器，只需2～3滴全血样品加入芯片，即可在2分钟内通过电化学反应对全血中的电解质（Na^+、K^+、Cl^-、Ca^{2+}）、尿酸、葡萄糖、血气分析指标（PO_2、PCO_2和pH）进行检测。

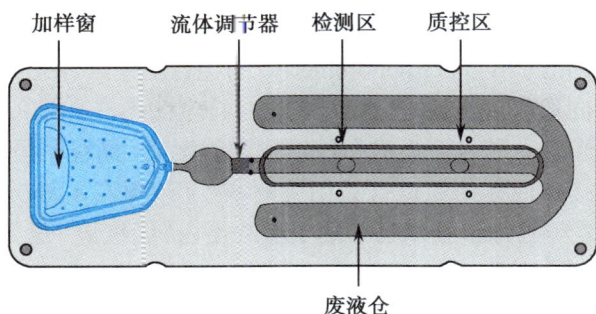

加样窗　流体调节器　检测区　质控区

废液仓

图 16-4　被动式微流控芯片结构示意图

对于 Na^+、K^+、Cl^-、Ca^{2+}、pH 和 PCO_2 的测定，POCT 血气分析仪采用离子选择电极电位法进行检测，按照能斯特方程，通过测定电位值计算出浓度。对于尿素的测定，POCT 血气分析仪先采用脲酶进行催化反应，将尿素水解为铵离子后再同样利用离子选择电极电位法检测铵离子。葡萄糖的含量则采用电流法进行测定，通过葡萄糖氧化酶催化葡萄糖反应产生过氧化氢，释放出的过氧化氢在电极处被氧化，产生的电流与葡萄糖浓度成正比。肌酐的测定方法与之相同。PaO_2 采用电流测试法进行检测。

2）基本结构：血气分析系统包括分析仪、测试卡、电子模拟器、下载器 / 充电器、打印机。除了便携仪器，最重要的部分就是测试卡。一次性使用的测试卡内装有微细加工的薄膜电极或传感器，包括以下部分（图 16-5）：①定标液囊，装有血气、电解质、化学和血细胞比容分析使用的定标液；②血凝分析使用的试剂；③用于存储废液的废液室；④生物芯片，微型化的传感器阵列；⑤用于与分析仪连接的传导性电气触点；⑥用于热控制、维持 37℃ 的加热元件。

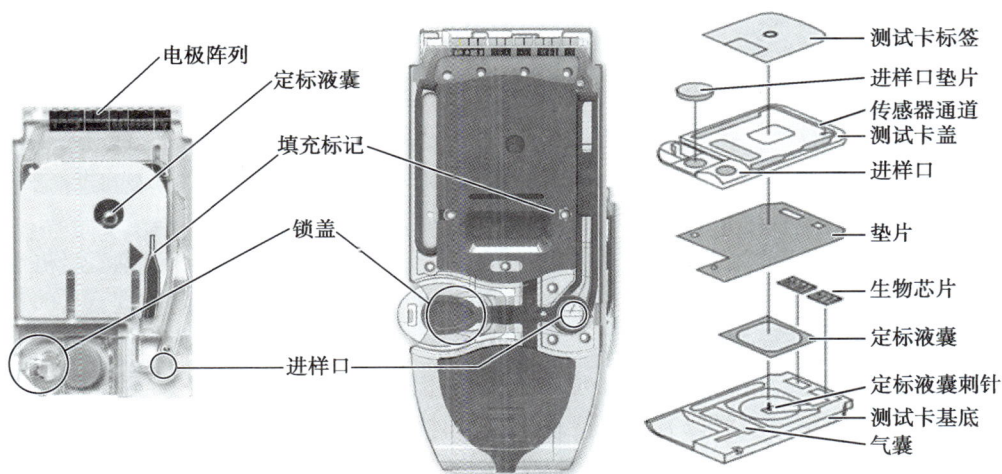

电极阵列　定标液囊　填充标记　锁盖　进样口

测试卡标签　进样口垫片　传感器通道　测试卡盖　进样口　垫片　生物芯片　定标液囊　定标液囊刺针　测试卡基底　气囊

图 16-5　POCT 血气分析仪测试卡结构示意图

从进样口注入血液样品后，传感器通道将注入的样品引导至传感器，该通道的另外一端为废液室，接收定标液和废弃的样品液。气室位于测试卡中的样品室和传感器通道之间，它将定标液和样品隔开，防止两种液体相互混合。气体部分的大小由分析仪进行监控。气囊与进样口相连，当分析仪压到气囊时会发生以下改变：①替换原有的定标液；②将样品从样品室移动到传感器；③将样品和试剂混合。

3）使用的注意事项：应严格按照采集要求采集血气样品，避免样品稀释对结果造成影响；只能用肝素抗凝；隔绝空气，避免空气中的 O_2 混入或血液样品中的 CO_2 逸出。

（六）红外和近红外分光光度技术

红外分光光度法（infrared spectrophotometry）指化合物受红外光照射后，分子的振动和转动运动由较低能级向较高能级跃迁，从而导致对特定频率红外光的选择性吸收，形成特征性显著的红外吸收光谱。随着计算机和传感技术的发展，具有非侵入式检测特征的近红外分光光度技术可直接对活体组织进行无创检测，极大地提高了分析效率，在POCT领域展现出广阔的应用前景。目前该技术已被用于血红蛋白、胆红素、葡萄糖、尿素等成分的快速检测。

（七）其他检测技术

还有一些技术也用于POCT，如纳米技术、表面等离子共振技术和拉曼光谱技术快速检测病原微生物相关的蛋白质和核酸，快速酶标法或酶标联合其他检测技术测定血糖，电阻抗法检测血小板聚集特性，免疫比浊法检测C反应蛋白和D-二聚体，电磁原理检测止凝血相关指标等。

二、即时检验技术的临床应用

即时检验以其快速、简便、经济、可靠等特点，在临床疾病的预防和治疗中得到广泛应用。

（一）在心血管疾病中的应用

心血管疾病发病急、对抢救时间要求高、需要持续监测，对快速检测和精准治疗提出了很高的要求。

1. 急性心肌梗死相关标志物检测 急性心肌梗死（AMI）发病急，严重影响患者的生命安全。大量的医疗实践证明，约30%的AMI患者早期没有典型临床症状，25%的AMI患者无明显心电图异常。特异性心肌标志物如心肌肌钙蛋白（cTn）、肌红蛋白、肌酸激酶同工酶CK-MB一次检测结果的异常可以初步判断心肌损伤，使AMI患者得到及时救治。

2. 脑利尿钠肽检测 为心力衰竭灵敏和特异的指标，POCT可在15分钟内完成脑利尿钠肽（BNP）的检测，判断患者是否存在充血性心力衰竭，对于鉴别心源性和肺源性急性呼吸困难有很大的临床意义。

3. C反应蛋白检测 低水平CRP（0.1～10.0mg/L）与心血管疾病的发生有着密切关系，是心血管炎症病变的生物标志物。个体的CRP基础水平和未来心血管疾病的发病关系密切。hs-CRP与脂类指标共同检测，可提高心血管风险的预测水平。

POCT技术检测上述心血管标志物时主要利用荧光免疫层析法、胶体金免疫层析法、化学发光免疫分析法和电化学分析法等，为心血管疾病的快速诊断提供重要依据。

（二）在糖尿病监测中的应用

糖尿病监测常用的指标有快速血糖、糖化血红蛋白与尿微量白蛋白等。基于电化学检测法的POCT血糖测定仪可以方便快捷地测定实时血糖水平，是临床和患者居家时最常用的血糖水平监测手段。糖化血红蛋白反映的是过去6～8周的平均血糖水平，是诊断和治疗糖尿病过程中疗效监测的重要指标。POCT技术检测这些指标，极大地方便了患者，也使临床医师更好地评估患者的病情，给予及时处理。

（三）在血液相关疾病中的应用

1. 血栓与止血 心脏手术进行时凝血功能的监测、肺部血栓和深层静脉血栓的诊断都需要实验室快速、准确地提供反映患者凝血功能的数据。急诊或者围手术期出血时，实验室的平均检查结果报告时间大约为45～90分钟，而患者床旁的POCT检测不需要血样送检，能很快得出检测结果，可以及时为患者调整用药剂量。

在溶栓治疗前，医师需要立即确定患者是否有止血缺陷、是否对所使用的溶栓药物有抵抗作用。口服抗凝药治疗和溶栓治疗过程中，需要及时了解抗凝药物、溶栓药物是否起到作用以及是否达到溶栓目的。另外，当机体发生凝血时，纤溶系统被同时激活，降解交联纤维蛋白形成 D- 二聚体碎片。检测 D- 二聚体是判断继发性纤溶的有效指标，POCT 检测 D- 二聚体主要利用免疫学方法，对于血栓的及时诊断和溶栓治疗的疗效监测具有重要意义。

住院患者特别是监护患者需要进行肝素的实时监测，POCT 肝素监测主要用于激活全血凝固时间（ACT）和活化部分凝血活酶时间（APTT）的检测，能有效缩短检测时间，有助于凝血功能紊乱的快速诊断，以便进行快速有效的抗凝治疗。

2. 血红蛋白定量和血细胞计数 包括监测妊娠妇女和老年人群血红蛋白含量；放疗、化疗患者随访时采用 POCT 方法计数白细胞的总数量和各种白细胞的数量，以避免往返中心实验室的不便和漫长等待。另外，白细胞快速计数可以帮助早期诊断中性粒细胞减少症和全身性感染。

（四）在感染性疾病诊断中的应用

POCT 可让不具备细菌培养条件的基层医疗机构进行微生物的快速检测，帮助医师确定病情。已开展的项目包括 C 反应蛋白检测，HBV、HCV、HIV、梅毒等病原体感染的快速检测，细菌性阴道病、衣原体感染、性传播疾病的诊断，孕前 TORCH-IgM 五项指标的快速检测，结核病耐药基因的筛查等。发热患者血常规检查与 CRP 检测的联合应用对鉴别细菌、病毒感染更具有特异性，可为临床提供更充足的诊断依据。针对呼吸系统感染性病毒的抗原、抗体、核酸的快速 POCT 诊断方法，大大缩短了诊断时间，在抑制病毒的快速传播中发挥了重要作用。

第三节　即时检验的管理和质量控制

POCT 是医学检验和体外诊断领域新兴的检测技术。虽然 POCT 有诸多优势，并且有广阔的应用前景，但仍然存在一定的局限性和适用范围问题。与临床实验室分析检测相比，POCT 在管理和分析质量控制方面尚有不足。为了推动 POCT 技术的规范应用与质量提升，国家也出台了相关政策、法规、要求，如针对医疗机构的《医疗机构临床实验室管理办法》《医学实验室质量和能力认可准则》，针对体外诊断（IVD）行业的《现场快速检测（POCT）专家共识》《即时检验质量和能力的要求》《即时检验（POCT）设备监督员和操作员指南》等。只有正确审视和认识 POCT，建立相应的管理和质量控制体系，才能发挥其最大作用，为临床带来更多的便捷。

一、即时检验的组织管理

POCT 的有效执行离不开健全的组织机构和完善的法律法规。根据相关法规文件要求，各级医疗机构应该建立健全 POCT 管理机构，并制定相应的管理制度和文件。该管理机构应由来自实验室、管理部门以及临床领域的代表（包括护士）组成，确保对 POCT 的全面监管。该机构负责明确 POCT 服务的范围，制定实施 POCT 的具体规范，协助评估和选择合适的 POCT 产品、设备和系统，并负责策划和执行监控、测量、分析以及必要的流程改进，以确保 POCT 工作的质量和效率。如采取以下措施：各级卫生行政部门负责领导、监督和检查辖区内医疗机构的 POCT 质量管理工作，省、自治区、直辖市临床检验中心对医疗机构的 POCT 质量管理工作进行技术指导，开展 POCT 的二级甲等以上医疗机构应以成立 POCT 管理委员会等形式，进行分类别、分层次、多角度的管理，将有助于提高 POCT 的执行效果，满足临床需求。

二、即时检验的质量控制

需加强全面的质量控制，才能保证POCT检测结果的准确性，具体表现在以下几个方面。

（一）操作人员

由于POCT仪器是在不确定的环境（病床旁、手术室、救护车、野外救治、患者家庭等）下使用，多数操作人员（医师、护士、患者）缺少检验知识，对所使用的POCT仪器了解不够全面，操作规范性较差。可能会忽略不同的样品类型（静脉、动脉）、样品状态（溶血、脂血、黄疸）以及样品采集时间、部位等对检验结果的影响。因此，POCT管理机构应明确职责，并指定专门人员负责操作POCT仪器。操作人员应接受相关培训并受权后方可操作指定仪器，并定期接受能力评估、新仪器介绍和仪器故障处理等方面的再培训。

（二）即时检验仪器

检验仪器处于良好的工作状态是得到正确的检验结果的基础和前提。大部分POCT仪器的工作场所是监护室、临床科室、家庭、野外等，在正式投入使用前缺乏规范、完整的性能评价和验证，使用者对POCT仪器的检测性能了解甚少；在使用中，仪器往往缺乏定期的校准和符合规范的维护保养。野外急救时，长途运输中的搬运与抖动都将影响POCT仪器的状态。因此，对POCT仪器的状态评估必不可少。

（三）检测过程的质量控制

受条件和观念的影响，POCT仪器在使用过程中，很难像在规范的医学实验室那样对检测过程进行分析中的质量控制。具体表现为：没有进行质控品检测即开始测试样品；对质控结果所反映的缺陷认识不足；对失控情况的处理不恰当；部分医疗机构的POCT既无室内质控，又无室间质评，检测质量处于无监管状态等。这些因素都会使POCT的检测质量难以保证，甚至可能由此得出错误、荒谬的检测结果。因此制作标准操作程序文件，做好日常室内质量控制和室间质量评价有助于检测过程的质量控制。

（四）检测结果的传递与运用

POCT仪器一般不连接计算机处理和打印系统，其结果报告往往通过热敏纸打印或者以人工抄录的形式传递给临床医师。热敏纸打印的报告在一段时间之后会褪色，人工抄录时难免会发生录入错误。此外，POCT仪器往往采用与医学实验室不同的检测方法，其结果的参考区间也有所不同，临床医师在使用这些报告时，如不清楚这些特殊情况，有可能对结果进行误判，甚至采取不正确的临床措施。因此，应更加注重分析后的质量控制。

（五）工作环境

POCT仪器主要是以免疫层析技术、电化学技术和干化学技术等为基础的仪器，容易因温度、湿度和pH的变化而影响反应活性。而大部分POCT仪器并非存放在规范的医学实验室，而是由非专业人员储存、保养和使用。这些环境条件得不到保障，将直接影响POCT的检测结果。此外，电压不稳定、强光线和强磁场等因素也会直接影响某些POCT仪器的检测，从而影响结果的准确性。

（六）规范化管理

便携式血糖测定仪、血气分析仪等POCT仪器往往在同一医疗机构内的各临床科室、医学检验科同时使用，大部分医院未成立专门的POCT管理委员会对仪器设备、操作人员、质量控制、医院内结果比对等进行规范化管理，在同一医疗机构内同一项目POCT检测结果的正确性和一致性得不到保证。

POCT虽然存在上述诸多问题，但这些问题已受到我国卫生健康和行业主管部门的高度重视。以便携式血糖测定仪为例，已相继出台一系列文件、专家共识，对便携式血糖测定仪的采血笔、临床使用管理、临床操作规范等进行规定，如业内专家联合发布的《便携式血糖仪临床操作和质量管理规范中国专家共识》等,这些文件和专家共识必将促进 POCT 仪器的健康发展和规范使用。

(杨宇君)

本章小结

即时检验是指在采样现场进行的、利用便携式分析仪器及配套试剂快速得到检测结果的一种检测方式。即时检验可节省分析前样品处理步骤,缩短样品检测周期,快速、准确地报告检验结果,使患者能得到及时诊治,缩短就诊或住院时间。即时检验仪器具有小型化、便于携带、报告即时化、无须配套设备和操作方便等优点,是常规医疗检验模式的有效补充。

即时检验的常用技术有干化学技术(如单层试纸技术和多层涂膜技术)、免疫层析技术(包括胶体金免疫层析技术和荧光免疫层析技术)、电化学检测技术、生物传感器技术、微流控芯片技术、红外和近红外分光光度技术等。目前即时检验仪器已广泛用于临床,如心血管疾病、血液相关疾病和感染性疾病等的诊疗。

目前,即时检验的应用日益普及,为了在新型医疗模式中发挥其最大潜力,仍需解决一些关键问题并建立相应的规范。具体措施包括:建立和完善即时检验管理机构,加强操作人员的培训,以及在检测前、中、后期实施严格的质量控制。通过这些努力,即时检验有望在现代医疗领域发挥更加重要的作用。

第十七章 新型临床检验仪器与技术

通过本章学习,你将能够回答下列问题:

1. 质谱流式细胞术的基本原理是什么?
2. 拉曼激活细胞分选技术的原理及优势是什么?
3. 成像流式细胞术与传统流式细胞术相比,有哪些独特的优势?
4. 高通量流式拉曼分选仪的基本结构和功能是什么?
5. 动态光散射技术在纳米颗粒分析中的应用原理是什么?
6. 核磁共振波谱仪在临床检验中的应用有哪些?
7. 新型临床检验仪器与技术对未来医学发展有哪些影响?

现代科技的快速进步催生了一系列新型临床检验仪器和检测方法,从分子到纳米颗粒再到细胞的不同层次,揭示了疾病发生发展的机制,推动医学的发展。在细胞分析领域,质谱流式细胞仪、高通量流式拉曼分选仪、成像流式细胞仪等推动了细胞群体结构功能异质性和动态变化的研究;在纳米尺度,生物纳米颗粒检测设备等实现了对细胞外囊泡、病毒、蛋白聚集体等生物颗粒的精准表征;在分子层面,以核磁共振波谱为代表的新兴组学技术进一步深化了对疾病分子网络的理解。

本章将重点介绍上述几类新型临床检验仪器与技术,阐述其检测原理、关键组成与应用进展,以期开拓视野、启发创新思路。通过学习本章,不仅能了解学科前沿动态,更要培养主动学习新知识的意识,提高多学科交叉融合的能力,将新方法、新技术及时转化应用,不断提高临床检验结果的临床价值,以期为患者提供更加优质的诊疗服务。

第一节 细胞分析新型检测仪器与技术

细胞是构成生命体的基本单位,对细胞进行分析检测可为疾病的诊断、预后评估、治疗效果监测等提供重要信息。随着现代医学的飞速发展,细胞分析技术不断创新,自动化程度和通量水平大幅提高,可获得前所未有的海量高维度细胞组学大数据,为精准医学时代的到来奠定了基础。本节将重点介绍近年来兴起的几种细胞分析新型检测仪器(质谱流式细胞仪、高通量流式拉曼分选仪、成像流式细胞仪)与技术,深入剖析它们的检测原理、技术特点、仪器的基本结构及临床应用,使读者对这些先进的细胞分析技术有更全面深入的了解。

一、质谱流式细胞仪

质谱流式细胞术(mass cytometry)是在传统流式细胞术的基础上发展起来的一种新型单细胞分析技术。它突破了荧光流式细胞术的检测通道限制,可实现 40 个以上指标的同时检测,揭示细胞群体的异质性,推动了免疫学、肿瘤学、药物筛选等诸多领域的研究进展。

(一)质谱流式细胞仪的基本原理

1. 检测原理 质谱流式细胞术的基本检测原理是用稀土金属元素同位素标记特异性

抗体,使其与待测样品中的细胞表面抗原或胞内抗原结合,形成元素标记的细胞。细胞悬液以单细胞串流的方式进入仪器,雾化成细胞气溶胶后,在高温等离子体中气化、电离,生成带电离子。这些离子经过质量分析器的分离,最终由检测器接收信号。通过检测不同质荷比的离子强度,即可得到每个细胞的多参数表型数据(图17-1)。

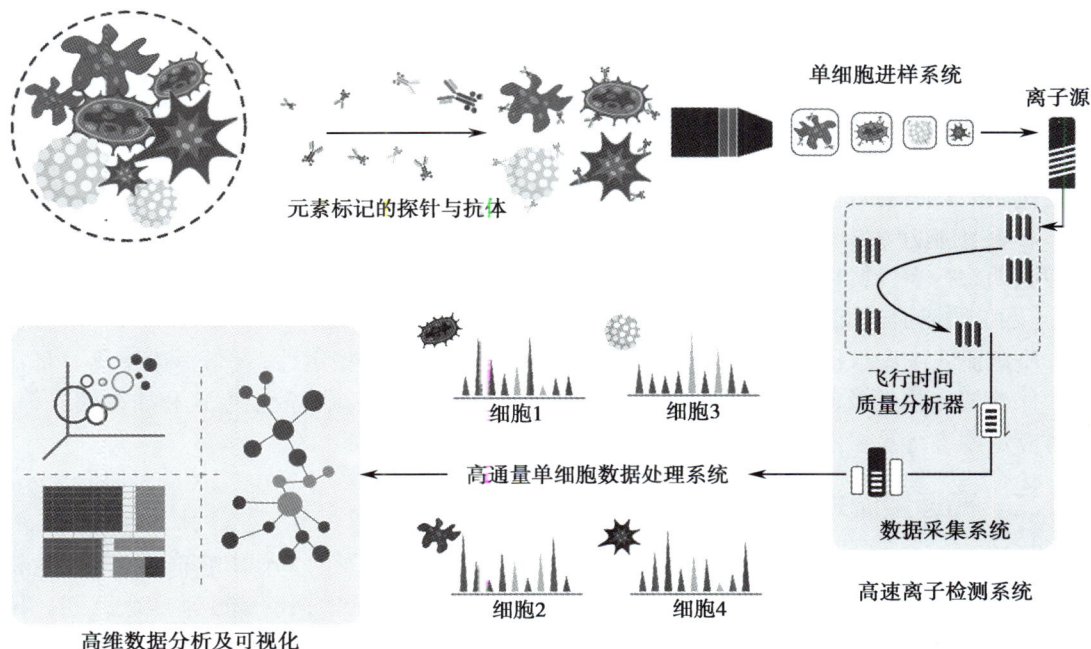

图 17-1 质谱流式细胞术的基本原理

2. 主要优势 与传统荧光流式细胞术相比,质谱流式细胞术的主要优势包括:①稀土金属同位素的质谱信号稳定,无光漂白,定量性好,不存在荧光补偿问题。②同位素的离子化效率高,各通道质谱信号基本不存在强度差异,无须进行指标配色优化。③质谱通道之间无交叉干扰,无须复杂的补偿矩阵校准。④质谱检测的线性动态范围可达 6 个数量级,远高于普通流式细胞术。⑤理论上可同时检测 100 多个指标,目前商业化的仪器可稳定检测 40~50 个指标。这为构建高分辨率的细胞图谱,理解复杂的生物学过程提供了新的技术手段。

(二)质谱流式细胞仪的基本结构

典型的质谱流式细胞仪主要由以下几个核心部件构成。

1. 单细胞悬液进样和雾化系统 可以是振动式喷嘴或微流控芯片,将细胞悬液转化为含有单细胞液滴的气溶胶。

2. 电感耦合等离子体离子源 在 7 000K 以上的高温下使细胞气化、电离,生成带电离子。

3. 离子透镜系统 引导和聚焦离子束,并过滤掉背景离子,减少化学噪声。

4. 飞行时间质量分析器 根据离子的质荷比产生的飞行时间差异,对不同元素的离子进行高效分离。

5. 离子探测器 采用电子倍增器或多通道微孔板,记录和放大离子信号强度,输出各离子的定量信息。

6. 数据采集与处理系统 将电流信号转化为数字信号,积分定量,输出为给定格式,并对产生的高维数据进行存储、分析和可视化。

（三）质谱流式细胞仪的性能验证与应用

质谱流式细胞仪的主要性能参数包括精密度、线性、携带污染率、正确度和准确度等。质谱流式细胞仪在临床与研究中展现出广泛的应用潜力，尤其是在免疫监测、血液病诊断、肿瘤异质性分析及免疫评估等方面。

1. 通过高维表型分析构建健康与疾病免疫图谱，发现特异性标志物，革新了免疫疾病的诊断分型、预后判断和治疗效果评估。

2. 对于白血病、淋巴瘤等血液肿瘤，质谱流式细胞仪提供更详尽的免疫分型，提高了诊断精确度和灵敏度，是确定诊断、预后评估以及微残留病监测的重要工具。

3. 针对实体瘤内部复杂的异质性，质谱流式细胞仪能多角度揭示肿瘤细胞及其微环境的变化，精准解析浸润免疫细胞特征，指导个体化治疗策略。

4. 在细胞疗法中，质谱流式细胞仪有助于优化细胞生产工艺、提升产品质量，并实现体内细胞动态行为的精细监测，为过程控制和疗效评估提供关键手段。

（四）质谱流式细胞仪的校准与日常维护

质谱流式细胞仪的校准内容包括分辨率、线性范围、仪器稳定性、携带污染率等。日常维护保养要点包括及时清洗管路和雾化器、更换废液罐、定期执行清洁模式和质控模式等，同时应定期进行易损件更换、离子光学调整和质量校准。

二、高通量流式拉曼分选仪

拉曼散射是一种非弹性散射现象。当单色光照射物质分子时，入射光子与分子发生相互作用，散射光子的能量发生变化，这种能量变化对应于分子的振动或转动能级跃迁。拉曼光谱反映分子的化学键信息和分子构象信息，因此可用于分析细胞内生物大分子，如核酸、蛋白质、脂质等。与红外光谱相比，拉曼光谱不受水的干扰，非常适合分析活细胞。

（一）高通量流式拉曼分选仪的基本原理

高通量流式拉曼分选仪中，细胞悬液由高压泵驱动，以恒定速度在微流控芯片中形成单细胞串流。当细胞流经拉曼激光聚焦点时，仪器可连续采集细胞的拉曼光谱。基于预设的拉曼光谱特征，仪器会实时判别每个细胞所属的类群，并控制下游的分选开关，将不同特征的细胞分别收集到对应的管道中（图 17-2）。这种高通量分选方法称为拉曼激活细胞分选技术（Raman-activated cell sorting, RACS）。与传统流式分选相比，RACS 无须对细胞进行荧光标记，可实现对细胞固有代谢特性的分选，通量可达到每秒数十个细胞。

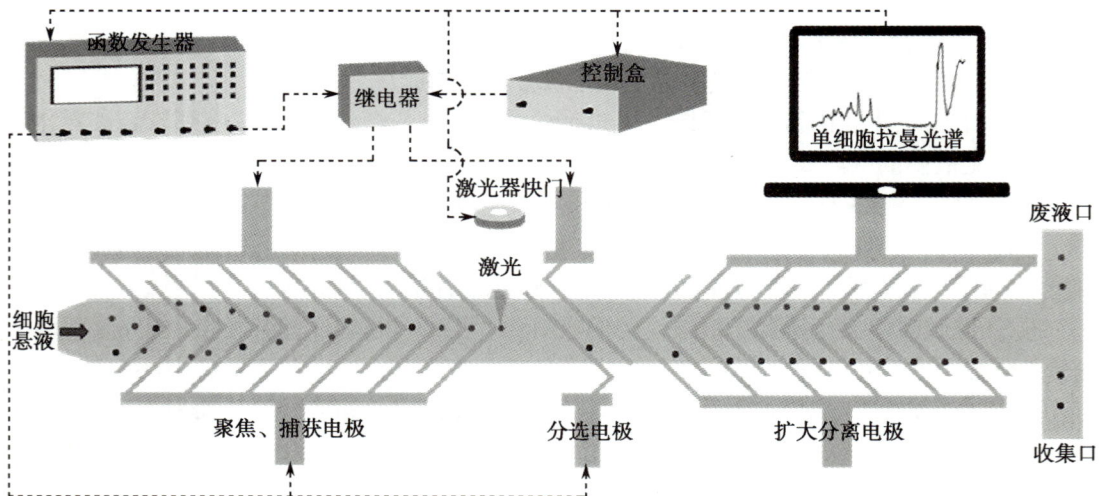

图 17-2　高通量流式拉曼分选仪基本原理示意图

（二）高通量流式拉曼分选仪的基本结构

高通量流式拉曼分选仪主要由以下几个部分组成。

1. 主机　用于细胞的富集和分离，实现单细胞的分选功能。集成了显微拉曼光谱系统、声表面波捕获系统、介电泳动分选系统和微流控芯片。

2. 气压进样模块　控制样品，使其在一定流速下流进芯片内。

3. 空气发生器　为气压进样模块提供动力。

4. 校准品　是晶型为110、大小为10mm×10mm的单晶硅片，使用载玻片固定。

5. 芯片适配器　将待测细胞分选为两组，收集于不同管道。

6. 高通量流式拉曼分选仪软件　实现仪器参数设置、光谱数据采集分析、分选门控控制和系统自诊断等，调控整个仪器的运行。

（三）高通量流式拉曼分选仪的性能验证与应用

高通量流式拉曼分选仪的性能验证包括对拉曼光谱系统、细胞分选系统的准确性和重复性进行验证，确保系统光源的稳定性、光谱仪的分辨率和分选效率等关键指标符合要求。

高通量流式拉曼分选仪具有无须标记、损伤小、信息丰富、通量高等优势，目前已在微生物检测、肿瘤研究、新药筛选等领域得到应用。

1. 疾病诊断与肿瘤研究　能够准确地区分正常细胞与肿瘤细胞，甚至在早期阶段就能识别出肿瘤细胞，为早期诊断和治疗提供可能。通过分析肿瘤细胞内部的生物分子变化，研究人员可以更好地理解肿瘤的发病机制，促进个体化医疗方案的开发。

2. 微生物学研究　在无须培养的情况下，通过分析微生物的拉曼光谱，可以快速鉴定出细菌、真菌等微生物的种类。这对于环境监测、食品安全以及临床病原体的快速诊断具有重要意义。此外，通过研究微生物在不同环境条件下的拉曼光谱变化，可以深入理解其适应性和代谢机制。

3. 药物研发和筛选　可以用于监测细胞对药物的反应，包括药物引起的细胞内分子组成变化，从而评估药物的效果和毒副作用。这对于新药的开发和现有药物的效能评估具有重要价值，有助于筛选出更为有效和安全的候选药物。

4. 细胞代谢和生物过程研究　通过分析不同代谢状态下的细胞拉曼光谱，研究人员可以在不改变细胞结构和活性的情况下探索细胞内代谢物的变化，从而揭示细胞的代谢状态、适应性及其对外部环境变化的响应。这对于理解细胞如何调节其生物化学途径以适应不同的生长条件和压力具有重要意义。

（四）高通量流式拉曼分选仪的校准与日常维护

高通量流式拉曼分选仪的光源、光谱仪、探测器等关键光学部件需要进行定期校准。日常维护要点包括系统管路和分选芯片的清洗、光路的校准、气路和液路的密闭性检查等。

三、成像流式细胞仪

成像流式细胞仪利用成像流式细胞术（imaging flow cytometry，IFC）将细胞形态学分析和流式细胞术有机结合起来，一方面保留了显微镜下细胞和亚细胞结构的形态学特征，另一方面兼具流式细胞术的高通量和多参数检测能力，是一种功能强大的单细胞分析仪器。

（一）成像流式细胞仪的基本原理

1. 检测原理　成像流式细胞仪整合了流式细胞术的高通量筛选能力和多种显微成像技术的细胞可视化功能。细胞在单独悬浮并通过细管时，能够被一系列光源照射并实时成像，包括明场成像、暗场成像、荧光成像等，以及通过电脑合成和正交频分复用成像技术来提高图像质量和信息量。利用荧光成像最为常见，其依赖于细胞内部或表面的荧光标记，通过光电探测系统捕捉荧光信号，详细记录细胞的多种生物学特性（图17-3）。据此，成像流式细胞仪可高通量提供细胞大小、形状和内部结构等复杂信息,还能根据分子标记分析细胞的功能状态和类型。

2. 主要优势 相比于传统流式细胞术,成像流式细胞术的优势包括:①提供细胞形态学信息,弥补了传统流式细胞术只能测量总荧光强度而无法分辨染色模式的缺陷。既可检测细胞的大小、核质比等,也可进行亚细胞水平的空间定位分析。②图像采集过程自动化、标准化,避免了人工镜检的主观性,提高了分析的重复性。③每秒可采集上万个细胞的图像,比显微成像的通量高出几个数量级。④可对细胞的多种光学特性进行定量分析,如强度、面积、周长、纹理、相似性、共定位等,为细胞的精细分类和功能表型分析提供了新的定量指标。

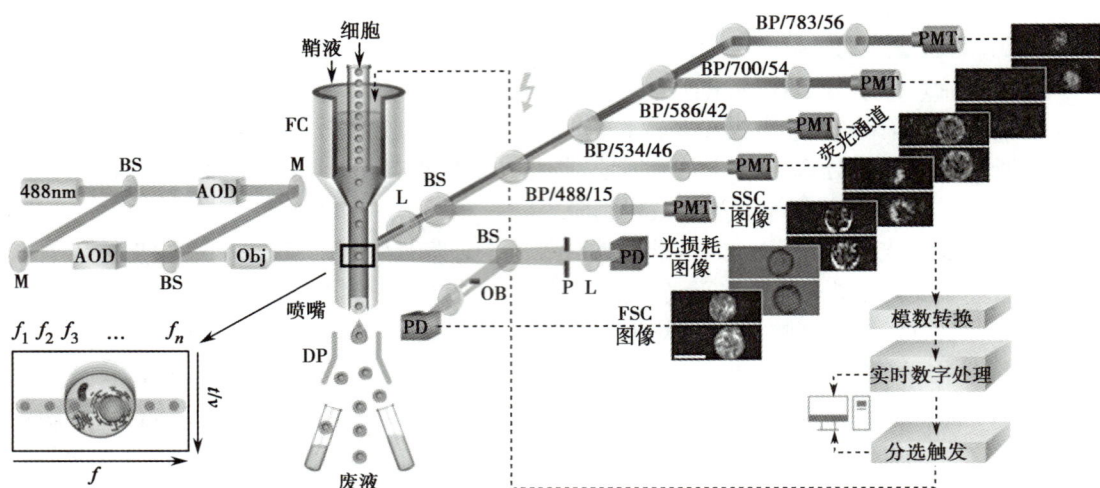

图 17-3 成像流式细胞仪的检测原理

FC. 流动池;BS. 分光镜;AOD. 声光偏转器;M. 镜面;L. 透镜;PMT. 光电倍增管;PD. 光电二极管;OB. 挡光条;DP. 偏转板;P. 针孔;BP/XXX/XX. 带通滤光片/中心波长/波长范围;Obj. 物镜;f. 频率;t. 时间;v. 速度。

(二)成像流式细胞仪的基本结构

成像流式细胞仪的基本结构包括液流系统、光学系统、成像系统、信号处理系统、数据分析系统,在具备细胞分选功能的仪器中还包含分选系统。

1. 液流系统 将样品细胞悬液与稳定的鞘液混合,使细胞在流体的约束下聚焦至液流中心,并依次通过检测区,确保细胞可以被单独检测和成像。

2. 光学系统 包括激光器、光学镜头和滤光片等,用于照射细胞、生成图像。

3. 成像系统 主要为 CCD 相机,可同时采集明场、暗场和多通道荧光图像。

4. 信号处理系统 将 CCD 采集到的图像信号进行放大、数字化,并传输至计算机。

5. 数据分析系统 是仪器配套的软件,对采集到的多维图像数据进行定量分析、统计和分类。

6. 分选系统 该系统允许基于预设的标准自动分选细胞。

(三)成像流式细胞仪的性能验证与临床应用

应对成像流式细胞仪检测项目的准确度、精密度、线性范围和分析灵敏度等关键指标进行评估并确认符合要求。成像流式细胞仪的应用范围包括以下几个方面。

1. 疾病诊断与治疗 通过细胞形态学和分子特征分析,辅助疾病早期诊断与发现治疗新靶点。

2. 药物开发 评估药物对细胞的影响,促进新药筛选和个体化治疗方案的制订。

3. 细胞研究 深入理解细胞行为、细胞通信及病理状态下的细胞变化；细胞形态分析结合机器学习，实现高效的细胞分类与疾病状态预测，推动精准医疗的发展。

4. 细胞纯化与分选 提高特定细胞群的纯度，支持细胞疗法和再生医学研究。

（四）成像流式细胞仪的校准与日常维护

应定期对成像流式细胞仪的散射通道、荧光通道，以及图像采集的饱和度、分辨率、背景噪声等指标进行校准。日常维护要点包括液流系统的清洗和消毒、成像系统的除尘和校准、鞘液和清洗液的配制与更换等。

第二节 生物纳米颗粒新型检测设备与技术

生物纳米颗粒（bionano particle）包含生物大分子、细胞外囊泡、聚合体、脂质体及病毒等，由于其在疾病的诊断、治疗监测及生物医学研究中发挥重要作用，正逐渐成为科学研究与临床转化的焦点。这些颗粒在生物体内具有多样的功能，从促进细胞间通信到充当疾病生物标志物的载体，它们的精确检测与分析对于揭示生物过程、实现疾病的早期诊断以及开发新的治疗策略具有至关重要的意义。

一、生物纳米颗粒检测设备的技术原理

（一）纳米颗粒跟踪分析

纳米颗粒跟踪分析（nanoparticle tracking analysis，NTA）技术作为一种精准的光学颗粒追踪方法，已在生物纳米颗粒的研究中展示了其广泛的应用潜力。该技术通过激光或其他光源照射样品，依据光散射效应及颗粒的布朗运动特性，追踪并分析悬浮液中纳米颗粒的动态运动轨迹。NTA技术的核心优势在于通过计算颗粒布朗运动的平均速度和扩散率，从而准确确定颗粒的浓度与粒径分布。此技术为研究生物纳米颗粒提供了一种直接、实时的测量方法。

NTA技术的独特之处在于它能够提供纳米颗粒尺寸分布的详细信息，这对于深入理解颗粒的生物物理和化学性质极为关键。而且NTA技术因其无须标记的特性和高分辨率测量能力，已成为纳米科学研究和应用开发中的重要工具。无论是在药物传递系统的开发、疾病诊断标志物的识别，还是在纳米材料的合成与表征中，NTA技术均能提供关键的尺寸和浓度信息，促进科学理解和技术创新。

（二）动态光散射

动态光散射（dynamic light scattering，DLS）技术是一种广泛应用于生物纳米颗粒尺寸及其分布特性分析的技术。该技术基于激光照射样品并测量样品中生物纳米颗粒散射光强度的时间变化原理。当激光束照射到含有生物纳米颗粒的样品（如生物大分子、聚合体、脂质体及病毒等）时，这些颗粒将引起光的散射。颗粒的热运动导致其大小和位置随时间变化，进而引起散射光强度的波动。通过对散射光强度波动的自相关函数分析，DLS技术能够提供生物纳米颗粒的平均粒径、粒径分布、均匀性以及多分散性等重要参数。

这一分析过程可以揭示颗粒在溶液中的运动特性，包括其扩散率，进而可以计算出颗粒的粒径和尺寸分布。因此，DLS技术是生物医学研究、药物开发和纳米技术应用中评估生物纳米颗粒物理特性的重要方法之一。

（三）电阻抗脉冲传感技术

电阻抗脉冲（resistive pulse sensing，RPS）技术是一种基于电阻抗变化来检测和分析物质特性的方法。该技术利用物质的介电常数和电导率之间的差异，通过分析检测区域内电

阻抗随时间的变化,来确定生物纳米颗粒是否存在及其状态。当生物纳米颗粒通过设定的微通道时,由于它们通常具备与周围液体不同的形状、大小和电荷特性,会导致电流路径和阻抗发生变化。RPS技术通过精确测量这些电流变化,能够推断出生物纳米颗粒是否存在,并推断出颗粒的数量以及某些物理特性。此外,施加脉冲电场时,生物纳米颗粒会受到力的作用而发生移动或定向聚集。通过观察和分析这些运动行为或聚集现象,可以进一步对生物纳米颗粒进行详细的分析和表征。

RPS技术可提供纳米颗粒的大小、浓度和表面特性等重要信息,是生物医学研究和纳米技术领域的有力工具。通过该技术,研究人员能够在无须标记的条件下,对生物纳米颗粒进行快速、灵敏且直接的分析,为深入理解生物过程和开发新型诊疗方法提供重要技术支持。

(四)流式细胞术

流式细胞术(flow cytometry,FCM)是一种利用流式细胞仪对处于快速直线流动状态中的单列细胞或生物颗粒进行逐个、多参数、快速定性及定量分析的技术。它能够基于荧光标记,同时测定单个颗粒的多种特性,如大小、结构、表面及内部成分等,是生物医学研究中的重要工具。

(五)液滴微流控技术

液滴微流控(droplet-based microfluidics)技术是微流控芯片领域的重要分支,目前也日益成为生物纳米颗粒合成和检测分析领域的重要技术手段。液滴微流控技术运用两相不相溶原理,借助于两相交界处的剪切作用力,并遵循泊松分布规律,以实现对皮升级乃至更小微量液滴的精确制备与离散化。根据连续相和分散相的不同,具体可以分为油包水液滴(water-in-oil,W/O)和水包油液滴(oil-in-water,O/W)两大基础类别。此外,依据其液滴产生机制的不同,具体可以将液滴微流控技术芯片分为三大类结构(图17-4):T形结构、流动聚焦结构以及共轴聚焦结构。

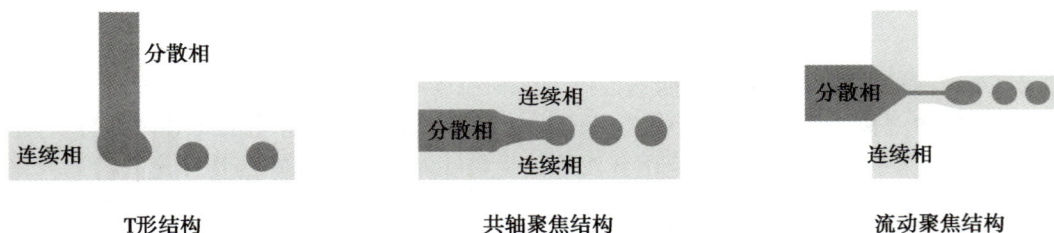

图 17-4 不同的液滴微流控技术芯片结构分类

相较于传统的连续液流系统,液滴微流控技术能够以更高的速度和通量批量生成大量均匀分散、尺寸精准的微液滴,从而大规模合成一致性良好的生物纳米颗粒,显著增强纳米材料合成的均一性、稳定性和可控性。此外,基于微液滴之间相互隔绝、相对独立的空间载体,研究人员可并行在单独的空间中进行样品的分离与操作,对病毒颗粒、细胞外囊泡等纳米、微米级生物颗粒进行高精度分析,具有消耗样品量少、高通量、分散性好、体系封闭、内部稳定性高等优势,已被应用于病毒颗粒的鉴别、细胞外囊泡的分型检测等领域中,应用前景广阔。

二、生物纳米颗粒检测设备的分类与基本结构

基于生物纳米颗粒检测设备的技术原理,本部分将进一步深入介绍生物纳米颗粒检测设备的分类与基本结构。通过了解各类仪器的构成及其特性,使读者更加全面、深入地理解这些设备在生物医学领域中的广泛应用与发展趋势。

（一）纳米颗粒跟踪分析仪

纳米颗粒跟踪分析仪（nanoparticle tracking analyzer）将布朗运动和光学显微技术相结合，能够精确测量纳米颗粒的粒径、浓度及其分布等关键参数，为临床诊断和医学研究提供有力的技术支持。

该仪器的主要组成设备包括光学显微镜、高速摄像机、图像处理软件以及流体控制系统等。这些设备相互配合，对纳米颗粒进行精确跟踪和测量，为研究人员提供了可靠的数据支持。

纳米颗粒跟踪分析仪在临床和医学研究领域的应用范围广泛而深入，对复杂样品具有极高的分辨率，特别适合外泌体、蛋白质聚集、药物传输、纳米颗粒毒理、病毒和疫苗等复杂体系的相关研究，还可利用荧光标定特定颗粒，利用 NTA 技术单独检测这些颗粒，而不受到复杂环境的影响。

（二）动态光散射仪

动态光散射仪（dynamic light scatterer）依托 DLS 技术，广泛应用于生物纳米颗粒尺寸及其分布的测量，通过分析颗粒散射光强度随时间的波动获得颗粒的物理特性。

动态光散射仪的基本结构包括激光光源、样品室、光学检测系统和温度控制系统，每个组件都发挥着重要作用，以确保得到精确、可靠的测量结果。

在药物研发过程中，动态光散射仪可用于评估纳米药物颗粒的粒径和分布，为药物的稳定性、生物利用度及药效评估提供重要依据。通过实时监测药物颗粒在生物体内的动态变化，科研人员能够更深入地了解药物的作用机制，为优化药物设计提供指导。此外，在疾病诊断和治疗方面，动态光散射仪可通过检测患者体液中的特定纳米颗粒（如蛋白质、病毒等）获取疾病相关信息，为患者提供诊疗依据。

（三）电阻抗脉冲传感仪

电阻抗脉冲传感仪（impedance pulse sensing instrument）是一种常用于生物医学领域的检测设备，其原理基于电阻抗测量技术。该仪器主要由电极系统、电流源、电压测量装置、信号处理和数据分析单元等部件组成。

电阻抗脉冲传感仪的检测原理基于生物体内部组织或液体中的电阻抗变化。当生物样品通过电极时，样品内部的电阻抗会随着组织类型、细胞结构、细胞数量等因素而发生变化。仪器通过施加微弱的电流，测量样品中的电压响应，并根据欧姆定律和电阻抗理论推断样品的内部结构和特性。

（四）纳米流式分析仪

纳米流式分析仪的基本结构包括以下几个部分（图 17-5）。

1. 激光器 激光器是纳米流式分析仪的光源，用于照射样品、激发荧光标记或引起细胞、颗粒的光散射。

2. 光路系统 包括反光镜、偏振分光镜、半波片、消色差双合透镜等，用于引导激光光束准确照射到流经的样品上。

3. 样品池 引导样品以一定的速度通过光束区域。

4. 滤波片 包括二向色滤波片和带通滤波片，用于分离和过滤光源的不同波长，确保只有特定波长的光到达检测器。

5. 光学检测器 包括雪崩光电二极管等，用于检测样品被激光照射时产生的散射光和荧光信号，这些信号可以用来分析样品的物理和化学特性。

6. 数据采集系统 用于收集和分析探测雪崩光电二极管接收到的信号，将光信号转换为数字信号，进行数据处理和分析。

这些组件共同工作，使纳米流式分析仪能够对流经的单个细胞或微粒进行快速、高精度的分析，从而获得纳米颗粒的大小、内部和表面标志物等多种参数的信息。

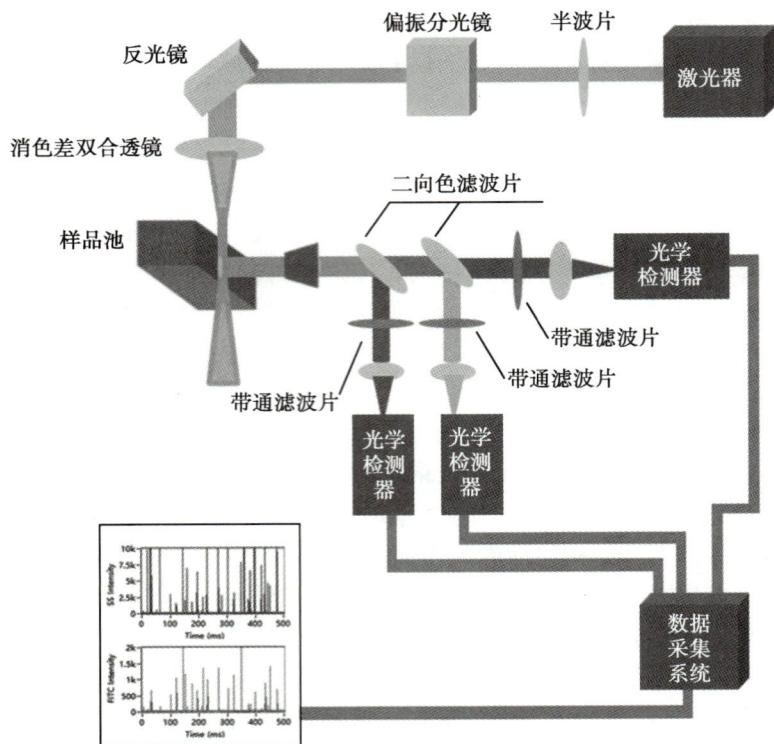

图 17-5 纳米流式分析仪结构示意图

(五)单囊泡分析仪

近年来，随着科技革新和医学研究的深入，细胞外囊泡（extracellular vesicle，EV）这类纳米级的新型生物标志物逐渐受到关注，在许多疾病特别是肿瘤液体活检方面应用前景广阔。研究表明，细胞外囊泡在许多生理和病理过程中发挥作用，其携带的蛋白质等分子富含疾病相关信息。通过分析循环系统中的细胞外囊泡携带的标志物，可以无创地获取疾病信息，从而推动个体化和精准的诊断与治疗。然而，细胞外囊泡的纳米级尺寸对精确分析提出了巨大挑战，使得高精度剖析成为该领域的一大难题。

为应对这一挑战，单囊泡分析仪应运而生，其核心技术是液滴微流控技术。这种仪器能够实现对单个细胞外囊泡的精准检测和分析。单囊泡分析仪主要由三部分组成：液滴生成器、热循环仪和芯片阅读仪。研究人员首先收集样品并富集细胞外囊泡。根据研究需求，预标记细胞外囊泡，使用液滴生成器在泊松分布原理的指导下包裹单个囊泡，每个微液滴作为独立的反应单元。反应完成后，通过芯片阅读仪读取并分析信号，从而实现单囊泡的检测（图 17-6）。单囊泡分析仪配备的通用分析试剂盒包含针对细胞外囊泡标志物如 CD9、CD63、CD81 的抗体 - 核酸复合物和探针混合物，支持多重蛋白分析。作为一个通用平台，

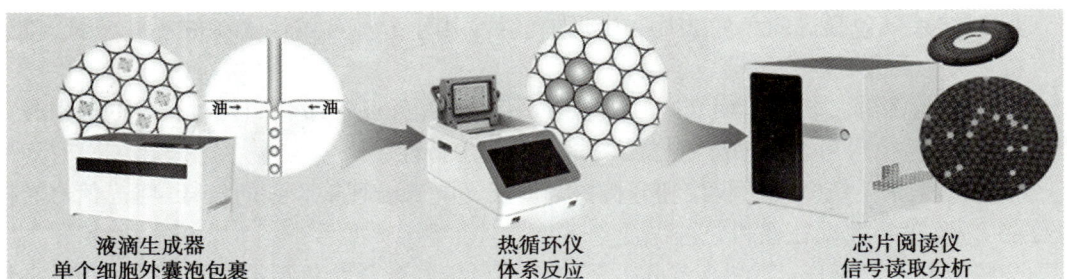

液滴生成器 单个细胞外囊泡包裹 　热循环仪 体系反应 　芯片阅读仪 信号读取分析

图 17-6 单囊泡分析仪检测原理示意图

该设备还可灵活配置特定的抗体 - 核酸复合物，用于分析特定蛋白组合的单囊泡亚群，展现出广阔的应用前景。

三、生物纳米颗粒检测设备的性能验证与临床应用

生物纳米颗粒检测设备的主要性能指标包括精密度、正确度、线性范围、分析干扰、参考区间等。生物纳米颗粒检测设备的应用范围包括以下几个方面。

1. 细菌检测 能在单细胞水平进行细菌检测，测定多种生物化学参数，极大地提升细菌检测的灵敏度和特异度，对于快速诊断具有显著优势。

2. 病毒检测 实现对病毒颗粒的高通量检测，显著提高病毒颗粒检测的灵敏度和效率，对病毒的快速诊断和科研具有重要价值。

3. 细胞外囊泡检测 能够检测细胞外囊泡的粒径和浓度等物理参数，并对细胞外囊泡中特定的蛋白质和核酸标志物进行高通量定量分析，有助于细胞外囊泡的生物化学特性表征和特定亚群的精确分类。

4. 人工合成纳米颗粒表征 应用于脂质纳米粒的载药率、粒径、载药量及颗粒浓度等多参数的定量表征，为纳米药物的开发和质量控制提供关键技术支持。

四、生物纳米颗粒检测设备的校准与维护保养

应定期对生物纳米颗粒检测设备的分辨率、线性范围、仪器稳定性、携带污染率等指标进行校准，同时按照规范操作指引手册，对设备定期进行周保养、月维护、年检维护。

第三节 分子检测新型仪器与技术

核磁共振（nuclear magnetic resonance，NMR）是磁性核在外磁场中对电磁波进行吸收和再辐射的现象。核磁共振波谱仪（NMR spectrometer，NMRS）是用于产生和检测核磁共振信号的设备，它通过控制外部磁场和射频脉冲来激发和观测原子核的磁共振现象，从而获得有关分子结构和动力学的信息。核磁共振波谱仪被广泛应用于研究分子的结构、动力学和相互作用等物理、化学和生物性质，并在临床检验领域中展示出广阔的应用前景。

一、核磁共振波谱仪的检测原理

核磁共振波谱仪的检测原理是基于自然界中约一半的核素的原子核具有自旋特性，并因此有角动量 L。例如，^{13}C 的自旋量子数 I 为 1/2，而像 ^{12}C 和 ^{16}O 这样质子数和中子数均为偶数的核，其 I 为 0，没有自旋。具有自旋的原子核既带电也有自旋，因此产生磁矩 μ。磁矩与角动量之比即旋磁比（μ/L），是由原子核的内在性质决定的常数。

当处于静磁场中时，具有不同磁矩和角动量的原子核会处于不同能级。如果施加一个方向与静磁场垂直的射频脉冲，且其频率恰好等于原子核相邻能级的能量差，则会发生能量吸收和能级跃迁，即核磁共振。通常，通过改变磁场强度或调整射频脉冲的频率来实现共振。脉冲结束后，原子核通过放出电磁波逐渐回到初始平衡状态，这一过程称为弛豫。通过测量这些频率相匹配的信号，可以获得原子核的详细信息，核磁共振波谱因此能提供关于样品中原子核的种类、数量和相对位置的信息，进而确定分子结构和种类。

二、核磁共振波谱仪的基本结构

核磁共振波谱仪的主要结构和部件包括如下几项（图 17-7）。

1. 磁体 是核心部件之一,通常为超导磁体,提供高强度且高均匀性的恒定磁场,确保精确的谱线分析。

2. 射频系统 包括射频发射机、射频探头和接收机等,负责向样品施加射频脉冲和接收核磁共振信号。

3. 梯度线圈 产生线性梯度磁场,用于空间定位和编码,是实现样品三维成像的关键环节。

4. 控制系统 控制仪器运行,包括控制磁场强度、射频脉冲参数和数据采集等。

5. 计算机系统 进行数据采集、处理和分析,同时提供操作界面的显示和控制功能。

6. 样品室 放置样品的部分,通常配备温度控制装置,如加热或冷却系统。

7. 数据记录与读出系统 记录射频探测器接收到的信号,并通过计算机系统进行数据的记录和处理。

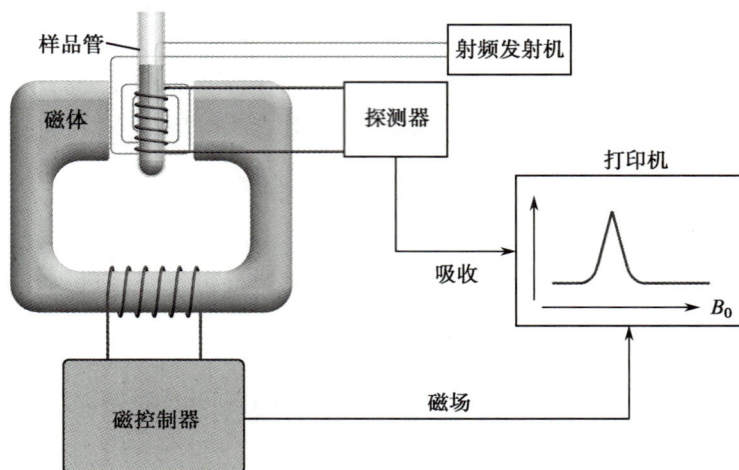

图 17-7 核磁共振波谱仪的基本结构示意图

三、核磁共振波谱仪的性能验证与应用

（一）核磁共振波谱仪的性能验证

核磁共振波谱仪的主要性能指标包括频率、分辨率、灵敏度和校准精度等。

1. 频率 频率通常指射频脉冲的频率,反映了操作的磁场强度,一般为100MHz～1GHz。

2. 分辨率 较高的频率和磁场强度能够提供更好的分辨率,这使得仪器能够更清晰地区分样品中相邻的核位点,对于复杂结构的详细解析尤其重要。

3. 灵敏度 灵敏度则描述了检测器对核磁共振信号的响应能力,反映了对低浓度样品的检测准确性。

4. 校准精度 校准精度决定了化学位移的测量准确性,高校准精度是实现精确化学结构分析的前提。

（二）核磁共振波谱仪的应用

核磁共振波谱仪在化学、生物医学、药学和材料科学等领域中广泛应用。

1. 分子结构解析 核磁共振波谱仪能够提供分子内部结构的详细信息,包括原子间的相互作用和分子的空间构型。这对于有机化合物、高分子材料的结构鉴定和新材料的开发具有重要意义。

2. 生物医学研究 在生物医学领域,核磁共振波谱仪广泛应用于蛋白质、核酸等生物大分子的结构研究,以及细胞和组织水平的代谢分析。

3. 脂质分析 核磁共振波谱仪可以揭示脂质在生物体内的代谢途径、脂质与蛋白质的相互作用以及脂质在细胞膜中的特征等。在临床血脂检测中，核磁共振波谱仪可通过测量脂蛋白颗粒表面的磷脂、未酯化胆固醇及内核中的胆固醇酯、甘油三酯末端甲基基团的质子数量等，确定脂蛋白及其亚型颗粒的质量、浓度和粒径大小等特征，为动脉粥样硬化等心脑血管疾病的预防和管理提供了新手段。

4. 代谢物分析 核磁共振波谱仪是代谢组学研究的关键工具之一，能够快速鉴定和定量生物样品中的代谢物，揭示生物体内代谢状态的变化，为疾病诊断和治疗提供重要信息。

5. 药物开发 在药物开发过程中，核磁共振波谱仪用于分析药物分子的结构、动力学特性，以及药物与生物分子的相互作用，有助于新药的筛选和优化。

四、核磁共振波谱仪的校准与日常维护

应定期对设备的磁场强度、频率、温度控制系统、信号采集系统等进行校准。核磁共振波谱仪为大型精密仪器，需定期清洁和更换润滑剂。使用环境需要保持干燥、清洁，并控制温度和湿度，以防止仪器受潮或受到其他环境因素的影响。

（司徒博）

本章小结

本章介绍了几种新型临床检验仪器与技术，其中仪器包括质谱流式细胞仪、高通量流式拉曼分选仪、成像流式细胞仪、生物纳米颗粒检测设备（包括纳米颗粒跟踪分析仪、动态光散射仪、电阻抗脉冲传感仪、纳米流式分析仪和单囊泡分析仪）以及核磁共振波谱仪。

质谱流式细胞仪通过同位素标记和高温电离，实现多参数、高通量的单细胞分析。高通量流式拉曼分选仪利用拉曼散射原理，无须标记即可对细胞代谢特性进行实时监测。成像流式细胞仪整合显微成像与流式细胞术的优势，提供细胞形态和功能的多维度信息。在纳米颗粒检测领域，纳米颗粒跟踪分析仪、动态光散射仪、电阻抗脉冲传感仪等设备，通过高分辨率和高灵敏度检测，显著提升纳米颗粒的分析能力。核磁共振波谱仪通过精确的分子结构和动态分析，为代谢组学和脂质组学研究提供了重要依据。

第十八章　临床智慧实验室系统

> **通过本章学习，你将能够回答下列问题：**
> 1. 智慧实验室硬件设施包括哪些部分？
> 2. 智慧实验室软件系统有哪些？
> 3. 样品前处理系统包括哪些模块？
> 4. 全实验室自动化系统的结构特点是什么？
> 5. 临床实验室信息系统和自动化系统的功能有何差异？
> 6. 智慧实验室对临床工作的优化能提供哪些帮助？

　　随着科技的飞速发展，医学领域亦迎来前所未有的变革。临床智慧实验室系统正日益展现出其强大的潜力和广阔的应用前景。智慧实验室系统融合了先进的信息技术、医疗设备和研究方法，为临床检验和医学研究提供了高效、精准的实验环境。它不仅能够模拟复杂的临床场景，帮助研究者深入了解疾病的发病机制和病理过程，还能够通过大数据分析、人工智能等技术手段，为疾病的预防、诊断和治疗提供科学依据。本章将对临床智慧实验室系统的构建、应用与发展进行探讨。

第一节　医学实验室智慧化发展历程

　　医学实验室智慧化的发展主要经历了以下几个阶段。

（一）第一阶段——系统自动化

　　系统自动化即分析的自动化。1957 年，美国 Skeggs 博士首先提出了气泡隔离连续流动分析原理，发明了世界上第一台临床化学分析自动化仪器，成为临床实验室自动化分析的开端。

（二）第二阶段——模块自动化

　　模块自动化是指在系统自动化的基础上增加部分硬件模块，实现样品自动离心、开盖、分杯、分选等功能，大大提高了实验室工作效率。1981 年，日本高知医学院的佐佐木（Sasaki）博士构建了国际上第一个完整的实验室自动化系统，在此基础上逐步产生了全实验室自动化的概念。

（三）第三阶段——全实验室自动化

　　全实验室自动化即通过自动化连接模式和信息网络连接，使相同或不同的分析仪器与实验室检验前、检验后系统连接为一个系统，实现了从样品检测到信息处理全过程的自动化。国际临床化学协会（International Federation of Clinical Chemistry，IFCC）在 1996 年提出了全实验室自动化的概念，并于 2007 年将全实验室自动化（total laboratory automation，TLA）列为会议专题，标志着 TLA 受到普遍重视。

（四）第四阶段——智慧实验室

　　随着生命科学技术的快速发展，临床实验室中重复化和机械化的实验操作、海量的实时数据处理,导致实验效率降低、人工成本增加,以及质量和生物安全风险。为解决上述问题,医学实验室的工作模式逐渐向自动化、高通量、智能化升级,智慧实验室便应运而生。

第二节　智慧实验室硬件设施

智慧实验室(smart laboratory)是指通过信息化手段,结合互联网、物联网、人工智能(AI)、5G 等技术,将实验室的所有要素和各类业务系统互联起来,定义不同的数据规则,组合不同的专业知识,以报告为中心,以人为本,实现实验室的全面信息化、自动化、智能化和数字化管理。而实验室自动化系统的广泛应用是智慧实验室的基础。

实验室自动化系统(laboratory automation system,LAS)是指为实现临床实验室内某一个或多个检测系统的整合,而将不同的分析仪器与检验前、检验后的实验室设备系统通过自动化和信息网络进行连接,从而形成大规模全检验过程的自动化流水线作业系统。

一、实验室自动化系统的分类

目前习惯上将临床实验室自动化系统分为两个层次,即模块化实验室自动化(modular laboratory automation,MLA)系统和全实验室自动化(TLA)系统。

(一)模块化实验室自动化系统

模块化实验室自动化系统通常指根据用户实验室的特定需求,从检验前、检验中、检验后分别运行的不同系统或工作单元中,灵活选择并构建的一套工作单元组合。

(二)全实验室自动化系统

全实验室自动化系统是指临床实验室内几个不同检测系统(如临床化学、免疫学、血液学检测系统等)的整合。通过自动化连接模式和信息网络连接,使相同或不同的分析仪器与实验室检验前、检验后系统连接,从而实现样品检测到信息处理全过程的自动化。它的基本组成包括:①智能采血管理系统;②样品传送系统;③样品前处理系统;④自动化分析系统;⑤样品后处理系统;⑥实验室信息系统等。

二、实验室自动化系统的基本构成与功能

实验室自动化系统以高效率、高质量为特点,贯穿于样品检验前、检验中和检验后过程,本部分简要介绍检验前、中、后自动化系统。

(一)检验前自动化系统

临床实践表明,50%~70% 的临床检验误差来源于样品的准备和处理过程。将检验前的过程自动化,可以从源头有效降低检测误差。目前检验前自动化系统种类繁多,以下主要介绍智能采血管理系统、样品传送系统和临床实验室最常用的血液/体液样品前处理系统。

1. 智能采血管理系统　智能采血管理系统由硬件(全自动采血管贴标签设备、采血工作台和连接轨道等)及软件(采血管分配管理系统、排队叫号管理系统等)组成。此系统可实现采血管的分配、自动贴标签、患者采血的排队叫号等功能,可对患者采血进行智能化、自动化管理。

2. 样品传送系统　样品传送系统可以将各类样品从临床实验室外传送到临床实验室,或者在临床实验室内进行传送,使样品到达自动化流水线上相应的工作站。常见的临床实验室样品传送系统包括气动物流传输系统、轨道式物流传输系统、自动导引车传输系统、高架单轨推车传输系统、无人机空中传输系统等,以及实验室内部的全自动智能采血管分拣系统等。

3．样品前处理系统 检测生化、免疫等项目时常用血清/血浆作为样品，因此需要对采集的全血进行前处理，包括样品识别、分类、编号、离心、去盖、血清质量检查、分杯和标签粘贴等过程。样品前处理系统可以使样品前处理的全过程完全摆脱手工化作业，实现无差错和全自动化。

（1）进样模块：进样模块是实验室自动化系统的入口，可根据样品的不同属性分别投入不同入口。常规样品从样品投入模块进入，急诊样品从模块上的急诊专用口进入，再测样品从收纳缓冲模块的优先入口进入。试管架传送的顺序是急诊样品—再测样品—常规样品，以确保急诊样品优先检测。样品进入模块后通过条形码读取器识别样品管，并校验样品程序。若条形码标签损坏、缺失或出现错误，读取器将无法识别，后续程序被拒绝。

（2）样品分类模块：样品分类模块对样品进行分类，是样品前处理流程中的第一步。全自动样品前处理系统可通过识别原始样品管上的条形码及临床实验室信息系统（laboratory information system，LIS）从医院信息系统（hospital information system，HIS）获取样品相关信息，从而对样品进行分类。分类的操作既可以用抓放式的机械手实现，也可以通过在不同样品传送轨道间进行切换的方式实现。

（3）离心模块：离心模块可以通过机械手自动将样品管从轨道上抓取并放入离心机，从而实现样品的自动化离心。样品离心模块在全自动样品前处理系统中通常是一个独立可选单元，在实现样品处理自动化过程中起着极其重要的作用。不同厂家离心单元的样品处理速度不同，可根据工作量通过增加离心模块提高样品离心处理速度。

（4）去盖模块：去盖模块用于脱去离心后样品管的盖子，识别已经去盖的样品，以便样品进入分析仪器进行测定。去盖方式包括直拔式、螺旋式和剥离式等，取决于样品管的种类，不同品牌设备的去盖速度不同。去盖模块避免了人工操作，显著降低了生物安全风险，提高了工作效率。

（5）血清质量识别模块：血清质量识别模块可以对血清质量进行检查。根据待检测的项目与原始样品种类、试管类型等对样品进行符合性判定，并通过特殊的激光系统和/或数码照相技术，对样品的质量包括血清指数（如脂血、溶血、黄疸等）和样品体积进行判断，并标示血清指数。对于不符合检验要求的样品可进行提示，以便及时作出相应处理或作为检测结果审核时的参考因素。

（6）样品分杯模块：样品分杯是指将原始样品管内的部分样品分配到新的样品管中，打印新的条形码到新样品管上，并建立其与原始样品管的对应关系，再将样品管投入到各分析仪器上进行检测。

样品分杯模块可根据 LIS 提供的信息对原始样品进行必要的分杯，有效防止样品污染，以满足实验室不同检测工作平台（如生化、免疫、特种蛋白等检测平台）的要求。

（二）检验中自动化系统

目前在临床实验室中自动化的分析仪器已经被广泛采用。随着检测样品量和检测项目的增加，单台分立的自动化仪器在检测中显示出的不足越来越明显，如单机的测试速度不足、试剂仓位不够、生化和免疫检测项目需分开测定、检测效率不高等。检验中自动化系统是为满足特定的目的而将临床实验室内某两个或两个以上的检测系统（如血液学、临床化学、免疫学、微生物学、分子生物学等分析仪器）整合而形成的系统。

1．血液学分析工作站 近年来，全自动血液推片、染片机和血细胞形态与图像分析系统的逐步推广应用，使血液学分析实现了真正意义上的全自动化分析。血液学分析工作站就是将全自动血液分析仪，全自动血液推片、染片机，血细胞形态与图像分析系统等整合形成的工作站系统。

（1）全自动血液分析仪：最初的血细胞分析仪只能计数白细胞和红细胞，后来增加血红蛋白浓度、血小板计数、血细胞比容、平均红细胞体积等参数,血细胞分析仪从三分类发展为五分类,采用鞘流、激光等多种先进技术,对血细胞的识别从二维空间提升到三维空间,使结果更为准确。由最初只进行常规血细胞分析到后来增加网织红细胞的计数和分析、异常淋巴细胞提示、幼稚细胞提示和有核红细胞分析,甚至对血液细胞中的某些寄生虫进行提示。其应用模式分为全血模式、预稀释模式和穿刺模式。

(2)全自动血液推片、染片机:可根据样品的血细胞比容自动调整点血量、推片角度和速度,保证血涂片的质量。全自动血液推片、染片机可独立运转,能接收急诊插入样品和工作站以外的样品并对其进行染色,还能在每张血涂片上打印包含患者信息的 ID 编码或条码,使血涂片的保存和管理更规范化。在工作站管理软件的支持下,结合自身实验室的具体情况可自定义复检和推片染色规则,实现血液分析的智能审核、复检和推片染色,减少人为因素造成的漏检,提高异常细胞的检出率。

(3)血细胞形态与图像分析系统:该系统可进行血液涂片细胞形态学的自动化检查,以染色后的血涂片为样品,以最接近传统显微镜观察法的技术对血液中的白细胞、红细胞进行初步分类。获得细胞数码图像后,通过软件提取红细胞的直径、色素含量、对比度等特征信息和白细胞的形状、大小、纹理、颜色、空隙、核质比等信息参数,并与细胞图像数据库比对分析,形成细胞形态学结果报告。

2. 生化免疫分析工作站 生化免疫分析工作站是将以血清为主要检测样品类型的自动化分析仪器,按照特定目的,以轨道连接或模块化组合等方式整合形成的工作站,如临床生化分析工作站、临床免疫分析工作站、全自动生化免疫分析工作站等。

(1)临床生化分析工作站:是通常由两台或多台全自动生化分析仪模块组合形成的一体化工作站。此工作站将取样、混匀、孵育、检测、结果计算、判断、显示和结果打印以及仪器清洗等步骤全部自动化运行,可对体液等样品进行多种生化项目的检测。工作站可以共享一套进样系统,当样品量大、测试项目多、分析仪试剂仓位不足时,相比于独立的单模块仪器优势显著。

(2)临床免疫分析工作站:通常由两台或多台免疫分析仪组成,进行免疫项目的测定。同临床生化分析工作站一样,组合而成的临床免疫分析工作站同样具有测试速度快、检测项目多、工作效率高等特点。化学发光免疫分析是目前发展和推广应用最快的免疫分析方法,可进行各类抗原、半抗原、酶、内分泌激素、药物等的检测。

(3)全自动生化免疫分析工作站:是全自动生化、免疫分析仪器组合形成的一体机,是集临床生化分析与免疫检测于一体的自动化检测设备。此工作站的特点是检测项目全面,能同时检测生化和免疫项目,避免了单机的生化、免疫分析仪器只能分别检测生化和免疫项目的问题,极大地提高了检验工作的效率,缩短了样品检测周期。此外,生化、免疫检测可共用一支试管的样品,可减少患者样品的采集量。

3. 全自动微生物学检测工作站 全自动微生物学检测工作站能提供更快速、更准确的检测结果,改善实验室工作流程,显著缩短样品周转时间(turn around time,TAT)。通常包括以下几个模块。

(1)前处理系统:全自动微生物学检测工作站的前处理系统主要有以下几个特点。

1)机械臂自动打开患者样品容器进行挑取和涂布,避免人工操作导致气溶胶产生。

2)利用磁力驱动磁珠滚动或模拟接种环,在培养基平面划线,划线过程为全封闭(磁珠)或全开盖(接种环)。

3)可根据不同的样品类型选择多种划线模式,如呼吸道样品选择分区划线、尿液样品选择连续划线等。

4)自带Ⅱ级生物安全柜或高效过滤器,保证生物安全性。

（2）培养系统：前处理系统通过轨道将完成接种的平板传送到智能培养箱中培养，减少了传统微生物前处理分离后人工传送至专用培养箱进行孵育这一过程中开箱时的气溶胶感染风险。智能培养箱除提供与传统培养箱相同的功能外，还具有轨道传递、自动拍照和自动卸载等功能。其动态数字成像系统可实时监测细菌生长情况，并可根据实验室需求自定义拍摄时间和间隔，避免了人工开盖观察的生物安全风险，减少了工作量。平板影像系统可以永久保存菌落的图像记录，可随时查看各个历史培养结果。

（3）微生物鉴定及药敏分析模块：该模块可从智能培养箱中调取平板，随后平板可通过轨道被传送到制备模块和鉴定及药敏分析模块。此外，全自动微生物学检测工作站与基质辅助激光解吸电离飞行时间质谱自动化接口也已实现，可进行鉴定及药敏分析工作，全/半封闭地进行病原菌挑取、点靶、菌悬液制备、转移、条码识别、鉴定及药敏结果读取等，大大降低了操作人员被感染的概率。

4. 全自动核酸检测工作站　全自动核酸检测工作站是集样品识别和转移、核酸提取和纯化、体系构建、基因扩增和检测功能于一体的高度自动化核酸检测系统。其利用机械自动化代替常规核酸检测中的手工操作过程，取样后可直接在封闭或半封闭的检测系统中完成整个测定过程。在临床上可对来源于人体的血清、血浆、全血、拭子、痰液、尿液等核酸样品中的被分析物（DNA 或 RNA）进行定性、定量检测，包括病原体、人类基因多态性等项目。

（1）运行模式：该系统目前主要有以下三种模式。

1）一体化随机处理式：检测系统一体化，样品随到随检，具备处理单管样品的功能。

2）一体化批处理式：检测系统一体化，样品分批集中处理和检测，无须实验人员手动操作。

3）组合型批处理式：检测系统非一体化，通常由配套或推荐的全自动分杯处理系统、全自动核酸提取工作站和荧光定量扩增仪组合而成，样品分批集中处理和检测，部分步骤需要人员参与进行手工操作。

（2）工作流程：以全自动核酸检测一体机为例进行介绍。

1）样品前处理：其通过软件控制机械臂实现全自动操作，样品前处理整合了样品信息录入、样品管自动开关盖、样品分杯等功能，通过主机械臂模块的电动夹爪抓取样品架，整个过程中操作人员无须接触样品，避免潜在的感染风险。

2）核酸提取：采用磁珠法。通过电机使磁棒和护套上下运动及相对运动，从而完成磁珠法所需的各种动作，实现核酸提取。

3）体系构建：通过全自动聚合酶链式反应（polymerase chain reaction，PCR）体系构建，实现引物、探针、反应酶与模板混合、离心等过程。

4）结果判读：最后机械臂将配置好的 PCR 反应体系管转移至 PCR 区扩增，结合相应的软件可以对产物进行结果判读。

（3）临床应用：该系统具有流程简化、精确度高、生物安全风险低和缓解人力资源紧张等优势，部分种类的全自动核酸检测工作站还实现了样品随到随检，无须等待，适用于急诊、发热门诊、常规以及大规模核酸检测等多种应用场景，特别适用于大批量的高传染性、高致病性样品的筛查。

（三）检验后自动化系统

检验后自动化系统的作用是确保样品在检验后阶段能够被妥善储存。样品保存于受控且冷藏的环境中，以保证在保存期内能够取出需要复检或追加检测项目的样品，并且在保存期满时取出销毁。

1. 输出缓冲模块　包括出口模块和样品储存接收缓冲区。

（1）出口模块：用于接收需人工复检的样品和离心完毕的非在线检测样品（如开盖错

误、分杯错误、复位架的样品），这些样品被自动投入出口模块中预先设定的各自区域等待人工处理。

（2）样品储存接收缓冲区：用于管理和储存样品，与计算机连接并读取样品 ID，以证实样品被接收、进行样品排序、实现样品索引管理等功能。样品储存接收缓冲区可进行在线自动复检，当 LIS 审核报告时，确认某一项目需复检后，即向该模块发出复检指令，将需要复检的样品由复查回路送至分析系统进行复检。

2. 加盖去盖模块 加盖是给已经完成分析实验并将进入在线冰箱储存模块的样品试管加上盖子，以防止样品在储存期间被污染和浓缩，保证复检样品结果的准确性。其具体工作模式与去盖模块刚好相反，目前多采用塑胶盖或铝箔进行封管。当储存在冰箱内的样品需要取出复检时就需要去盖，去盖后的样品可通过轨道返回分析仪器被重新检测。

3. 在线冰箱储存模块 在线冰箱储存模块可以自动将检测完毕的样品保存于自动化冰箱中，并可在计算机系统的管理下对储存样品进行排序、建立样品索引，设定保存期限并在保存期满后自动丢弃，从而实现样品的检验后管理。

三、全实验室自动化系统

全实验室自动化系统是指将检验前、检验中、检验后的众多模块分析系统整合为一体，使样品处理、传送、测定以及数据处理和分析的整个过程实现全自动化的系统。实验室全自动化系统包括自动化样品前处理系统、自动传送和分选系统、自动分析测定系统、实验数据/结果处理系统和样品储存系统（图 18-1）。

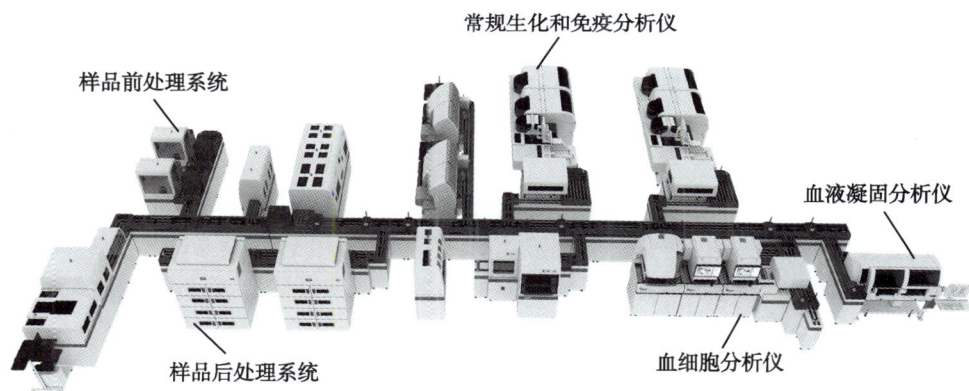

图 18-1 全实验室自动化系统示意图

（一）全实验室自动化系统的连接方式

全实验室自动化系统与模块化实验室自动化系统的不同点在于：全实验室自动化系统通过智能化传输轨道、智能自动机械臂、分析仪器连接模块等不同连接方式，把所有或大部分的分析系统连接在一起，在计算机软、硬件的支持下，实现检验全过程的自动化。

1. 智能化传输轨道 是连接全实验室自动化系统各个部分的通道，依靠电机驱动，带动传送带完成样品运送器的移动。其特点是技术稳定、速度快、价格低，因此一直应用于绝大多数实验室的自动化系统中。传输轨道一般采用双轨道设计，可形成来、回闭路循环。目前已经有四轨的传输轨道，可以加快样品传送的速度，减少不必要的等待时间。

2. 智能自动机械臂 即编程控制的可移动机械手，是对智能化传输技术的补充。安装在固定机座上的机械手，其活动范围仅限于一个往返区间或以机座为圆心的半圆区域内；安装在移动机座上的机械手，以其自身为中心，可为多台分析仪器提供样品，其活动范围大大扩展。

机械手有很好的动作可重复性，在优化条件下其定位重复性的标准差小于1mm。此外，机械手可容易地抓取不同尺寸、形状的样品容器，轻易地适应多种规格、不同形状的样品容器，当实验室的布局发生改变时，机械手可通过编程转移到新的位置，因此具有很好的灵活性。但可移动机械手只能以整批方式传送样品，若两批传送之间的间隔过长，就会影响整个实验室的检测速度。

全实验室自动化系统通常采用智能化传输轨道与智能自动机械臂相结合的传送系统，根据样品不同的检测需求，可进行在线分样，并将样品合理分配而使其进入不同的分析系统，从而达到最优化的样品传送和检测效率。

3. 分析仪器连接模块 用于连接主轨道和分析仪器，是样品进入仪器完成分析实验的通道。样品到达连接模块后被条码阅读器扫描，系统根据测定项目、编程信息、仪器和试剂状态及装载暂停状态，确定样品是否应为本仪器检测，再用机械臂将轨道上的样品装入样品架并传送入仪器检测。

连接模块具有智能平衡功能，信息控制中心的计算机根据样品信息、样品的测定项目和线上各仪器状态，调节样品在各个仪器的分配情况，能最大限度地提高样品的处理速度。待样品检测完毕，再通过连接模块将样品送回轨道。

（二）全实验室自动化系统的基本元素

完整的全实验室自动化系统包括样品管理、分析管理和数据管理三个基本元素。

1. 样品管理 包括检验前样品处理过程（即进样、样品分类、离心、去盖、血清质量识别、分杯和标签粘贴等模块）、检验后样品处理过程（即输出缓冲模块、加盖去盖模块和在线冰箱储存模块等）、异常和急诊样品管理过程以及样品传送过程。

2. 分析管理 通过相连的各个分析平台完成样品检测，可根据需要自定义检测顺序。能够连接的分析平台包括常规生化和免疫分析仪、血细胞分析仪、血液凝固分析仪、尿液分析仪以及核酸检测工作站等，能够有效缩短TAT且减少人力成本。

3. 数据管理 信息化管理是全实验室自动化系统的重要环节，维系着整个体系的有效运行。

全实验室自动化系统的构建目前并没有标准化流程，其运作通常与实验室信息管理系统的完善、传统流程管理模式的突破、实验室格局的规划和设计等因素密切相关。

第三节　智慧化软件系统与信息技术应用

智慧化软件系统包括智能检验申请系统、智慧化质量控制工具、临床实验室信息系统与中间体软件、智慧化试剂耗材管理系统等。智慧化软件系统在现代医学实验室中的应用，极大地提升了工作效率、数据准确性且保障了患者的安全，标志着实验室管理与服务迈向了一个全新的阶段。

一、智能检验申请系统

（一）智能检验申请的定义和目的

智能检验申请是一种利用信息技术和人工智能，对患者的病史、症状、体征、健康体检资料、检验检查结果、临床记录等进行智能分析与决策，结合诊疗指南、临床路径等，快速、准确地开具个性化检验申请单的方法。其主要目的是为医师和患者精准推荐检验项目或项目组合，减少检验申请遗漏和避免不必要的检验项目，同时，利用这些精准推荐的检验项目结果，及时、有效地指导疾病诊断、监测和预后评估。

（二）智能检验申请系统的工作流程

以基于语音识别的智能检验申请系统为例介绍其主要的工作流程。

系统自动采集问诊时的对话语音、语音录入医师查体的主要情况；系统自动识别并抓取关键词；连接医院信息系统，高效整合患者的电子病历、检查检验结果等数据；利用算法和模型对数据进行深度分析；自动生成个性化检验申请单；医师可通过交互界面查看、修改和确认检验申请单，患者也可利用互联网医院并根据其智能推荐进行检验项目自助申请，再由临床医师或检验医师审核。

（三）智能检验申请系统的使用注意事项

在使用智能检验申请系统时，还应结合实际情况，对系统给出的检验申请建议进行专业判断和审核，确保检验项目的准确性和适用性。另外，系统的推广应用需要关注患者隐私和信息安全问题，确保数据安全和保密。

二、智慧化质量控制工具

（一）基于患者数据的实时质量控制

室内质量控制（internal quality control，IQC）是实验室质量管理的一部分，一般通过检测质控品来实行。即检验人员按照一定的频度连续测定稳定样品中的特定组分，并采用一系列方法进行分析，评价本批次测量结果的可靠程度，以此判断检验报告是否可发出，及时发现并排除质量环节中的不满意因素。然而，该方法不能监控完整的检验过程。

1. 定义 基于患者数据的实时质量控制（patient-based real-time quality control，PBRTQC）是一种应用患者临床样品检测结果实时、连续监测检测过程分析性能的质量控制方法，将每一个患者结果（离群值除外）作为室内质量控制的"插入点"。

2. 优势 此方法可以早期及时地预警常规分析系统的性能改变，避免由发出错误检测报告造成的质量风险，有效提升检验质量。与 IQC 相比，PBRTQC 具有低成本、无基质效应、可连续监控等优势，能有效弥补 IQC 在误差检出能力和质控频率方面的不足。PBRTQC 作为补充方法与 IQC 联合应用，可及时有效地检测出系统误差，保证检验结果的准确性。

3. 运算方法 PBRTQC 最早于 1965 年由 Hoffman 和 Waid 提出，其运算方法包括但不限于移动中位数（moving median，MM）法、移动均值（moving average，MA）法、移动百分位数（moving percentile，MP）法、加权移动均值（weighted moving average，WMA）法和指数加权移动均值（exponentially weighted moving average，EWMA）法等。

4. 选择或建立最佳控制程序 发挥 PBRTQC 临床应用价值的重要前提是选择或建立最佳的控制程序，需根据患者数据分布特征、纳入/剔除标准、截断限、质量目标、失控规则、样品步长、权重系数等因素设定合理的 PBRTQC 参数，并通过性能验证对 PBRTQC 参数进行进一步优化和调整，从而满足实验室的质量管理要求。PBRTQC 方法建立流程如图 18-2 所示。

（二）自动室内质量控制

自动室内质量控制简称自动质控，在临床检验领域特指通过软件和硬件的结合方式，以自动化和智能化模式执行实验室常规 IQC 的技术。

1. 流程设计逻辑 自动质控系统的流程设计逻辑为：在实验室信息系统（LIS）与流水线间架设中间体软件智能质控模块，通过预设流水线和检验设备启动时间、对检测模块发送指令等方式，实现质控品的自动调取和检测、质控结果上传、失控判定、自动复检和质控图绘制等功能，实验室工作人员可通过个人计算机端（PC 端）、万维网端（web 端）、移动端等不同方式随时查看质控情况。

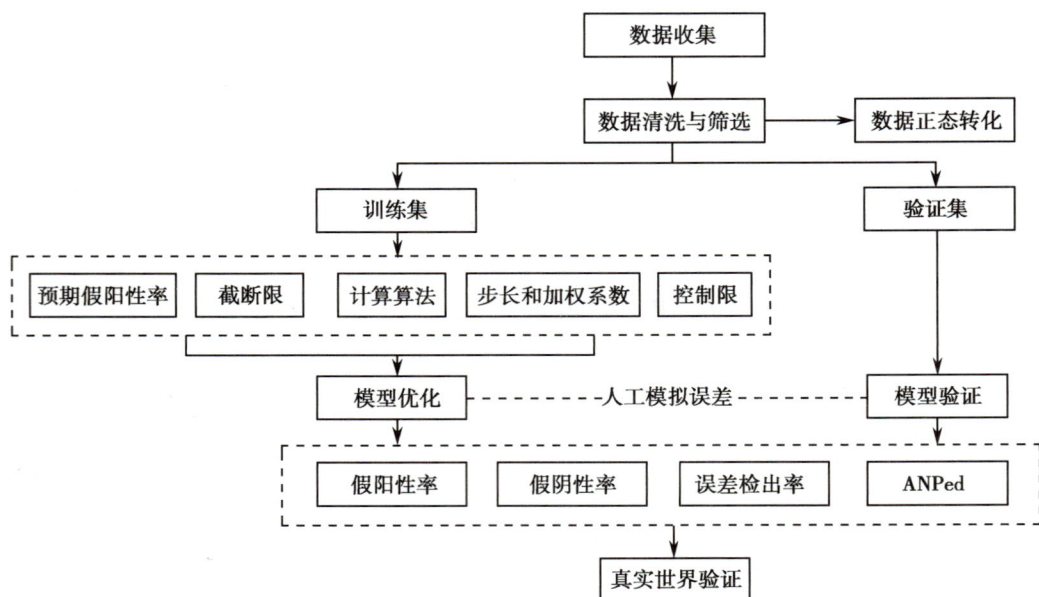

图 18-2　PBRTQC方法建立流程

ANPed 指在 PBRTQC 应用场景中,某一误差出现后,为识别出该误差而需要检测的平均患者样品量。该指标反映系统对误差的敏感度,数值越小表明系统越能更快捕捉异常(例如 ANPed=50 表示平均需检测 50 例样品可发现误差)。

2. 优点　自动质控相比于传统的手工质控存在以下明显优点:大幅减少室内质量控制过程中的人工操作误差,提高质控结果的稳定性;显著降低由质控品放置错误、质控品添加错误等导致的假失控发生率,降低质控假失控率;减少质控品分装、加载、回收、暂存环节的繁杂步骤,节省人力成本;通过预设启动时间,在工作人员抵达工作岗位前即可启动质控检测程序,有效缩短实验室内 TAT,通过减少质控品分装数量,有效减少质控品的浪费,节省经济成本。

3. 局限性　目前,自动质控应用受限的主要原因是需要具备后处理系统(在线冰箱)的流水线以及功能完善的中间体软件质控模块。因此,现阶段主要应用于生化免疫流水线,尚不能完全替代手工质控应用于全部检验项目。

(三)自动审核

自动审核(autoverification)是在遵循操作规程的前提下,计算机系统按照临床实验室设置的已通过验证的规则、标准和逻辑,自动对检测结果进行审核并发布检验报告,生成医疗记录的行为。

1. 流程设计逻辑　系统自动获取患者基本信息、样品性状信息、室内质控结果、检测系统状态、相关检验项目结果、患者历史结果等信息,通过数值比较、差值校验、逻辑关系及关联性分析、一致性分析等方法,按照实验室人为设定的审核规则,自动判断检测结果的准确性,以计算机自动结果签发代替人工审核,从而提高工作效率,缩短报告周期,并实现检验结果审核标准化(图 18-3)。

例如,某患者空腹血糖检验报告在进行自动审核时,需经过以下主要环节:当日葡萄糖室内质控是否在控,生化分析仪是否对该葡萄糖检测报警,是否为危急值,与该患者血糖检验的历史结果的差值校验是否通过预设值,与该患者尿糖检验结果是否具有一致性等。

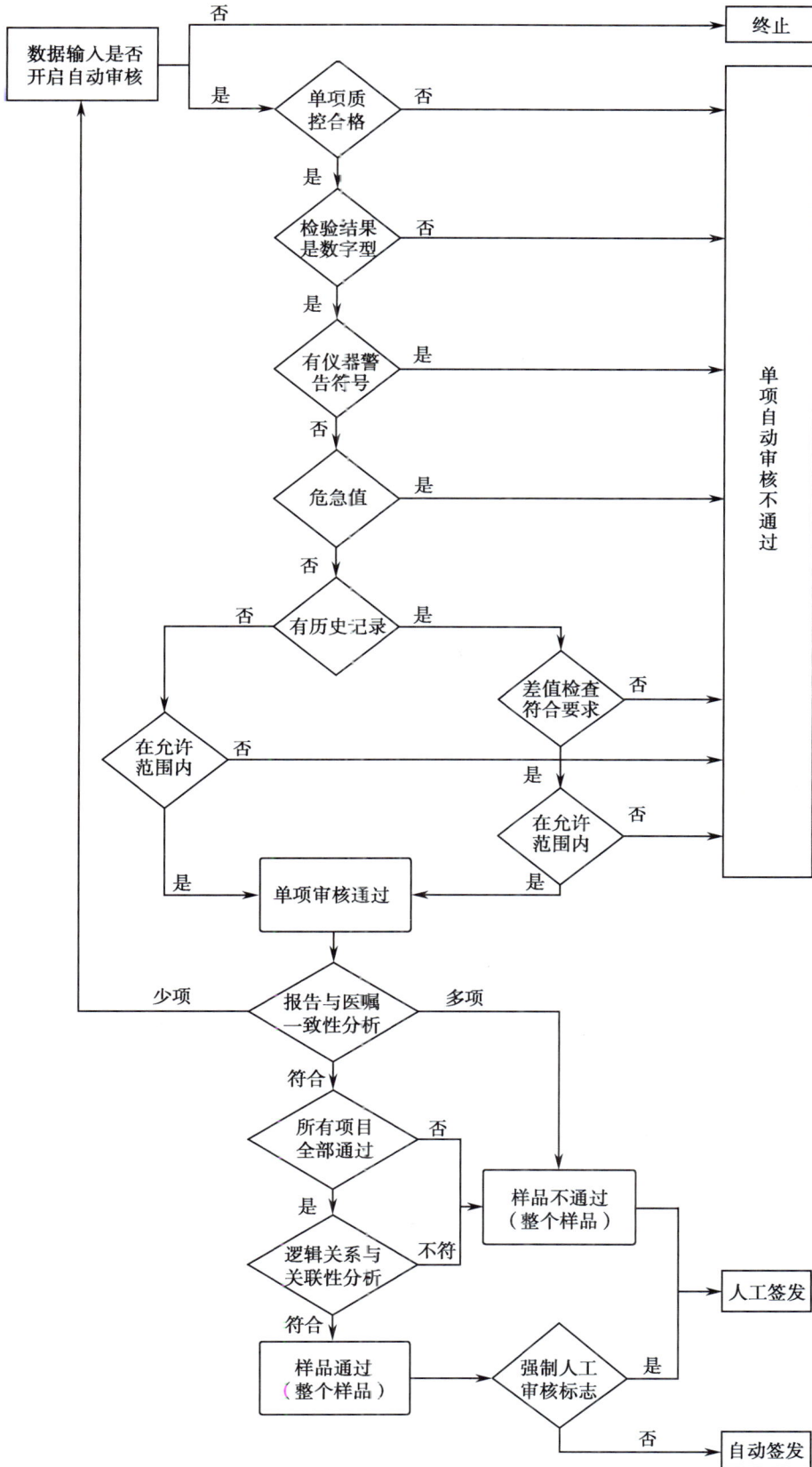

图 18-3　自动审核流程设计示例图

2. 实现方式 目前自动审核的临床应用涉及生化、免疫、血液等多个亚专业领域,主要有两种实现方式。

(1)通过中间体软件实施自动审核:此方式一般利用全自动流水线设备的配置软件,由厂商技术人员协助实验室进行参数设置。在实施过程中,仪器将结果传输到中间体软件,按照设定的规则判断是否符合自动审核标准,然后由中间体软件将结果及自动审核标识传输给 LIS,标记为通过的结果由 LIS 直接签发,未通过的结果由人工审核签发。通过中间体软件实施自动审核的技术较为成熟,应用广泛,现阶段仍是临床实验室主要的自动审核方式,但其往往受仪器或流水线检测项目的限制,不能应用于实验室所有项目。

(2)通过实验室信息系统实施自动审核:一般由实验室的技术人员自主设定审核规则,可支持不同仪器、不同专业的检验结果自动审核,并可实现跨专业检验项目关联判断,如检索血细胞比容与红细胞数量的符合程度以判断血清钾离子结果是否受溶血影响,检索血小板数量用于判断凝血检验项目的样品是否合格。

3. 智能审核 实验室可结合自身情况选择不同的软件实施自动审核,也可二者并用。自动审核的应用是自动化检测技术与信息技术快速发展的必然结果,在自动审核的基础上实现智能审核将是其发展趋势。智能审核要求计算机程序在人工设定规则的基础上具有一定的学习能力,在应用过程中软件可通过自主学习不断完善规则;具有较强的逻辑判断能力、综合分析能力,其审核的重点将倾向于对检验结果的解释,并能给出适当的结论或建议。

三、人工智能在临床智慧实验室的应用

(一)检验形态学智能识别系统

1. 定义 检验形态学智能识别系统是一种利用自动化数字图像分析技术,自动拍摄细胞、微生物、结晶及有形成分、染色体核型等图像,通过预训练的神经网络等算法对识别对象的微观形态进行预分类、识别和计数,模拟检验医师的识别过程并进行自动分析的系统。

2. 结构 检验形态学智能识别系统通常由以下部分或模块构成:形态学标签与数据库、图像采集、前处理、特征提取、分类识别、结果输出、云平台储存等。除了可以进行检验形态学的快速识别,还可以构建形态学在线图库、开展多个实验室间的形态学在线比对等。

3. 应用和使用要点

(1)目前,检验形态学智能识别系统主要应用于以下领域:①对血涂片、骨髓涂片进行全片扫描、细胞识别与分类计数、异常细胞识别与提醒等;②对尿液、脑脊液、胸腔积液、腹腔积液、大便涂片等样品中的细胞、结晶等有形成分,以及寄生虫等进行图像抓取和识别;③对病理组织切片、染色体核型、荧光染色(标记)的样品等进行智能识别,对特定的细胞结构或分子进行分类、异常识别。此外,根据细菌培养菌落的形状、大小、颜色、溶血环等特征,辅助识别不同的细菌种类的智能系统仍在开发。

(2)以血涂片细胞形态学智能识别系统的应用为例介绍该系统的使用要点。

1)结合所使用仪器的性能特点和实验室要求,制订适用的人工确认、再分类、人工镜检(必要时)的操作程序。

2)进行全片扫描时遵循高度还原、模拟人工显微镜阅片的方式和流程。例如,辅助观察细胞数量及分析细胞形态时,自动定位体尾交接区;具备扫描图片尾部和边缘的功能,以减少血小板聚集漏检。

3)在怀疑存在有重要临床诊疗价值的异常细胞等的情况下,进一步增加采集分类计数的细胞(每份样品可增至 500 个有核细胞),提高阳性检出率。

4)系统长期保留原始图片资料,且可远程异地共享,便于调阅、远程会诊和数据管理。

5）建立血液检测及细胞形态分析自动化系统，形成血细胞分析整体化流水线，实现从检测到复检规则判断、从血涂片制备到显微镜复检的全程自动化。

4. 优点 传统形态学检验依赖于检验医师的形态学识别经验，存在人员培养时间长、人工镜检识别效率低且主观性强、实验室间难以比对等缺点。与传统形态学检验相比，检验形态学智能识别系统效率高、重复性好、有更高的准确性和客观性，便于结果审核和确认，减少了人为因素的干扰和主观性，特别是在工作效率提升和缩短 TAT 等方面具有显著优势。

（二）人工智能临床辅助决策系统

1. 概述 基于检验结果的人工智能临床辅助决策系统（以下简称辅助决策系统）是一种利用人工智能，特别是机器学习和数据挖掘技术分析和解释医学检验结果，从而辅助临床诊断、疗效评估、预后监测的系统。

该系统收集来自不同人群和疾病、不同实验室、不同检验设备的检验结果大数据，并将数据进行清洗、整合以及结构化、归一化和标准化，通过统计分析、知识模型和机器学习算法等发现数据中的模式和关联，建立多种甚至上千种基于特定人群的疾病诊断模型。同时，利用真实患者数据和临床诊断结果训练机器学习模型，并通过交叉验证等方法评估模型的准确性和泛化能力。辅助决策系统可以作为"医师助手"，为临床提供分析结果、诊断建议、进一步检验检查建议及治疗方案选择、疾病预后评估等信息。

2. 优点 辅助决策系统有以下几个方面的优点。

（1）有利于提高诊断准确性：利用辅助决策系统可以提高检验结果分析的效率和准确性，为临床提供人工解读可能忽略的诊疗要点。

（2）统一检验结果的解释标准：检验结果解释是"检验后"质量控制的重要环节，系统提供的经过大数据验证的检验结果解读有助于实现检验结果解释的标准化，减少检验结果误读、漏读情况。

（3）诊断模型将不断完善且数量增加：随着应用的推广和大数据不断积累，基于机器学习的疾病诊断模型将不断完善，结果解读更精准；并且不仅限于已建模疾病的结果解释，随着数据量的不断增多，罕见病也将被建立诊断模型。

3. 局限性 然而，系统的建立和应用也面临挑战。不同医疗机构间使用的 HIS 和 LIS 相互独立、不互通，导致检验数据与结果获取效率低、难度大；互不兼容的 HIS/LIS 版本又导致所获取的数据格式混乱，无法直接用于人工智能整合分析及学习；不同实验室、不同仪器、不同检验方法学间可能存在检验结果可比性差的情况；机器算法的准确性和可靠性仍有待提高。这些因素将影响模型的准确性。

四、临床实验室信息系统与中间体软件

（一）临床实验室信息系统

1. 定义 临床实验室信息系统（LIS）是对检验申请、患者样品识别、检验结果传输、质量控制、结果报告以及样品管理等各方面相关数据进行综合管理的信息系统。其具有全面的无纸化、信息化特点，对不同检验项目进行全流程、实时监控及智慧化、自动化管理，过程和结果可回溯。

2. 结构和功能 临床 LIS 主要由软件系统和支持其运行的计算机硬件系统构成。主要功能包括检验申请、样品采集、样品核收、样品检验、报告审核、报告发布、报告查询、报告打印、质控管理、统计分析和辅助功能，该系统贯穿于整个检验过程。

3. 优点 应用临床 LIS 可以对临床检验工作实行标准化、智能化、自动化管理，减少医疗差错，降低医疗风险；可以不断优化检验流程，提高检验工作的质量和效率。

（二）中间体软件

1. 概述 中间体软件（middleware）指一种独立的系统软件或服务程序，用来连接其他两个独立应用程序或独立系统，使其相互之间能交换信息。

由于临床 LIS 需与 HIS、公共卫生服务平台、耐药监测平台、试剂耗材管理系统等诸多软件系统进行数据对接，传统功能的临床 LIS 已无法满足智慧化实验室发展需要，所以针对性及专业性更强、性能更好、更具有智慧化特点的各类中间体软件被逐步引入临床实验室，应用前景广泛。

这种专用于实验室的中间体软件，最常用于连接 LIS 和实验室自动化系统（流水线）/实验室仪器。此类中间体软件的数据传输涉及与 LIS 和仪器设备间的双向通信，其信息交互逻辑（图 18-4）与检测设备之间的通信包括检测结果数据、状态反馈以及检测任务命令等。

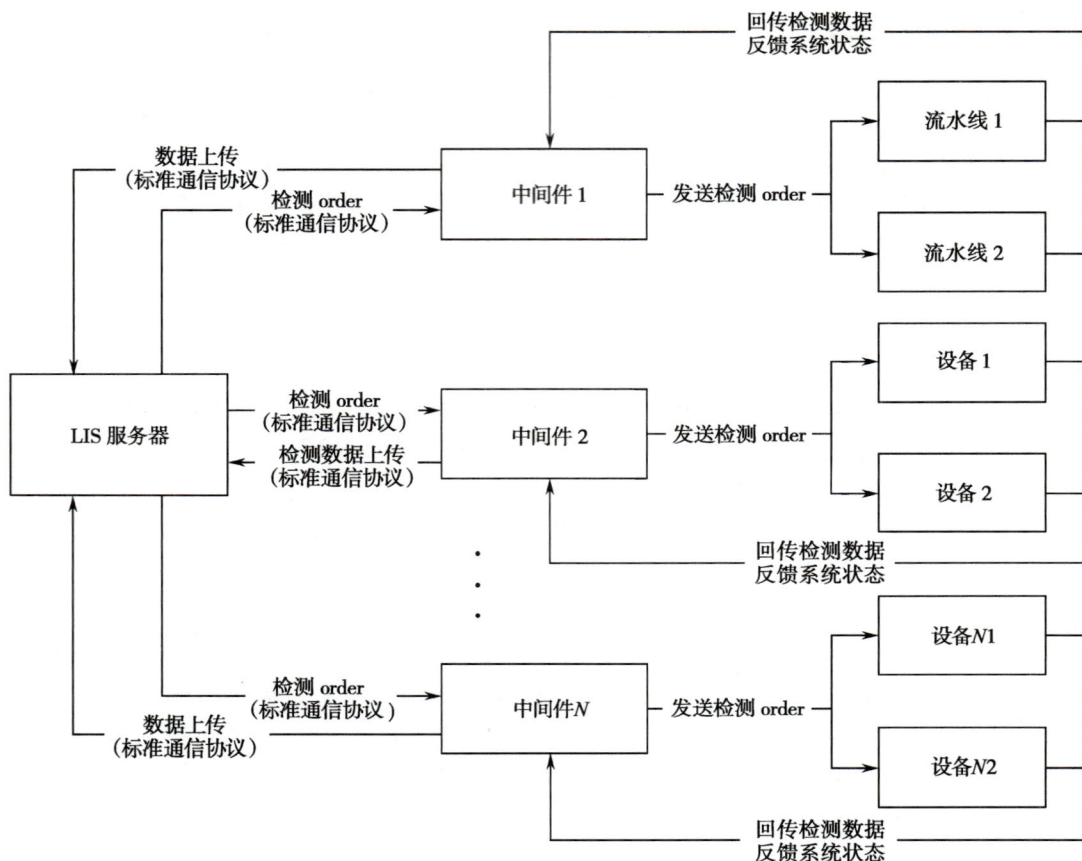

图 18-4 中间体软件信息交互示意图

2. 功能 主流中间体软件的主要功能包括以下几项。

（1）集中式样品管理：包括样品登记、自动调取、浓缩稀释、自动复查、在线储存、定期废弃、样品追溯等。

（2）自动审核：与仪器的质控结果联动，通过设定规则自动判断检测结果的准确性，提升审核效率。

（3）实验室监控与管理：包括危急值管理、超时样品提醒、TAT 变化趋势、样品量统计、仪器实时状态监测等数据统计与分析功能。

（4）多手段的室内质量管理：提供基于质控品的经典 Westgard、Sigma-Westgard 和基于患者样品的室内质量控制等多种质控模式。

五、临床实验室动力与环境管理系统

利用信息化、智能化技术建立临床实验室动力与环境管理系统，即一种应用计算机软件技术、网络通信技术、物联网技术、自动控制技术等，集成动力监测、安全管理、环境监控等功能的综合性系统，旨在确保临床实验室动力设施正常运行以及内部环境稳定安全。

该系统通过对临床实验室的环境及各类设备、设施、系统，如不间断电源、空气压缩机、纯水系统、污水处理系统、温湿度监控系统、样品和试剂存放冰箱或冷库/冷链系统等，进行全面、实时的数据监控、交互和管理，从而及时高效地做好运行维护，为实验室提供一个安全、稳定、高效的运行环境（图18-5）。

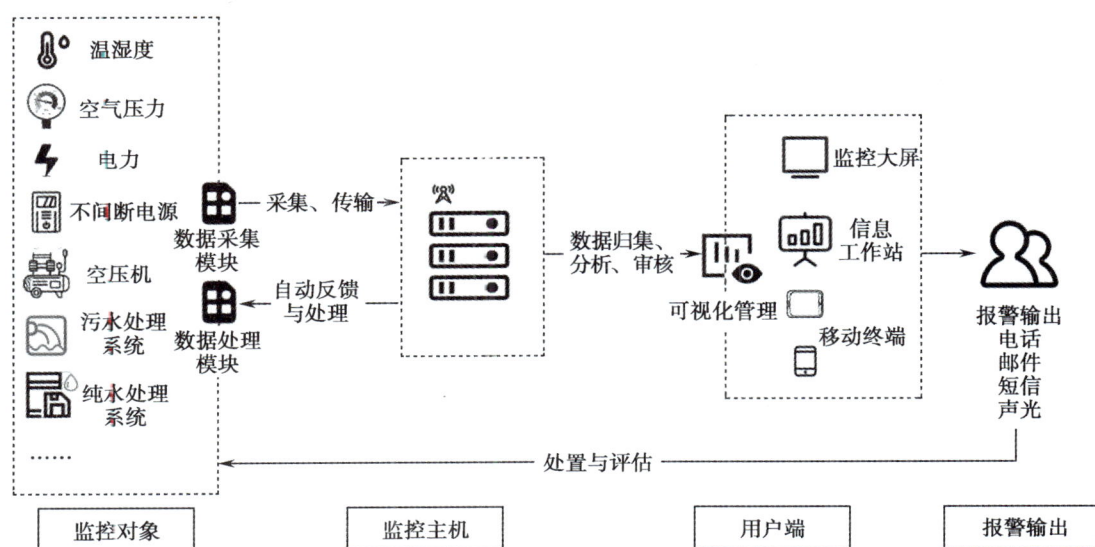

图18-5 临床实验室动力与环境管理系统的运行流程

临床实验室动力与环境管理系统的主要特点包括以下几项。

1. 实时性 系统能够实时采集、传输、图形化各项参数，确保及时发现问题并进行处理。

2. 智能化 通过各类传感器和数据分析技术，系统能够根据监测数据自动分析且识别潜在风险，并采取相应的处理措施，如自动调节实验室环境条件、发出预警或报警等。

3. 灵活配置且功能可扩展 系统支持多种数据接口和通信协议，能够方便地接入烟雾感应器等其他设备，实现与其他系统的无缝集成。

4. 易操作性 系统通常配备图形化用户界面，可以直观地查看各项监控数据，并进行相应的操作和管理。

六、智慧化试剂耗材管理系统

智慧化试剂耗材管理系统是在试剂耗材出入库管理软件的基础上，外接射频识别（radio frequency identification, RFID）及条码识别设备、智能货架、移动个人数字助理（PDA）等硬件设施，并整合供应商管理、物资管理、采购管理、温湿度监控、库存盘点、库存预警等功能的综合性管理软件。

通过智慧化试剂耗材管理系统的应用，可优化试剂耗材管理流程与层级职责，有效避免试剂浪费和试剂冗余，有效监管试剂耗材流向。例如，基于RFID的智慧化试剂耗材管理系统可对试剂临近有效期的情况进行提示或报警，也可对实际库存量接近实验室预设最小库存量的情况进行报警，改变了以往人工管理时需要对试剂有效期或试剂登记记录进行

——核对的方式；另外，智慧化试剂耗材管理系统与供应商物资管理系统互通后，一旦实验室某试剂的库存量达到最低值，系统可自动向供应商发出采购申请，到货后试剂可在医疗机构或实验室库房基于 RFID 实现自动入库。

第四节 智慧实验室对临床工作的优化

智慧实验室是医疗领域中运用现代信息技术，特别是人工智能（AI）技术，对实验室工作进行智能化升级而出现的概念。在自动化检测体系的基础上，通过整合物联网、大数据分析、云计算、机器学习等先进技术，智慧实验室能够优化临床工作流程，提高检测效率和准确性，辅助医师进行诊断和治疗。

智慧实验室对临床工作的优化体现在以下几个方面。

1. 自动化检测 智慧实验室可以实现从样品采集、处理到检测的全流程自动化，减少人为操作错误，提高检测速度。

2. 智能诊断 AI 算法能够快速识别和分析临床数据资料，辅助医师进行诊断。在影像学和病理学领域，AI 算法可根据形态、走向和病变情况综合分析，提供辅助诊断报告，医师只需最终确认即可。在检验医学领域，通过大数据分析和机器学习对检验数据和临床资料进行综合分析，AI 助手能够帮助解析复杂的医疗数据，为医师提供精准的治疗建议，实现个体化治疗，帮助临床医师对疾病诊断与治疗作出决策。

3. 高效管理 智慧实验室通过信息化和智慧化管理技术，优化实验室内部工作流程，实现资源的高效配置，减少等待时间，提升整体工作效率。

4. 质量控制 AI 系统可以实时监控实验过程，及时发现异常，保证检测质量，降低医疗错误的风险。

5. 信息共享 智慧实验室能够实现跨区域、跨机构的信息共享，便于医师和研究人员获取和分析病例数据，促进医学研究的发展。

6. 教育与培训 AI 助手还可以用于临床教育和培训，通过虚拟现实（virtual reality，VR）或增强现实（augmented reality，AR）技术模拟手术操作，提供交互式的学习体验。

7. 随访与健康管理 智慧实验室可以利用 AI 进行患者随访和健康管理工作，通过 AI 分析患者数据，提供个体化的健康建议和预防措施。

总之，智慧实验室的建设是今后检验医学发展的必然趋势，必将进一步使传统职能的检验医学在临床疾病诊断与治疗中取得新的突破。未来，"无人值守"实验室将使检验人员避免重复烦琐的工作，加强与临床的沟通和交流，有助于提升医疗服务的质量和效率，实现更精准、更高效的临床工作模式，对推动医疗健康事业的发展具有重要意义。

（郝晓柯）

本章小结

本章对临床智慧实验室系统进行了较为全面的介绍，旨在提供一个清晰、系统的认识框架。临床智慧实验室系统的核心构成包括先进的硬件设施、智能化的软件系统以及前沿的信息技术。这些要素相互融合，共同营造出一个高效、精准的实验环境，为临床检验和医学研究提供了前所未有的技术支持和便利。临床智慧实验室系统展现出强大的潜力和广泛的应用前景，从样品检测到质量管理，从实验室动力与环境监测到试剂耗材管理，再到临床诊断和治疗，智慧实验室都发挥着不可或缺的作用。近年来，检验形态学智能识别系统取得了显著进展，该系统利用先进的图像识别和深度学习技术，对细胞、细菌等的微观形态进行智能识别和分类。通过精准识别细胞形态的变化，系统能够辅助医师早期发现和诊断疾病，提高诊断的效率和准确性。同时，检验形态学智能识别系统还能自动化处理大量数据，减轻医师的工作负担，提升实验室整体的工作效能。

然而，随着科技的飞速发展和医学需求的日益多样化，临床智慧实验室系统也面临着诸多挑战。数据隐私保护、系统安全性等问题亟待解决，同时，系统的持续更新和完善也是一项重要任务。

推荐阅读

[1] 丛玉隆,黄柏兴,霍子凌. 临床检验装备大全:第2卷　仪器与设备. 北京:科学出版社,2015.

[2] 尚红,王毓三,申子瑜. 全国临床检验操作规程. 4版. 北京:人民卫生出版社,2015.

[3] 臧平安,郝俊. 气相分子吸收光谱法及应用. 北京:化学工业出版社,2023.

[4] 晋卫军. 分子发射光谱分析. 北京:化学工业出版社,2018.

[5] 吴立军,王晓波. 质谱技术在临床医学中的应用. 北京:人民卫生出版社,2016.

[6] 王炜,毛远丽,胡冬梅. 生化检验技术与应用. 北京:科学出版社,2021.

[7] 韩骅,高国全. 医学分子生物学实验技术. 4版. 北京:人民卫生出版社,2020.

[8] 陈义. 毛细管电泳技术及应用. 3版. 北京:化学工业出版社,2019.

[9] 冯书营,周进. 医学实验室仪器原理及操作技术. 北京:科学出版社,2018.

[10] 沈立松,路瑾. 现代蛋白电泳筛查和诊断的临床应用. 上海:上海科学技术出版社,2019.

[11] 刘艳荣. 实用流式细胞术:血液病篇. 2版. 北京:北京大学医学出版社,2023.

[12] 许文荣,林东红. 临床基础检验学技术. 北京:人民卫生出版社,2015.

[13] 尹华,王新宏. 仪器分析. 3版. 北京:人民卫生出版社,2021.

[14] 徐克前. 临床生物化学检验. 2版. 北京:人民卫生出版社,2023.

[15] 吴佳学,彭裕红. 临床检验仪器. 3版. 北京:人民卫生出版社,2019.

[16] 李莉,胡志东. 临床检验仪器. 3版. 北京:中国医药科技出版社,2019.

[17] 严荣国,王成. 临床医学检验仪器分析新技术. 北京:科学出版社,2019.

[18] 代荣琴,柏彬,王婷. 检验仪器分析技术. 北京:高等教育出版社,2023.

[19] 吕建新,黄彬. 临床分子生物学检验技术. 2版. 北京:人民卫生出版社,2024.

[20] 李金明. 高通量测序技术. 北京:科学出版社,2018.

[21] 马文丽. 基因测序实验技术. 北京:化学工业出版社,2012.

[22] 李文美,吕传柱,梁国威. 即时即地检验技术与应用. 北京:科学出版社,2021.

[23] 原现瑞. 核磁共振波谱学的基本原理和实验. 石家庄:河北人民出版社,2019.

[24] KARLIN-NEUMANN G, BIZOUARN F. 数字PCR:方法和方案. 刘毅,郭永,译. 北京:科学出版社,2021.

[25] RIFAI N, HORVATH A R, WITTWER C T. 临床质谱原理与应用:小分子、多肽和病原体检测. 潘柏申,译. 上海:上海科学技术出版社,2020.

[26] GOETZ C, HAMMERBECK C, BONNEVIER J. Flow cytometry basics for the non-expert. Cham:Springer Nature,2018.

[27] BARTENEVA N S, VOROBJEV I A. Imaging flow cytometry: methods and protocols. New York:Springer Science+Business Media,2016.

[28] WELSH J A, ARKESTEIJN G J A, BREMER M, et al. A compendium of single extracellular vesicle flow cytometry. J Extracell Vesicles,2023,12(2):e12299.

[29] LEE K S, LANDRY Z, PEREIRA F C, et al. Raman microspectroscopy for microbiology. Nat Rev Methods Primers,2021,1(1):80.

[30] LIU C, Xu X, Li B, et al. Single-exosome-counting immunoassays for cancer diagnostics. Nano Lett,2018,18(7):4226-4232.

中英文名词对照索引

样品

扩散层
反射层
试剂层
支持层

滤光片

检测器

光源

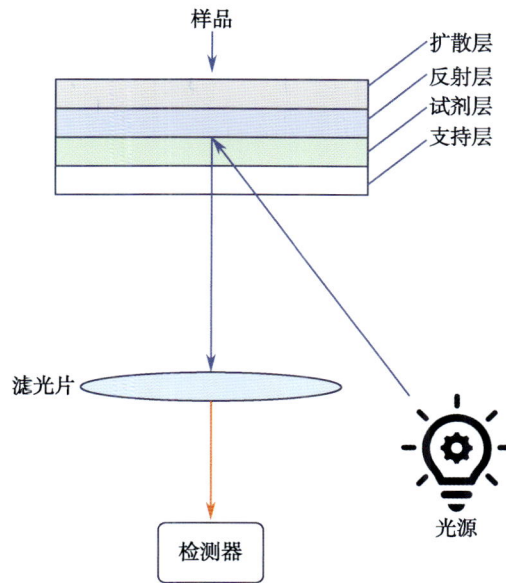

彩图 12-7　反射光度法的检测原理

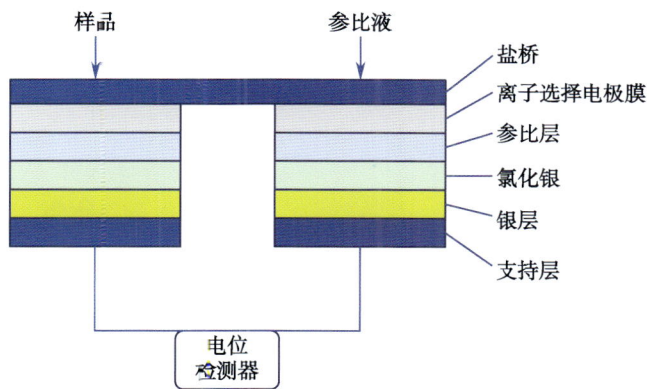

样品　　　参比液

盐桥
离子选择电极膜
参比层
氯化银
银层
支持层

电位
检测器

彩图 12-8　差示电位法检测离子的原理

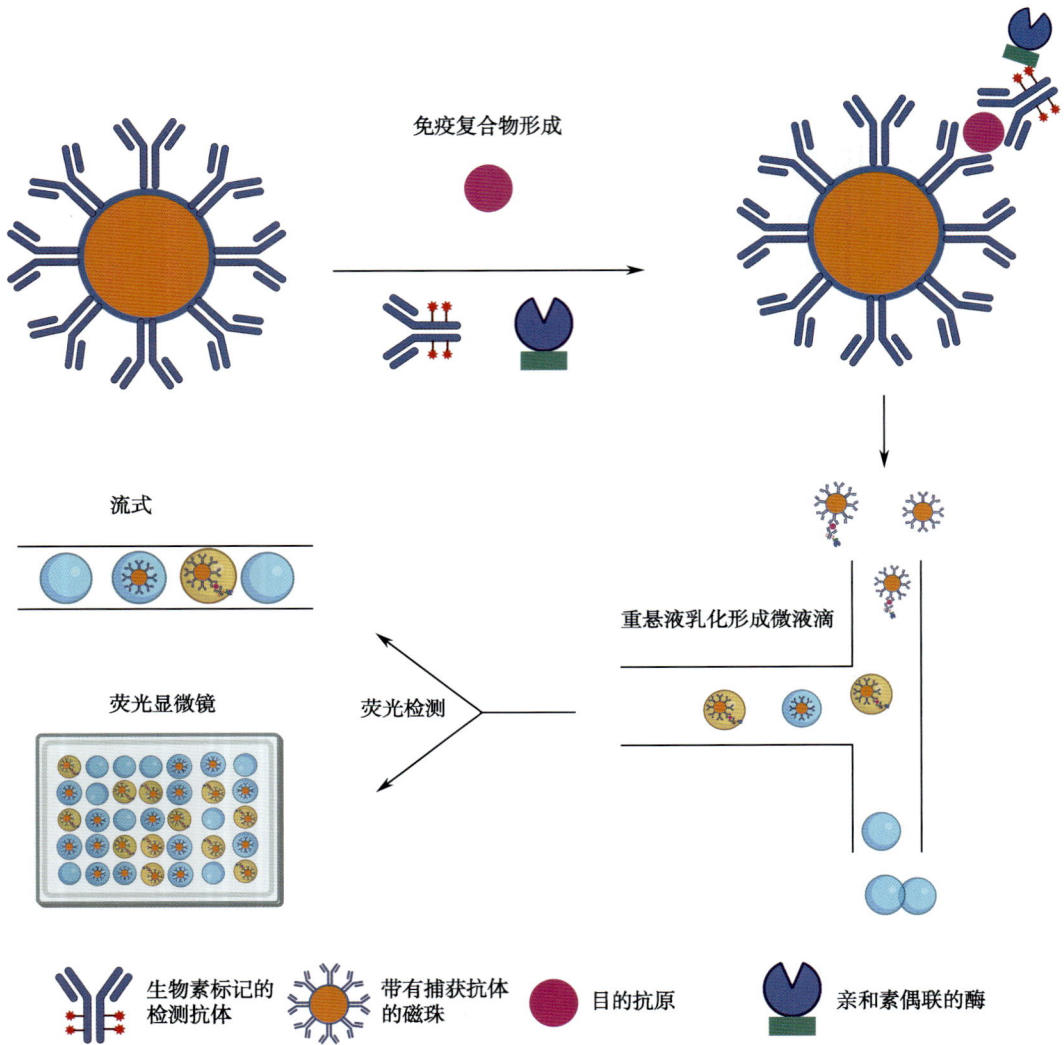

免疫复合物形成

流式

荧光显微镜

荧光检测

重悬液乳化形成微液滴

生物素标记的
检测抗体　　带有捕获抗体
的磁珠　　目的抗原　　亲和素偶联的酶

彩图 13-14　基于微液滴的单分子免疫检测的原理